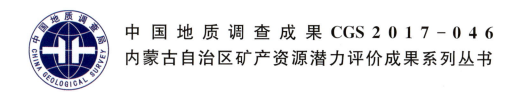

中国地质调查成果 CGS 2017-046
内蒙古自治区矿产资源潜力评价成果系列丛书

内蒙古自治区铅锌矿资源潜力评价

NEIMENGGU ZIZHIQU QIANXINKUANG ZIYUAN QIANLI PINGJIA

贾和义　贺　峰　李四娃　等著

内容摘要

本书是关于"内蒙古自治区矿产资源潜力评价铅锌矿成果"的报告,主要内容包括内蒙古铅锌矿资源概况、矿床类型划分,共选取东升庙式沉积型铅锌矿东升庙预测工作区等15个铅锌矿预测工作区,较详细地论述了各预测工作区的典型矿床特征、预测依据及预测结果,并对内蒙古自治区铅锌矿的矿产资源潜力进行了分析。

图书在版编目(CIP)数据

内蒙古自治区铅锌矿资源潜力评价/贾和义等著. —武汉:中国地质大学出版社,2018.12
(内蒙古自治区矿产资源潜力评价成果系列丛书)
ISBN 978-7-5625-4459-3

Ⅰ.①内⋯
Ⅱ.①贾⋯
Ⅲ.①铅锌矿床-资源评价-内蒙古
Ⅳ.①P618.400.622.6

中国版本图书馆 CIP 数据核字(2018)第 276705 号

内蒙古自治区铅锌矿资源潜力评价　　　　　　　　　　　　　　　　　贾和义　等著

责任编辑:龙昭月	选题策划:刘桂涛　毕克成	责任校对:张　林

出版发行:中国地质大学出版社(武汉市洪山区鲁磨路388号)　　邮编:430074
电　　话:(027)67883511　　传　　真:(027)67883580　　E-mail:cbb@cug.edu.cn
经　　销:全国新华书店　　　　　　　　　　　　　　　　　　http://cugp.cug.edu.cn

开本:880毫米×1230毫米　1/16　　　　　　　　字数:649千字　　印张:20.5
版次:2018年12月第1版　　　　　　　　　　　 印次:2018年12月第1次印刷
印刷:武汉中远印务有限公司　　　　　　　　　　印数:1—900册

ISBN 978-7-5625-4459-3　　　　　　　　　　　　　　　　　　　　定价:268.00元

如有印装质量问题请与印刷厂联系调换

《内蒙古自治区铅锌矿资源潜力评价》
出版编撰委员会

主　　任：张利平
副 主 任：张　宏　赵保胜　高　华
委　　员（按姓氏笔画排列）：
　　　　于跃生　王文龙　王志刚　王博峰　乌　恩　田　力
　　　　刘建勋　刘海明　杨文海　杨永宽　李玉洁　李志青
　　　　辛　盛　宋　华　张　忠　陈志勇　邵和明　邵积东
　　　　武　文　武　健　赵士宝　赵文涛　莫若平　黄建勋
　　　　韩雪峰　路宝玲　褚立国
项目负责：许立权　张　彤　陈志勇
总　　编：宋　华　张　宏
副 总 编：许立权　张　彤　陈志勇　赵文涛　苏美霞　吴之理
　　　　方　曙　任亦萍　张　青　张　浩　贾金富　陈信民
　　　　孙月君　杨继贤　田　俊　杜　刚　孟令伟

《内蒙古自治区铅锌矿资源潜力评价》

主　　编：贾和义　贺　峰　李四娃

编著人员：贾和义　贺　峰　李四娃　张玉清　徐　国　许　展　贺宏云
　　　　　张　明　张永清　杨文华　魏雅玲　夏　冬　韩建刚　罗鹏跃
　　　　　胡玉华　苏茂荣　孙连云　张占飞　郭灵俊　弓贵斌　韩宗庆
　　　　　罗忠泽　康小龙　韩宏宇　巩智镇　武利文　赵文涛　苏美霞
　　　　　任亦萍　张　青　李　杨　吴之理　方　曙　张　浩　陈信民
　　　　　贾金福　许　燕　闫　洁　柳永正　李新仁　郝先义　郑武军
　　　　　王挨顺　田　俊　赵　磊　杨　波　赵小佩　张　爱　胡　雯
　　　　　陈晓宇　佟　卉　安艳丽　李雪娇　刘小女　张婷婷　王晓娇

项目负责单位：内蒙古自治区国土资源厅
项目承担单位：内蒙古自治区地质调查院
主　编　单　位：内蒙古自治区地质矿产局
　　　　　　　　内蒙古自治区国土资源信息院
　　　　　　　　内蒙古自治区地质矿产勘查院
　　　　　　　　内蒙古自治区第十地质矿产勘查开发院
　　　　　　　　中化地质矿山总局内蒙古自治区地质勘查院

序

2006年，国土资源部为贯彻落实《国务院关于加强地质工作决定》中提出的"积极开展矿产远景调查评价和综合研究，科学评估区域矿产资源潜力，为科学部署矿产资源勘查提供依据"的精神要求，在全国统一部署了"全国矿产资源潜力评价"项目，"内蒙古自治区矿产资源潜力评价"项目是其子项目之一。

"内蒙古自治区矿产资源潜力评价"项目于2006年启动，2013年结束，历时8年，由中国地质调查局和内蒙古自治区人民政府共同出资完成。为此，内蒙古自治区国土资源厅专门成立了以厅长为组长的项目领导小组和技术委员会，指导、监督内蒙古自治区地质调查院、内蒙古自治区地质矿产勘查开发局、内蒙古自治区煤田地质局以及中化地质矿山总局内蒙古自治区地质勘查院等7家地勘单位的各项工作。作为自治区聘请的国土资源顾问，我全程参与了该项目的实施，亲历了内蒙古自治区新老地质工作者对内蒙古自治区地质工作的认真与执着。他们对内蒙古自治区地质的那种探索和不懈追求精神，给我留下了深刻的印象。

为了完成"内蒙古自治区矿产资源潜力评价"项目，先后有270多名地质工作者参与了这项工作，这是继20世纪80年代完成的《内蒙古自治区地质志》《内蒙古自治区矿产总结》之后集区域地质背景、区域成矿规律研究，物探、化探、自然重砂、遥感综合信息研究以及全区矿产预测、数据库建设之大成的又一巨型重大成果。这是内蒙古自治区国土资源厅高度重视、完整的组织保障和坚实的资金支撑的结果，更是内蒙古自治区地质工作者8年辛勤汗水的结晶。

"内蒙古自治区矿产资源潜力评价"项目共完成各类图件万余幅，建立成果数据库数千个，提交结题报告百余份。以板块构造和大陆动力学理论为指导，建立了内蒙古自治区大地构造构架。研究和探讨了内蒙古自治区大地构造演化及其特征，为全区成矿规律的总结和矿产预测奠定了坚实的地质基础。其中提出了"阿拉善地块"归属华北陆块，乌拉山岩群、集宁岩群的时代及其对孔兹岩系归属的认识、索伦山-西拉木伦河断裂厘定为华北板块与西伯利亚板块的界线等，体现了内蒙古自治区地质工作者对内蒙古自治区大地构造演化和地质背景的新认识。项目对内蒙古自治区煤、铁、铝土矿、铜、铅、锌、金、钨、锑、稀土、钼、银、锰、镍、磷、硫、萤石、重晶石、菱镁矿等矿种，划分了矿产预测类型；结合全区重力、磁测、化探、遥感、自然重砂资料的研究应用，分别对其资源潜力进行了科学的潜力评价，预测的资源潜力可信度高。这些数据有力地说明内蒙古自治区地质找矿潜力巨大，寻找国家急需矿产资源，内蒙古自治区大有可为，成为国家矿产资源的后备基地已具备了坚实的地质基础。同时，也极大地鼓舞了内蒙古自治区地质找矿的信心。

"内蒙古自治区矿产资源潜力评价"是内蒙古自治区第一次大规模对全区重要矿产资源现状及潜力进行摸底评价，不仅汇总整理了原1∶20万相关地质资料，还系统整理补充了近年来1∶5万区域地质调查资料和最新获得的矿产、物化探、遥感等资料。期待着"内蒙古自治区矿产资源潜力评价"项目形成系统的成果资料在今后的基础地质研究、找矿预测研究、矿产勘查部署、农业土壤污染治理、地质环境治理等诸多方面得到广泛应用。

2017年3月

前　言

为了贯彻落实《国务院关于加强地质工作的决定》中提出的"积极开展矿产远景调查和综合研究,科学评估区域矿产资源潜力,为科学部署矿产资源勘查提供依据"的要求和精神,国土资源部(现自然资源部)部署了全国矿产资源潜力评价工作,并将该项工作纳入国土资源大调查项目。"内蒙古自治区矿产资源潜力评价"为该计划项目下的一个子工作项目,工作起止年限为2007—2013年,工作项目由内蒙古自治区国土资源厅负责,承担单位为内蒙古自治区地质调查院,参加单位有内蒙古自治区地质矿产勘查开发局、内蒙古自治区地质矿产勘查院、内蒙古自治区第十地质矿产勘查开发院、内蒙古自治区煤田地质局、内蒙古自治区国土资源信息院、中化地质矿山总局内蒙古自治区地质勘查院6家单位。

项目的目标是全面开展内蒙古自治区重要矿产资源潜力预测评价,在现有地质工作程度的基础上,基本摸清内蒙古自治区重要矿产资源的"家底",为矿产资源保障能力和勘查部署决策提供依据。

项目的具体任务为:①在现有地质工作程度的基础上,全面总结内蒙古自治区基础地质调查和矿产勘查工作成果与资料,充分应用现代矿产资源预测评价的理论方法和GIS评价技术,开展内蒙古自治区非油气矿产(煤炭、铁、铜、铝、铅、锌、钨、锡、金、锑、稀土、磷等)的资源潜力预测评价工作,估算内蒙古自治区有关矿产资源潜力及其空间分布,为研究制订内蒙古自治区矿产资源战略与国民经济中长期规划提供科学依据。②以成矿地质理论为指导,深入开展内蒙古自治区范围的区域成矿规律研究;充分利用地质、物探、化探、遥感和矿产勘查等综合成矿信息,圈定成矿远景区和找矿靶区,逐个评价成矿远景区资源潜力,并进行分类排序;编制内蒙古自治区成矿规律与预测图,为科学合理地规划和部署矿产勘查工作提供依据。③建立并不断完善内蒙古自治区重要矿产资源潜力预测相关数据库,特别是成矿远景区的地学空间数据库、典型矿床数据库,为今后开展矿产勘查的规划部署研究奠定扎实的信息基础。

项目共分为3个阶段实施:

(1)第一阶段为2007年—2011年3月,2008年完成了全区1∶50万地质图数据库、工作程度数据库、矿产地数据库及重力、航磁、化探、遥感、自然重砂等基础数据库的更新与维护;2008—2009年开展典型示范区研究;2010年3月提交了铁、铝两个单矿种的资源潜力评价成果;2010年6月编制完成全区1∶25万标准图幅建造构造图、实际材料图,全区1∶50万、1∶150万物探、化探、遥感及自然重砂基础图件;2010年—2011年3月完成了铜、铅、锌、金、钨、锑、稀土、磷及煤等矿种的资源潜力评价工作。经过验收后修改、复核,已将各类报告、图件及数据库向全国项目组及天津地质调查中心进行了汇交。

(2)第二阶段为2011—2012年,完成银、铬、锰、镍、锡、钼、硫、萤石、菱镁矿、重晶石10个矿种的资源潜力评价工作及各专题成果报告。

(3)第三阶段为2012年6月—2013年10月,以Ⅲ级成矿区(带)为单元开展了各专题研究工作,并编写地质背景、成矿规律、矿产预测、重力、磁法、遥感、自然重砂、综合信息专题报告,在各专题报告的基础上,编写内蒙古自治区矿产资源潜力评价总体成果报告及工作报告。2013年6月,完成了各专题汇总报告及图件的编制工作,6月底,由内蒙古自治区国土资源厅组织对各专题综合研究及汇总报告进行了初审,7月,全国项目办召开了各专题汇总报告验收会议,项目组提交了各专题综合研究成果,均获得优秀。

内蒙古自治区铅锌矿资源潜力评价工作为第一阶段工作。项目下设成矿地质背景,成矿规律,矿产预测,物探、化探、遥感、自然重砂应用及综合信息集成5个课题。

2010年8月9—12日，在北京组织召开了全国矿产资源潜力评价铁铝预测资源量核实工作技术培训和技术研讨，内蒙古自治区地质调查院矿产预测课题主要人员参加了技术培训。2010年10月中旬—12月，内蒙古自治区矿产资源潜力评价项目组开展了全区铅锌矿种资源储量核查及预测工作。

2011年1—3月，内蒙古自治区地质调查院在系统进行铅锌矿种区域地质背景及区域成矿规律研究的基础上，开展了铅锌矿种预测工作区报告编写、建库及汇总工作。报告编写人员详见表1。

表1 铅锌矿种资源量估算及预测工作区报告编写人员组织一览表

序号	姓名	职责分工	
1	许立权	项目负责，负责核查工作实施、人员调配	
2	张彤	项目负责、课题负责，技术培训、指导组织开展核查及预测工作	
3	贾和义	铅锌矿种项目负责，铅锌典型矿床研究、编图说明书及总报告编写	
4	贺锋	铅锌矿种项目负责，负责全区铅锌预测资源量估算说明书及铅锌单矿种报告汇总	
5	徐国	定位预测，资源量核实说明书、预测工作区报告编写	东升庙式沉积型铅锌矿东升庙预测工作区
5	夏冬		查干敖包式侵入岩体型铅锌矿查干敖包预测工作区
6	许展		天桥沟式侵入岩体型铅锌矿天桥沟预测工作区
7	胡玉华		阿尔哈达式侵入岩体型铅锌矿阿尔哈达预测工作区
8	贺宏云		长春岭式侵入岩体型铅锌矿长春岭预测工作区
9	苏茂荣		拜仁达坝式侵入岩体型铅锌矿拜仁达坝预测工作区
10	张玉清		孟恩陶勒盖式侵入岩体型铅锌矿孟恩陶勒盖预测工作区
11	张占飞		白音诺尔式侵入岩体型铅锌矿白音诺尔预测工作区
12	许展		余家窝铺式侵入岩体型铅锌矿余家窝铺预测工作区
13	罗鹏跃		比利亚谷式火山岩型铅锌矿比利亚谷预测工作区
14	徐国		扎木钦式火山岩型铅锌矿扎木钦预测工作区
15	孙连云		李清地式复合内生型铅锌矿李清地预测工作区
16	杨文华		甲乌拉式火山岩型铅锌矿甲乌拉预测工作区
17	魏雅玲		花敖包特式复合内生型铅锌矿花敖包特预测工作区
18	张玉清、韩建刚		代兰塔拉式复合内生型铅锌矿代兰塔拉预测工作区
19	张永清、康小龙、许燕、郭灵俊、弓贵斌、韩宗庆、罗忠泽、韩建刚、闫洁、韩宏宇、巩智镇、武利文、李四娃、赵文涛、苏美霞、任亦萍、张青、吴之理、方曙、张浩、陈信民、贾金福、贾和义、柳永正、李新仁、郝先义、郑武军、王挨顺、赵磊、杨波、赵小佩、李杨、张爱、胡雯、陈晓宇、佟卉、安艳丽、李雪娇、刘小女、王晓娇、田俊	各类图件编制、数据库建库	

著　者

2018年7月

目 录

| 第一章 | 内蒙古自治区铅锌矿资源概况 | (1) |

第二章　内蒙古自治区铅锌矿床类型 …………………………………………………… (6)
　　第一节　铅锌矿床成因类型及主要特征 ………………………………………… (6)
　　第二节　预测类型、矿床式及预测工作区的划分 ……………………………… (7)
　　第三节　预测资源量估算方法 …………………………………………………… (9)

第三章　东升庙式沉积型铅锌矿预测成果 …………………………………………… (12)
　　第一节　典型矿床特征 …………………………………………………………… (12)
　　第二节　预测工作区研究 ………………………………………………………… (19)
　　第三节　矿产预测 ………………………………………………………………… (25)

第四章　查干敖包式侵入岩体型锌矿预测成果 ……………………………………… (34)
　　第一节　典型矿床特征 …………………………………………………………… (34)
　　第二节　预测工作区研究 ………………………………………………………… (39)
　　第三节　矿产预测 ………………………………………………………………… (44)

第五章　天桥沟式侵入岩体型铅锌矿预测成果 ……………………………………… (50)
　　第一节　典型矿床特征 …………………………………………………………… (50)
　　第二节　预测工作区研究 ………………………………………………………… (56)
　　第三节　矿产预测 ………………………………………………………………… (61)

第六章　阿尔哈达式侵入岩体型铅锌矿预测成果 …………………………………… (68)
　　第一节　典型矿床特征 …………………………………………………………… (68)
　　第二节　预测工作区研究 ………………………………………………………… (74)
　　第三节　矿产预测 ………………………………………………………………… (79)

第七章　长春岭式侵入岩体型铅锌矿预测成果 ……………………………………… (85)
　　第一节　典型矿床特征 …………………………………………………………… (85)
　　第二节　预测工作区研究 ………………………………………………………… (90)
　　第三节　矿产预测 ………………………………………………………………… (95)

第八章　拜仁达坝式侵入岩体型铅锌矿预测成果 ……………………………………（110）

  第一节　典型矿床特征 ……………………………………………………………………（110）
  第二节　预测工作区研究 …………………………………………………………………（114）
  第三节　矿产预测 …………………………………………………………………………（118）

第九章　孟恩陶勒盖式侵入岩体型铅锌矿预测成果 ……………………………（124）

  第一节　典型矿床特征 ……………………………………………………………………（124）
  第二节　预测工作区研究 …………………………………………………………………（130）
  第三节　矿产预测 …………………………………………………………………………（133）

第十章　白音诺尔式侵入岩体型铅锌矿预测成果 ………………………………（141）

  第一节　典型矿床特征 ……………………………………………………………………（141）
  第二节　预测工作区研究 …………………………………………………………………（148）
  第三节　矿产预测 …………………………………………………………………………（152）

第十一章　余家窝铺式侵入岩体型铅锌矿预测成果 ……………………………（160）

  第一节　典型矿床特征 ……………………………………………………………………（160）
  第二节　预测工作区研究 …………………………………………………………………（167）
  第三节　矿产预测 …………………………………………………………………………（171）

第十二章　比利亚谷式火山岩型铅锌矿预测成果 ………………………………（177）

  第一节　典型矿床特征 ……………………………………………………………………（177）
  第二节　预测工作区研究 …………………………………………………………………（185）
  第三节　矿产预测 …………………………………………………………………………（189）

第十三章　扎木钦式火山岩型铅锌矿预测成果 …………………………………（195）

  第一节　典型矿床特征 ……………………………………………………………………（195）
  第二节　预测工作区研究 …………………………………………………………………（201）
  第三节　矿产预测 …………………………………………………………………………（206）

第十四章　李清地式复合内生型铅锌矿预测成果 ………………………………（214）

  第一节　典型矿床特征 ……………………………………………………………………（214）
  第二节　预测工作区研究 …………………………………………………………………（220）
  第三节　矿产预测 …………………………………………………………………………（224）

第十五章　甲乌拉式火山岩型铅锌矿预测成果 …………………………………（233）

  第一节　典型矿床特征 ……………………………………………………………………（233）
  第二节　预测工作区研究 …………………………………………………………………（244）
  第三节　矿产预测 …………………………………………………………………………（250）

第十六章 花敖包特式复合内生型铅锌矿预测成果 ……（262）
第一节 典型矿床特征 ……（262）
第二节 预测工作区研究 ……（269）
第三节 矿产预测 ……（273）

第十七章 代兰塔拉式复合内生型铅锌矿预测成果 ……（285）
第一节 典型矿床特征 ……（285）
第二节 预测工作区研究 ……（291）
第三节 矿产预测 ……（294）

第十八章 内蒙古自治区铅锌单矿种资源总量潜力分析 ……（305）
第一节 铅锌单矿种预测资源量与资源现状对比 ……（305）
第二节 预测资源量潜力分析 ……（306）
第三节 勘查部署建议 ……（308）

第十九章 结 论 ……（312）

参考文献 ……（313）

第一章　内蒙古自治区铅锌矿资源概况

铅锌矿是内蒙古自治区的优势矿种,铅矿、锌矿都是多组分共生复合矿体构成的矿床,很少以单一矿种产出,铅矿以铅锌共生矿床为主,锌矿则是以锌为主的多金属矿床。内蒙古自治区的铅锌矿分布相对集中,铅锌矿从矿床数量上主要分布在大兴安岭中南段,从资源储量上主要集中在华北陆块北缘西段乌拉特中旗、大兴安岭中南段和得尔布干地区。矿床成因类型主要以热液型为主,其次为矽卡岩型和沉积型;成矿时代上一老一新,即中元古代和中生代是铅锌矿重要的成矿期。

截至 2010 年,全区共有铅上表单元 151 处,锌上表单元 163 处,统计到矿区 148 处。全区累计查明铅金属资源量 1 029.18 万 t,其中基础储量 341.12 万 t,资源量 688.06 万 t;锌金属资源量 2 174.42 万 t,其中基础储量 707.96 万 t,资源量 1 466.46 万 t。

铅锌矿主要分布在巴彦淖尔市、赤峰市、呼伦贝尔市、锡林郭勒盟,4 个盟市合计铅、锌分别占全区保有资源量的 90.6% 和 94.4%。

一、内蒙古自治区铅锌矿成矿规律

(一)时空分布规律

内蒙古自治区热液型、矽卡岩型铅锌矿在空间上主要分布于大兴安岭地区的新巴尔虎右旗-根河成矿带、东乌珠穆沁旗-嫩江成矿带、突泉-林西成矿带;海底喷流沉积型铅锌矿分布在华北陆块北缘的狼山-渣尔泰山成矿亚带中。成矿时代主要为中元古代和中生代,少量为古生代。

(二)控矿要素

1. 构造对成矿的控制

自太古宙以来,本区历经多次强烈的构造运动,形成了一系列规模不等、性质不同的断裂构造。尤其是深、大断裂(带)大多经历了多旋回长期发展的活动过程,从而造就了本区以深、大断裂为构造骨干的断裂系统。这些深、大断裂带及其旁侧的派生断裂,常构成北东—北北东向、东西向和北西向的不同方向、性质各异的断裂带,由它们组成的网格状断裂构造系统控制了区内岩浆岩和成矿带的空间展布。

北东向、东西向深断裂是本区最主要的导矿、控矿构造。北东向深断裂、东西向断裂、北西向断裂多组断裂的交会部位是成矿的有利部位,往往形成重要的矿化集中区。如大兴安岭主脊深断裂带控制了主峰锡、富铅锌、铁、铜成矿带的形成和展布;得尔布干断裂控制了其两侧铜、铅、锌、银成矿带的形成与分布。西拉木伦断裂带、赤峰-开源断裂、大兴安岭主脊深断裂带联合控制了小营子-天桥沟铅锌矿集区。

2. 火山构造与成矿的关系

中生代铅锌矿多与火山构造关系密切,矿化集中区分布在火山基底隆起周围及火山基底隆起与火山盆地的交界处。火山基底隆起往往形成相对封闭的构造环境,有利于残余岩浆分异、成矿元素富集;火山基底隆起与火山盆地的交界处多被断裂切割,是岩浆和矿液活动的有利地段。矿床、矿体主要赋存在火山机构边缘环状、放射状断裂中,特别是与断裂构造重叠部位是成矿的最佳构造环境。

3. 岩浆活动与成矿的关系

中生代铅锌矿床大多分布于火山-侵入杂岩体的内外接触带。其中,中酸性岩体周围往往是铜、银(铅、锌)矿产的密集分布区;锡(铜、铅、锌)多金属矿产主要分布于酸性岩体及其周围。

4. 地层对矿床分布的制约

大兴安岭中南段的铅锌矿80%以上产于二叠系中,其中又以大石寨组和黄岗梁组为主要成矿地层。可以清楚地看出该区中生代形成的铅锌多金属矿床在空间上与中生代火山侵入岩系基底特别是二叠系密切相关。

对二叠系的地球化学研究表明,二叠系各组地层中主要成矿元素Cu、Pb、Zn、Ag丰度值较高,从地层含矿性角度出发,这些元素在二叠系中已有不同程度的初步富集,具备了提供成矿物质的可能。二叠系各组地层中主要成矿元素具有较高的丰度值,也反映出本区具有中生代构造岩浆活化使地层中成矿元素因富集而成矿的特点。

基底地层的岩相对矿床成因类型也有明显的控制作用,当围岩为碳酸盐岩时,多形成矽卡岩型矿床,当围岩以正常碎屑岩为主且缺乏碳酸盐岩时,往往形成热液型和斑岩型矿床。

近年来,在大兴安岭中南段的地质找矿过程中,发现了赋存于古元古界宝音图岩群变质表壳岩和变质深成侵入岩中的拜仁达坝超大型铅锌矿床,说明本区赋矿地层具多元化特征,为找矿思路的多元化、多模式提供了充分的理论依据和实践依据。

(三)矿床成矿系列的划分及基本特征

与岩浆作用有关的矿床成矿系列非常发育,成矿系列从太古宙到中生代均有产出,且以元古宙、海西期和燕山期3次成矿高潮为特征,尤以燕山期成矿最为重要。其中,元古宙岩浆矿床成矿系列组合多产于太古宙陆核边缘,而海西期和燕山期岩浆矿床成矿系列组合则产于古亚洲洋和滨西太平洋构造成矿带。

1. 与燕山早期深源浅成—超浅成斑岩体有关的铜、银和铅、锌、银成矿系列

属于本成矿系列的矿床主要产于研究区北部突泉和科尔沁右翼中旗一带,大致呈北西向分布,属黄岗梁-甘珠尔庙-乌兰浩特成矿带东部亚带。矿床产于二叠纪隆起与侏罗纪火山断陷盆地的过渡位置。赋矿围岩大多为二叠纪凝灰质砂板岩,亦有部分产于侏罗纪浅成火山侵入体及火山盆地中,矿体与围岩界线清楚,矿床类型有斑岩型矿床,高、中温热液脉状矿床等。与成矿有关的侵入体主要为中酸性浅成的岩株或岩脉,有闪长玢岩、花岗闪长斑岩、英云闪长岩和二长花岗斑岩,形成时代为165~160Ma。

矿体与成矿岩体密切伴生,并产于同一构造带中,斑岩型矿床产于岩体顶部及外接触带裂隙中,热液脉状矿床则产于二叠系或侏罗纪火山岩及次火山岩中,矿体主要受断裂构造控制,对围岩的选择性不明显。矿床随成矿岩体距离的增大,出现明显的分带性,以莲花山地区为例,在陈台屯出现为斑岩铜、钼矿床,向西南远离岩体中心依次为铜(银)矿床和铅、锌(银)矿床。

不同矿床的矿物组合不同,但均系同一成矿过程中不同成矿阶段的产物,除早期的磁铅锌矿、毒砂、黄铅锌矿阶段外,成矿主要有细脉浸染状黄铜矿阶段、黄铜矿多金属硫化物阶段、闪锌矿-方铅矿阶段。不同的主成矿阶段矿床的矿物组合不同,因而矿床的主要伴生元素也有差异。如莲花山、闹牛山铜银矿床主要伴生元素为Bi、Zn、As,而长春岭铅、锌、银矿床主要伴生元素为Sb、Mn、Cd。

2. 与燕山早期中深成侵入体有关的锡、银、多金属和铅、锌、银成矿系列

属于本成矿系列的矿床主要产于黄岗梁-甘珠尔庙-乌兰浩特成矿带西部亚带。成矿岩体为壳幔混合源的酸性侵入杂岩体的晚期小侵入体。成矿时代为155～140Ma。

本成矿系列的矿床具有明显的空间分带，如大井子矿床，按远离成矿岩体方向，依次为锡→锡、铜(银)→铅、锌、银，安乐矿床远离花岗斑岩依次为铜、锡、钼→锡、铜、银→锡、锌、铅→锌、铅、银，敖脑达坝锡矿化产于岩体中部，向两侧接触带发展为铜、铅、锌矿化，银矿化为晚期成矿阶段形成，叠加于早期矿体之上，应属于斑岩型银锡多金属矿床。与铅、锌、银成矿有关的复式岩体有花岗闪长岩、黑云母英云闪长岩、二长花岗岩和细粒花岗岩等，成矿主要与复式岩体分异晚期的细粒花岗岩有关，二者时间接近，空间上密切伴生。矿床系多阶段形成，早期为锌成矿阶段，晚期为铅银成矿阶段，成矿元素在空间分布上也有一定的规律性，按远离成矿岩体方向，依次为锡→铜→锌→铅→银。

3. 与燕山晚期中酸性小侵入体有关的铅、锌、银和银多金属成矿系列

属于本成矿系列的矿床主要产于黄岗梁-甘珠尔庙-乌兰浩特成矿带的中部亚带。矿床均产于中生代火山坳陷与二叠纪隆起交接处的隆起一侧。在花岗岩类岩体与石灰岩接触处常形成矽卡岩矿床，如白音诺尔银铅锌矿床。本系列矿床的主要特征是Sn与Cu、Pb、Zn、Ag等成矿元素在同一矿床中共生，但不同矿床有所差别。如白音诺尔矿床以Pb、Zn为主，浩布高矿床以Cu、Zn为主，但均含Ag。伴生元素为Sn、As、Sb、Bi和Mn。矿床均系多阶段形成，Sn主要在早期阶段形成，依次形成锡、铜→铜、锌→锌、铅→银，矿床的形成与花岗岩侵入有密切的关系，成矿物质主要来源于花岗岩同源岩浆。

4. 与燕山晚期火山-侵入杂岩晚期浅成斑岩有关的铅、锌、银和银成矿系列

本成矿系列的矿床主要分布在大兴安岭北部得尔布干成矿带南西段的木哈尔成矿带，矿床主要受次一级北西向断裂构造控制。矿床均产于中—晚侏罗世火山岩系中，成矿与火山-侵入杂岩分异晚期的浅成斑岩有关，岩性为闪长玢岩、花岗闪长斑岩、石英斑岩和长石石英斑岩等，同位素年龄为120～110Ma，属燕山晚期的产物。

5. 与古生代火山沉积盆地演化有关的海底热液喷流沉积成矿系列

海底热液喷流沉积成矿系列是指成矿热液在海底喷溢沉积而形成的矿床组合，又被称为喷流型或热水沉积矿床。

谢尔塔拉铁锌矿床主要由透镜状和似层状矿体群组成。矿体群均产于下石炭统莫尔根河组海相火山岩系中，并受火山岩系产状控制。

6. 华北地块北部过渡区沿深断裂与中、酸性火山-侵入岩有关的铅、锌矿床成矿系列

本成矿系列的矿床分布在华北地块北缘，成矿时代为燕山期。

与燕山晚期超浅成—浅成中、酸性火山-侵入岩有关的铅、锌、银、铜矿床成矿亚系列，成矿时代为130～115Ma，矿床类型为热液型，代表性矿床有六支箭铅、锌、银矿床，太仆寺旗金豆子山铅锌矿。

7. 大陆褶皱带与陆相中酸性火山-侵入岩有关的铅、锌金属矿床成矿系列

本成矿系列的矿床分布于大陆褶皱带的中生代火山盆地，发育有燕山期陆相中基性火山岩，构成与陆相中基性火山岩-次火山岩有关的铅、锌金属矿床成矿系列。代表性矿床有李清地铅锌矿、大青山东段九龙湾银多金属矿床、内蒙古成堂地铅锌银矿。

8. 与层控火山热液有关的同成火山岩型铅锌矿床

本成矿系列的矿床赋存于由火山喷发相的爆发亚相上喷作用而形成的火山碎屑岩及凝灰岩中。由于在火山侵入活动中,火山喷发出的火山热液携带了成矿物质,因此在凝灰质角砾岩与凝灰岩中形成了矿(矿化)体。成矿物质的喷发同火山成矿热液同时上升(喷),经搬运,在重力作用下聚集成矿。

扎木钦矿区铅锌矿在凝灰质角砾岩中见矿情况较凝灰岩好,而且矿体赋存部位也较凝灰岩深,可能更接近火山口。上述即说明了本矿区矿床的成因地质过程。

9. 稳定区与变质火山-沉积作用有关的铁(铜、铅、锌、金、硫)矿床成矿系列

本成矿系列的矿床产于华北地块北缘的古老隆起区,华北地块北缘中元古代裂陷槽(裂谷)的渣尔泰山群中赋存有与裂陷槽岩浆活动有关的双峰式演化顺序:早期基性火山活动,晚期向酸性火山活动方向分异演化有关的铁、铜、铅、锌、金、硫矿床,构成一个完好的矿床成矿系列,矿床成因类为海底火山喷气-沉积改造矿床。矿体呈似层状、透镜状产出,矿床有用元素组合自西向东变化为:Cu(PbZn)(霍各乞)→以 Zn 为主的多金属元素,Cu>Pb(炭窑口)→以 Zn 为主的多金属元素,Cu、Pb(东升庙)→Zn、Pb、S,无 Cu(甲生盘),并且与裂谷双峰式岩浆活动的演化顺序相符,依次为基性火山岩活动(霍各乞)→酸性火山岩活动(炭窑口、东升庙),火山凝灰岩(甲生盘)。成矿时代的变化为:1900Ma(霍各乞)→1900~1800Ma(炭窑口)—1805Ma(东升庙)→1 679.65Ma。上述表明,该矿床成矿系列在时空的演化上完全为裂陷槽的演化所控制。

二、铅锌矿种资源量预测总体成果

本次对全区铅锌矿种 15 个预测工作区进行了定位预测及资源量定量估算,共圈定最小预测区 526 个,其中,A 级最小预测区(以下简称 A 级区)110 个,B 级最小预测区(以下简称 B 级区)190 个,C 级最小预测区(以下简称 C 级区)226 个(图 1-1)。全区共预测(金属量)铅 1 360.07 万 t、锌 3 400.31 万 t,其中共(伴)生铅 74.30 万 t,锌 227.28 万 t,其中不包含《截至二〇〇九年底的内蒙古自治区矿产资源储量表:有色金属矿产分册》①已查明资源量铅 893.59 万 t、锌 2 270.58 万 t。

---

①此储量表为内蒙古自治区国土资源信息院以季度为单位向上级单位提交的报表。

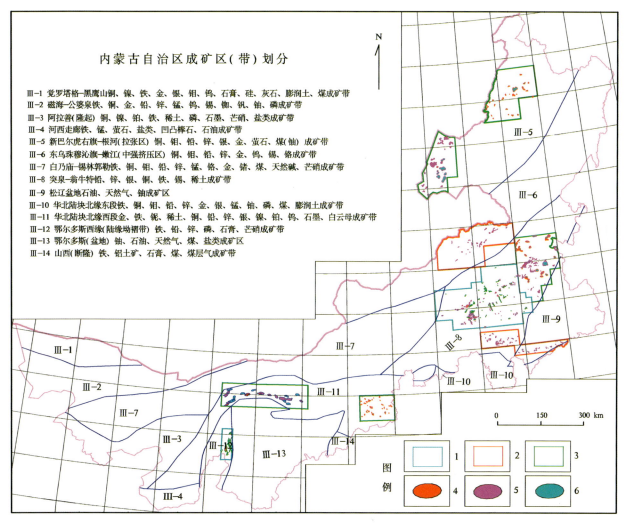

图1-1 内蒙古自治区铅锌矿预测成果图

1.热液型铅锌矿预测工作区;2.矽卡岩型铅锌矿预测工作区;3.海底火山沉积型铅锌矿预测工作区;4.A级区;5.B级区;6.C级区

第二章　内蒙古自治区铅锌矿床类型

第一节　铅锌矿床成因类型及主要特征

内蒙古自治区铅锌矿床的成因类型主要有热液型、矽卡岩型、海底火山沉积型等。

1. 热液型

热液型是内蒙古自治区分布最广泛的铅锌矿床类型,可进一步划分为:

(1) 与燕山期中酸性侵入-火山杂岩有关的热液型铅锌矿床。代表性矿床如甲乌拉、比利亚谷、李清地、得尔布尔、二道河铅锌多金属矿。矿床主要产于隆坳交接带附近,北东向和北西向断裂构造系统控矿;成矿与酸性、浅成、浅剥蚀的侵入-火山杂岩体有关,矿体围岩蚀变主要有强烈的硅化、铁锰碳酸盐化、绢英岩化等。

(2) 与火山岩有关的层控热液型铅锌矿床。火山喷发时火山热液携带了成矿物质,在凝灰质角砾岩与凝灰岩中形成了矿(矿化)体。扎木钦矿区铅锌矿在凝灰质角砾岩中见矿情况较凝灰岩好,而且矿体赋存部位也较凝灰岩深,可能更接近火山口。矿体呈层状或似层状,赋存于地表以下 300~500m 之间,均为隐伏矿体。矿体赋存于凝灰岩及凝灰质角砾岩中,矿体与围岩界线不清,围岩亦有弱矿化现象,矿体多依据采样化验而定。

2. 矽卡岩型

矽卡岩型是内蒙古自治区最主要的铅锌矿床类型,一类是以铅锌为主,如白音诺尔铅锌矿,另一类是与铁、锡、铜等共生的锌多金属矿,如浩布高锌多金属矿床等。一般具有规模大、品位高、可选性好等特点。主要分布在大兴安岭中南段。在突泉—林西一带,赋矿地层为下二叠统大石寨组碳酸盐岩-安山岩建造和中二叠统哲斯组砂板岩-碳酸盐岩建造;在东乌珠穆沁旗朝不楞一带,赋矿地层为泥盆系塔尔巴格特组碎屑岩-碳酸盐岩建造;构造上通常产于基底隆起和断陷火山盆地交接带的基底隆起一侧或隆坳交接带位置;与成矿作用关系密切的岩体主要是燕山期中酸性火山-侵入杂岩或中酸性侵入岩(闪长玢岩、花岗闪长斑岩、花岗斑岩等)。

3. 海底火山沉积型铅、锌、铁、铜、硫矿床

该类型矿床产于华北地块北缘中元古代裂陷槽(裂谷)内。赋矿地层为渣尔泰山群阿古鲁沟组碳质砂板岩。矿体呈似层状、镜透状产出,矿床有用元素组合自西向东变化为:Cu(PbZn)(霍各乞)→以 Zn 为主的多金属元素,Cu>Pb(炭窑口)→以 Zn 为主的多金属元素,Cu、Pb(东升庙)→Zn、Pb、S,无 Cu(甲生盘)。

第二节 预测类型、矿床式及预测工作区的划分

本次工作铅锌矿共划分了 15 个矿产预测类型，确定了 4 种预测方法类型。根据矿产预测类型及预测方法类型共划有 15 个预测工作区（图 2-1，表 2-1）。

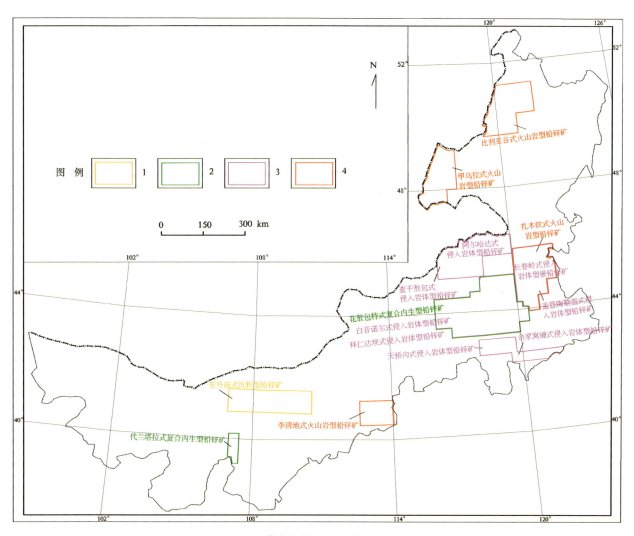

图 2-1 内蒙古铅锌矿预测类型分布示意图
1. 复合内生型；2. 沉积型；3. 火山岩型；4. 侵入岩体型

表 2-1 内蒙古自治区铅锌矿预测类型一览表

序号	矿床预测类型	成矿时代	矿种	典型矿床	构造分区名称	成矿构造时段	研究区范围	预测方法类型	预测工作区	全国矿床式
1	东升庙式沉积型铅锌矿	Pt_2	铅、锌	东升庙铅锌矿	狼山-白云鄂博裂谷	Pt	东升庙地区	沉积型	东升庙预测工作区	甲生盘式
2	查干敖包式侵入岩体型锌矿	J—K	锌	查干敖包锌矿	扎兰屯-多宝山岛弧	Pz	朝不楞地区	侵入岩体型	查干敖包预测工作区	白音诺尔式
3	天桥沟式侵入岩体型铅锌矿	J—K	铅、锌	天桥沟铅锌矿	温都尔庙俯冲增生杂岩带	Pz	翁牛特旗	侵入岩体型	天桥沟预测工作区	拜仁达坝式
4	阿尔哈达式侵入岩体型铅锌矿	J—K	铅、锌、银	阿尔哈达铅锌矿	大兴安岭弧盆系东乌珠穆沁旗-多宝山岛弧	Pz	朝不楞地区	侵入岩体型	阿尔哈达预测工作区	拜仁达坝式
5	长春岭式侵入岩体型铅锌矿	J	银、铅、锌	长春岭铅锌矿	锡林浩特岛弧	Pz	科尔沁右翼中旗	侵入岩体型	长春岭预测工作区	拜仁达坝式
6	拜仁达坝式侵入岩体型铅锌矿	K	铜、银、铅、锌	拜仁达坝铅锌矿	锡林浩特岛弧	Pz	黄岗梁地区	侵入岩体型	拜仁达坝预测工作区	拜仁达坝式
7	孟恩陶勒盖式侵入岩体型铅锌矿	J	铅、锌、银	孟恩陶勒盖铅锌矿	锡林浩特岛弧	Pz	科尔沁右翼中旗	侵入岩体型	孟恩陶勒盖预测工作区	拜仁达坝式
8	白音诺尔式侵入岩体型铅锌矿	J—K	铅、锌	白音诺尔、浩布高铅锌矿	锡林浩特岛弧	Pz	黄岗梁地区	侵入岩体型	白音诺尔预测工作区	拜仁达坝式
9	余家窝铺式侵入岩体型铅锌矿	J—K	铅、锌	余家窝铺、荷尔乌苏铅锌矿	温都尔庙俯冲增生杂岩带	Pz	翁牛特旗	侵入岩体型	余家窝铺预测工作区	白音诺尔式
10	比利亚谷式火山岩型铅锌矿	J	铅、锌	比利亚谷、三河、二道河子铅锌矿	大兴安岭弧盆系额尔古纳岛弧	Pz	额尔古纳市	火山岩型	比利亚谷预测工作区	甲乌拉式
11	扎木钦式火山岩型铅锌矿	J—K	铅、锌	扎木钦铅锌矿	锡林浩特岛弧	Pz	科尔沁右翼中旗	火山岩型	扎木钦预测工作区	扎木钦式
12	李清地式复合内生型铅锌矿	J—K	铅、锌	李清地铅锌银矿	固阳-兴和古陆核	Pz	乌兰察布市南部	火山岩型	李清地预测工作区	甲乌拉式
13	甲乌拉式火山岩型铅锌矿	J—K	铅、锌	甲乌拉、查干布拉根铅锌银矿	额尔古纳岛弧	Pz	满洲里—新巴尔虎右旗	火山岩型	甲乌拉预测工作区	甲乌拉式
14	花敖包特式复合内生型铅锌矿	J	铅、锌	花敖包特铅锌矿	锡林浩特岛弧	Pz	黄岗梁地区	复合内生型	花敖包特预测工作区	甲乌拉式
15	代兰塔拉式复合内生型铅锌矿	J	铅、锌	代兰塔拉	鄂尔多斯古陆块贺兰—桌子山裂隙槽	Pz	乌海地区	复合内生型	代兰塔拉预测工作区	甲乌拉式

第三节 预测资源量估算方法

本次工作是根据全国矿产资源潜力评价项目组《预测资源量估算技术要求》(2010年补充),根据各典型矿床及预测工作区资料的实际情况,应用地质体积法进行铅锌单矿种的资源量估算。

1. 最小预测区的确定

应用 MRAS 软件利用特征分析法或证据权重法进行定位预测,形成定位预测色块图;叠加地质体、断层、矿产地、物探、化探、遥感、自然重砂推断成果及异常形态等各预测要素,根据预测要素的不同级别(必要、重要、次要)及与典型矿床的符合程度,筛选并确定进行定量预测的最小预测区。

2. 确定典型矿床预测模型和参数

根据典型矿床大比例尺勘探资料,圈定矿体、矿带或脉状矿体聚集区段边界范围,作为典型矿床预测模型的面积($S_{典}$);综合研究勘探资料,根据勘探延深、控矿构造、延深、空间变化、矿化蚀变等参数确定矿体的延深($H_{典}$);原则上将已评审备案的资源储量作为典型矿床已查明资源量($Z_{典}$),则典型矿床含矿系数($K_{典}$)为:$K_{典} = Z_{典}/(S_{典} \times H_{典})$。

3. 典型矿床深部及外围预测资源量及其估算参数的确定

在典型矿床地区平面图或大比例尺平面图及剖面图上,综合研究典型矿床预测模型,估算典型矿床深部及外围预测资源量。根据控矿构造、延深、空间变化、矿化蚀变、航磁信息等参数确定预测延深及外围面积。

典型矿床深部预测资源量 $Z_{深} = S_{典} \times H_{深} \times K_{典}$。
典型矿床外围预测资源量 $Z_{外} = S_{外} \times (H_{典} + H_{深}) \times K_{典}$。
典型矿床资源总量 $Z_{典总} = Z_{典} + Z_{深} + Z_{外}$。

4. 模型区预测资源量的确定

模型区是指典型矿床所在位置的最小预测区。
模型区预测资源总量($Z_{模}$) = $Z_{典总}$ + 模型区内其他已知矿床及矿点的资源量。

5. 模型区含矿系数的确定

各预测类型的模型区是根据确切地质体边界进行圈定的,因此要对模型区内含矿地质体的含矿系数进行估算。
模型区含矿系数 K = 模型区预测资源总量($Z_{模}$)/模型区含矿地质体总体积($V_{模}$)。

6. 最小预测区相似系数的确定

对比模型区与最小预测区的地质体、构造、矿化信息、航磁、重力、遥感、自然重砂等全部预测要素的总体相似程度,采用特征分析、证据权重成矿概率或综合方法确定相似系数(α)。

7. 最小预测区估算参数的确定及资源量估算

最小预测区面积($S_{预}$)的确定:利用 MRAS 软件形成定位预测色块图;叠加不同级别(必要、重要、次要)的预测要素并根据它与典型矿床的符合程度,确定进行定量预测的最小预测区面积。

最小预测区延深($H_{预}$)的确定：根据矿床模型研究，结合含矿地质体产状、出露面积、控矿构造、物探、化探信息推断含矿地质体的可能延深。

则最小预测区预测资源量($Z_{预}$)估算：

$$Z_{预总} = S_{预} \times H_{预} \times K_S \times K \times \alpha$$

式中：$Z_{预总}$——预测区预测资源总量；

$S_{预}$——最小预测区面积；

$H_{预}$——最小预测区延深(指最小预测区含矿地质体延深)；

K_S——含矿地质体面积参数；

K——模型区矿床的含矿系数；

α——相似系数。

$$Z_{预} = Z_{预总} - Z_{查明}$$

式中：$Z_{查明}$——预测工作区内所有已查明矿床（点）资源量总和。

8. 预测资源量估算结果汇总

对各预测工作区及全区的资源量按资源量精度级别、延深、矿产预测类型、可利用性类别分别进行汇总。

（1）资源量精度级别分级参照以下标准。

A. 334-1：具有工业价值的矿产地或已知矿床深部及外围的预测资源量。符合以下原则即可划入本类别，即最小预测区内具有工业价值的矿产地必须是已经提交 333 以上类别资源量的矿产地，且资料精度大于或等于 1∶5 万。

B. 334-2：同时具备直接（包括含矿层位、矿点、矿化点、重要找矿线索等）和间接找矿标志的最小预测单元内的预测资源量（间接找矿标志包括物探、化探、遥感、老硐、自然重砂等异常）。工作中符合以下原则即可划入本类别，即除 334-1、334-3 以外的情况均为该类资源量。该类资源量主要为资料精度大于或等于 1∶5 万，且尚未发现具有工业价值的矿产地；已发现具有工业价值的矿产地，但预测区资料精度小于 1∶5 万。

C. 334-3：只有间接找矿标志的最小预测单元内预测资源量。工作中符合以下原则即可划入本类别，即任何情况下预测资料精度均小于 1∶5 万的预测单元内资源量。

（2）延深：依据含矿地质体延深可能性，按照 500m 以浅、1000m 以浅和 2000m 以浅统计预测资源量。

（3）矿产预测类型：以成矿规律划分的 18 个矿产预测类型，以预测工作区为单位统计资源量。

（4）可利用性类别：可利用性类别的划分主要依据延深可利用性（500m、1000m、2000m）、当前开采经济条件可利用性、矿石可选性、外部交通水电环境可利用性等按权重进行取数估算。具体标准如下：

A. 延深可利用性占 30%。延深 500m 以浅为 30%×100%，延深 500～1000m 为 30%×50%，延深 1000～2000m 为 30%×25%。

B. 当前开采经济可利用性占 40%。区内有已知矿床为 40%×100%，区内有已知矿点为 40%×70%，区内无已知矿点但矿化蚀变强度大范围广为 40%×30%。

C. 矿石可选性占 20%。易选为 20%×100%，中等为 20%×60%，难选为 20%×20%。

D. 外部交通水电环境占 10%。自然地理及交通条件好为 10%×100%，自然地理及交通条件差为 10%×40%。

上述 4 项之和≥60%，则为可利用；4 项之和<60%，则为暂不可利用。

9. 最小预测区、预测工作区、全区的预测资源量可信度分析

用地质体积法针对每个最小预测区评价其可信度，其可信度划分标准如下。

(1)面积可信度：①既有地质建造又有矿点物探、化探异常(0.75)；②单一矿点地质建造(0.50)；③只有物探、化探异常(0.25)。

(2)延深可信度：①根据最小预测区的勘探成果确定(0.90)；②磁法反演确定延深(0.75)；③根据预测工作区内含矿建造-构造的产状确定(0.50)；④化探异常剥蚀系数法确定(0.50)；⑤根据矿床类型最大限度延深法来确定或者预测工作区内矿床勘探延深统计确定(0.50)；⑥专家分析确定因素(0.25)。

(3)含矿系数可信度根据模型区的资源产状勘探情况确定：①勘探程度高，对矿床深部外围资源量了解清楚(0.75)；②勘探程度较高，对矿床深部外围资源量及含矿地质体分布了解一般(0.50)；③勘探程度一般，对矿床深部外围资源量及含矿地质体分布了解较差(0.25)。

(4)预测资源量可信度：①深部探矿工程见矿最大延深以上的预测资源量，可信度大于或等于0.75；②深部探矿工程见矿最大延深以下部分合理估算的预测资源量，或经地表工程揭露，已经发现矿体，但没有经深部工程验证的预测资源量，可信度为0.50~0.75；③仅以地质、物探、化探异常估计的预测资源量可信度小于0.50。

第三章 东升庙式沉积型铅锌矿预测成果

第一节 典型矿床特征

一、典型矿床特征及成矿模式

(一) 典型矿床特征

东升庙式沉积型铅锌矿隶属巴彦淖尔市乌拉特后旗管辖。大地构造单元属于狼山-阴山陆块狼山-白云鄂博裂谷。成矿区(带)划分属滨太平洋成矿域(叠加在古亚洲成矿域之上)华北陆块成矿省华北陆块北缘西段金、铁、铌、稀土、铜、铅、锌、银、镍、铂、钨、石墨、白云母成矿带,狼山-渣尔泰山铅、锌、金、铁、铜、铂、镍成矿亚带(Ⅲ级)。

1. 矿区地质

矿区内出露地层为中元古界渣尔泰山群,地层由下到上包括书记沟组、增隆昌组、阿古鲁沟组和青白口系刘鸿湾组,其中与成矿有直接关系的是阿古鲁沟组。其岩石组合特征为:下部为暗色板岩、碳质粉砂质板岩夹片理化含铜石英岩,上部为泥质结晶灰岩,底界以黑灰色绢云板岩与增隆昌组硅化灰岩平行不整合分界,顶界以含碳质板岩、深灰色结晶灰岩与刘鸿湾组石英岩平行不整合分界(图3-1)。

阿古鲁沟组(Pt_2a)分3个岩段,上段为二云母石英片岩、碳质二云母石英片岩、碳质千枚状石英片岩,厚度大于360m,不含矿;中段为碳质板岩、碳质千枚岩、碳质条带状石英岩、含碳石英岩、黑色石英岩及透闪石岩、透辉石岩及其相互过渡岩类(原岩为泥灰岩),厚度100~150m,是铜、铅矿床的赋存层位。下段上部为黑云母石英片岩类、红柱石二云母石英片岩及含碳云母石英片岩夹角闪片岩;下部为碳质千枚岩、碳质千枚状片岩、碳质板岩夹钙质绿泥石片岩、绿泥石英片岩及结晶灰岩透镜体,总体厚度大于320m,不含矿。

2. 控矿构造

构造上预测工作区主体位于川井-化德-赤峰大断裂带以南,大青山山前断裂以北。区域构造线方向总体为北东东向或近东西向,岩浆活动以及地层空间分布及成矿作用均明显受它控制。

断裂构造中有成矿期断裂——深断裂,是控矿构造;有成矿期后断裂——逆斜断层、横断层、裂隙构造,是坏矿构造。褶皱构造总体表现为继承了原始沉积的古地理格局,即背斜核部为古隆起部位,向斜核部为古坳陷部位。裂隙构造十分发育,与矿体有关的主要是层内裂隙构造及层间滑动裂隙。

3. 矿床特征

东升庙矿床为超大型多金属硫铁矿床,矿体以似层状呈北东-南西向展布,西起35勘查线,东至

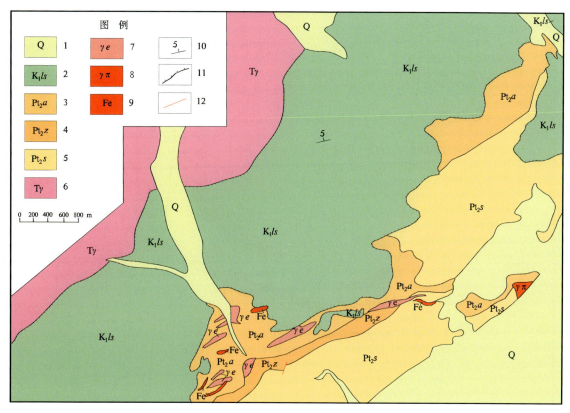

图 3-1 东升庙式沉积型铅锌矿典型矿床地质图

1. 第四系松散物;2. 下白垩统李三沟组;3. 中元古界渣尔泰山群阿古鲁沟组;4. 中元古界渣尔泰山群增隆昌组;5. 中元古界渣尔泰山群书记沟组;6. 三叠纪花岗岩;7. 变石英钠长斑岩;8. 花岗斑岩脉;9. 铁矿体;10. 地层产状(°);11. 不整合界线;12. 断层

64勘查线,走向长约2500m,南北宽(沿倾向)约1860m,分布面积约4.65km²,原生矿体标高在477.25～1120m之间。矿体产于中元古界渣尔泰山群阿古鲁沟组中,矿体产状受地层控制,总体走向北东-南西,倾向北西或南东,倾角12°～60°。主要矿体有9处,规模皆为大型,长度940～2300m,延深110～1000m。小矿体129处,多数矿体长度小于100m。矿体形态简单,呈层状、似层状,局部呈透镜状产出。矿床在水平方向具有铜—铅—锌的区域分带现象;在垂向上,分带现象也比较明显,自下而上具有铜—铅—锌—铁—硫的垂直分带现象(图3-2)。主元素含量分别为 S 10.00%～36.69%,Zn 0.5%～16.29%,Cu 0.3%～1.59%。伴生元素分为有益组分和有害组分,伴生有益组分含量为 Au 0.21×10^{-6}, Ag 15.21×10^{-6}, Co 0.019%, Cd 0.013%, 石墨微量等;有害组分含量为 As<0.02%, F 0.014%～0.03%, C<6.5%。

4. 矿石特征

主要有用化学成分:硫、锌、铅、铜、铁。

矿石矿物成分:金属矿物主要有黄铜矿、方铅矿、铁闪锌矿、磁黄铁矿、黄铁矿、磁铁矿。次要矿物有方黄铜矿、斑铜矿、砂和其他氧化物。主要矿物生成顺序为黄铁矿→磁黄铁矿→黄铜矿→铁闪锌矿→方铅矿。

主要矿石自然组合:黄铜矿型、黄铜矿-磁黄铁矿型、黄铜矿-方铅矿-铁闪锌矿-磁黄铁型、方铅矿-铁闪锌矿-磁黄铁矿-黄铁矿型、磁黄铁矿-磁铁矿型、磁铁矿-方铅矿-铁闪锌矿-磁黄铁矿型、磁铁矿型。

矿石构造:①条带状构造。金属硫化物沿云母石英片岩片理、石英岩的透石-透闪石条带或碳质条

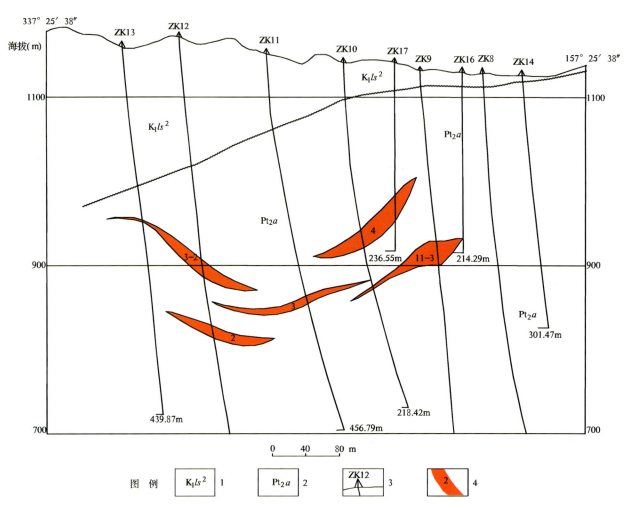

图 3-2 东升庙式沉积型铅锌矿典型矿床 0 勘查线剖面图

1.李三沟组二段砖红色(含)砂砾黏土岩;2.中元古界渣尔泰山群阿古鲁沟组;3.钻孔剖面位置及编号;4.铅锌矿体及编号

带分布,界线清晰,条带一般宽 2~3cm。此类构造系区域变质过程中,由成矿物质沿顺层片理和第一期轴面劈理充填交代而成。②细脉-网脉状构造。金属硫化物沿岩石的细小裂隙、脉石矿物颗粒间隙或解理分布。③斑杂-团块状构造。黄铜矿、方铅矿、铁闪锌矿、磁黄铁矿等呈斑杂或团块状分布,为主要矿石构造类型。④浸染状构造。金属矿物呈稀疏浸染—稠密浸染状,是含矿的变质热液顺着片理和第一期轴面理再沿岩石粒间活动充填交代的结果。另外还有块状构造、花纹状构造、角砾状构造。

矿石结构:①变晶结构。其中有自形变晶结构、半自形变晶结构、他形变晶结构、共边界变晶结构。②交代结构。其中有交代残余结构、交代溶蚀结构、交骸晶结构。③固溶体分离结构。其中有乳滴状结构,黄铜矿在磁黄铁矿中,磁黄铁矿或黄铁矿在铁闪锌矿中呈乳滴状分布。④文象结构。磁铁矿与透辉石组成文象状,方黄铜矿在黄铁矿中组成条纹、格状结构。⑤塑性变形结构。具有交代特征的假象黄铁矿沿磁黄铁矿{001}解理分布,因受外力作用而发生塑性变形。假象黄铁矿系由磁黄铁矿转化而来,在弯解理中充填有黄铜矿。方铅矿 3 组解理造成的黑三角形空穴规则地排列成弯曲状,反映矿解理受后期作用发生了弯曲。

上述典型的构造和结构,都是在区域变质条件下改造和再造的结果。

5. 成矿时代及成因类型

渣尔泰山群较集中的年龄值为 1600Ma,铅模式年龄主要集中在 1118～950Ma。本区铅锌矿床形成于中—新元古代,矿床成因类型为沉积型铅锌矿床。

(二)矿床成矿模式

矿床产于裂陷槽边缘活动带,在沉积的最初阶段,通过黏土吸附、络合物的形式,把成矿物质运移到浅海—滨海湾,由于同生期的沉积分异作用和掺合作用,使碎屑、黏土、泥质、矿质堆积下来,集中于阿古鲁沟组内,形成矿源层;中期局部伴有富钠质火山活动,为东升庙矿床的形成打下了物质基础。

成岩阶段,区域地层总体是上升运动。由于有机质作用和氧逸度的降低,使介质处在还原条件下,引起物质的重新分配组合,形成新的成岩矿物。随着温度、压力的改变,金属元素通过热卤水迁移,集中到固定的地球化学障壁中。

构造运动与成矿作用同时贯穿于沉积、成岩、成岩后生和变质作用的始终。在沉积、成岩阶段,构造运动主要表现为垂直运动,成岩后生阶段,表现为水平挤压运动。在区域变质中期,形成同斜背斜,溶解在变质溶液中的金属元素处于活化状态,可储存于背斜的某一部位。当倾向褶曲形成时,含矿的变质溶液又迁移到两期褶曲相结合的部位,构造运动逐渐稳定,温度慢慢下降,到达矿物结晶温度时,在适当的物理化学、岩性条件下金属矿物沉淀下来。根据成矿地质条件、矿体的形态和产状、矿石的结构构造等特征,东升庙式矿床的成因类型及矿产预测类型为沉积型铅锌矿,成矿模式见图 3-3。

二、典型矿床地球物理特征

1. 重力场特征

由布格重力异常图可知,东升庙海相火山沉积型铅锌矿床位于北东向局部重力低异常北西侧的等值线密集带上,该局部重力低异常最小值 $\Delta g_{min}=-228.47\times10^{-5}\text{m/s}^2$,异常幅度约 $80\times10^{-5}\text{m/s}^2$;剩余重力异常图上亦明显反映局部剩余重力低异常。其北东侧反映北东向重力高异常带,根据物性资料和地质资料分析,推断重力低异常带是临河中—新生代盆地所致,重力高异常带是宝音图隆起南延的反映,表明东升庙海相火山沉积型铅锌矿床不仅与元古宙海相火山喷流沉积岩有关,而且与临河中—新生代盆地边缘断裂有关,即该矿床成因符合盆地边缘成矿理论。

2. 磁场特征

1:20 万航磁 ΔT 等值线平面图显示,该矿床在北东向的弱磁场高背景区,航磁 ΔT 化极垂向一阶导数等值线平面图反映在矿床处形成强度较低的局部磁异常,表明该矿床与弱磁性矿物相对富集有关。东升庙典型矿床物探剖析图如图 3-4 所示。

三、典型矿床地球化学特征

矿区出现了以 Pb、Zn 为主,伴有 Cu、Ag、Au、Cd、As 等元素组成的综合异常;Pb、Zn 为主成矿元素,Cu、Ag、Au、Cd、As 为主要的共(伴)生元素。

预测工作区上分布有 Au、As、Sb、Cu、Pb、Zn、Ag、Cd、W、Mo 等元素异常,Pb 异常具明显的浓度分带和浓集中心,浓集中心明显,异常强度高,呈近东西向展布。东升庙典型矿床化探剖析图如图 3-5 所示。

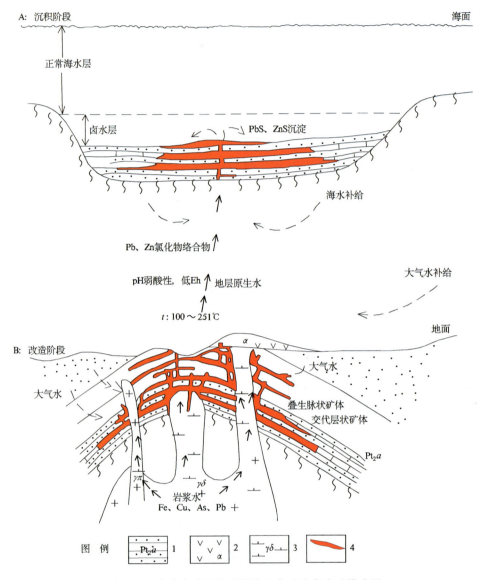

图 3-3 东升庙式沉积型铅锌矿典型矿床成矿模式图
1. 中元古界渣尔泰山群阿古鲁沟组；2. 安山岩；3. 花岗闪长岩；4. 铅锌矿体

四、典型矿床预测模型

根据典型矿床成矿要素和化探资料以及区域重力资料，建立了典型矿床预测要素，编制了典型矿床预测要素图。收集整理典型矿床已有大比例尺重力、航磁、化探资料，分别编制了1：20万区域地质矿产及物探剖析图、化探剖析图，进而进行了典型矿床预测要素研究并编制典型矿床预测要素图及预测要素表（表3-1）。

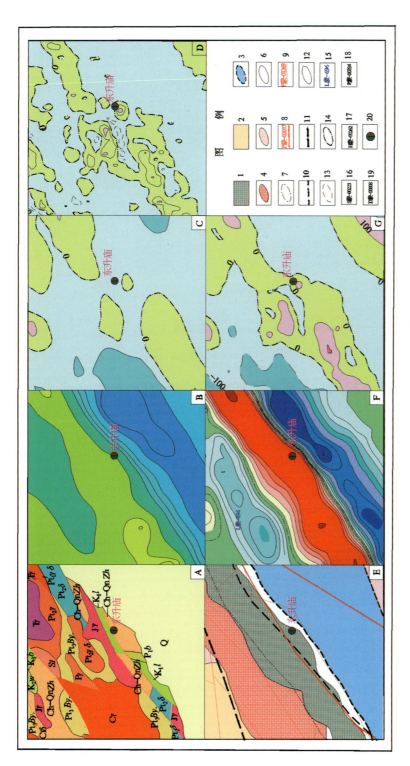

图 3-4 东升庙式沉积型铅锌矿典型矿床所在区域综合剖析图

A. 地质矿产图;B. 布格重力异常图;C. 航磁 ΔT 等值线平面图;D. 航磁 ΔT 化极等值线平面图;E. 重力推断地质构造图;F. 剩余重力异常图;G. 航磁 ΔT 化极垂向一阶导数等值线平面图;1. 元古宙地层;2. 古生代地层;3. 盆地及边界;4. 酸性-中酸性岩体;5. 出露岩体岩浆岩带;6. 酸性-中酸性岩体岩浆岩带;7. 半隐伏岩浆岩带边界;8. 重力推断二级断裂构造及编号;9. 重力推断三级断裂构造及编号;10. 二级构造单元号;11. 一级构造单元号;12. 航磁正等值线;13. 航磁负等值线;14. 零等值线;15. 剩余异常异常编号;16. 酸性-中酸性岩体编号;17. 地层编号;18. 盆地异常编号;19. 岩浆岩带编号;20. 铅锌矿点

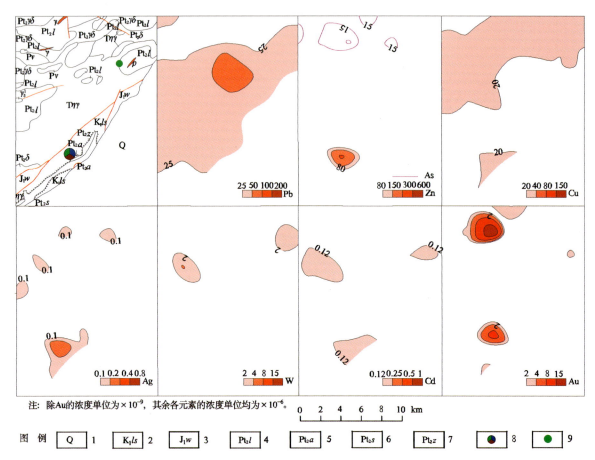

图 3-5 东升庙式沉积型铅锌矿典型矿床所在区域地质-化探剖析图

1. 第四系；2. 下白垩统李三沟组；3. 下侏罗统五当沟组；4. 中元古界渣尔泰山群刘鸿湾组；5. 中元古界渣尔泰山群阿古鲁沟组；6. 中元古界渣尔泰山群书记沟组；7. 中元古界渣尔泰山群增昌隆组；8. 铅锌铜矿点；9. 铜矿点

表 3-1 东升庙式沉积型铅锌矿典型矿床预测要素

预测要素		内容描述			要素类别
资源储量(t)		5 029 581	平均品位(%)	2.36	
特征描述		海底喷流-沉积矿床(层控)			
地质环境	岩石类型	为(含粉砂)碳质泥岩-碳酸盐岩构造，其中普遍发育有喷气成因的燧石夹层或条带			必要
	岩石结构	变余泥质结构			次要
	成矿年代	中元古代			必要
	成矿环境	渣尔泰山群二岩组的(含粉砂)碳质泥岩-碳酸盐岩建造；条带状碳质石英岩富铜，白云质灰岩、硅质条带结晶灰岩富硫，碳质板岩中富含铅锌；该层位相当于区域上渣尔泰山群的增隆昌组上部和阿古鲁沟组			必要
	构造背景	属于华北陆块北缘的狼山-渣尔泰山中元古代裂谷			必要

续表 3-1

预测要素		内容描述			要素类别
资源储量(t)		5 029 581	平均品位(%)	2.36	
特征描述		海底喷流-沉积矿床(层控)			
矿床特征	矿物组合	矿石矿物:黄铁矿、磁黄铁矿、闪锌矿、方铅矿、黄铜矿、磁铁矿等;脉石矿物:白云石、绢云母、黑云母、石英、长石、方解石、石墨、重晶石、电气石、磷灰石、透闪石等			重要
	结构构造	结构:半自形—他形粒状,自形粒状为主,其次有包含结构、充填结构、溶蚀结构、斑状变晶结构、固溶体分离结构、反应边结构、压碎结构等。 构造:条纹-条带状构造、块状构造、浸染状构造、细脉浸染状构造、角砾状构造、凝块状构造、鲕状-结核状构造、定向构造等			次要
	控矿条件	华北地台北缘断陷海槽控制着硫多金属成矿带(南带)的分布范围和含矿特征,其中的二级断陷盆地控制着一个或几个矿田的分布范围和含矿特征;三级断陷盆地则控制着矿床的分布范围和含矿特征			必要
	蚀变	与矿化关系密切的蚀变有黑云母化、绿泥石化和碳酸盐化在含矿层及其上下盘围岩中发育有电气石化、碱性长石化、绿泥石化、绿帘石化、黝帘石化、碳酸盐化、硅化等蚀变。其中最具特征的是下盘的电气石化,分布广泛,属层状蚀变,成分为镁电气石或镁电气石与铁电气石过渡种属,与海底喷气有关			重要
	风化	方铅矿、闪铅矿出露地表后多分布于铁帽、铅华等表生氧化产物中			次要
地球物理特征	重力	东升庙海相火山沉积型铅锌矿床位于北东向局部重力低异常的北西侧的等值线密集带上,该局部重力低异常最小值 $\Delta g_{min}=-228.47\times10^{-5}m/s^2$,重力低异常异常幅度约 $80\times10^{-5}m/s^2$;推断重力低异常带是临河中—新生代盆地所致			重要
	航磁	据1:1万地磁平面等值线图显示,磁异常呈条带形,走向东西,极值达1300nT。据1:1万电法等值线图显示,矿点处于低阻高极化异常上,推测异常属于矿致异常			重要
地球化学特征		分布于铜铅锌化极三级分带异常范围内,范围大,强度高,连续性好			重要

第二节 预测工作区研究

该预测工作区位于内蒙古自治区中部地区,属巴彦淖尔市和包头市所辖。地理坐标:E106°30′—E110°15′,N40°50′—N41°50′。

一、区域地质特征

1. 成矿地质背景

该预测工作区大地构造位置属华北陆块区狼山-阴山陆块的狼山-白云鄂博裂谷、色尔腾山-太仆寺旗古岩浆弧及固阳-兴和陆核区。成矿(区)带位于滨太平洋成矿域(叠加在古亚洲成矿域之上)(Ⅰ级)华北成矿省(Ⅱ级),华北陆块北缘西段金、铁、铌、稀土、铜、铅、锌、银、镍、铂、钨、石墨、白云母成矿带(Ⅲ),白云鄂博-商都金、铁、铌、稀土、铜、镍成矿亚带和霍各乞-东升庙铜、铁、铅、锌、硫成矿亚带(Ⅳ)。

(1)地层:预测工作区内出露地层主要有中太古界乌拉山岩群哈达门沟岩组、桃儿湾岩组,为中太古代陆壳增厚阶段的产物,发生了角闪岩相到麻粒岩相变质作用;新太古界色尔腾山岩群、二道洼岩群,为陆内裂解阶段形成的火山-沉积变质岩系,发生了低角闪-高绿片岩相变质;新元古界白云鄂博群、中元古界渣尔泰山群等古陆基底之上的第一个稳定沉积盖层,为陆缘裂陷盆地或裂谷沉积环境沉积岩系,变质程度达绿片岩相。震旦系—下古生界有震旦系什那干群,奥陶系腮林忽洞组、马家沟组等克拉通盆地相稳定滨浅海相砂砾岩及碳酸盐岩建造。上古生界为内陆湖沼相沉积及陆相火山喷发-沉积岩系。中—新生界为内陆河湖相大同群、石拐群、五当沟组、大青山组、李三沟组、固阳组,晚期局部有陆相基性—酸性火山喷发,有白垩系白女羊盘组和新近系中新统汉诺坝组玄武岩、上新统宝格达乌拉组坳陷盆地红层沉积(图3-6)。

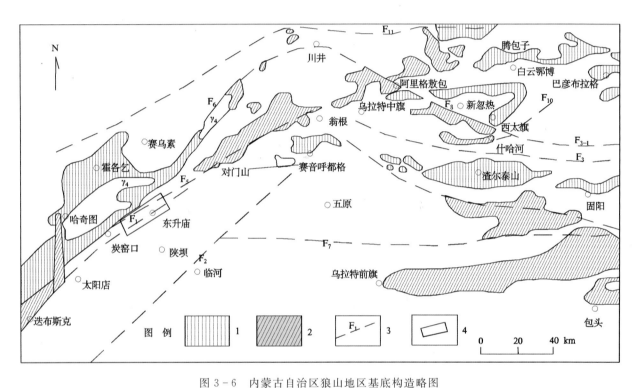

图3-6 内蒙古自治区狼山地区基底构造略图
1. 中元古界;2. 古元古界及太古宇;3. 断层及编号;4. 预测工作区范围

本预测工作区内与东升庙式沉积型铅锌矿有关的地层为渣尔泰山群阿古鲁沟组。其岩石组合特征下部为暗色板岩、碳质粉砂质板岩夹片理化石英岩,上部为泥质结晶灰岩,底界以黑灰色绢云板岩与增隆昌组硅化灰岩平行不整合分界,上界以含碳质板岩、深灰色结晶灰岩与刘鸿湾组石英岩平行不整合。

(2)岩浆岩:区内变质深成体及变质侵入岩发育,太古宙为麻粒岩相-角闪岩相紫苏花岗闪长质片麻岩、英云闪长质片麻岩-石英二长闪长质片麻岩-花岗闪长质片麻岩-花岗质片麻岩,多经历了麻粒岩相-角闪岩相变质,属TTG岩系、紫苏花岗岩。新太古代变质花岗岩与色尔腾山岩群形成花岗-绿岩带。古中太古代变质侵入岩为变基性侵入岩,岩石类型有变苏长岩、辉石橄榄岩、辉长苏长岩等,新太古代—古元古代亦有大量中酸性变质侵入岩,岩性有闪长岩、石英闪长岩、英云闪长岩-花岗闪长岩及花岗岩,多具片麻状构造,侵入前寒武纪岩石变质地层。晚古生代侵入岩多为闪长岩-二长岩-花岗闪长岩,多为I型花岗岩,形成构造环境多为大陆边缘。中生代早期三叠纪花岗岩类为S型花岗岩系列,侏罗纪、白垩纪花岗岩是晚古生代末期—中生代初期陆内俯冲造山作用的产物,I型花岗岩类多为与晚侏罗世区域性逆冲推覆构造挤压机制有关,白垩纪A型花岗岩多与剥离断层构造伸展机制有关。

(3)构造:本预测工作区主体位于川井-化德-赤峰大断裂带以南,大青山山前断裂以北。区域构造线方向总体为北东东向或近东西向,岩浆活动以及地层空间分布及成矿作用均明显受其控制。

本区在太古宙—古元古代漫长的地质历史中,经历了由初始陆核—陆核增长扩大—陆核固结的全过程,即华北地块结晶基底的形成过程。主要构造特征表现为古太古代穹状构造的形成,主期变形发生在麻粒岩相的变形和变质过程中;中—新太古代以强烈的片麻理褶皱和中—深层次的韧性剪切变形为主要特征。中—新元古代,华北地块北缘发生强烈造山运动和岩浆活动,北缘存在一条巨大的新元古代陆缘碰撞造山带,是新元古代时期超大陆拼合的主要事件。期间发生了多旋回的沉积作用、岩浆活动、构造变动和区域变质作用,构成渣尔泰山群总体近东西向展布的构造格局。古生代早期表现为克拉通内陆盆地稳定型沉积,晚期表现为陆相沉积和火山喷发。中—新生代则以差异性升降的断陷盆地和坳陷盆地为主,控制了侏罗系、白垩系乃至新近系的沉积作用。侏罗纪晚期是色尔腾山地区及大青山地区发生逆冲推覆构造的重要时期,致使前寒武纪变质地质体推覆于中生代地质体之上。

2. 区域成矿模式图

根据预测工作区成矿规律研究,确定预测区成矿要素(表3-2),总结成矿模式(图3-7)。

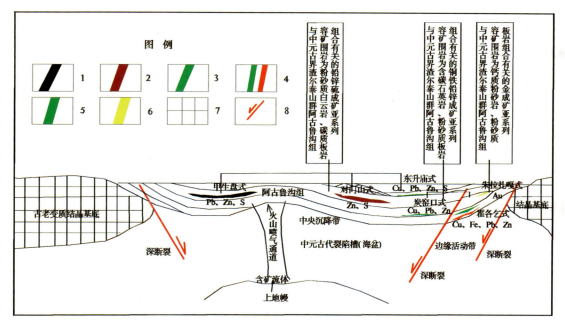

图3-7 与中元古界渣尔泰山群阿古鲁沟组有关的铅锌多金属矿床成矿系列区域成矿模式图

1.铅、锌、硫矿体;2.锌、硫矿体;3.铜、铅、锌、硫矿体;4.铜、铁、铅、锌矿体;5.铜、铅、锌矿体;6.金矿体;7.古老变质结晶基底;8.深断裂

表3-2 东升庙式沉积型铅锌矿预测工作区成矿要素

区域成矿要素		内容描述	要素类别
区域成矿地质环境	大地构造单元	华北陆块区狼山-阴山陆核(北缘隆起带)	重要
	主要控矿构造	狼山、阴山山前深大断裂及中元古代南东东向裂陷带	次要
	主要赋矿底层	中元古界蓟县系阿古鲁沟组	重要
	控矿沉积建造	浅海陆棚沉积体系碳质粉砂岩-泥岩建造、含碳石英砂岩建造	重要
	区域变质作用及建造	绿片岩相-低角闪岩相的区域变质作用,板岩-千枚岩建造、石英片岩建造	次要

续表 3-2

区域成矿要素		内容描述	要素类别
区域成矿特征	区域成矿类型及成矿期	中元古代海相沉积型（铜、铅、锌、硫铁）	重要
	含矿建造	碳质粉砂岩-泥岩建造、含碳石英砂岩建造	重要
	含矿构造	层内裂隙构造及层间滑动裂隙	次要
	矿石建造	方铅矿-闪锌矿-黄铜矿-辉铜矿-磁黄铁矿建造	次要
	围岩蚀变	硅化、电气石化、透辉透闪石化	重要
	矿床式	东升庙式沉积型	重要
	矿点	7处	重要
地球物理、地球化学特征	化探异常特征	异常规模大、强度高、持续性好，有几处明显的浓积中心，Cu、Pb、Zn三级浓度分带。矿床及矿点均位于化探异常范围内	重要
	重力异常特征	剩余重力异常等值线图上，矿床（点）多分布于重力高值异常区	次要
	航磁异常特征	矿床或矿点多分布于正负磁异常交接带靠正磁异常一侧，或负磁异常中的局部正磁异常区，异常值在100~200nT之间	次要

二、区域地球物理特征

1. 重力场特征

从布格重力异常图上来看，预测工作区区域重力场大致以对门山铅锌矿为界，其西重力场总体为北东走向，其东重力场总体为近东西走向，反映了预测工作区的总体构造格架特征。区域重力场最低值为 $-228.47\times10^{-5}\mathrm{m/s^2}$，最高值为 $-115.26\times10^{-5}\mathrm{m/s^2}$。根据地质资料及物性资料，推断区域重力高异常与太古宇和元古宇有关。在区域重力高异常区叠加许多等轴状和条带状的局部重力低异常，规模比较大的主要有临河-五原、乌拉特后旗东部以及西斗铺北部，认为是中—新生代盆地的表现；等轴状的局部重力低异常与中—酸性岩体有关。

本预测工作区内断裂构造较发育，以北东向和东西向为主；地层单元呈带状和面状分布；中—新生代盆地呈带状展布；中—酸性岩体以等轴状出现，在该预测工作区推断解释断裂构造100条，中—酸性岩体12个，中—新生代盆地10个，地层单元17个。

根据本区的重力场特征和对其的认识，在该区截取了3条重力剖面进行2D反演计算，其中一条重力剖面选择在已知矿床的位置，考虑到该区还有可能形成类似已知矿床的重力场环境，又在该重力场选择了其余两条剖面，通过反演计算，岩体最大延深达20km。东升庙式海相火山沉积型铅锌矿位于北东向局部重力低异常的北西侧。

2. 磁异常特征

由1∶20万航磁 ΔT 等值线平面图可知，本预测工作区矿床或矿点多分布于正负磁异常交接带靠正磁异常一侧，或负磁异常中的局部正磁异常区，异常值在100~200nT之间。

三、区域地球化学特征

预测工作区分布有 Cu、Au、Pb、Cd、W、As 等元素组成的高背景区带,在高背景区带中有以 Cu、Au、Ag、Zn、W、Mo、As、Sb 为主的多元素局部异常。预测工作区内共有 89 处 Ag 异常,50 处 As 异常,120 处 Au 异常,45 处 Cd 异常,63 处 Cu 异常,54 处 Mo 异常,46 处 Pb 异常,43 处 Sb 异常,52 处 W 异常,62 处 Zn 异常。

三道桥—乌加河一带、大余太—固阳县一带 Ag 呈高背景分布;区内西南部 As 呈北东向带状高背景分布,As 异常呈串珠状分布,大余太北 230km 处有规模较大的 As 局部异常,有明显的浓度分带和浓集中心;预测工作区内西南部、中西部大余太以北存在规模较大的 Cd 局部异常,并具有明显的浓度分带和浓集中心;区域上分布有 Cu 的高背景区带,在高背景区带中 Cu 局部异常呈北东向或东西向展布;Mo、Sb、W 呈区域上的低异常分布,仅在霍各乞矿区及其西南方、西部固阳县存在 Mo、Sb、W 异常,大余太以北等局部地区还存在 Mo、Sb 异常;预测工作区内中西部分布有 Pb 的高背景区带,在高背景区带中有规模较大的 Pb 异常,并呈北东向展布,东部出现局部 Pb 异常,具有明显的浓度分带和浓集中心;区域内西北部 Zn 呈低背景分布,东南部呈高背景分布,高背景中有 Zn 局部异常。

预测工作区上异常套合较好的编号为 AS1,异常元素为 Cu、Pb、Zn、Ag、Cd,异常范围较大,位于东升庙北西部,Pb 异常强度高,浓集中心明显,具有明显的异常分带。

四、区域遥感影像及解译特征

本预测工作区内共解译出大型构造 25 条,西部及中部地区的构造线较少,东部地区较多。共解译出中小型构造 830 条,西部地区的中小型构造主要集中在华北陆块北缘巨型断裂带和迭布斯格大型断裂带以南的地区,构造走向以北东向和北北东向为主;中部地区的中小型构造主要集中在查干楚鲁-扫格图山前大型构造和呼勒斯太-查干呼舒中型构造形成的夹角以南的区域,构造走向以东西向和北东向为主;东部地区的中小型构造基本都有分布,其中达热嘎-贵勒苏壕压型大型构造、沙扎盖图-查干浩仁张型大型构造形成的夹角以南,毛呼都格-大毛忽洞大型构造以北的区域分布较密,且走向分布规律不明显。

本预测工作区内的环形构造比较发育,共解译出环形构造 36 条,按其成因可分为中生代花岗岩类引起的环形构造、古生代花岗岩类引起的环形构造、与隐伏岩体有关的环形构造。

本预测工作区的羟基异常主要分布在霍各乞地区和东升庙地区,炭窑口地区分布较少或零星分布。铁染异常主要呈带状和小片状分布在炭窑口地区,东部地区有几处相对密集的片状异常分布,其余地区有零星分布。

霍各乞铅锌矿与矿区周边羟基异常有一定套合关系,该矿点处在两种岩体的结合部位,岩体间色调差异明显,遥感异常信息呈条带状分布,且异常带所在岩体尽头与其他岩体接触部位即该矿点所在地,有一定的指示意义,见图 3-8。

炭窑口铅锌矿与其周边羟基异常信息套合程度很高,该矿点所在岩体有密集的块状异常呈条带状分布,与该岩体纹理走向相一致,矿点处在异常带的边缘部位,有较好的指示作用。

综合上述遥感特征,东升庙海相火山沉积型铅锌矿预测工作区共圈定出 15 个最小预测区。

五、区域预测模型

预测工作区所利用的化探资料比例尺精度为 1:20 万,物探资料比例尺为 1:20 万及部分 1:5 万资料,遥感为 2000 年 ETM 数据,自然重砂为 1:20 万数据资料。根据预测工作区区域成矿要素和化探、航磁、重力、遥感及自然重砂等特点,建立了本预测工作区预测模型图(图 3-9)。

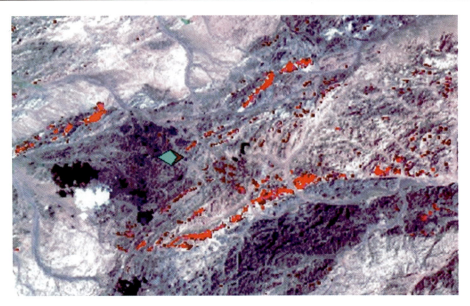

图 3-8　东升庙式沉积型铅锌矿区域遥感异常分布图

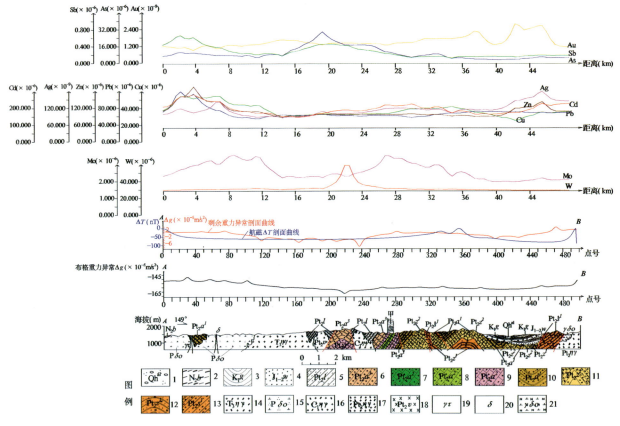

图 3-9　东升庙式沉积型铅锌矿东升庙预测工作区预测模型图

1. 第四系全新统洪积层；2. 第三系宝格达乌拉组泥岩；3. 下白垩统固阳组砂砾岩；4. 中—下侏罗统石拐群五当沟组；5. 新元古界刘鸿湾组；6. 中元古界阿古鲁沟组碳质方解石岩；7. 中元古界阿古鲁沟组二云石英片岩；8. 中元古界阿古鲁沟组碳质板岩建造；9. 中元古界阿古鲁沟组碳质细晶灰岩；10. 中元古界阿古鲁沟组千枚状碳质粉砂质板岩建造；11. 中元古界增隆昌组硅质条带状结晶灰岩-碳质白云质结晶灰岩；12. 中元古界书记沟组变质长石石英砂岩-粉砂质板岩建造；13. 中元古界书记沟组变质含砾长石；14. 晚三叠世二长花岗岩；15. 二叠纪石英闪长岩；16. 早石炭世二长花岗岩；17. 中元古代二长花岗岩；18. 中元古代辉长岩；19. 细晶岩脉；20. 闪长岩脉；21. 石英花岗闪长岩脉

第三节 矿产预测

一、综合地质信息定位预测

1. 变量提取及优选

根据典型矿床及预测工作区研究成果,进行综合信息预测要素提取,选择网格单元法确定预测单元,根据预测底图比例尺确定网格间距为 500m×500m,图面单元大小为 20mm×20mm。

地质体、断层、遥感环状要素进行单元赋值时采用区的存在标志;化探、剩余重力、航磁化极则求起始值的加权平均值,进行原始变量构置。

对化探、剩余重力、航磁化极进行二值化处理,人工输入变化区间,并根据形成的定位数据转换专题构造预测模型。

2. 最小预测区确定及优选

根据圈定的最小预测区范围,选择东升庙典型矿床所在的最小预测区为模型区,模型区内出露地层为阿古鲁沟组,Pb、Zn 元素化探异常起始值大于 $18×10^{-6}$,剩余重力异常 $10×10^{-5} \sim 22×10^{-5}$ m/s²,航磁化极异常 $200 \sim 1000$ nT。

由于预测工作区内有 7 个相同预测类型的矿床,故采用有模型预测工程进行预测,预测过程中先后采用了数量化理论Ⅲ、聚类分析、特征分析等方法进行空间评价,并采用人工对比预测要素,比照形成的色块图,最终确定采用特征分析法作为本次工作的预测方法。

3. 最小预测区确定结果

本次工作共圈定最小预测区 28 个,其中,A 级区 7 个(含已知矿点),总面积为 466.04km²;B 级区 12 个,总面积为 817.18km²;C 级区 9 个,总面积为 718.47km²(图 3-10)。各级别面积分布合理,且已知矿床均分布在 A 级区内,说明最小预测区优选分级原则较为合理;最小预测区圈定结果表明,预测工作区总体与区域成矿地质背景和高化探异常、剩余重力异常吻合程度较好,见表 3-3。由于该类沉积型矿床受阿古鲁沟组控制明显,该地层分布范围较广且面积较大,故多数最小预测区的面积大于 50km²。

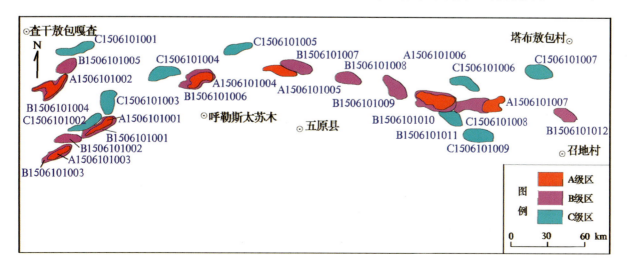

图 3-10 东升庙式沉积型铅锌矿东升庙预测工作区各最小预测区优选分布图

表3-3 东升庙式沉积型铅锌矿东升庙预测工作区各最小预测区一览表

序号	最小预测区编号	最小预测区名称	面积(km²)	经度	纬度
1	A1506101001	必其格图	42.11	E107°01′15″	N41°05′38″
2	A1506101002	乌尔图	72.37	E106°40′54″	N41°16′30″
3	A1506101003	阿布亥拜兴	34.56	E106°45′15″	N40°57′47″
4	A1506101004	乌兰呼都格	64.33	E107°38′56″	N41°19′19″
5	A1506101005	巴音乌兰	64.53	E108°09′07″	N41°22′15″
6	A1506101006	刘鸿湾	118.86	E109°09′23″	N41°14′00″
7	A1506101007	煤窑沟	69.28	E109°29′26″	N41°12′52″
8	B1506101001	巴彦布拉格镇	53.36	E107°03′34″	N41°05′30″
9	B1506101002	乌勒扎尔	54.83	E106°48′42″	N41°02′01″
10	B1506101003	西补隆嘎查	40.70	E106°47′48″	N40°57′42″
11	B1506101004	乌布其力	45.04	E106°35′14″	N41°16′07″
12	B1506101005	呼和陶勒盖	63.71	E106°47′29″	N41°22′42″
13	B1506101006	宰桑高勒	68.32	E107°34′01″	N41°19′28″
14	B1506101007	乌兰霍托勒	86.87	E108°15′37″	N41°23′21″
15	B1506101008	大圣沟	72.80	E108°34′19″	N41°20′16″
16	B1506101009	台路沟	95.14	E108°52′58″	N41°17′46″
17	B1506101010	倒拉胡图	79.12	E109°02′05″	N41°13′44″
18	B1506101011	后营盘	95.88	E109°21′08″	N41°12′25″
19	B1506101012	大南沟	61.41	E109°58′11″	N41°09′34″
20	C1506101001	浩森浩来	83.49	E106°50′36″	N41°27′43″
21	C1506101002	布拉格图音阿木	68.59	E106°57′19″	N41°06′49″
22	C1506101003	沙尔霍托勒	84.31	E107°03′18″	N41°12′30″
23	C1506101004	哈尔陶勒盖	90.35	E107°25′15″	N41°21′02″
24	C1506101005	乌珠尔嘎查	64.69	E107°52′28″	N41°28′25″
25	C1506101006	伊和敖包村南	71.68	E109°18′52″	N41°18′43″
26	C1506101007	红泥井乡	91.32	E109°47′55″	N41°22′01″
27	C1506101008	头分子村东	66.58	E109°14′38″	N41°08′47″
28	C1506101009	王成沟	97.46	E109°24′25″	N41°03′57″

4. 最小预测区地质评价

依据最小预测区地质矿产、物探及遥感异常等综合特征,并结合资源量估算和最小预测区优选结果,将最小预测区划分为A级、B级和C级3个等级。

依据预测工作区内地质综合信息等对每个最小预测区进行综合地质评价,各最小预测区特征见表3-4。

表3-4 东升庙式沉积型铅锌矿东升庙预测工作区各最小预测区综合信息表

序号	最小预测区编号	最小预测区名称	综合信息	评价
1	A1506101001	必其格图	本最小预测区内出露地层主要为中元古界渣尔泰山群阿古鲁沟组、增隆昌组,外围被下白垩统李三沟组、中—下侏罗统五当沟组不整合覆盖,矿化主要产于阿古鲁沟组二段,已发现东升庙矿床。本最小预测区总体上呈北东向带状展布,南东侧为河套盆地,北西侧为高山山脉,构造线主体为北东向,次级为北西向断裂。重力异常显示为正负转换的梯度带上,航磁为正磁异常区,一般为200～400nT,化探异常各元素套合好,规模较大,强度较高,与其他各异常区套合好,找矿潜力较大	有成型矿床,物探、化探异常套合良好,找矿潜力大
2	A1506101002	乌尔图	本最小预测区内出露地层主要为中元古界渣尔泰山群阿古鲁沟组二段,矿化主要产于其中,已发现霍各乞铅锌矿床。本最小预测区总体上呈北东向"S"形带状展布,构造线主体为北东向,次级为北西向断裂,内部褶皱构造发育,形成两个大型的背斜、向斜构造。重力为低缓区;航磁为正磁异常区,一般为200～2000nT,矿化或矿点位置磁异常明显,是重要的找矿标志;化探异常各元素套合好,规模较大,强度较高,与地表矿化套合好,找矿潜力较大	有成型矿床,地质、物探、化探异常套合良好,找矿潜力较大
3	A1506101003	阿布亥拜兴	本最小预测区内出露地层主要为渣尔泰山群阿古鲁沟组,矿化主要产于阿古鲁沟组二段,已发现炭窑口矿床。本最小预测区总体上呈北东向带状展布,与上述东升庙矿床同属一个带。南东侧为河套盆地,北西侧为高山。构造线主体为北东向,次级为北西向断裂。重力上显示为正异常区和正负转换的梯度带上,航磁为正磁异常区,一般为200～400nT,化探异常规模较小,强度较低,有找矿潜力	有成型矿床,有找矿潜力
4	A1506101004	乌兰呼都格	本最小预测区内出露地层主要为中元古界渣尔泰山群阿古鲁沟组、书记沟组,中部被下二叠统大红山组不整合覆盖,矿化主要产于阿古鲁沟组二段,已发现对门山矿床。本最小预测区总体上呈近东西向带状展布,南侧为河套盆地,北侧为高山。构造线主体为东西向,次级为北西向断裂。重力上低缓高值区,其南为重力梯度带,航磁为正磁异常区,一般为100～500nT,化探异常各元素套合较好,规模较小,强度较低,与其他各异常区套合好,有找矿潜力	是进一步寻找盲矿的有利地区,有找矿潜力
5	A1506101005	巴音乌兰	本最小预测区内出露地层主要为中元古界渣尔泰山群阿古鲁沟组、书记沟组、刘鸿湾组,局部被下二叠统大红山组不整合覆盖,矿化主要产于阿古鲁沟组二段。本最小预测区总体上呈近东西向带状展布,构造线主体为近东西向,次级为北西向断裂。重力高值区,其南侧为重力梯度带,航磁为正磁异常区,化探异常各元素套合较差,规模较小,强度较低,有找矿潜力	是进一步寻找盲矿的有利地区,有找矿潜力
6	A1506101006	刘鸿湾	本最小预测区内出露地层主要为中元古界渣尔泰山群阿古鲁沟组、刘鸿湾组,矿化主要产于阿古鲁沟组二段。本最小预测区总体上呈近东西向带状展布,构造线主体为近东西向,次级为北西向断裂。重力位于梯度带附近,航磁为低缓磁异常区,化探异常各元素套合一般,规模较小,强度较低,主要分布在本最小预测区的南半部,有一定的找矿潜力	具有一定的找矿潜力
7	A1506101007	煤窑沟	本最小预测区内出露地层主要为中元古界渣尔泰山群书记沟组、增隆昌组、阿古鲁沟组,矿化主要产于阿古鲁沟组,已发现申兔沟铅锌矿。本最小预测区总体上呈南东东向带状展布,构造线主体为近东西向,次级为北西向断裂,内部褶皱构造发育。重力位于低缓区,航磁为低缓磁异常区,化探异常规模较小,强度较低,主要分布在本最小预测区的东部,有一定的找矿潜力	有一定的找矿潜力

续表 3-4

序号	最小预测区编号	最小预测区名称	综合信息	评价
8	B1506101001	巴彦布拉格镇	本最小预测区内出露地层主要为中元古界渣尔泰山群阿古鲁沟组、增隆昌组,外围及北部大面积被下白垩统李三沟组、中—下侏罗统五当沟组不整合覆盖,北部出露新太古代闪长岩体。本最小预测区总体上呈北东向带状展布,南东侧为河套盆地,北西侧为高山,构造线主体为北东向,次级为北西向断裂。重力显示为正负转换的梯度带上,航磁为正磁异常区,一般为200~400nT,化探异常各元素套合好,规模较大,强度较高,与其他各异常区套合好,有一定的找矿潜力	有一定的找矿潜力
9	B1506101002	乌勒扎尔	本最小预测区内出露地层主要为乌拉山岩群,北部出露石炭纪二长花岗岩,南部出露石炭纪石英闪长岩。本最小预测区总体上呈北东向带状展布,构造线主体为北东向,次级为北西向断裂。重力高值区,显示该区为基底隆起区;航磁为北东向低缓正磁异常区,一般为100~300nT;化探异常各元素套合好,规模较大,强度较高,主要分布在该区的北半部,与其他各异常区套合好,有一定的找矿潜力	是进一步寻找盲矿的有利地区
10	B1506101003	西补隆嘎查	本最小预测区内出露地层主要为乌拉山岩群,南东侧被下白垩统李三沟组不整合覆盖。本最小预测区总体上呈北东向带状展布,与上述东升庙矿床同属一个带,构造线主体为北东向,次级为北西向断裂。重力显示为正异常区和正负转换的梯度带上,航磁为北东向低缓正磁异常区,一般为200~400nT,化探异常规模较小,强度较低,有一定的找矿潜力	有一定的找矿潜力
11	B1506101004	乌布其力	本最小预测区内出露地层主要为中元古界渣尔泰山群阿古鲁沟组二段,矿化主要产于其中,构造线主体为北东向,次级为北西向断裂,内部褶皱构造发育。重力为低缓过渡区,航磁为低缓磁异常区,化探异常各元素套合好,规模较大,强度较高,与地表矿化套合好,有一定的找矿潜力	有一定的找矿潜力
12	B1506101005	呼和陶勒盖	本最小预测区内出露地层主要为中元古界宝音图岩群和上白垩统乌兰苏海组,北部为二叠纪闪长岩、花岗闪长岩体。构造线主体为北东向,次级为北西向断裂,内部褶皱构造发育。重力为低缓过渡区,航磁为低缓磁异常区,化探异常规模较小,强度较低,有一定的找矿潜力	有一定的找矿潜力
13	B1506101006	宰桑高勒	本最小预测区内出露地层主要为中元古界渣尔泰山群书记沟组,中部被下二叠统大红山组、中侏罗统长汉沟组、中—下侏罗统五当沟组不整合覆盖,北部出露新太古代闪长岩体和二叠纪石英闪长岩、二长花岗岩等。本最小预测区总体上呈近东西向带状展布。构造线主体为东西向,次级为北西向断裂。重力为高值区,其南侧为重力梯度带,航磁为低缓正磁异常区,化探异常各元素套合较好,规模较小,强度较低,有一定的找矿潜力	有一定的找矿潜力
14	B1506101007	乌兰霍托勒	本最小预测区内出露地层主要为中元古界渣尔泰山群阿古鲁沟组、刘鸿湾组,被下二叠统大红山组和上新统宝格达乌拉组不整合覆盖。本最小预测区总体上呈北西向带状展布。构造线主体为北西向,次级为北西向断裂。重力高值区,总体呈南高北低,航磁为低缓正磁异常区,化探异常各元素套合较差,有一定的找矿潜力	有一定的找矿潜力
15	B1506101008	大圣沟	本最小预测区内出露地层主要为下二叠统大红山组和上新统宝格达乌拉组,岩体主要为二叠纪闪长岩、三叠纪二长花岗岩等。本最小预测区总体上呈北西西向带状展布,构造线主体为北西西向,次级为北西向断裂。重力高值区,航磁未见明显异常,总体较为低缓,化探异常各元素套合较差,有一定的找矿潜力	有一定的找矿潜力

续表 3-4

序号	最小预测区编号	最小预测区名称	综合信息	评价
16	B1506101009	台路沟	本最小预测区内出露地层主要为中元古界渣尔泰山群阿古鲁沟组、书记沟组,被上新统宝格达乌拉组不整合覆盖,岩体主要为二叠纪闪长岩、三叠纪二长花岗岩等,矿化主要产于阿古鲁沟组二段。本最小预测区总体上呈北西向带状展布,构造线主体以北西向为主。重力高值区或重力梯度带附近,总体南高北低,航磁为低缓正磁异常区,化探异常各元素套合较好,但规模较小,强度较低,有一定的找矿潜力	有一定的找矿潜力
17	B1506101010	倒拉胡图	本最小预测区内出露地层主要为中元古界渣尔泰山群阿古鲁沟组、刘鸿湾组。本最小预测区总体上呈近东西向带状展布,构造线主体为近东西向,次级为北西向断裂。重力位于梯度带附近,航磁为低缓磁异常区,化探异常各元素套合较好,规模较小,强度较低,且主要分布在本最小预测区的南半部,有一定的找矿潜力	有一定的找矿潜力
18	B1506101011	后营盘	本最小预测区内出露地层主要为中元古界渣尔泰山群阿古鲁沟组、书记沟组,岩体主要为石炭纪二长花岗岩。总体上呈北东东向带状展布,构造线主体为北东东向,次级为北西向断裂,地层内部褶皱构造发育。重力位于梯度带附近,航磁为低缓磁异常区,化探异常各元素套合较差,规模较小,强度较低,有一定的找矿潜力	有一定的找矿潜力
19	B1506101012	大南沟	本最小预测区内出露地层主要为中元古界渣尔泰山群阿古鲁沟组、增隆昌组,北部出露新太古代闪长岩体。本最小预测区总体上呈北西向带状展布,构造线主体为北西向,次级为北东向断裂。重力高值区,航磁为低缓正磁异常区,一般为0~100nT,化探异常各元素套合较好,规模较大,强度较高,有一定的找矿潜力	有一定的找矿潜力
20	C1506101001	浩森浩来	本最小预测区内出露地层主要为中元古界宝音图岩群,外围被下白垩统固阳组、上白垩统乌兰苏海组不整合覆盖,南西部为二叠纪闪长岩、花岗闪长岩体。构造线主体为北东向,次级为北西向断裂。重力为正负梯度带附近,航磁为低缓正磁异常区,一般为200~600nT,化探铅锌异常规模较小,Au、As异常套合较好,找矿潜力较差	找矿潜力较差
21	C1506101002	布拉格图音阿木	本最小预测区内出露地层主要为新元古代花岗闪长岩、三叠纪二长花岗岩、石炭纪二长花岗岩体。构造线主体为北东向,次级为北西向断裂。重力为正负梯度带附近,航磁为低缓负磁异常区,化探Pb、Zn异常规模较大,强度中等、Cu、Pb、Zn等各元素套合较好,沉积型矿床,找矿潜力较差	找矿潜力较差
22	C1506101003	沙尔霍托勒	本最小预测区内出露地层主要为中太古界乌拉山岩群,局部见新元古代花岗闪长岩,新太古代二长花岗岩等变质深成体。构造线主体为北东向。重力高值区,为梯度带附近,航磁为低缓磁异常区,化探Pb、Zn异常规模较小,强度中等,Cu、Pb、Zn等各元素套合较好,主要分布在南侧,沉积型矿床,找矿潜力较差	找矿潜力较差
23	C1506101004	哈尔陶勒盖	本最小预测区内出露地层主要为中太古界乌拉山岩群,南侧和东部被下白垩统李三沟组、固阳组不整合覆盖,局部见新元古代花岗闪长岩,新太古代二长花岗岩等变质深成体。航磁异常总体平缓,局部较高。重力高,化探异常不明显,找矿潜力较差	找矿潜力较差

续表 3-4

序号	最小预测区编号	最小预测区名称	综合信息	评价
24	C1506101005	乌珠尔嘎查	本最小预测区内出露地层主要为二叠纪闪长岩、二长花岗岩,局部见中太古界乌拉山岩群。化探异常不明显,重力低缓,航磁低缓负磁异常,找矿潜力差	找矿潜力较差
25	C1506101006	伊和敖包村南	本最小预测区内零星出露中元古界渣尔泰山群阿古鲁沟组和刘鸿湾组,大面积分布新太古代闪长岩,被三叠纪二长花岗岩侵入。构造线以近东西向为主。航磁低缓,重力高,化探不明显,找矿潜力差	找矿潜力差
26	C1506101007	红泥井乡	本最小预测区内局部出露新太古代花岗闪长岩,大面积被上新统宝格达乌拉组不整合覆盖。重力东高西低,航磁低缓,化探异常不明显,找矿潜力差	找矿潜力差
27	C1506101008	头分子村东	本最小预测区出露地层主体为中元古界渣尔泰山群阿古鲁沟组一段,局部见增隆昌组,南侧被下白垩统固阳组不整合覆盖。重力为正负过渡区,航磁异常不明显,化探异常零星分布,规模小、强度低,找矿潜力差	找矿潜力差
28	C1506101009	王成沟	本最小预测区内出露地层主体为中元古界渣尔泰山群阿古鲁沟组、书记沟组、增隆昌组等,岩体多为元古宙、太古宙变质侵入体。构造线以东西向为主,地层内部褶皱构造发育。航磁异常低缓,重力高,化探异常不明显,找矿潜力差	找矿潜力差

二、综合信息地质体积法估算资源量

1. 典型矿床深部及外围资源量估算

东升庙典型矿床资源量估算结果来源于2003年10月中化地质矿山总局内蒙古自治区地质勘察院编写的《内蒙古自治区乌拉特后旗东升庙多金属硫铁矿区富锌矿0~19号勘查线北翼资源储量核实报告》及内蒙古自治区国土资源信息院于2010年提交的《截至二○○九年底的内蒙古自治区矿产资源储量表》。矿床面积为该矿点各矿体、矿脉聚积区边界范围的面积,采用《内蒙古自治区乌拉特后旗东升庙矿区地形地质图(比例尺1:5000)》在MapGIS软件下读取数据,然后依据比例尺计算出实际面积3 734 137.5m²。已查明铅金属量733 828t,锌金属量4 295 753t,铜金属量49 594t,金属量2798kg。

延深分两个部分,一部分是已查明矿体的下延部分,其最大延深为590m,结合阿古鲁沟组厚度及近期内该矿床勘探情况,向下预测延深为210m;另一部分是已知矿体附近含矿建造区预测部分,用已查明延深+预测延深确定该延深为800m。

预测面积分两个部分,一部分为该矿点各矿体、矿脉聚积区边界范围的的下延面积,为3 734 137.5m²;另一部分为已知矿体附近含矿建造区预测部分面积,为4 427 557-3 734 137.5=693 419.5(m²)。

含矿系数采用上表典型矿床已查明资源量的含矿系数(0.002 3t/m³)。

东升庙铅锌矿外围预测资源量=已知矿体周围外推部分(Q_{1-1})+已知矿体的下延部分(Q_{1-2})=1 275 891.88+1 803 588.41=3 079 480.29(t),资源量精度级别为334-1,见表3-5。

表 3-5　东升庙预测工作区典型矿床、深部及外围资源量估算表

典型矿床		深部及外围			
已查明资源量(t)	Pb 733 828　Zn 4 295 753	深部	面积(m²)	3 734 137.5	
面积(m²)	3 734 137.5		延深(m)	210	
延深(m)	590	外围	面积(m²)	693 419.5	
品位(%)	2.36		延深(m)	800	
密度(g/cm³)	3.8	预测资源量(t)		Pb 73 690.58	Zn 3 005 789.71
含矿系数(t/m³)	0.002 3	典型矿床资源总量(t)		Pb 807 518.58	Zn 7 301 542.71

2. 模型区的确定、资源量及估算参数

模型区为典型矿床所在位置的最小预测区,在东升庙典型矿床外围不存在已知矿床或矿点。模型区资源总量为 8 109 061.29t。

模型区含矿地质体面积:$S_模$=42.11km²。最大延深为800m。

由此可知,模型区含矿地质体含矿系数=资源总量/(模型区面积×模型区延深)=8 109 061.29÷(42.11×10⁶×800)=0.002 4(t/m³),见表 3-6。

表 3-6　东升庙预测工作区模型区资源总量及其估算参数

模型区编号	模型区名称	经度	纬度	资源总量 Pb+Zn(t)	总面积 (m²)	总延深 (m)	含矿系数 (t/m³)
A1506101001	必其格图(东升庙矿区)	E107°03′49″	N41°06′59″	8 109 061.29	42.11	800	0.002 4

3. 最小预测区预测资源量

东升庙式沉积型铅锌矿东升庙预测工作区各最小预测区资源量定量估算采用地质体积法。

(1)估算参数的确定。东升庙预测工作区各最小预测区分为 A 级、B 级、C 级 3 个等级,其中,A 级区 7 个,B 级区 12 个,C 级区 9 个。各最小预测区的面积圈定是根据 MRAS 所形成的色块区与预测工作区底图重叠区域,并结合含矿地质体、已知矿床、矿(化)点及化探等异常范围进行的。由于东升庙铅锌矿为沉积型铅锌矿,其形成与中元古界渣尔泰山群阿古鲁沟组关系密切。

延深的确定是在研究最小预测区含矿地质体地质特征、岩体的形成延深、矿化蚀变、矿化类型的基础上,再对比典型矿床特征综合确定的,部分由成矿带模型类比或专家估计给出。目前所掌握的资料表明东升庙铅锌矿钻孔控制最大垂深为800m,且并未打穿含矿地层,其向下仍有分布的可能,同时根据含矿地质体的地表出露面积大小来确定其延深。

预测工作区内最小预测区品位和密度采用典型矿床品位和密度,分别为2.36%和3.8g/cm³。

东升庙式铅锌矿东升庙预测工作区各最小预测区相似系数的确定,主要依据最小预测区内含矿地质体本身出露的大小、地质构造发育程度不同、化探异常强度、矿化蚀变发育程度及矿(化)点的多少等因素由专家确定。

(2)最小预测区预测资源量估算成果。据《截至二〇〇九年底的内蒙古自治区矿产资源储量表》,东升庙铅锌矿已查明铅锌金属量 5 029 581t,铜金属量 49 594t,金 2798kg。共生铜含矿率=共生铜/铅

锌＝49 594t÷5 029 581t＝0.009 9,共生金含矿率＝共生金/铅锌＝2798kg÷5 029 581t＝0.000 56×10⁻³，各最小预测区铅锌、铜和金资源量见表3-7。

表 3-7 东升庙式沉积型铅锌矿东升庙预测工作区各最小预测区预测资源量估算成果

最小预测区编号	最小预测区名称	最小预测区面积 (km²)	预测延深 (m)	铅锌资源量(t)	共生铜含矿率	共生铜资源量 (t)	共生金含矿率 (×10⁻³)	共生金资源量 (kg)	资源量精度级别
A1506101001	必其格图	42.11	800	3 079 480.29	0.009 9	30 486.85	0.000 56	1 724.51	334-1
A1506101002	乌尔图	72.37	800	1 430 275.00	0.009 9	14 159.72	0.000 56	800.95	334-1
A1506101003	阿布亥拜兴	34.56	700	633 003.60	0.009 9	6 266.74	0.000 56	354.48	334-1
A1506101004	乌兰呼都格	64.33	700	1 667 627.40	0.009 9	16 509.51	0.000 56	933.87	334-1
A1506101005	巴音乌兰	64.53	700	1 300 924.80	0.009 9	12 879.16	0.000 56	728.52	334-2
A1506101006	刘鸿湾	118.86	800	1 773 983.20	0.009 9	17 562.43	0.000 56	993.43	334-1
A1506101007	煤窑沟	69.28	700	1 047 513.60	0.009 9	10 370.38	0.000 56	586.61	334-1
B1506101001	巴彦布拉格镇	53.36	800	409 804.80	0.009 9	4 057.07	0.000 56	229.49	334-3
B1506101002	乌勒扎尔	54.83	600	78 955.20	0.009 9	781.66	0.000 56	44.21	334-3
B1506101003	西补隆嘎查	40.70	700	273 504.00	0.009 9	2 707.69	0.000 56	153.16	334-3
B1506101004	乌布其力	45.04	700	302 668.80	0.009 9	2 996.42	0.000 56	169.49	334-3
B1506101005	呼和陶勒盖	63.71	600	91 742.40	0.009 9	908.25	0.000 56	51.38	334-3
B1506101006	宰桑高勒	68.32	600	98 380.80	0.009 9	973.97	0.000 56	55.09	334-3
B1506101007	乌兰霍托勒	86.87	700	145 941.60	0.009 9	1 444.82	0.000 56	81.73	334-3
B1506101008	大圣沟	72.80	700	122 304.00	0.009 9	1 210.81	0.000 56	68.49	334-3
B1506101009	台路沟	95.14	800	182 668.80	0.009 9	1 808.42	0.000 56	102.29	334-3
B1506101010	倒拉胡图	79.12	800	607 641.60	0.009 9	6 015.65	0.000 56	340.28	334-3
B1506101011	后营盘	95.88	800	736 358.40	0.009 9	7 289.95	0.000 56	412.36	334-3
B1506101012	大南沟	61.41	700	103 168.80	0.009 9	1 021.37	0.000 56	57.77	334-3
C1506101001	浩森浩来	83.49	800	160 300.80	0.009 9	1 586.98	0.000 56	89.77	334-3
C1506101002	布拉格图音阿木	68.85	700	115 231.20	0.009 9	1 140.79	0.000 56	64.53	334-3
C1506101003	沙尔霍托勒	84.31	800	161 875.20	0.009 9	1 602.56	0.000 56	90.65	334-3
C1506101004	哈尔陶勒盖	90.35	800	173 472.00	0.009 9	1 717.37	0.000 56	97.14	334-3
C1506101005	乌珠尔嘎查	64.69	700	108 679.20	0.009 9	1 075.92	0.000 56	60.86	334-3
C1506101006	伊和敖包村南	71.68	800	137 625.60	0.009 9	1 362.49	0.000 56	77.07	334-3
C1506101007	红泥井乡	91.32	800	175 334.40	0.009 9	1 735.81	0.000 56	98.19	334-3
C1506101008	头分子村东	66.58	800	127 833.60	0.009 9	1 265.55	0.000 56	71.59	334-3
C1506101009	王成沟	97.46	900	210 513.60	0.009 9	2 084.08	0.000 56	117.89	334-3
合计				15 456 812.69		153 022.42		8 655.80	

4. 预测工作区预测资源量成果汇总表

东升庙式沉积型铅锌矿东升庙预测工作区用地质体积法预测资源量，各最小预测区资源量精度级别划分为 334-1、334-2 和 334-3。根据各最小预测区含矿地质体、物探、化探异常及相似系数特征，预测延深均在 2000m 以浅。根据矿产潜力评价预测资源量汇总标准，东升庙预测工作区预测资源量按预测延深、资源量精度级别、可利用性、可信度统计的结果见表 3-8。

表 3-8 东升庙式沉积型铅锌矿东升庙预测工作区预测资源量成果汇总表 （单位：t）

预测延深	资源量精度级别	矿种	可利用性		可信度（t）			合计	
			可利用	暂不可利用	≥0.75	≥0.50	≥0.25		
2000m 以浅	334-1	Pb	1 746 541		1 593 706	1 746 541	1 746 541	1 746 541	9 631 884
		Zn	7 885 343		6 990 664	7 885 343	7 885 343	7 885 343	
	334-2	Pb	189 808		189 808	189 808	189 808	189 808	1 300 925
		Zn	1 111 117		1 111 117	1 111 117	1 111 117	1 111 117	
	334-3	Pb		660 063		460 050	660 063	660 063	4 524 005
		Zn		3 863 942		2 693 088	3 863 942	3 863 942	
合计		Pb	1 936 349	660 063	1 936 349	2 396 399	2 596 412	2 596 412	15 456 814
		Zn	7 996 460	3 863 942	7 996 460	10 689 548	12 860 402	12 860 402	

第四章 查干敖包式侵入岩体型锌矿预测成果

第一节 典型矿床特征

一、典型矿床特征地质及成矿模式

（一）典型矿床地质特征

1. 矿区地质

矿区主要出露地层为中—下奥陶统多宝山组和上石炭统—下二叠统宝力高庙组。

中—下奥陶统多宝山组（$O_{1-2}d$）岩性主要为石榴子石矽卡岩、绿帘石矽卡岩、大理岩、黑云母角岩，为查干敖包铁锌矿赋矿层位，总厚度498m。其中，石榴子石矽卡岩为1～35号矿体赋矿岩石，绿帘石矽卡岩为36～49号矿体赋矿岩石。

上石炭统—下二叠统宝力高庙组（C_2P_1bl）出露于矿区西部及北部，其岩性主要为凝灰质板岩、含砾岩屑凝灰岩及凝灰岩。

区内，中—下奥陶统多宝山组与似斑状花岗岩的接触带内发育矽卡岩，矽卡岩尤其是石榴子石矽卡岩是重要的找矿标志。

区内断裂构造分为3组，走向分别是北东向、北北东向及北西向，以北东向最为发育。从发生的时代来看，北东向断裂多发生在古生代地层中，和褶皱构造一同构成了预测工作区内的基本格局；北西向及北北东向多发生在中生代地层中。从断层性质来看，北东向、北北东向的多为逆断层，规模大；北西向多为平推断层、正断层。前者平行于区域构造线方向，后者则垂直于构造线方向，并且成为岩浆热液后期运移、上升的通道。在遇到碳酸盐成分较高的岩层，极易发生热液蚀变，或者产生大量的矽卡岩，含矿熔液在矽卡岩中沉淀，形成具有一定规模的矿床，查干敖包铁锌矿就属于这种热液交代型矽卡岩矿床（图4-1、图4-2）。

2. 矿床特征

根据断裂构造带的展布特征、矿（化）体分布情况及综合物探资料，大致可以划分为2个矿带。

西矿带：长约200m，宽15～20m，由数条矿体组成，主矿体即分布于此。

东矿带：长100m，宽20～25m，主矿体有分叉。

查干敖包铁锌矿为接触交代-热液型铁锌矿床，是含矿气水流体溶液多次活动的结果。区内矿（化）体受多宝山组上段碳酸（盐）岩与花岗岩体接触带形成的外接触带控制。矿床由25条工业矿体组成，其中铁锌矿体10条，编号为1、7、9、10、11、35、36、38、41、43号；锌矿体5条，编号为31、37、39、40、47号。铁锌矿体及锌矿体长45～282m，平均125.9m；延深50～425m，平均157.3m；矿体厚度平均1.37～

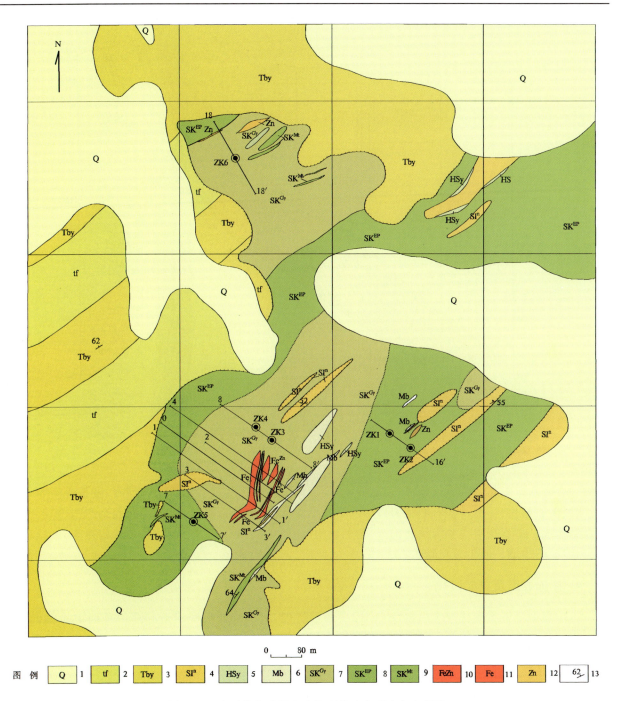

图 4-1 查干敖包式侵入岩体型锌矿典型矿床地质图

1. 第四系；2. 宝力高庙组凝灰岩；3. 宝力高庙组含砾岩屑凝灰岩；4. 宝力高庙组凝灰质板岩；5. 多宝山组黑云母角岩；6. 多宝山组大理岩；7. 多宝山组石榴子石矽卡岩；8. 多宝山组绿帘石矽卡岩；9. 磁铁矿化矽卡岩；10. 铁锌矿体；11. 铁矿体；12. 锌矿体；13. 地层产状（°）

22.44m。矿体呈似层状、透镜状，走向一般为 20°~40°，倾向北西，倾角 37°~70°，局部倾向南东，倾角 62°~70°。

3. 矿石特征

（1）矿石矿物成分。矿石主要金属矿物为黄铁矿、方铅矿、闪锌矿、自然银、辉银矿等，次要金属矿物为毒砂、磁黄铁矿、黄铜矿、辉铜矿，在地表可见到褐铁矿、软锰矿、黄钾铁矾和铅锌矿物的氧化物；脉石

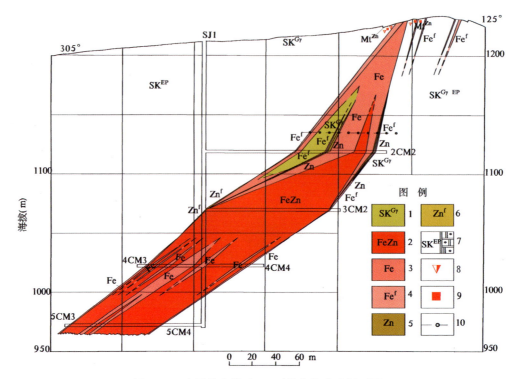

图4-2 查干敖包锌矿0—0′勘查线地质剖面图

1. 石榴子石矽卡岩；2. 铁锌矿体；3. 工业铁矿体；4. 非工业铁矿体；5. 工业锌矿体；6. 非工业锌矿体；
7. 绿帘石矽卡岩；8. 闪锌矿化；9. 磁铁矿化；10. 推测氧化带界线

矿物主要为次生石英、绿泥石、绿帘石、高岭土、绢云母、方解石、白云石、长石、叶蜡石、萤石等。

（2）矿石结构、构造。矿石结构为自形—半自形粒状结构、他形粒状结构、交代残余结构、碎裂结构、包含结构等。矿石构造主要为块状构造、角砾状构造、浸染状构造、脉状构造、条带状构造等。

（3）矿石类型。原生硫化物矿石。

4. 矿床成因及成矿时代

古生界中—下奥陶统多宝山组（$O_{1-2}d$）中酸性熔岩、火山碎屑沉积建造与燕山早期中粗粒似斑状花岗岩（$J_3\pi\gamma$）接触交代变质形成矽卡岩型锌多金属矿床。

（二）典型矿床成矿模式

（1）古生界中—下奥陶统多宝山组（$O_{1-2}d$）中酸性熔岩、火山碎屑沉积建造与燕山早期中粗粒似斑状花岗岩（$J_3\pi\gamma$）交代接触变质形成的矽卡岩是锌多金属矿的赋矿岩石。

（2）中—下奥陶统多宝山组与似斑状花岗岩的接触带，是找寻大型铁矿、锌矿的主要依据和线索。矽卡岩，尤其是含铁石榴子石矽卡岩是重要的找矿标志。

（3）查干敖包锌矿床硫同位素（包括黄铁矿、方铅矿、闪锌矿、毒砂）的$\delta^{34}S$值变化范围为1.2～8.6，平均6.03。聂凤军等（2007）采自朝不楞铁锌矿区中泥盆统塔尔巴格特组（D_2t）变质砂岩黄铁矿样品的$\delta^{34}S$平均值为7.7，矿区黑云母花岗岩副矿物样品的$\delta^{34}S$平均值为2.2。通过对比可以看出，查干敖包矿床各种硫化物$\delta^{34}S$处于地层硫和岩浆岩硫同位素组成之间，反映了成矿物质来源的多样性。在开始成矿时，成矿物质来源以深源为主，硫同位素组成接近于陨石硫，成矿与岩浆热液活动有关；到中晚期成矿阶段，产出的硫化物则是岩浆热液和地层水对地层围岩进行蚀变交代，引起成矿热液硫同位素成分的变化，随着成矿作用的延续进行，各种硫化物硫同位素数据都有所升高，逐渐接近地层硫同位素数据。

通过对上述特点的分析与归纳,查干敖包式侵入岩体型锌矿典型矿床成矿模式如图4-3所示。

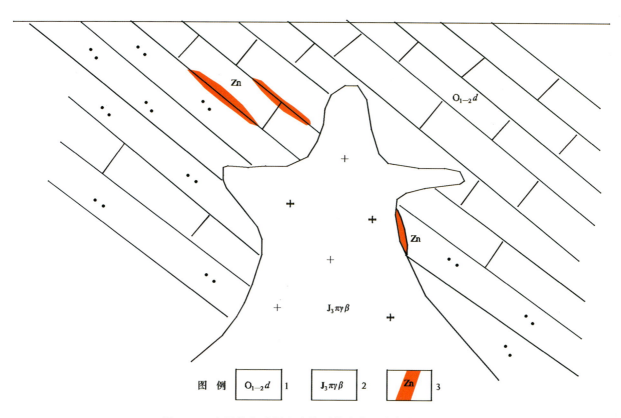

图4-3 查干敖包式侵入岩体型锌矿典型矿床成矿模式图
1. 中—下奥陶统多宝山组碳酸盐岩;2. 晚侏罗世似斑状黑云母花岗岩;3. 锌矿体

二、典型矿床地球物理特征

1. 航磁特征

矿床所在位置地球物理特征:据1:1万地磁平面等值线图,存在明显的正负磁异常,正异常近似于圆形,峰值较大,达5000nT,负异常包围正异常,极值达-1000nT。

2. 重力特征

据1:20万剩余重力异常图显示:曲线形态总体比较凌乱,只有在区域北部有条带形正异常,极值达$7.94\times10^{-5}\mathrm{m/s^2}$。

三、典型矿床地球化学特征

矿区出现了以Pb、Zn为主,伴有Cu、Ag、Cd、As等元素组成的综合异常;Pb、Zn为主成矿元素,Cu、Ag、Cd、As为主要的共(伴)生元素。

四、典型矿床预测模型

根据典型矿床成矿要素和矿区综合物探普查资料以及区域化探、重力、遥感资料,确定典型矿床预测要素,编制了典型矿床预测要素图。其中高精度磁测、激电中梯资料以等值线形式标在矿区地质图上;化探只有1:20万比例尺资料,所以编制矿床所在地区 Au、Ag、Cd、Zn、Pb、Cu、W 综合异常剖析图作为角图表示;为表达典型矿床所在地区的区域物探特征,在1:50万航磁 ΔT 等值线平面图、航磁 ΔT 化极等值线平面图、航磁 ΔT 化极垂向一阶导数等值线平面图、布格重力异常图、剩余重力异常图及重力推断地质构造图的基础上,编制了查干敖包式侵入岩体型锌矿典型矿床所在区域地质矿产及物探剖析图。

以典型矿床成矿要素图为基础,综合研究重力、航磁、化探、遥感、自然重砂等综合致矿信息,总结典型矿床预测要素(表4-1)。

表4-1 查干敖包式侵入岩体型锌矿典型矿床预测要素

预测要素		内容描述			要素类别
资源储量		大型,840 560t		锌平均品位	4.59%	
特征描述		热液交代矽卡岩型			
地质环境	构造背景	天山-兴蒙造山系大兴安岭弧盆系,二连-贺根山蛇绿混杂岩带			必要
	成矿环境	东乌珠穆沁旗-嫩江铜、钼、铅、锌、金、钨、锡、铬成矿带,朝不楞-博克图钨、铁、锌、铅成矿亚带,朝不楞-查干敖包铁、锌、铅矿集区			必要
	成矿时代	燕山早期			必要
矿床特征	矿体形态	矿体呈现似层状,部分呈脉状			重要
	岩石类型	中粗粒似斑状花岗岩			重要
	岩石结构	以半自形—他形粒状结构、自形粒状结构为主,其次有包含结构			次要
	矿物组合	矿体以块状铅锌矿石为主,矿石中硫化物以方铅矿、闪锌矿为主,部分黄铁矿以及少量银矿物			重要
	结构构造	结构:变余粉砂质、变余砂质、显微鳞片微粒变晶、微粒镶嵌变晶结构; 构造:块状、变余纹层状、板状、碎裂状、角砾状、网脉状构造			次要
	蚀变特征	矽卡岩化、角岩化			次要
	控矿条件	大理岩与花岗岩体接触交代变质作用形成矽卡岩			必要
地球物理特征	重力异常	查干敖包铅锌矿床位于局部重力低异常边部,该局部重力低异常最小值:$\Delta g_{min}=-114.59\times10^{-5} m/s^2$;幅值为 $8\times10^{-5} m/s^2$;根据物性资料和地质资料分析,推断该重力低异常是中—酸性岩体的反映			重要
	航磁异常	据1:1万地磁平面等值线图,区域中存在有明显的正负磁异常,正异常近似于圆形,峰值较大,达5000nT,负异常包围正异常,极值达−1000nT			重要
地球化学特征		矿区出现了以 Pb、Zn 为主,伴有 Cu、Ag、Cd、As 等元素组成的综合异常;Pb、Zn 为主成矿元素,Cu、Ag、Cd、As 为主要的共(伴)生元素			次要

预测模型图的编制,以勘查线剖面图为基础,叠加高精度磁测、激电异常的剖面图形成地质矿产及物探剖析图(图4-4)。

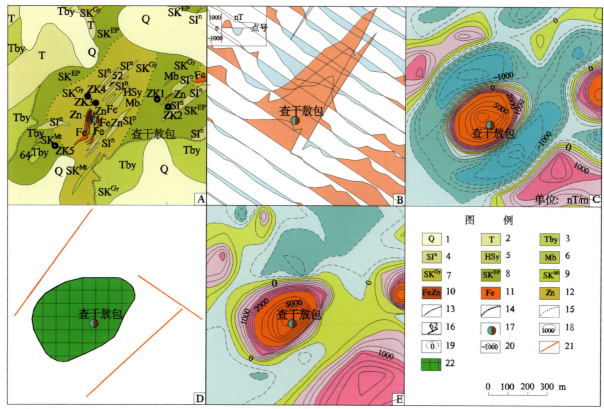

注:原地质矿产图比例尺为1:2000,原地磁数据比例尺为1:1万。

图4-4 查干敖包式侵入岩体型锌矿地质矿产及物探剖析图

A. 地质矿产图;B. 航磁 ΔT 剖面平面图;C. 航磁 ΔT 化极垂向一阶导数等值线平面图;D. 推断地质构造图;E. 航磁 ΔT 化极等值线平面图;1. 第四系;2. 凝灰岩;3. 泥含砾岩屑凝灰岩;4. 凝灰岩板岩;5. 黑云母角岩;6. 大理岩;7. 石榴子石矽卡岩;8. 绿帘石矽卡岩;9. 磁铁矿化矽卡岩;10. 铁锌矿体;11. 铁矿体;12. 锌矿体;13. 实测地质界线;14. 实测地层不整合界线;15. 相变界线;16. 地层产状(°);17. 矿床所在位置;18. 磁正等值线及注记;19. 磁零等值线及注记;20. 磁负等值线及注记;21. 磁法推断三级断裂;22. 磁法推断矿化体范围

第二节 预测工作区研究

一、区域地质特征

1. 成矿地质背景

本预测工作区地层属天山-兴安区内蒙古草原分区、东乌珠穆沁-呼玛小区。

区内地层出露有古生界奥陶系、志留系、泥盆系、石炭系—二叠系,中生界侏罗系、白垩系,新生界新近系。中—下奥陶统多宝山组($O_{1-2}d$)为目的层,分布于额仁高壁苏木南20km处查干敖包一带,由一套中酸性熔岩、火山碎屑沉积岩组成。

区内侵入岩分布广泛,有加里东中期、海西中期、海西晚期和印支期—燕山早期。加里东中期石英闪长岩($O_2\delta o$)出露面积有限,仅分布在乌拉盖苏木以北10km处海勒斯台一带。海西中期辉长岩($D_3\upsilon$)在朝不楞西南3km处仅见到1处,面积约0.8km²。海西晚期侵入活动最为活跃,大面积岩体分布在预测工作区中、西部,主要分布在翁图乌兰、塔日根敖包一带,呈岩基、岩株存在。印支期—燕山早期侵入岩则为预测工作区最为重要的一期岩体,主要分布在朝不楞、查干敖包一带,岩浆期后,该期岩体在本地区至少引起两次成矿高峰。第一次在印支期,印支期中粗粒似斑状花岗岩与燕山早期粗粒花岗岩在岩浆期后的热液活动中,共同引发了成矿作用,在宝力格苏木以西,形成多处铜、铅、锌矿点和矿化点;第二次在燕山早期达到了成矿高峰,由于围岩性质不同,成矿作用也发生了变化,在中—下奥陶统多宝山组($O_{1-2}d$)与燕山早期似斑状花岗岩的接触带上产生了强烈的矽卡岩化作用,热液蚀变伴随着交代作用,形成了具有一定规模的查干敖包热液交代矽卡岩型铁锌矿床。

本区大地构造位置属天山-兴蒙造山系、大兴安岭弧盆系、扎兰屯—多宝山岛弧中部南翼。区内构造活动频繁,地质构造复杂,不同性质的构造形迹发育,后期构造(含成矿期)对早期构造叠加、改造作用强烈。

2. 区域成矿模式

根据典型矿床及区域成矿规律的研究,本次工作选择E117°00′—E120°00′,N45°30′—N46°50′作为预测工作区范围,比例尺为1:10万,预测方法类型为侵入岩体型。

预测工作区内与查干敖包矽卡岩型矿床相同的矿床有3处。

根据预测工作区成矿规律研究,确定预测工作区成矿要素(表4-2),总结成矿模式(图4-5)。

表4-2 查干敖包式侵入岩体型锌矿查干敖包预测工作区成矿要素

成矿要素		内容描述	要素类别
地质环境	大地构造位置	天山-兴蒙造山系大兴安岭弧盆系,二连-贺根山蛇绿混杂岩带	必要
	成矿区(带)	东乌珠穆沁旗-嫩江铜、钼、铅、锌、金、钨、锡、铬成矿带,朝不楞-博克图钨、铁、锌、铅成矿亚带,朝不楞-查干敖包铁、锌、铅矿集区	必要
	区域成矿类型及成矿期	侵入岩体型,燕山早期	必要
控矿地质条件	赋矿地质体	中—下奥陶统多宝山组和似斑状花岗岩的接触带	必要
	控矿侵入岩	中粗粒似斑状花岗岩	重要
	主要控矿构造	北东向、北北东向的逆断层和北西向的平推断层或正断层	重要
区内相同类型矿产		成矿区(带)内有3处锌矿床(点)	重要

二、区域地球物理特征

1. 查干敖包式侵入岩体型锌矿查干敖包预测工作区重力解译应用成果

查干敖包式侵入岩体型锌矿查干敖包预测工作区位于纵贯全国东部地区的大兴安岭-太行山-武陵山北北东向巨型重力梯度带的东侧,该巨型重力梯度带东、西两侧重力场下降幅度达80×10^{-5}m/s²,下降梯度约1×10^{-5}(m·s⁻²)/km。由地震和磁大地电流测深资料可知,大兴安岭-太行山-武陵山巨型宽条带重力梯度带是一条超地壳深大断裂带。该深大断裂带是环太平洋构造运动的结果,沿深大断裂带侵入了大量的中—新生代中—酸性岩浆岩和喷发、喷溢了大量的中—新生代火山岩。

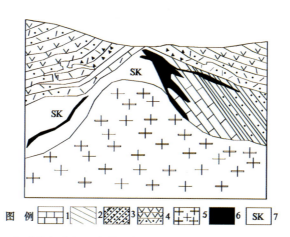

图 4-5 查干敖包式侵入岩体型锌矿查干敖包预测工作区成矿模式图
1. 大理岩;2. 板岩;3. 变质砂岩;4. 凝灰岩;5. 似斑状花岗岩;6. 锌矿体;7. 矽卡岩

从布格重力异常图上来看,查干敖包式侵入岩体型锌矿查干敖包预测工作区以高背景布格重力场为主,在高背景重力区叠加着许多北东向条带和等轴状的局部重力低异常,区域重力场强度$(-127\sim-107)\times10^{-5}\mathrm{m/s^2}$。根据该区的物性资料和已有1:20万直流电测深资料,推断具有一定走向的局部重力低异常是二连盆地群中—新生代盆地的表现;等轴状的局部重力低异常是中—酸性岩体的反映。此外,在预测工作区贺根山—二连浩特市一线形成一些局部重力高异常,推断与超基性岩体有关。

预测工作区内断裂构造以北东向为主;地层单元呈带状和面状分布;中—新生代盆地呈北东向宽条带状展布;中—酸性岩浆岩带呈北东向带状延展。在该预测工作区推断解译地层单元19个,断裂构造100条,中—酸性岩浆岩带1个,中—酸性岩体4个,超基性岩体5个,中—新生代盆地20个。

根据本区的重力场特征,在预测工作区截取了3条重力剖面进行2D反演计算,其中两条重力剖面选择在已知矿床的位置,考虑到该区还有可能形成类似已知矿床的重力场环境,又在该重力场选择了其余1条剖面,通过反演计算,岩体最大延深达6.3km。

该预测工作区已知的查干敖包铁锌矿和朝不楞铁锌矿均位于局部重力低异常的边部,表明该类矿床与中—酸性花岗岩体有关。在空间上,反映中—酸性岩体的局部重力低异常周边等值线密集带处是成矿的有利地段。

2. 查干敖包式侵入岩体型锌矿查干敖包工作区航磁解译应用成果

查干敖包式侵入岩体型锌矿查干敖包预测工作区在1:10万航磁ΔT等值线平面图上磁异常幅值范围为$-1000\sim800\mathrm{nT}$,背景值为$-100\sim100\mathrm{nT}$,其间磁异常形态杂乱,正负相间,多为不规则带状、片状或团状,预测工作区东南部磁异常相对比西北部凌乱,纵观预测工作区磁异常轴向及ΔT等值线延深方向,以北东向为主,磁场特征显示预测工作区构造方向以北东向为主。结合预测工作区地质体出露情况分析,预测工作区东南部磁异常多为火山岩地层引起,预测工作区西北部磁异常多为中酸性岩体引起。查干敖包式侵入岩体型锌矿矿区位于预测工作区中部,磁异常背景为低缓磁异常区,100nT等值线附近。

本预测工作区磁法推断地质构造图如图4-4所示,预测工作区内推断断裂走向与磁异常轴向相同,主要为北东向,以不同磁场区的分界线和磁异常梯度带为标志。西部有1条北西向断裂,以不同磁场区的分界线为标志,预测工作区南部推断有出露的火山构造,最北部有磁性蚀变带。预测工作区有较多杂乱的正负相间磁异常,参考地质体出露情况,认为由出露的酸性侵入岩体和火山岩地层引起。

根据磁异常特征,查干敖包式侵入岩体型锌矿查干敖包预测工作区磁法推断断裂构造7条、侵入岩体 22 个、火山构造 11 个。

三、区域地球化学特征

区域上分布有 Cu、Au、Ag、As、Sb、Cd、W、Zn 等元素组成的高背景区带，在高背景区中以 Cu、Au、Ag、As、Sb、Cd、W、Zn 为主的多元素局部异常。预测工作区内共有 39 处 Ag 异常，44 处 As 异常，81 处 Au 异常，37 处 Cd 异常，25 处 Cu 异常，35 处 Mo 异常，26 处 Pb 异常，56 处 Sb 异常，44 处 W 异常，29 处 Zn 异常。

预测工作区内 Ag、As、Sb 多呈背景分布，在预测工作区北东部存在局部异常；Au 呈低异常在北东部分布；Cd、Cu、Zn 元素在预测区南部呈高背景分布，具明显的浓度分带和浓集中心；W 在预测工作区北东部和南西部存在高背景区，有明显的浓度分带；Pb 在预测工作区内呈背景、低背景分布。

预测工作区内元素异常套合较好的综合异常为 AS1～AS5，AS1 和 AS2 位于查干敖包矿区附近，异常元素有 Pb、Zn、Ag，呈同心环状分布；AS3～AS5 异常元素有 Pb、Zn、Ag、Cd，呈环状分布，圈闭性好。

四、区域遥感影像及解译特征

1. 预测工作区遥感地质特征解译

预测工作区内解译出巨型断裂带，即二连-贺根山断裂带，该断裂带在预测工作区南部边缘近北东向展布，横跨过图幅的南部边缘地区。此巨型构造在该图幅区域内显示明显的北东向延深特点，线性构造两侧地层体较复杂。

区内共解译出大型构造 4 条，由西到东依次为瓦窑-阿日哈达构造、白音乌拉-乌兰哈达断裂带、巴仁哲里木-高力板断裂带、三站-哈拉盖图农牧场二分场构造，除 1 条沿北西向分布以外，其余 3 条走向基本为北东向，构造格架清晰。区内共解译出中小型构造 283 条，主要分布于北东向大型构造形成的区域里，预测工作区西北部的中小型构造走向以北西向为主，中部以北东向为主，构造总体走向基本清晰。

本预测工作区内的环形构造非常密集，共解译出环形构造 228 个，按其成因可分为中生代花岗岩类引起的环形构造、古生代花岗岩类引起的环形构造、与隐伏岩体有关的环形构造、褶皱引起的环形构造、火山机构或通道。环形构造在空间分布上没有明显的规律。

2. 预测工作区遥感异常分布特征

本预测工作区的羟基异常分布较少且主要分布在东部地区，西部地区有部分小块状异常集中分布于一个大型条带上，其余地区零星分布。铁染异常主要呈带状和小片状分布在西部偏南地区及中部、中部偏北地区，其余地区有零星分布。

3. 遥感矿产预测分析

综合上述遥感特征，查干敖包式侵入岩体型锌矿查干敖包预测工作区共圈定出 7 个预测区。

(1) 巴彦乌拉嘎查以北预测区：北东向的白音乌拉-乌兰哈达大型断裂带通过该区，与小型构造在区域内相交，位于主要含矿地层中。

(2) 一队以东预测区：北东向的白音乌拉-乌兰哈达中型断裂带通过该区，与穿过该区的小型构造相交错断，相交处有明显印迹的性质不明的环形构造，区域西部有相邻的火山机构，异常信息分布较有规律，位于含矿地层的结合部位，区域内存在有查干敖包铁锌矿。

(3) 额仁高毕苏木东南预测区：北东向的白音乌拉-乌兰哈达中型断裂带通过该区，若干小型构造在区域内相交，该区位于含矿地层中。

(4)满都胡宝拉格苏木以南预测区：若干小型构造穿过该区，1条北东向小型构造于区内延展，沿区域形状走向分布，区内有条状异常分布，区域北部有形状清晰的与隐伏岩体有关的环形构造。

(5)夏日沟图预测区：该区处在若干小型构造相交错断后围成的四边形构造格架中，区域周围有若干环形构造，有条带状异常在区域中分布，朝不楞多金属矿在该区域内。

(6)满都胡宝拉格嘎查东北方向预测区：白音乌拉-乌兰哈达大型断裂带通过该区，并于区内与小型构造相交，区域内异常信息较密集。

(7)宝格达山林场分场西南预测区：若干小型构造在区域内相交错断，遥感异常信息呈条带状且比较密集，该区域位于含矿地层中。

五、区域预测模型

根据预测工作区区域成矿要素和航磁、重力、遥感及自然重砂等特点，建立了本预测工作区的区域预测要素，并编制预测工作区预测要素图和预测模型图。

区域预测要素图以区域成矿要素图为基础，综合研究重力、航磁、化探、遥感、自然重砂等综合致矿信息，总结区域预测要素（表4-3），并将综合信息（如各专题异常曲线或区）全部叠加在成矿要素图上，在表达时可以导出单独预测要素如航磁的预测要素图。

预测模型图的编制以地质剖面图为基础，叠加区域航磁及重力剖面图而形成，简要表示预测要素内容及其相互关系，以及时空展布特征（图4-6）。

表4-3 查干敖包式侵入岩体型锌矿查干敖包预测工作区预测要素

预测要素		内容描述	要素类别
地质环境	大地构造位置	天山-兴蒙造山系大兴安岭弧盆系，二连-贺根山蛇绿混杂岩带	必要
	成矿区（带）	东乌珠穆沁旗-嫩江铜、钼、铅、锌、金、钨、锡、铬成矿带，朝不楞-博克图钨、铁、锌、铅成矿亚带，朝不楞-查干敖包铁、锌、铅矿集区	必要
	区域成矿类型及成矿期	侵入岩体型，燕山早期	必要
控矿地质条件	赋矿地质体	中—下奥陶统多宝山组和似斑状花岗岩的接触带	必要
	控矿侵入岩	中粗粒似斑状花岗岩	重要
	主要控矿构造	北东向、北北东向的逆断层和北西向的平推断层或正断层	重要
区内相同类型矿产		成矿（区）带内有3处锌矿点	重要
地球物理特征	重力异常	查干敖包式侵入岩体型锌矿查干敖包预测工作区以高背景布格重力场为主，在高背景重力区叠加着北东向条带状和等轴状的局部重力低异常，区域重力场强度$(-127\sim107)\times10^{-5}$ m/s^2。根据该区的物性资料和已有1：20万直流电测深资料，推断具有一定走向的局部重力低异常是二连盆地群中—新生代盆地的表现；等轴状的局部重力低异常是中—酸性岩体的反映。此外，在预测工作区贺根山—二连浩特市一线形成一些局部重力高异常，推断与超基性岩体有关	重要
	磁法异常	据1：50万航磁化极等值线平面图显示，在低缓的正磁场背景中，区域北东部表现为大面积正异常，极值达300nT	重要
地球化学特征		单元素化探异常起始值大于或等于53×10^{-6}	次要

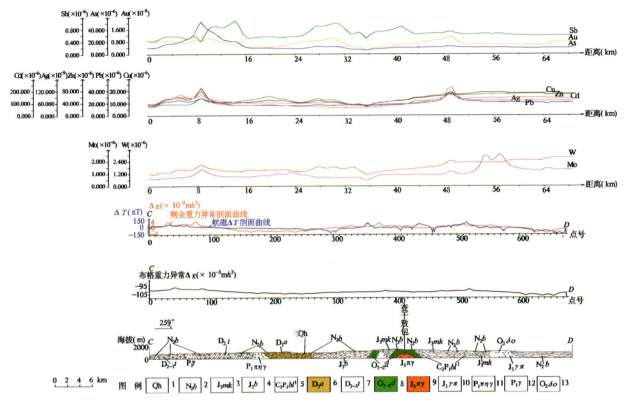

图 4-6　查干敖包式侵入岩体型锌矿查干敖包预测工作区预测模型图

1. 第四系；2. 宝格达乌拉组；3. 白音高老组；4. 满克头鄂博组；5. 宝力高庙组；6. 安格音乌拉组；7. 塔尔巴格特组；8. 多宝山组；9. 斑状花岗岩；10. 花岗斑岩；11. 二长花岗斑岩；12. 花岗岩；13. 石英闪长岩

第三节　矿产预测

一、综合地质信息定位预测

1. 变量提取及优选

根据典型矿床及预测工作区研究成果，进行综合信息预测要素提取，本次预测底图比例尺为1∶10万，选择网格单元法确定预测单元，利用规则网格单元作为预测单元，网格单元大小为 2km×2km。

地质体、断层、遥感环状要素进行单元赋值时采用区的存在标志；化探、剩余重力、航磁化极则求起始值的加权平均值，进行原始变量构造。并根据形成的定位数据转换专题构造预测模型。

（1）地层：中—下奥陶统多宝山组，由一套中酸性熔岩、火山碎屑沉积岩组成。预处理的方法为对提取地层周边的第四系及其以上的覆盖部分进行揭盖。

（2）断层：提取与成矿有关的东西向断裂，并作 500m×500m 缓冲区。

（3）化探：Zn 元素化探异常起始值大于 $53×10^{-6}$ 的范围。

（4）重力：剩余重力起始值大于 $-2×10^{-5} m/s^2$ 的范围。

（5）航磁：航磁化极值大于 250nT 的范围。

对化探、剩余重力、航磁化极进行二值化处理，人工输入变化区间：Zn 化探异常起始值大于

53×10^{-6},剩余重力大于$-2\times10^{-5}\mathrm{m/s^2}$,航磁化极值大于250nT。

2. 最小预测区确定及优选

选择查干敖包典型矿床所在的最小预测区为模型区,模型区内出露地层为中—下奥陶统多宝山组,Zn元素化探异常起始值大于53×10^{-6},模型区内与成矿有关的东西向断层,西北方向有一遥感环状要素,指示可能有隐伏岩体的存在。

由于预测工作区内只有3个同预测类型的矿床,故采用少模型预测工程进行预测,预测过程中先后采用了数量化理论Ⅲ、特征聚类分析、神经网络分析等方法进行空间评价,并采用人工对比预测要素,比照形成的单元图,最终确定采用特征分析法作为本次工作的预测方法。

3. 最小预测区确定结果

共圈定最小预测区14个,其中,A级区3个(含已知矿体),总面积$39.87\mathrm{km^2}$;B级区2个,总面积$18.47\mathrm{km^2}$;C级区9个,总面积$80.11\mathrm{km^2}$(表4-4,图4-7)。

表4-4 查干敖包式侵入岩体型锌矿查干敖包预测工作区各最小预测区一览表

最小预测区编号	最小预测区名称	最小预测区编号	最小预测区名称
A1506201001	一队饲料基地北东	C1506201003	阿尔善宝拉格嘎查东
A1506201002	一队饲料基地东	C1506201004	浩勒包嘎查南西
A1506201003	海拉斯台牧点北东	C1506201005	巴彦布日都嘎查北东
B1506201001	阿尔善宝拉格嘎查南东	C1506201006	海拉斯台牧点东
B1506201002	配种站南	C1506201007	海拉斯台牧点北东
C1506201001	阿尔善宝拉格嘎查南	C1506201008	夏日沟图南东
C1506201002	杰仁宝拉格嘎查东	C1506201009	南牧场北西

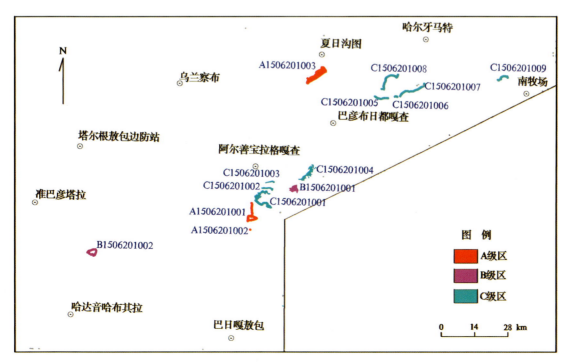

图4-7 查干敖包式侵入岩体型锌矿查干敖包预测工作区各最小预测区优选分布图

4. 最小预测区地质评价

最小预测区级别划分依据最小预测区地质矿产、物探及遥感异常等综合特征，并结合资源量估算和预测区优选结果，将最小预测区划分为 A 级、B 级和 C 级 3 个等级。

依据预测工作区内地质综合信息等对每个最小预测区进行综合地质评价，各最小预测区成矿条件及找矿潜力见表 4-5。

表 4-5 查干敖包式侵入岩体型锌矿查干敖包预测工作区各最小预测区综合信息表

最小预测区编号	最小预测区名称	综合信息
A1506201001	一队饲料基地北东	模型区，找矿潜力巨大，出露地层为多宝山组，Zn 元素化探异常起始值大于 53×10^{-6}，剩余重力大于 $-2\times10^{-5}\,\mathrm{m/s^2}$，航磁化极大于或等于 250nT，模型区内有一条规模较大、与成矿有关的东西向断层
A1506201002	一队饲料基地东	具有较好的找矿潜力，出露地层为多宝山组，Zn 元素化探异常起始值大于 53×10^{-6}，剩余重力大于 $-2\times10^{-5}\,\mathrm{m/s^2}$，航磁化极大于或等于 250nT，模型区内有一条规模较大、与成矿有关的东西向断层
A1506201003	海拉斯台牧点北东	具有一定的找矿潜力，出露地层为多宝山组，Zn 元素化探异常起始值大于 53×10^{-6}，剩余重力大于 $-2\times10^{-5}\,\mathrm{m/s^2}$，航磁化极大于或等于 250nT
B1506201001	阿尔善宝拉格嘎查南东	具有一定的找矿潜力，出露地层为多宝山组，Zn 元素化探异常起始值大于 53×10^{-6}，剩余重力大于 $-2\times10^{-5}\,\mathrm{m/s^2}$，航磁化极大于或等于 250nT
B1506201002	配种站南	具有较好的找矿潜力，出露地层为多宝山组，Zn 元素化探异常起始值大于 53×10^{-6}，剩余重力大于 $-2\times10^{-5}\,\mathrm{m/s^2}$，航磁化极大于或等于 250nT
C1506201001	阿尔善宝拉格嘎查南	具有一定的找矿潜力，出露地层为多宝山组，Zn 元素化探异常起始值大于 53×10^{-6}，剩余重力大于 $-2\times10^{-5}\,\mathrm{m/s^2}$
C1506201002	杰仁宝拉格嘎查东	具有一定的找矿潜力，出露地层为多宝山组，剩余重力大于 $-2\times10^{-5}\,\mathrm{m/s^2}$，航磁化极大于或等于 250nT
C1506201003	阿尔善宝拉格嘎查东	具有一定的找矿潜力，出露地层为多宝山组，存在剩余重力异常范围及航磁异常特征范围
C1506201004	浩勒包嘎查南西	具有一定的找矿潜力，出露地层为多宝山组，存在局部航磁异常及剩余重力异常，地理位置较佳
C1506201005	巴彦布日都嘎查北东	具有一定的找矿潜力，出露地层为多宝山组，仅局部存在较好航磁异常，且异常范围与最小预测区范围套合
C1506201006	海拉斯台牧点东	具有一定的找矿潜力，出露地层为多宝山组，局部存在剩余重力及航磁异常，范围不大，交通不方便
C1506201007	海拉斯台牧点北东	具有一定的找矿潜力，出露地层为多宝山组，据遥感影像资料，推测本区有隐伏断层通过，可能对成矿有控制作用，但交通不够便利
C1506201008	夏日沟图南东	具有一定的找矿潜力，出露地层为多宝山组，局部见剩余重力异常，但范围不大，交通条件一般
C1506201009	南牧场北西	具有一定的找矿潜力，出露地层为多宝山组，局部见剩余重力异常及航磁化极异常，但异常带套合不好，交通条件不佳

二、综合信息地质体积法估算资源量

1. 典型矿床深部及外围资源量估算

查干敖包典型矿床资源储量估算结果来源于《内蒙古自治区东乌珠穆沁旗查干敖包铁锌矿详查地质报告》及内蒙古自治区国土资源信息院于2010年提交的《截至二〇〇九年底的内蒙古自治区矿产资源储量表》。锌矿已查明矿体金属量:$Q_{典}$=840 560t。

延深分两个部分,一部分是已查明矿体的下延部分,已查明矿体的最大延深为300m,结合该矿床勘探情况,向下预测50m;另一部分是已知矿体附近含矿建造区预测部分,用已查明延深(300m)+预测延深(50m)确定该延深为350m。

含矿系数采用上表典型矿床已查明资源量的含矿系数(0.08t/m³)。

综合分析《内蒙古自治区东乌珠穆沁旗查干敖包矽卡岩型铁锌矿地质图》(1:2000)中矿体引起的物探特征、成矿特征及控矿因素,认为查干敖包铁锌矿矿体已经不具备外推条件。

典型矿床资源总量($Z_{典总}$)=已查明资源量($Z_{典}$)+深部及外围资源总量($Z_{深}$ $Z_{外}$)=840 560t+132 320t=972 880t;级别为334-1(表4-6)。

表4-6 查干敖包预测工作区典型矿床深部及外围资源量估算表

典型矿床		深部及外围		
已查明资源量(t)	840 560	深部	面积(m²)	33 080
面积(m²)	33 080		延深(m)	50
延深(m)	300	外围	面积(m²)	
品位(%)	4.59		延深(m)	
密度(g/cm³)	3.4	预测资源量(t)		132 320
含矿系数(t/m³)	0.08	典型矿床资源总量(t)		972 880

2. 模型区的确定、资源量及估算参数

模型区为典型矿床所在位置的最小预测区,在查干敖包典型矿床外围不存在已知矿床或矿点。模型区资源总量:$Z_{模}$=典型矿床资源总量($Z_{典总}$)+其他已知矿床资源量=972 880t+0t=972 880t。

模型区含矿地质体面积:$S_{模}$=1 514 000m²。最大预测延深为350m。模型区含矿地质体体积:$V_{模}$=$S_{模}$×$H_{模}$=15 140 000m²×350m=5 299 000 000m³。由此,模型区含矿地质体含矿系数:$K_{模}$=$Z_{模}$/$V_{模}$=972 880t÷5 299 000 000m³=0.000 1t/m³(表4-7)。

表4-7 查干敖包预测工作区模型区资源总量及其估算参数

模型区编号	模型区名称	模型区资源总量(t)	模型区面积(m²)	延深(m)	含矿地质体面积(m²)	含矿地质体面积参数	含矿地质体含矿系数(t/m³)
A1506201001	一队饲料基地北东	972 880	15 140 000	350	15 140 000	1.00	0.000 1

3. 最小预测区预测资源量

查干敖包式侵入岩体型锌矿预测工作区最小预测区资源量定量估算采用地质体积法进行估算。

(1)估算参数的确定。查干敖包式侵入岩体型锌矿预测工作区内最小预测区级别分为A级、B级、C级3个等级,其中,A级区3个,B级区2个,C级区9个。最小预测区面积圈定是根据MRAS所形成的色块区与预测工作区底图重叠区域,并结合含矿地质体、已知矿床、矿(化)点及化探等异常范围进行圈定。

延深是指含矿地质体在倾向上的延长延深。延深的确定是在研究最小预测区含矿地质体地质特征、岩体的形成延深、矿化蚀变、矿化类型的基础上,再对比典型矿床特征综合确定的,部分由成矿带模型类比或专家估计给出,另根据模型区查干敖包锌矿钻孔控制最大垂深为300m,以及区域构造控矿特征、含矿地质体产状、区域厚度、深部延深趋势,同时考虑查干敖包矽卡岩型铁锌矿成矿特点,深部找矿潜力较差,故确定其合理下推延深最大延深为350m。

预测工作区内最小预测区品位和密度采用典型矿床品位和密度,分别为4.59%和3.4g/cm³。

查干敖包式侵入岩体型锌矿查干敖包预测工作区最小预测区相似系数的确定,主要综合最小预测区内含矿地质体出露特征、地质构造发育程度、磁异常强度、剩余重力异常、矿化蚀变程度及矿(化)点多少等因素,由专家确定。

(2)最小预测区预测资源量估算成果。采用地质体积法,本次预测锌资源总量为1 236 273t,其中不包括预测工作区已查明资源量840 560t,详见表4-8。

表4-8 查干敖包式侵入岩体型锌矿查干敖包预测工作区各最小预测区预测资源量估算成果

最小预测区编号	最小预测区名称	$S_{预}(km^2)$	$H_{预}(m)$	K_S	$K(t/m^3)$	α	$Z_{预}(t)$	资源量精度级别
A1506201001	一队饲料基地北东	15.14	350	1.00	0.000 1	1.0	132 320	334-1
A1506201002	一队饲料基地东	0.77	300	1.00	0.000 1	0.8	18 541	334-1
A1506201003	海拉斯台牧点北东	23.96	300	1.00	0.000 1	0.8	575 059	334-1
B1506201001	阿尔善宝拉格嘎查南东	8.35	250	1.00	0.000 1	0.5	104 313	334-2
B1506201002	配种站南	10.12	250	1.00	0.000 1	0.5	126 450	334-2
C1506201001	阿尔善宝拉格嘎查南	20.09	150	1.00	0.000 1	0.2	60 256	334-3
C1506201002	杰仁宝拉格嘎查东	4.05	200	1.00	0.000 1	0.2	16 188	334-3
C1506201003	阿尔善宝拉格嘎查东	2.04	200	1.00	0.000 1	0.2	8153	334-3
C1506201004	浩勒包嘎查南西	12.73	150	1.00	0.000 1	0.2	38 186	334-3
C1506201005	巴彦布日都嘎查北东	6.65	200	1.00	0.000 1	0.2	26 600	334-3
C1506201006	海拉斯台牧点东	1.80	150	1.00	0.000 1	0.2	5390	334-3
C1506201007	海拉斯台牧点北东	13.47	200	1.00	0.000 1	0.2	53 895	334-3
C1506201008	夏日沟图南东	13.07	200	1.00	0.000 1	0.2	52 292	334-3
C1506201009	南牧场北西	6.21	150	1.00	0.000 1	0.2	18 630	334-3

4. 预测工作区预测资源量成果汇总表

本预测工作区侵入岩体型锌矿床,预测方法类型为侵入岩体型。预测锌资源总量为 1 236 273t,其中不包括预测工作区已查明资源量 840 560t,其预测资源量的统计结果见表 4-9。

表 4-9 查干敖包式侵入岩体型锌矿预测工作区各最小预测区预测资源量成果汇总表 （单位:t）

预测延深	资源量精度级别	可利用性		可信度			合计
		可利用	暂不可利用	≥0.75	≥0.50	≥0.25	
350m 以浅	334-1	725 920		725 920	725 920	725 920	725 920
	334-2		230 763		230 763	230 763	230 763
	334-3		279 590		279 590	279 590	279 590
合计							1 236 273

第五章 天桥沟式侵入岩体型铅锌矿预测成果

第一节 典型矿床特征

一、典型矿床地质特征及成矿模式

(一)典型矿床地质特征

天桥沟铅锌矿区所处大地构造位置为天山-兴蒙造山系(Ⅰ级),包尔汉图-温都尔庙弧盆系(Ⅱ级),朝阳地-翁牛特旗弧-陆碰撞带(Ⅲ级)。最重要的区域性构造为敖包梁破火山机构和少郎河大断裂。

1. 矿区地质

矿区内出露地层有石炭系酒局子组的含砾凝灰质砂岩及安山角砾凝灰岩,二叠系额里图组、余家北沟组杂砂岩建造,以及第四系(图5-1)。

中二叠统额里图组分布广,产状变化大,走向北东,倾向南西。下部为英安质火山碎屑岩建造,上部为玄武安山岩、安山岩建造。

本区侵入岩较发育,主要为海西期和少量燕山期侵入岩。海西期侵入岩体主要有石英闪长玢岩体出露于天桥沟东山,呈岩株状,侵入额里图组。岩性为石英闪长玢岩及闪长玢岩,相带不明显。辉石安山玢岩体出露天桥沟西,呈纺锤形,南侧与二叠系额里图组不整合接触。铅锌矿化石英脉沿岩体破碎裂隙充填。角闪安山玢岩体局部出露,与辉石安山玢岩为过渡关系。其特点是粗大角闪石斑晶呈定向排列。海西期岩体是本区重要的赋矿体。燕山期侵入体主要为花岗斑岩、流纹斑岩及闪长玢岩等脉岩,这些脉岩侵入上述海西期岩体。

矿区褶皱呈近东西向的背斜构造。其核部为石炭系酒局子组,两翼为二叠系额里图组和余家北沟组。

断裂构造以北西—北西西向为主,规模较大,有一横贯全区的北向断裂,延深2900m,宽5~10m,走向300°~335°,倾角60°~70°,是矿区的主要控矿构造。

东西向断裂零星分布,规模较小,矿区北西向断裂带与岩体接触界面发生重叠,重叠部位是矿化富集的部位。

北东向断裂为区域观音堂-天桥沟北东断裂带的北带,走向20°~45°,常为闪长玢岩、花岗斑岩充填,该组断裂切断了北西向断裂。

矿区内地层与石英闪长玢岩、辉石闪长玢岩的接触带普遍角岩化。近矿围岩蚀变主要有硅化、绿泥石化、绢云母化、碳酸盐化、黄铁矿化、萤石化,而与矿体伴生最紧密的是硅化、绿泥石化、黝帘石化。蚀变多呈线性分布在铅锌矿体两侧。

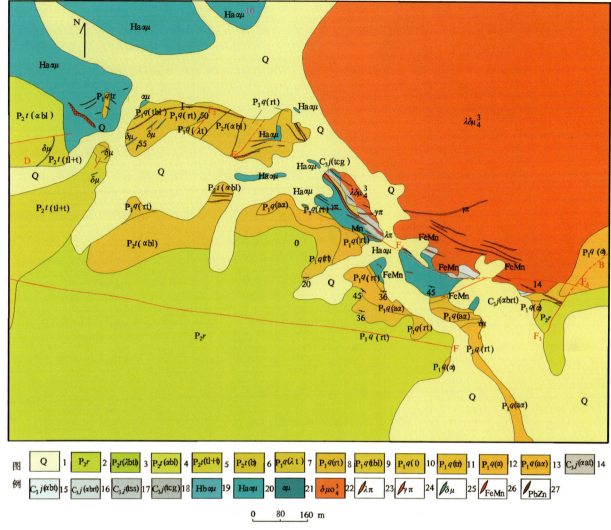

图 5-1 天桥沟式侵入岩体型铅锌矿典型矿床地质图

1. 第四系砾石;2. 变质砂砾岩、细砂岩;3. 流纹质角砾凝灰熔岩;4. 安山质角砾凝灰熔岩;5. 凝灰质熔岩夹凝灰岩;6. 角砾岩;
7. 流纹质凝灰岩;8. 岩屑凝灰岩;9. 凝灰角砾岩;10. 凝灰岩;11. 凝灰熔岩;12. 安山岩;13. 气孔杏仁状安山岩;14. 安山质集块凝
灰岩;15. 安山质角砾凝灰岩;16. 安山质岩屑凝灰岩;17. 含砾凝灰质砂岩;18. 凝灰质砂岩;19. 角闪安山玢岩;20. 辉石安山玢岩;
21. 安山玢岩;22. 石英闪长玢岩;23. 流纹斑岩脉;24. 花岗斑岩脉;25. 闪长玢岩脉;26. 铁锰染蚀变体;27. 铅锌矿体

2. 矿体特征

圈定铅锌矿(化)体27条,矿体14条,主矿体3条,分布于15与16勘查线之间,以14号矿体为中心,其上盘有16号、17号、20号、21号、22号5条矿体,下盘有10号、12号、13号、18号、19号、23号、24号、25号矿体。矿体产于石英闪长玢岩体、辉石安山玢岩体与石炭系、二叠系接触带,明显受接触断裂复合构造控制,总体上呈北西向展布。

23号矿体分布在3~11勘查线之间,产于14号矿体下盘的石英闪长玢岩体中。赋矿岩石为石英闪长玢岩。矿体形态为脉状,呈北西向展布,倾向南西,倾角70°~80°。矿体控制长490m,最大垂深381m。厚度1.19~5.14m,平均厚度2.58m,铅矿体品位0.21%~1.97%,铅平均品位1.21%;锌平均品位1.42%~5.18%,平均品位2.63%。

3. 矿石特征

(1)矿石矿物成分:本区矿石的矿物成分较为简单,金属矿物主要有闪锌矿、方铅矿、黄铁矿,其次有黄铜矿、辉银矿、磁黄铁矿、磁铁矿,氧化物有褐铁矿、锰矿、铅钒、孔雀石等;脉石矿物有石英、方解石、绿泥石、绿帘石、绢云母等。石英、方解石以他形不等粒状、不规则团块状与金属硫化物共生,构成石英、方解石脉型铅锌矿。绿泥石、绿帘石及绢云母等亦常见。

(2)矿石化学成分:主要有用组分为铅、锌,伴生有益组分为银、铜、镉。达到综合利用指标的伴生组分有银、镉。银分布比较均匀,据组合分析结果银平均品位 25.06×10^{-6}。据单矿物分析,银主要赋存于方铅矿中,铅、银呈明显的正相关关系。

(3)矿石结构、构造:矿石结构比较简单,硫化铅锌矿石主要为他形粒状结构和自形—半自形粒状结构,次为交代结构、碎裂结构等;矿石构造比较复杂,硫化铅锌矿石有浸染状构造、斑杂状构造、团块状构造、块状构造、细脉-网脉状构造、平行脉状构造、角砾状构造等,以细脉状构造、斑杂状构造为主,浸染状构造及块状构造次之,其他构造较少。

(4)矿石类型:主要为硫化铅锌矿石,其次有石英脉型铅锌矿石、方解石石英脉型铅锌矿石、黄铁矿黄铜矿型铅锌矿石。矿石工业类型为氧化铅锌矿石和原生硫化铅锌矿石。

(5)矿体围岩:石英闪长玢岩和花岗岩。矿体内无夹石出现。

4. 成矿时代及成因类型

①矿床产于岩体接触带与断裂破碎带的叠加部位;②矿体多呈脉状产出;③矿体围岩热液交代作用明显;④成矿作用过程较长,出现多阶段矿化叠加和交代;⑤硫同位素组成变化较窄。因此认为矿床为岩浆期后中低温热液充填交代脉状铅锌矿床。

(二)典型矿床成矿模式

成岩阶段,区域地层总体是上升运动。由于有机质作用和氧逸度的降低,使介质处在还原条件下,引起物质的重新分配组合,形成新的成岩矿物。对成矿有重要意义的是脱水作用和有机质的分解作用,前者造成含铜溶液的运移,后者导致矿质的沉淀。充填于沉积物中的间隙水,通过络合媒介(可能是有机质赘合物或氯)携带金属离子,并沿着孔隙性和渗透性较好的硅质、钙质岩石渗流,由于厚层泥质黏土岩层的屏蔽,出现较为缓慢的侧向流动,而使金属离子在强还原作用下开始沉淀,形成硫化物。这是一个比较长的过程。长期成岩作用可促使矿源层中的分散金属元素在一定的地段集中。成岩后生阶段有一定的延深。

天桥沟式侵入岩体型铅锌矿典型矿床位于少郎河断裂北侧,北侧的次级断裂及其派生断裂在清泉寺山和天桥沟—唐家地一带较发育,前者为近东西走向,后者为北西或北东走向。它们多被后期岩脉充填或表现为蚀变矿化带,是本区重要的控矿或容矿构造。天桥沟铅锌矿成矿典型矿床模式见图 5-2。

二、典型矿床地球物理特征

1. 重力场特征

布格重力异常图表明,天桥沟式侵入岩体型铅锌矿床位于局部重力低异常等值线密集带上;剩余重力异常图表明,天桥沟铅锌矿位于局部剩余重力低异常的边部,局部剩余重力低异常 $\Delta g_{min} = -6.96 \times 10^{-5}$ m/s²,根据物性资料和地质资料分析,推断该局部剩余重力低异常是中—酸性岩体的反映。表明天桥沟铅锌矿床在成因上与中—酸性岩体有关。

2. 磁场特征

从 1:20 万航磁 ΔT 化极等值线平面图可知,天桥沟式侵入岩体型铅锌矿典型矿床位于环状局部正磁异常带上,其西侧反映区域负磁场,结合重力推断是中—酸性岩体的反映,表明地质体磁性矿物含量较少;环状局部正磁异常带是由地层与中—酸性岩体的接触带引起的(图 5-3)。

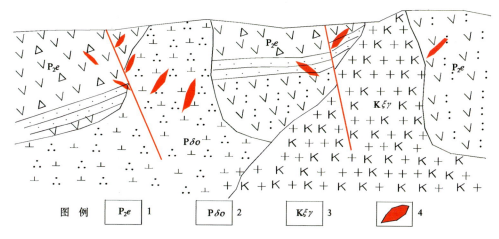

图 5-2 天桥沟式侵入岩体型铅锌矿典型矿床成矿模式图

1. 中二叠统额里图组；2. 二叠纪石英闪长岩；3. 白垩纪正长花岗岩；4. 铅锌矿体

矿床所在位置地球物理特征如图 5-3 所示。据 1∶5 万航磁平面等值线图显示，磁场表现为低缓的正磁场，变化不大，范围在 50～200nT 之间，异常特征不明显。

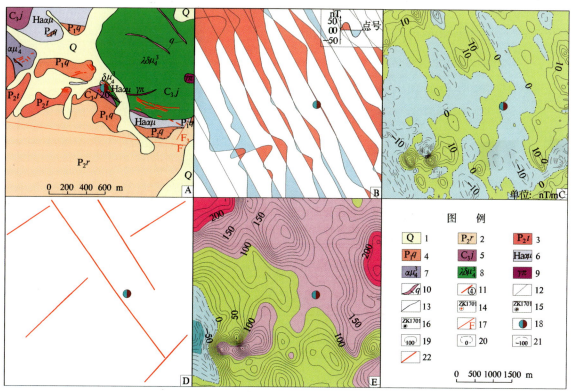

注：原地质矿产图比例尺为 1∶1 万，原航磁数据比例尺为 1∶5 万。

图 5-3 天桥沟式侵入岩体型铅锌矿典型矿床地质矿产及物探剖析图

A. 地质矿产图；B. 航磁 ΔT 剖面平面图；C. 航磁 ΔT 化极垂向一阶导数等值线平面图；D. 推断地质构造图；E. 航磁 ΔT 化极等值线平面图；1. 第四系；2. 中二叠统染房组变质砂砾岩、细砂岩；3. 中二叠统铁营子组安山质角砾凝灰熔岩、凝灰岩；4. 下二叠统青风山组流纹质凝灰岩、安山岩；5. 上石炭统酒局子组含砾凝灰质砂岩、安山质凝灰岩；6. 辉石安山玢岩；7. 安山岩；8. 石英闪长玢岩；9. 花岗斑岩脉；10. 石英脉；11. 铅锌矿化体及编号；12. 不整合地质界线；13. 地质界线；14. 见工业矿体钻孔及编号；15. 见矿化钻孔及编号；16. 未见矿钻孔及编号；17. 实测及推测断层；18. 矿点位置；19. 航磁正等值线及注记；20. 航磁零等值线及注记；21. 航磁负等值线及注记；22. 磁法推断三级断裂

据1∶50万航磁化极等值线平面图显示,磁场总体表现为低缓的正磁场,北部呈现出条带状正磁场,走向南北,极值达300nT。

三、典型矿床地球化学特征

矿区周围分布有Au、As、Sb、Cu、Pb、Zn、Ag、Cd、W、Mo、Sn等元素组成的综合异常,Pb、Zn为主成矿元素,Au、As、Sb、Cu、Pb、Zn、Ag、Cd、W、Mo、Sn为主要的共(伴)生元素。在矿区周围Pb、Zn具有明显的浓集中心,异常强度高;Pb、Zn、Ag、Cd异常套合较好。

四、典型矿床预测模型

在典型矿床成矿要素研究的基础上,根据矿区大比例尺化探异常、地磁资料及矿床所在区域的航磁重力资料,建立典型矿床的预测要素。在成矿要素图上叠加大比例尺地磁等值线形成预测要素图,同时以典型矿床所在区域的地球化学异常、航磁重力资料作系列图,以角图形式表达,反映典型矿床所在位置的物探特征,进行典型矿床预测要素研究并编制典型矿床物探剖析图(图5-4)、要素表(表5-1)。

表5-1 天桥沟式侵入岩体型铅锌矿典型矿床预测要素

预测要素		内容描述			要素类别
资源储量		Pb 4643t, Zn 7555t	平均品位	Pb 1.23%, Zn 2.00%	
特征描述		中低温热液脉型铅锌矿床			
地质环境	构造背景	天山-兴蒙造山系(Ⅰ级),包尔汉图-温都尔庙弧盆系(Ⅱ级),朝阳地-翁牛特旗弧-陆碰撞带(Ⅲ级)。最重要的区域性构造为敖包梁破火山机构和少郎河大断裂			必要
	成矿环境	本区的主要控矿因素为断裂破碎带,包括裂隙密集带,尤其是近东西向和北西向断裂。受前者控制的矿体,沿走向和倾向延深一般较大,受后者控制的矿体走向延深不及前者,但常常在局部出现较厚大的矿体			必要
	成矿时代	燕山期			必要
矿床特征	矿体形态	矿体呈脉状,透镜状			重要
	岩石类型	石英闪长玢岩、辉石安山玢岩、角闪安山玢岩			重要
	岩石结构	斑状结构,致密块状构造、显微气孔构造			次要
	矿物组合	金属矿物主要有闪锌矿、方铅矿、黄铁矿,次有黄铜矿、辉银矿、磁铁矿、磁黄铁矿,氧化矿物有褐铁矿、锰矿、铅矾、孔雀石等,脉石矿物有石英、方解石、绿泥石、绿帘石、绢云母等			重要
	结构构造	矿石结构:他形粒状结构、半自形—自形结构。 矿石构造:浸染状构造、脉状构造、团块状构造			次要
	蚀变特征	硅化、绿泥石化、绢云母化、碳酸盐化、黄铁矿化、萤石化			次要
	控矿条件	北西—北西西向断裂带与石英闪长玢岩接触带叠加构造拐弯、交叉、分支复合部位			必要

续表 5-1

预测要素		内容描述			要素类别
资源储量		Pb 4 643t, Zn 7 555t	平均品位	Pb 1.23%, Zn 2.00%	
特征描述		中低温热液脉型铅锌矿床			
物探、化探特征	地球物理特征	重力	预测工作区北部反映重力低异常带,走向近东西,重力场最低值$-130.00\times10^{-5}\mathrm{m/s^2}$。根据物性资料和地质出露情况,推断该重力低异常带是中—酸性岩浆岩带的反映;在重力低异常带的南侧等值线密集带(过渡带)上,形成许多内生矿床,包括天桥沟铅锌矿、小营子铅锌矿、荷尔乌苏铅锌矿、敖包山铜铅锌矿等		重要
		航磁	据1:50万航磁化极等值线平面图显示,磁场总体表现为低缓的正磁场,北部呈现出条带状正磁场,走向南北,极值达300nT		重要
	地球化学特征		矿区周围分布有 Au、As、Sb、Cu、Pb、Zn、Ag、Cd、W、Mo、Sn 等元素组成的综合异常,Pb、Zn 为主成矿元素,Au、As、Sb、Cu、Pb、Zn、Ag、Cd、W、Mo、Sn 为主要的共(伴)生元素。在矿区周围 Pb、Zn 具有明显的浓集中心,异常强度高;Pb、Zn、Ag、Cd 异常套合较好		重要

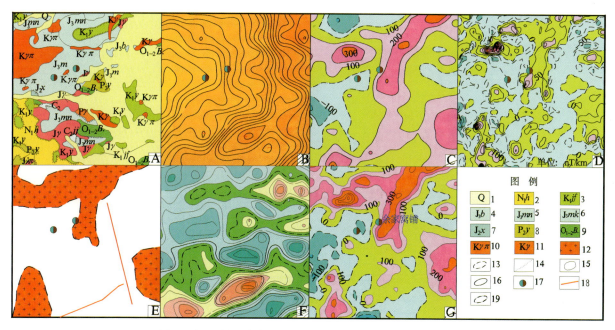

图 5-4 天桥沟式侵入岩体型铅锌矿典型矿床综合剖析图

A. 地质矿产图;B. 布格重力异常图;C. 航磁 ΔT 等值线平面图;D. 航磁 ΔT 化极垂向一阶导数等值线平面图;E. 磁法推断地质构造图;F. 剩余重力异常图;G. 航磁 ΔT 化极等值线平面图;1. 第四系;2. 中新统汉诺坝组;3. 白垩系热河群九佛堂组;4. 侏罗系白音高老组;5. 侏罗系玛尼吐组;6. 侏罗系满克头鄂博组;7. 侏罗系新民组;8. 中二叠统余家北沟组;9. 奥陶系包尔汉图群;10. 白垩纪花岗斑岩;11. 白垩纪花岗岩;12. 磁法推断酸性侵入岩;13. 航磁负等值线;14. 相变界线;15. 磁法推断地质构造边界线(出露);16. 航磁正等值线;17. 铅锌矿点;18. 磁法推断三级断裂构造;19. 零等值线

第二节 预测工作区研究

一、区域地质特征

天桥沟式侵入岩体型铅锌矿天桥沟预测工作区所处大地构造位置为天山-兴蒙造山系（Ⅰ级），包尔汉图-温都尔庙弧盆系（Ⅱ级），朝阳地-翁牛特旗弧-陆碰撞带（Ⅲ级）。最重要的区域性构造为敖包梁破火山机构和少郎河大断裂。

（一）区域地层

区内出露地层自老至新有元古宇、志留系、石炭系、二叠系、侏罗系、第三系和第四系。

1. 古元古界

古元古界宝音图岩群一套浅斜长角闪片麻岩、黑云斜长片麻岩夹薄层大理岩沉积建造主要出露于天桥沟及上唐家地—北山一带。

2. 志留系

志留系赛乌苏组为一套灰岩夹板岩建造。

3. 石炭系

区内石炭系为一套凝灰质砂岩及中酸性泥灰岩构成的海陆交互相地层。

4. 二叠系

中二叠统额里图组主要出露于唐家地—北山一线以北的清泉寺山一带，图幅西南角西水全一带也有出露。为一套陆相火山喷发沉积岩，即由中—酸性火山岩及火山沉积岩组成。余家北沟组为一套杂砂岩建造。

5. 侏罗系

侏罗系大面积分布在天桥沟矿区西部和西北部一带，主要由一套中酸性陆相火山岩及火山碎屑岩组成。

6. 第三系

区内第三系由玄武岩及砂砾岩组成。

7. 第四系

区内第四系广泛分布于沟谷和地势平缓地带，主要由砂土、残坡积物、洪积物组成。

（二）区域岩浆岩

本区岩浆活动较强烈，火山岩和侵入岩均较发育，大致可划分为早、晚两个岩浆旋回。

1. 火山岩

早期旋回火山活动发生在晚二叠世，形成了中二叠统额里图组中性火山岩；晚期旋回火山活动发生在中侏罗世时期，形成了新民屯组中的一套酸性火山岩。

2. 侵入岩

(1) 早期侵入岩。侵入于中志留统、上二叠统中,被中侏罗统覆盖,其时代为海西(晚)期,岩石类型有:①花岗岩呈岩株状产出,岩性为斜长花岗岩;②闪长岩呈岩株、岩枝状产出;③安山玢岩呈岩株状、岩枝状产出。

另外,在天桥沟矿区还见有变质较深的斜长角闪岩(φo)、石英闪长岩(δog)、闪长岩等脉岩,亦应为海西(晚)期的产物。

(2) 燕山期侵入岩。区内燕山期侵入岩较发育,主要为花岗岩类,可分为早、晚两期。早期花岗岩(γ_5^{2-2})主要分布在西井筒子沟和东拐棒沟等地;晚期花岗岩(γ_5^{3-1})主要出露于天桥沟矿区南部一带,称九分地岩体。

除上述几个主要岩体外,还发育有较多难以准确确定其时代的花岗岩(γ_5)、花岗斑岩($\gamma\pi_5$)、安山玢岩($\alpha\mu_5$)小岩体及各种脉岩。

(三) 区域构造

本区处于少郎河断裂北侧,敖包梁破火山机构东南缘。褶皱构造表现不明显,而断裂构造则很发育。最主要的断裂为少郎河大断裂及其两侧的次级断裂和派生的配套断裂。少郎河大断裂之主体部分沿少郎河谷分布,地表被掩盖。据有关资料,少郎河断裂为一走向东西、断面向北陡倾的右行扭动冲断层。它控制了本区的地层展布、岩浆活动以及矿产的形成和分布。其北侧的次级断裂及其派生断裂,在清泉寺山和天桥沟—唐家地一带较发育,前者为近东西走向,后者为北西或北东走向。它们多被后期岩脉充填或表现为蚀变矿化带,是本区重要的控矿或容矿构造。

(四) 区域成矿模式图

赋矿地质体:主要为二叠系额里图组,岩性为安山岩、玄武安山岩等中基性火山岩建造;次为二叠系余家北沟组的砂岩、杂砂岩沉积建造和石炭系。矿床(点):已知矿床(点)32处,其中,中型7处,小型15处,矿点10处。赋矿地质体与晚侏罗世—早白垩世的侵入岩密切相伴生。控矿构造为近东西向与北东向、北西向断裂构造。根据预测工作区研究成矿规律研究,确定预测区成矿要素(表5-2)。

表5-2 天桥沟式侵入岩体型铅锌矿预测工作区成矿要素

区域成矿要素		内容描述	要素类别
地质环境	大地构造位置	天山-兴蒙造山系(Ⅰ级),包尔汉图-温都尔庙弧盆系(Ⅱ级),朝阳地-翁牛特旗弧-陆碰撞带(Ⅲ级)	必要
	成矿区(带)	位于Ⅱ-13大兴安岭成矿省,Ⅲ-50林西-孙吴铅、锌、铜、钼、金成矿带(Vl、Il、Ym),Ⅳ$_{50}^4$小东沟-小营子钼、铅、锌、铜成矿亚带(Vm、Y),V$_{50}^{4-2}$硐子-小营子铅、锌、铜矿集区(Ye)	必要
	区域成矿类型及成矿期	中低温热液脉型,燕山期	必要
控矿地质条件	赋矿地质体	主要成矿地层为二叠系额里图组,岩性为安山岩、玄武安山岩等中基性火山岩建造。次为二叠系余家北沟组的砂岩、杂砂岩沉积建造和石炭系	必要
	控矿侵入岩	燕山期钾长花岗岩及海西期石英闪长岩体	重要
	主要控矿构造	断裂构造控制着燕山期花岗岩体和与岩体有关的矿体属控矿构造。最主要的断裂为少郎河大断裂及其北侧的次级断裂和派生的配套断裂	重要
区内相同类型矿床		矿床(点)32处	重要

二、区域地球物理特征

1. 重力场特征

天桥沟式侵入岩体型铅锌矿天桥沟预测工作区位于纵贯全国东部地区的大兴安岭-太行山-武陵山北北东向巨型重力梯度带上，并且与反映华北地块北缘的东西向重力异常带复合。该巨型重力梯度带东、西两侧重力场下降幅度达 $80\times10^{-5}\ m/s^2$，下降梯度约 $1\times10^{-5}\ (m\cdot s^{-2})/km$。由地震和磁大地电流测深资料可知，大兴安岭-太行山-武陵山巨型宽条带重力梯度带是一条超地壳深大断裂带，该深大断裂带是环太平洋构造运动的结果。沿深大断裂带侵入了大量的中—新生代中—酸性岩浆岩和喷发、喷溢了大量的中—新生代火山岩。

从布格重力异常图上看，预测工作区北部反映重力低异常带，走向近东西，重力场最低值 $-130.00\times10^{-5}\ m/s^2$。在重力低异常带的南侧等值线密集带（过渡带）上，形成许多内生矿床，包括天桥沟铅锌矿、小营子铅锌矿、荷尔乌苏铅锌矿、敖包山铜铅锌矿等，表明这些矿床与中—酸性岩体和前寒武系的接触带有关。

2. 航磁异常特征

在航磁 ΔT 等值线平面图上白马石沟预测工作区磁异常幅值范围为 $-1800\sim6800\ nT$，磁异常轴向基本以北东向为主。预测工作区西部区域主要以大面积形态不规则、梯度变化较大的正磁异常区为主。预测工作区东部主要以正负相间的磁异常为主，形态较西部规则，以北东向椭圆形和圆形磁异常为主，梯度变化没有西部磁异常大。天桥沟铅锌矿们于预测工作区西部，磁场背景为平缓磁异常区，$0\sim200\ nT$ 等值线附近。

天桥沟式侵入岩体型铅锌矿天桥沟预测工作区磁法推断地质构造图如图 5-4 所示，磁法推断断裂在磁场上主要表现为不同磁场区分界线和磁异常梯度带。预测工作区西部杂乱磁异常主要由火山岩地层和侵入岩体共同引起，预测工作区东部磁异常推断主要由侵入岩体引起，其中东南部北东向条带状异常推断解译为变质岩地层。

三、区域地球化学特征

Ag、Zn、Cd 元素在预测工作区西部都呈背景、高背景分布，高背景中有两条明显的 Ag、Pb、Zn、Cd 浓度分带，一条从黄家营子到头分地乡红石砬子，另一条从山咀子乡王家营子到翁牛特旗，都呈北东向带状分布，浓集中心明显、范围广、强度高；Cu 元素在预测工作区西南部呈半环状高背景分布，浓集中心明显，强度高，范围广，在北东部呈背景、低背景分布；W 元素在土城子镇、翁牛特旗和白马石沟周围呈高背景分布，有多处浓集中心；Mo 元素在预测工作区呈背景、高背景分布，在土城子和翁牛特旗之间有多处浓集中心，浓集中心分散且范围较小；Sb 元素在预测工作区内呈大面积高背景分布，有两处范围较大的浓集中心，分布于桥头镇武家沟和大城子镇周围；Au 元素在预测工作区呈低背景分布。

预测工作区内元素异常套合较好的编号为 AS1 和 AS2，AS1 和 AS2 的异常元素为 Cu、Pb、Zn、Ag、Cd。Pb 元素浓集中心明显，异常强度高，存在明显的浓度分带，呈北东向条带状分布；Cu、Zn、Ag、Cd 异常分布于 Pb 异常区。

四、区域自然重砂特征

本区铅锌自然重砂异常及化探异常十分发育，不但二者套合，而且与矿体的吻合程度较高，共发现自然重砂异常6处,化探异常5处。异常范围内有许多矿床(点),炮手营子、硐子、西水泉、东水泉、小营子、荷尔乌苏、天桥沟、黄花沟等矿床就在其中。

五、区域遥感影像及解译特征

本预测工作区共解译出巨型断裂带1段,即华北陆块北缘断裂带,该断裂带贯穿整个预测工作区东部并沿东西向展布,线性构造,两侧地层体较复杂。

本预测工作区内共解译出大型构造4条,由西向东依次为哈巴其-查日苏断裂带、嫩江-青龙河断裂带、新木-奈曼旗断裂带、阿古拉-喀喇沁断裂带,其走向基本为近东西向和近北东向,两种走向的大型构造在区域内相互错断,构造格架清晰。

本区域内共解译出中小型构造173条,其中中型构造走向与大型构造走向基本一致,为北东向与东西向,且与大型构造相互作用明显,形成较为有利的构造群。小型构造在图中的分布规律不明显。

本预测工作区内的环形构造比较发育,共解译出环形构造48个,按其成因可分为中生代花岗岩类引起的环形构造、与隐伏岩体有关的环形构造、断裂构造圈闭的环形构造、构造穹隆或构造盆地、成因不明的环形构造。环形构造主要分布在该区域的西部及东部,中部基本没有分布。西部及东部与隐伏岩体有关的环形构造在相对集中的几个区域内集合分布,且大型构造带的交会断裂处及大中型构造形成的构造群附近多有环状要素出现。

本预测工作区含矿地层即遥感带状要素主要为白垩系,该地层主要分布在该预测工作区的西部地区,在东西向的哈巴其-查日苏大型断裂带两侧,含矿地层分布的区域构造作用情况复杂,中小型构造与大型构造相互交错,形成的构造群有利于成矿,在本预测工作区的中、东部地区也有含矿地层分布,面积较小且分布散落。该区含矿地层的形成与构造运动有很大的关系,尤其是深断裂活动为成矿物质从深部向浅部的运移和富集提供了可能的通道。

五、预测工作区预测模型

根据预测工作区区域成矿要素和化探、航磁、重力、遥感及自然重砂等特点,建立了本预测工作区的区域预测要素,编制预测工作区预测要素表和预测模型图(表5-3,图5-5)。

预测要素图以综合信息预测要素为基础,就是化探、物探、遥感及自然重砂等值线或区全部叠加在成矿要素图上,在表达时可以导出单独预测要素如航磁的预测要素图。

表5-3 天桥沟式侵入岩体型铅锌矿天桥沟预测工作区预测要素表

区域预测要素		内容描述	要素类别
地质环境	大地构造位置	天山-兴蒙造山系(Ⅰ级),包尔汉图-温都尔庙(Ⅱ级),朝阳地-翁牛特旗弧-陆碰撞带(Ⅲ级)	必要
	成矿区(带)	位于Ⅱ-13大兴安岭成矿省,Ⅲ-50林西-孙吴铅、锌、铜、钼、金成矿带(Vl、Ⅱ、Ym),Ⅳ$_{50}^{4}$小东沟-小营子钼、铅、锌、铜成矿亚带(Vm、Y),V$_{50}^{4-2}$硐子-小营子铅、锌、铜矿集区(Ye)	必要
	区域成矿类型及成矿期	中低温热液脉型,燕山期	必要

续表 5-3

区域预测要素		内容描述	要素类别
控矿地质条件	赋矿地质体	主要成矿地层为二叠系额里图组，岩性为安山岩、玄武安山岩等中基性火山岩建造。次为二叠系余家北沟组的砂岩、杂砂岩沉积建造和石炭系	必要
	控矿侵入岩	海西期石英闪长岩体	重要
	主要控矿构造	断裂构造控制着燕山期花岗岩体和与岩体有关的矿体属控矿构造。最主要的断裂为少郎河大断裂及其北侧的次级断裂和派生的配套断裂	重要
区内相同类型矿产		矿床(点)32处	重要
物探、化探特征	地球物理特征 重力	剩余重力起始值多在$(-2\sim2)\times10^{-5}\mathrm{m/s^2}$之间	重要
	地球物理特征 航磁	航磁ΔT化极异常强度起始值多数在100~300nT之间	重要
	地球化学特征	采用Pb、Zn元素异常、化探综合异常一级自然重砂异常	重要
遥感特征		环状要素(推测隐伏岩体)	重要

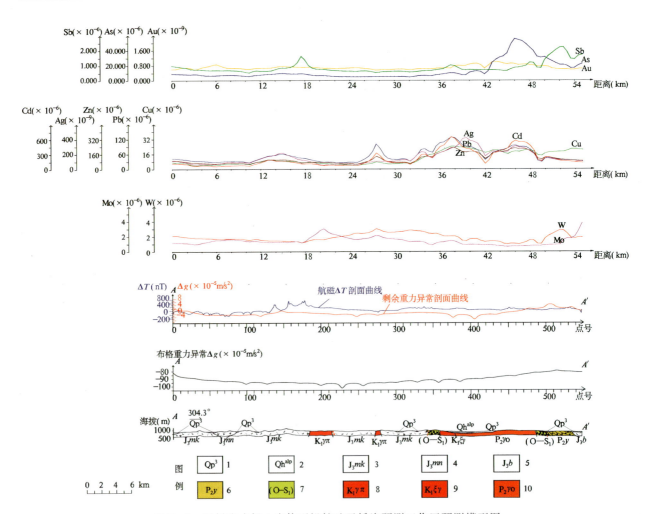

图 5-5 天桥沟式侵入岩体型铅锌矿天桥沟预测工作区预测模型图

1. 更新统；2. 全新统；3. 满克头鄂博组；4. 玛尼吐组；5. 白音高老组；6. 余家北沟组；7. 奥陶系与下志留统并系或未分；8. 花岗斑岩；9. 正长花岗岩；10. 斜长花岗岩

第三节 矿产预测

一、综合地质信息定位预测

1. 变量提取及优选

根据典型矿床及预测工作区研究成果,进行综合信息预测要素提取,选择网格单元法确定预测单元,网格单元大小为1000mm×1000mm。

地质体、断层、遥感环状要素进行单元赋值时采用区的存在标志;化探、剩余重力、航磁化极则求起始值的加权平均值,进行原始变量构置。

对化探、剩余重力、航磁化极进行二值化处理,人工输入变化区间,并根据形成的定位数据转换专题构造预测模型。

2. 最小预测区确定及优选

根据圈定的最小预测区范围,选择天桥沟典型矿床所在的最小预测区为模型区,模型区内出露地层为二叠系额里图组和余家北沟组及石炭系酒局子组和海西期石英闪长玢岩体,Pb元素化探异常起始值大于$50×10^{-6}$,剩余重力异常大于$-2×10^{-5} \sim 2×10^{-5} m/s^2$,航磁异常采用航磁$\Delta T$化极等值线$100 \sim 300nT$。

在预测工作区采用有模型预测工程进行预测,预测过程中采用人工对比预测要素,比照形成的色块图,最终确定采用聚类分析法作为本次工作的预测方法。

3. 最小预测区确定结果

本次工作共圈定最小预测区32个,其中,A级区7个,B级区9个,C级区16个(表5-4,图5-7)。

表5-4 天桥沟式侵入岩体型铅锌矿天桥沟预测工作区各最小预测区一览表

最小预测区编号	最小预测区名称	最小预测区编号	最小预测区名称
A1506202001	兴隆地	C1506202001	巴达营子西
A1506202002	尖山子	C1506202002	太平庄
A1506202003	天桥沟	C1506202003	公馆房子
A1506202004	炮手营子	C1506202004	兴隆庄
A1506202005	荷尔乌苏	C1506202005	五分地
A1506202006	毕家营子	C1506202006	那尔斯图
A1506202007	塔班乌苏南	C1506202007	希地呼都格
B1506202001	七分地	C1506202008	哈拉沟
B1506202002	毛山东乡南	C1506202009	萨力巴
B1506202003	大座子山	C1506202010	高家窝铺北
B1506202004	硐子	C1506202011	熬音勿苏西

续表 5-4

最小预测区编号	最小预测区名称	最小预测区编号	最小预测区名称
B1506202005	头牌子乡西南	C1506202012	敖吉东南
B1506202006	香房地	C1506202013	沙日浩来东南
B1506202007	台吉营子北	C1506202014	扣河子西北
B1506202008	长岭山	C1506202015	水泉镇西南
B1506202009	柳条沟	C1506202016	阿什罕

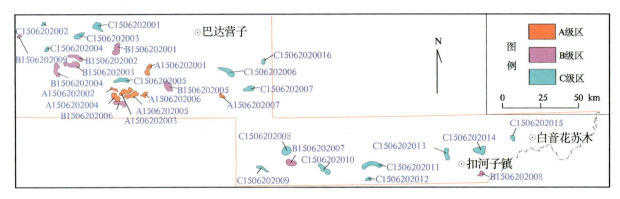

图 5-6 天桥沟式侵入岩体型铅锌矿天桥沟预测工作区各最小预测区优选分布图

4. 最小预测区地质评价

依据最小预测区内地质综合信息等对每个最小预测区进行综合地质评价，各最小预测区综合信息见表 5-5。

表 5-5 天桥沟式侵入岩体型铅锌矿天桥沟预测工作区各最小预测区综合信息表

最小预测区编号	最小预测区名称	综合信息
A1506202001	兴隆地	该最小预测区找矿潜力巨大，模型区位于南北向断裂与近东西向断裂交会处南东侧，出露中二叠统额里图组安山岩、角闪安山岩，白垩纪正长花岗岩。Pb 元素化探异常起始值大于 50×10^{-6}，模型区内有 1 处重力异常。航磁异常也较明显，模型区内遥感解译异常明显。区内有 1 处中型矿床和 1 处小型矿床
A1506202002	尖山子	该最小预测区找矿潜力巨大，区内断裂较发育，主要为近东西向断裂，出露中二叠统额里图组安山岩、角闪安山岩和中石炭统酒局子组砂板岩，侏罗纪正长花岗岩。模型区位于一级自然重砂异常区内，Pb 元素化探异常起始值大于 50×10^{-6}。航磁异常也较明显，模型区内遥感解译异常明显。区内有 2 处小型矿床
A1506202003	天桥沟	该最小预测区找矿潜力巨大，区内断裂较发育，主要为近东西向与近南北向断裂，出露中二叠统额里图组安山岩、角闪安山岩，侏罗纪正长花岗岩。模型区位于一级自然重砂异常区内，Pb 元素化探异常起始值大于 50×10^{-6}。区内有 1 处重力异常，航磁异常也较明显，模型区内遥感解译异常明显。区内有数处中小型矿床

续表 5-5

最小预测区编号	最小预测区名称	综合信息
A1506202004	炮手营子	该最小预测区找矿潜力巨大,区内断裂较发育,主要为近东西向与近南北向断裂,出露中二叠统额里图组安山岩、角闪安山岩,侏罗世正长花岗岩。该最小预测区位于一级自然重砂异常区内,Pb 元素化探异常起始值大于 50×10^{-6}。航磁异常也较明显,遥感解译异常明显。区内有 3 处中小型矿床
A1506202005	荷尔乌苏	该最小预测区找矿潜力巨大,区内断裂较发育,主要为近南北向断裂,出露地层为中二叠统额里图组安山岩、角闪安山岩和余家北沟组杂砂岩建造,岩体为侏罗纪正长花岗岩。该最小预测区位于一级自然重砂异常区内,Pb 元素化探异常起始值大于 50×10^{-6}。航磁异常也较明显,该最小预测区遥感解译异常明显。区内有数处中小型矿床
A1506202006	毕家营子	该最小预测区找矿潜力巨大,区内断裂较发育,主要为近南北向断裂,出露地层为中二叠统额里图组安山岩、角闪安山岩和宝音图岩群结晶灰岩、大理岩,出露岩体为侏罗纪正长花岗岩。该最小预测区位于一级自然重砂异常区内,Pb 元素化探异常起始值大于 50×10^{-6}。位于重力异常南侧,航磁异常也较明显,遥感解译异常明显。区内有数处中小型矿床
A1506202007	塔班乌苏南	该最小预测区找矿潜力巨大,位于两个北东向断裂与北西向断裂交会处之间,出露二叠纪花岗闪长岩。地表覆盖严重,零星出露中二叠统额里图组,推测隐伏地质体为额里图组。该最小预测区位于两个重力异常之间。航磁异常较明显。区内有 1 处中型和 1 处小型矿床
B1506202001	七分地	该最小预测区找矿潜力巨大,区外发育北东向、北西向断裂,出露岩体为白垩纪花岗斑岩。区内 Pb 元素化探异常起始值大于 50×10^{-6}。位于重力异常南东侧,航磁异常也较明显,由航磁推测发育北东向断裂,区内遥感解译异常明显。区内有 3 处中小型矿床及矿点
B1506202002	毛山东乡南	该最小预测区找矿潜力较大,区内北西向、北东向断裂较发育,且有多处断裂交会处,出露白垩纪花岗斑岩。区内 Pb 元素化探异常起始值大于 50×10^{-6}。位于重力异常南侧,遥感解译异常明显
B1506202003	大座子山	该最小预测区找矿潜力较大,区内北东向断裂较发育,出露岩体为白垩纪花岗斑岩。区内 Pb 元素化探异常起始值大于 50×10^{-6}。位于重力异常内,遥感解译异常明显。区内有 1 处中型矿床
B1506202004	硐子	该最小预测区找矿潜力较大,区内北东向断裂较发育,出露岩体为白垩纪花岗斑岩。化探综合异常明显,遥感解译异常明显。区内有 1 处小型矿床
B1506202005	头牌子乡西南	该最小预测区找矿潜力较大,区外发育近东西向、近南北向断裂,且多处断裂交会,出露岩体为白垩纪花岗斑岩。位于重力异常南西侧,航磁异常也较明显,遥感解译异常明显
B1506202006	香房地	该最小预测区找矿潜力较大,区内北西向断裂较发育,出露地层为中二叠统额里图组安山岩、角闪安山岩,岩体为侏罗纪二长花岗岩。区内 Pb 元素化探异常起始值大于 50×10^{-6}。位于重力异常内,遥感解译异常明显。区内有 1 处中型矿床
B1506202007	台吉营子北	该最小预测区找矿潜力较大,区内北西向、北东向断裂较发育,且有交会处,出露地层为中二叠统额里图组安山岩、角闪安山岩,岩体为侏罗纪黑云母花岗岩、白垩纪花岗斑岩及二叠纪花岗闪长岩。区内 Pb 元素化探异常起始值大于 50×10^{-6}。位于重力异常北侧,遥感解译异常明显
B1506202008	长岭山	该最小预测区找矿潜力较大,区内北西向、北东向断裂发育,且有多处交会处。区内及周围发育韧性变形带。位于重力异常南侧,遥感解译异常明显,遥感环状构造明显。区内有 1 处小型矿床

续表 5-5

最小预测区编号	最小预测区名称	综合信息
B1506202009	柳条沟	该最小预测区找矿潜力较大,区内北东向断裂较发育。出露地层为中二叠统余家北沟组杂砂岩建造。位于重力异常北侧,模型区内遥感解译异常明显,遥感环状构造明显。区内有1处小型矿床
C1506202001	巴达营子西	该最小预测区找矿潜力较大,区内断裂较发育,主要为北东向、北西向断裂,出露地层为中二叠统余家北沟组杂砂岩建造。Pb元素化探异常起始值大于 50×10^{-6}。位于重力异常北侧,区内遥感解译异常明显
C1506202002	太平庄	该最小预测区找矿潜力一般,模型区位于北东向断裂南东侧,出露地层为中二叠统余家北沟组杂砂岩建造。位于重力异常内,区内遥感解译异常明显。区内有1处矿点
C1506202003	公馆房子	该最小预测区找矿潜力一般,区内发育北东向和近东西向断裂,出露地层为中二叠统余家北沟组杂砂岩建造。区内遥感解译异常明显。地表矿化主要为硅化
C1506202004	兴隆庄	该最小预测区找矿潜力一般,位于几组断裂交会处之间,出露地层为上侏罗统满克头鄂博组的酸性火山岩建造。位于重力异常南东侧,区内附近遥感解译异常明显。区内有1处矿点
C1506202005	五分地	该最小预测区找矿潜力一般,区内有几组断裂交会,出露地层为上侏罗统白音高老组酸性火山岩建造。位于重力异常南侧,区内遥感解译异常明显
C1506202006	那尔斯图	该最小预测区找矿潜力巨大,区内断裂较发育,主要为近南北向、北西向断裂,出露地层为中二叠统额里图组安山岩、角闪安山岩和余家北沟组杂砂岩建造。位于重力异常南侧,模型区内遥感解译异常明显
C1506202007	希地呼都格	该最小预测区找矿潜力巨大,区内断裂较发育,主要为北西向断裂,出露地层为中二叠统额里图组安山岩、角闪安山岩,出露岩体为白垩纪花岗斑岩。位于重力异常北侧,区内磁异常明显,推测有多条隐伏断裂
C1506202008	哈拉沟	该最小预测区找矿潜力一般,模型区内北西向断裂较发育,出露地层为中二叠统额里图组安山岩、角闪安山岩。区内Pb元素化探异常起始值大于 31×10^{-6}。位于重力异常北侧,区内遥感解译异常明显
C1506202009	萨力巴	该最小预测区找矿潜力一般,区内北西向、北东向断裂较发育,出露地层为中二叠统额里图组安山岩、角闪安山岩和余家北沟组杂砂岩建造。区内Pb元素化探异常起始值大于 31×10^{-6}。位于重力异常北侧,区内遥感解译异常明显
C1506202010	高家窝铺北	该最小预测区找矿潜力一般,区内北西向、近东西向断裂较发育,出露地层为中石炭系统酒局子组砂板岩建造。区内遥感解译异常明显
C1506202011	熬音勿苏西	该最小预测区找矿潜力一般,区内北东向断裂较发育,出露地层为下二叠统三面井组。区内遥感解译异常明显,磁异常也较发育
C1506202012	熬吉东南	该最小预测区找矿潜力一般,区内北东向断裂较发育,出露地层为下二叠统三面井组。区内遥感解译异常明显,磁异常也较发育
C1506202013	沙日浩来东南	该最小预测区找矿潜力一般,区内多组断裂较发育,且断裂交会十分密集。位于重力异常东侧,推测有隐伏岩体存在
C1506202014	扣河子西北	该最小预测区找矿潜力一般,区内多组断裂较发育,且断裂交会十分密集。位于重力异常东侧,推测有隐伏岩体存在
C1506202015	水泉镇西南	该最小预测区找矿潜力一般,区内近东西向断裂较发育。区内遥感解译异常明显
C1506202016	阿什罕	该最小预测区找矿潜力一般,区位于几组断裂交会处之间,出露地层为中二叠统额里图组安山岩、角闪安山岩。位于重力异常西南侧,区内附近遥感解译异常明显。区内有1处矿点

二、综合信息地质体积法估算资源量

1. 典型矿床深部及外围资源量估算

天桥沟典型矿床资源储量估算结果来源于招远市宏信实业有限责任公司2007年12月提交的《内蒙古自治区翁牛特旗天桥沟矿区铅锌矿资源储量核实报告》及内蒙古自治区国土资源信息院于2010年提交的《截至二〇〇九年底的内蒙古自治区矿产资源储量表》。

延深分两个部分,一部分是已查明矿体的下延部分,已查明矿体的最大延深为380m,结合含矿岩石凝灰质砂岩延深及近期内该矿床勘探情况,向下预测50m,另一部分是已知矿体附近含矿建造区预测部分。

天桥沟典型矿床铅资源总量=已查明资源量+预测资源量=4643+610.92+5 744.54=10 998.46(t);锌资源总量=已查明资源量+预测资源量=7555+994.08+9 347.40=17 896.48(t);典型矿床总面积=已查明部分矿床面积+预测外围部分矿床面积=199 012.4+217 596.4=416 608.8(m²)。总延深=已查明部分矿床延深($H_{典}$)+深部推深($H_{深}$)=380+50=430(m)。

典型矿床铅含矿系数=典型矿床铅资源总量/(典型矿床总面积×典型矿床总延深)=10 998.46÷(416 608.8×430)=0.000 061 4(t/m³);锌含矿系数=典型矿床锌资源总量/(典型矿床总面积×典型矿床总延深)=17 896.48÷(416 608.8×430)=0.000 1(t/m³),详见表5-6。

表5-6 天桥沟预测工作区典型矿床深部及外围资源量

典型矿床			深部及外围		
已查明资源量(t)	Pb 4643	Zn 7555	深部	面积(m²)	199 012.4
面积(m²)	199 012.4			延深(m)	50
延深(m)	380		外围	面积(m²)	217 596.4
品位(%)	1.23	2.00		延深(m)	430
密度(g/cm³)	3.1		预测资源量(t)	Pb 5 744.54	Zn 9 347.40
含矿系数(t/m³)	Pb 0.000 061 4	Zn 0.000 1	典型矿床资源总量(t)	10 998.46	17 896.48

2. 模型区的确定、资源量及估算参数

天桥沟典型矿床位于天桥沟模型区内,该区有5处矿床、1处矿(化)点;模型区铅资源总量=已查明资源量+预测资源量=201 807+4643+6 355.46=212 805.46(t),锌资源总量=已查明资源量+预测资源量=287 090+7555+10 341.48=304 986.48(t),模型区延深与典型矿床一致;模型区含矿地质体面积与模型区面积一致,经MapGIS软件下读取数据为17 674 872m²,见表5-7。

表5-7 天桥沟预测工作区模型区资源总量及其估算参数

模型区编号	模型区名称	经度	纬度	矿种	模型区资源总量(t)	模型区面积(m²)	延深(m)	含矿地质体体积(m³)	含矿地质体面积参数
A1506202003	天桥沟	E118°45′39″	N42°47′52″	Pb	212 805.46	17 674 872	430	7 600 194 960	1.00
				Zn	304 986.48				

3. 最小预测区预测资源量

天桥沟热液型铅锌矿预测工作区最小预测区资源量定量估算采用地质体积法进行估算。

(1)估算参数的确定:天桥沟预测工作区内最小预测区级别分为 A 级、B 级、C 级 3 个等级,其中,A 级区 7 个,B 级 9 个,C 级区 16 个。最小预测区面积圈定是根据 MRAS 所形成的色块区与预测工作区底图重叠区域,并结合含矿地质体、已知矿床、矿(化)点及化探等异常范围进行圈定。延深的确定是在研究最小预测区含矿地质体地质特征、岩体的形成延深、矿化蚀变、矿化类型的基础上,再对比典型矿床特征综合确定的,部分由成矿带模型类比或专家估计给出。目前所掌握的资料表明天桥沟铅锌矿钻孔控制最大垂深为 380m,且并未打穿含矿地层,其向下仍有分布的可能,同时根据含矿地质体的地表出露面积大小来确定其延深。

预测工作区内最小预测区品位和密度采用典型矿床品位 Pb 1.23%、Zn 2.00%,密度 3.1g/m³。

天桥沟式侵入岩体型铅锌矿天桥沟预测工作区最小预测区相似系数的确定,主要依据最小预测区内含矿地质体本身出露的大小、地质构造发育程度不同、化探异常强度、矿化蚀变发育程度及矿(化)点的多少等因素,由专家确定。

(2)最小预测区预测资源量估算成果。本次预测铅资源总量为 1 388 359.01t,其中不包括已查明资源量 830 092t;锌资源总量为 2 036 604.41t,其中不包括已查明资源量 1 133 597t,详见表 5-8。

表 5-8 天桥沟式侵入岩体型铅锌矿天桥沟预测工作区各最小预测区预测资源量估算成果

最小预测区编号	最小预测区名称	$S_{预}(m^2)$	$H_{预}$(m)	K_S	$K(t/m^3)$ Pb	$K(t/m^3)$ Zn	α	$Z_{预}(t)$ Pb	$Z_{预}(t)$ Zn	资源量精度级别
A1506202001	兴隆地	14 020 519	380	1.00	0.000 028	0.000 04	0.7	65 384	110 349	334-1
A1506202002	尖山子	5 055 750	330	1.00	0.000 028	0.000 04	0.7	25 893	38 290	334-1
A1506202003	天桥沟	17 674 872	430	1.00	0.000 028	0.000 04	1.0	6355	10 348	334-1
A1506202004	炮手营子	15 210 820	380	1.00	0.000 028	0.000 04	0.8	58 947	127 487	334-1
A1506202005	荷尔乌苏	17 620 431	330	1.00	0.000 028	0.000 04	0.8	34 678	9249	334-1
A1506202006	毕家营子	7 432 057	330	1.00	0.000 028	0.000 04	0.7	43 097	62 245	334-1
A1506202007	塔班乌苏南	5 771 980	330	1.00	0.000 028	0.000 04	0.7	30 706	47 964	334-1
B1506202001	七分地	19 288 972	430	1.00	0.000 028	0.000 04	0.6	4288	68 691	334-1
B1506202003	大座子山	21 734 689	330	1.00	0.000 028	0.000 04	0.7	79 470	113 528	334-1
B1506202004	硐子	16 770 157	330	1.00	0.000 028	0.000 04	0.6	34 621	9518	334-1
B1506202006	香房地	14 036 236	430	1.00	0.000 028	0.000 04	0.6	28 909	5199	334-1
B1506202008	长岭山	6 726 339	330	1.00	0.000 028	0.000 04	0.5	108 980	155 685	334-2
B1506202009	柳条沟	3 381 001	280	1.00	0.000 028	0.000 04	0.5	6386	48 555	334-2
C1506202002	太平庄	3 860 072	280	1.00	0.000 028	0.000 04	0.4	199 559	285 084	334-2
C1506202004	兴隆庄	5 047 852	330	1.00	0.000 028	0.000 04	0.4	31 076	44 394	334-2
C1506202016	阿什罕	5 523 755.9	330	1.00	0.000 028	0.000 04	0.4	13 254	18 934	334-2
B1506202002	毛山东乡南	14 937 936	380	1.00	0.000 028	0.000 04	0.5	53 032	75 761	334-3
B1506202005	头牌子乡西南	18 102 923	430	1.00	0.000 028	0.000 04	0.5	12 105	17 293	334-3
B1506202007	台吉营子北	28 508 402	500	1.00	0.000 028	0.000 04	0.5	42 066	60 094	334-3

续表 5-8

最小预测区编号	最小预测区名称	$S_{预}(m^2)$	$H_{预}$(m)	K_S	$K(t/m^3)$ Pb	$K(t/m^3)$ Zn	α	$Z_{预}(t)$ Pb	$Z_{预}(t)$ Zn	资源量精度级别
C1506202001	巴达营子西	16 614 180	380	1.00	0.000 028	0.000 04	0.3	18 657	26 653	334-3
C1506202003	公馆房子	13 178 594	380	1.00	0.000 028	0.000 04	0.3	80 371	114 815	334-3
C1506202005	五分地	16 688 277	430	1.00	0.000 028	0.000 04	0.4	75 735	108 193	334-3
C1506202006	那尔斯图	20 967 670	430	1.00	0.000 028	0.000 04	0.3	42 999	61 427	334-3
C1506202007	希地呼都格	13 470 797	380	1.00	0.000 028	0.000 04	0.3	48 194	68 848	334-3
C1506202008	哈拉沟	20 014 051	430	1.00	0.000 028	0.000 04	0.2	16 541	23 630	334-3
C1506202009	萨力巴	8 950 883	330	1.00	0.000 028	0.000 04	0.2	43 078	61 540	334-3
C1506202010	高家窝铺北	17 889 605	430	1.00	0.000 028	0.000 04	0.2	69 460	99 229	334-3
C1506202011	熬音勿苏西	24 807 284	500	1.00	0.000 028	0.000 04	0.2	9536	13 623	334-3
C1506202012	熬吉东南	5 160 185	330	1.00	0.000 028	0.000 04	0.2	30 545	43 636	334-3
C1506202013	沙日浩来东南	14 354 026	380	1.00	0.000 028	0.000 04	0.2	53 404	76 292	334-3
C1506202014	扣河子西北	22 177 892	430	1.00	0.000 028	0.000 04	0.2	10 827	15 467	334-3
C1506202015	水泉镇西南	5 858 567	330	1.00	0.000 028	0.000 04	0.2	10 208	14 583	334-3

4. 预测工作区预测资源量成果汇总表

天桥沟式侵入岩体型铅锌矿天桥沟预测工作区采用地质体积法预测资源量,依据资源量精度级别划分标准,可划分为 334-1、334-2 和 334-3 三个资源量精度级别,各级别预测资源量见表 5-8。

表 5-9 天桥沟式侵入岩体型铅锌矿天桥沟预测工作区预测资源量成果汇总表 (单位:t)

预测延深	资源量精度级别	矿种	可利用性 可利用	可利用性 暂不可利用	可信度 ≥0.75	可信度 ≥0.50	可信度 ≥0.25	合计	
430m以浅	334-1	Pb	339 262		339 262	339 262	339 262	339 262	877 157
		Zn	537 895		536 909	536 909	536 909	537 895	
	334-2	Pb	85 299			85 299	85 299	85 299	207 155
		Zn	121 856			121 856	121 856	121 856	
	334-3	Pb		963 798			963 798	963 798	2 340 651
		Zn		1 376 854			1 376 854	1 376 854	
合计		Pb	424 561	963 798	339 262	424 561	1 388 359	1 388 359	3 424 964
		Zn	659 751	1 376 854	536 909	658 765	2 035 619	2 036 605	

第六章 阿尔哈达式侵入岩体型铅锌矿预测成果

第一节 典型矿床特征

一、典型矿床地质特征及成矿模式

(一)典型矿床地质特征

阿尔哈达铅锌矿床位于东乌珠穆沁旗额仁高壁苏木、满都胡宝力格北东45km处。

地理坐标：E110°58′00″—E119°01′30″，N46°24′30″—N46°27′00″。

1. 矿区地质

地层：矿区出露地层为上泥盆统安格尔音乌拉组(D_3a)和上侏罗统白音高老组(J_3b)。

(1)安格尔音乌拉组(D_3a)根据岩性划分3个岩性段。下部为岩屑砂岩段出露于矿区南部，岩性为灰色岩屑细砂岩、深灰色含碳质细砂岩并夹有泥质板岩；中部为泥质硅质板岩段，出露于矿区中南部，岩性以浅灰色泥硅质板岩为主，夹有粉砂硅质板岩、凝灰岩和基性火山岩；上部为凝灰岩段，出露于矿区中北部，零星分布，岩性主要为安山质晶屑凝灰岩、安山质凝灰岩、流纹质凝灰岩，局部和泥岩、板岩互层(图6-1)。

(2)白音高老组(J_3b)分布于矿区西北部，不整合于安格尔音乌拉组(D_3a)之上，岩性主要为复成分砾岩、含砾流纹质凝灰岩、流纹岩等。

构造：矿区内褶皱、断裂、节理、劈理等构造发育，后期构造对早期构造叠加改造非常强烈。北东向褶皱叠加在北北东向的褶皱之上，组成复式褶皱构造。在矿区北西向断裂明显地控制着成矿规模，多为张性或平移断裂。这给成矿热液活动提供了空间，使含矿溶液沿通道上升到地表，形成矿脉。

侵入岩：矿区北东2.5km处出露有印支期宾巴查勒干中细粒的斑状花岗岩岩体($T\pi\gamma$)，8km处出露燕山早期安尔基乌拉粗粒花岗岩岩体($J_3\gamma$)，二者在阿尔哈达地区，处于上泥盆统安格尔音乌拉组(D_3a)之下，形成复合岩体，阿尔哈达铅、锌矿床产于该岩体的西南侵入倾伏端。阿尔哈达铅、锌、银矿床和燕山早期花岗岩在时间、空间、成因上密切相关。

2. 矿床地质

矿化带特征：矿区由北向南依次分布Ⅰ、Ⅱ、Ⅲ号矿化带。Ⅰ号矿化带位于矿区北部，带宽150～500m，最宽处大于500m，延长近3000m，矿带整体走向为300°左右，倾向北东；Ⅱ号矿化带位于矿区中部，长约1000m，宽300m左右，整体走向290°，倾向北东；Ⅲ号矿化带位于矿区西南部，长约1500m，宽100～200m，整体走向近东西，倾向北。

矿体特征：Ⅰ号矿化带中矿体形态呈脉状、薄脉状、透镜状、扁豆状等，其空间分布多层状、斜列状、

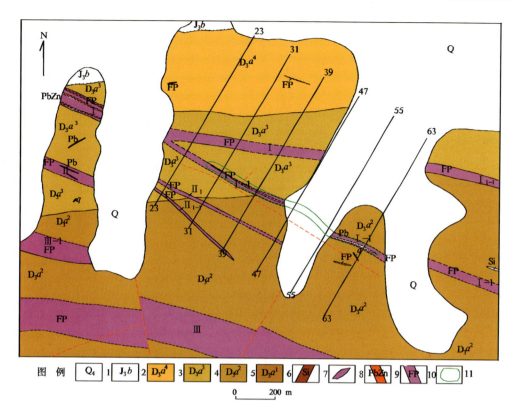

图 6-1 阿尔哈达式侵入岩体型铅锌矿典型矿床地质图

1. 第四系；2. 白音高老组；3. 安山质凝灰岩；4. 凝灰质板岩夹粉砂泥质板岩；5. 泥硅质板岩夹粉砂质硅板岩；6. 岩屑细砂岩、含岩质岩屑细砂岩夹泥质板岩；7. 硅岩；8. 石英脉；9. 铅、锌矿体；10. 矿化蚀变带；11. 矿区综合地质图圈定

叠瓦状排列等特点。Ⅰ-1 号矿体地表工程控制长 300m，矿脉水平厚 0.96m，整体走向 300°，倾向北东向。Ⅰ 号矿化带概略计算矿床平均品位：Ag 为 $56.4×10^{-6}$，Pb+Zn 为 5.63%。Ⅱ 号矿化带中 T13 见两条矿体，Ⅱ-1 号矿体水平厚 1.0m，品位为 Pb 1.29%、Zn 0.66%、Ag $3.58×10^{-6}$；Ⅱ-2 号矿体水平厚 18.64m，品位为 Pb 0.84%、Zn 0.99%、Ag $144.45×10^{-6}$；Ⅲ 号矿化带宽 30～230m，长 2800m。见到多条矿体。按 Pb+Zn 大于 3% 计算，累计厚 4.72m，倾斜延深达 200m（图 6-2）。

矿石特征如下。

(1) 矿石结构、构造。矿石结构主要为自形—半自形粒状结构、他形粒状结构、交代残余结构、碎裂结构、包含结构等。矿石构造主要为块状构造、角砾状构造、浸染状构造、脉状构造、条带状构造等。

(2) 矿石矿物成分。有用矿物主要有方铅矿、闪锌矿、自然银、辉银矿等，其他金属矿物以黄铁矿为主，其次有磁黄铁矿、白铁矿等，局部见有黄铜矿。脉石矿物有绿泥石、高岭土、方解石、石英、萤石等。

(3) 围岩蚀变。具有大致分带现象，但各带界线不明显。由矿体中心向远矿围岩方向依次出现的蚀变种类大致是：黄铁矿、毒砂矿化、硅化、碳酸盐化、萤石矿化、绢云母、绿帘石化、绿泥石化、滑石化、高岭土化、褐铁矿化、锰矿化。单个矿体围岩蚀变呈线性蚀变特征，与成矿热液沿断裂构造活动有关。由于本区断裂构造带规模较大且其中次级小构造较为发育，导致成矿热液活动和围岩蚀变范围较大，从而在构造带中蚀变岩分布较为广泛。

3. 成矿时代及成因类型

燕山早期岩浆侵入及火山活动剧烈，随着含矿热液在构造碎裂带中运移及交代作用的发生，沿构造裂隙充填形成了该矿体。

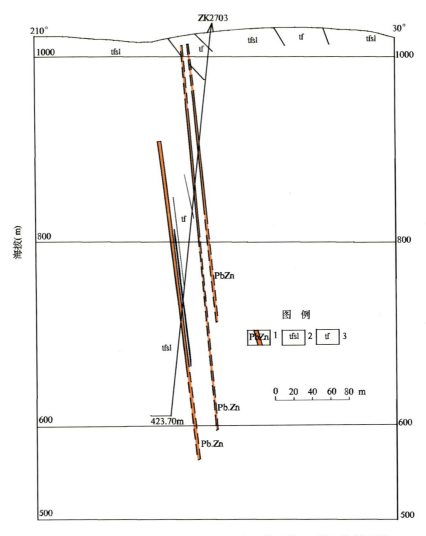

图 6-2　阿尔哈达预测工作区典型矿床Ⅰ号矿带 27 勘查线剖面图
1. 铅锌矿体;2. 安山质凝灰岩、凝灰质板岩夹粉砂泥板岩;3. 凝灰岩

(二)矿床成矿模式

在古生代早期到泥盆纪晚期,该地区属于地槽环境(岛弧俯冲带),火山活动强烈,基性火山岩从地壳深部携带了丰富的成矿元素,形成大量中基性火山岩和火山碎屑沉积岩,构成矿源层。受海西早期构造运动影响,地壳上升,地槽褶皱回返,古生界产生强烈的褶皱,随之发生了区域浅变质作用,地层中的成矿物质受到了活化;印支期的断裂和岩浆活动增加了含矿热液的活力和移动空间,使得古生界中的成矿物质受到活化和运移,形成了矿化的雏形。燕山早期的构造运动对本区的影响强烈,断裂、岩浆侵入及火山活动剧烈,在矿区形成了走向北西的压扭性断裂带。随着含矿热液在构造碎裂带中运移及交代作用的发生,热液温度降低,改变了含矿热液物化条件,成矿物质从热液中析出沉淀,在合适的部位充填,形成了矿体(图 6-3)。

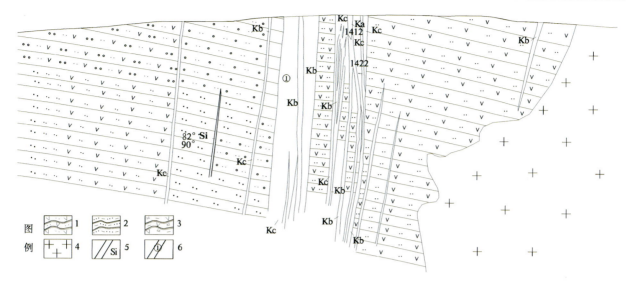

图 6-3 阿尔哈达铅锌矿典型矿床成矿模式图

1. 安山质凝灰岩；2. 泥质砂质板岩；3. 凝灰质板岩夹粉砂泥板岩；4. 燕山早期花岗岩；5. 硅质岩；6. 矿体编号

二、典型矿床地球物理特征

1. 重力场特征

据1：20万剩余重力异常图显示，曲线形态总体比较凌乱，只有在本区域呈现正异常，极值达 $10.1×10^{-5}\mathrm{m/s^2}$（图6-4）。

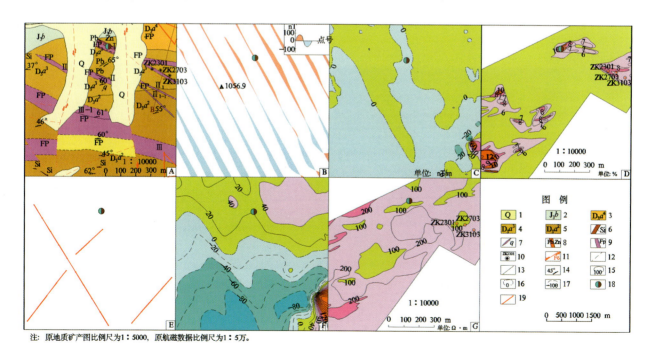

注：原地质矿产图比例尺为1：5000，原航磁数据比例尺为1：5万。

图 6-4 阿尔哈达式侵入岩体型铅锌矿典型矿床所在位置地质矿产及物探剖析图

A. 地质矿产图；B. 航磁 ΔT 剖面平面图；C. 航磁 ΔT 化极垂向一阶导数等值线平面图；D. 电法视极化率 η_s 剖面平面图；E. 推断地质构造图；F. 航磁 ΔT 化极等值线平面图；G. 电法视电阻率 ρ_s 剖面平面图；1. 第四系；2. 白音高老组；3. 安尔音乌拉组四段；4. 安格尔音乌拉组三段；5. 安格尔音乌拉组二段；6. 硅质脉；7. 石英脉；8. 铅锌矿体；9. 矿化蚀变带；10. 钻孔；11. 断层；12. 推测断层；13. 地质界线；14. 地层产状(°)；15. 航磁正等值线；16. 航磁零等值线；17. 航磁负等值线；18. 阿尔哈达铅锌矿床；19. 断层

2. 磁场特征

据1∶5万地磁数据显示,矿床所在位置处于低缓磁场梯度带上,梯度走向南北,磁场变化范围在－80～40nT之间。据1∶1万电法等值线图显示,矿点所在位置表现出低阻高极化异常,推测异常属矿致异常。

据1∶50万航磁化极等值线平面图显示,区域总体表现为变化不大的正磁场,南北两侧略高,达400nT。

三、典型矿床地球化学特征

矿区出现了以Pb、Zn为主,伴有Cu、Ag、Cd、As、W、Sn等元素组成的综合异常;主成矿元素为Pb、Zn、Ag,Cu、Ag、Au、Cd、As、W、Sn为主要的共(伴)生元素。

Pb、Zn元素在阿尔哈达地区呈高背景分布,浓集中心明显,异常强度高,Cu、Ag、Au、Cd、As、W、Sn元素在阿尔哈达地区附近存在明显的局部异常。

四、典型矿床预测模型

以矿区1∶2000地质图为底图,分析矿区化探、重力、航磁资料,确定典型矿床预测要素,编制了典型矿床综合剖析图(图6-5)及预测要素表(表6-1)。

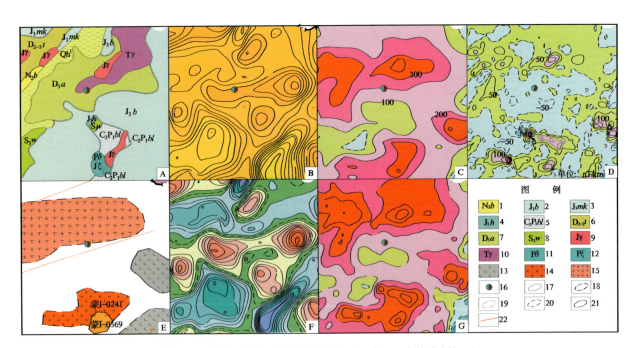

图6-5 阿尔哈达式侵入岩体型铅锌矿典型矿床综合剖析图

A.地质矿产图;B.布格重力异常图;C.航磁ΔT等值线平面图;D.航磁ΔT化极垂向一阶导数等值线平面图;E.重磁推断地质构造图;F.剩余重力异常图;G.航磁ΔT化极等值线平面图;1.宝格达乌拉组;2.白音高老组;3.满克头鄂博组;4.红旗组;5.宝力高庙组;6.塔尔巴格特组;7.安格尔音乌拉组;8.卧都河组;9.侏罗纪花岗岩;10.三叠纪花岗岩;11.二叠纪闪长岩;12.二叠纪正长岩;13.重磁推断火山岩地层;14.重磁推断酸性侵入岩;15.重磁推断中酸性侵入岩;16.铅锌矿点;17.出露岩体边界;18.航磁零等值线;19.半隐伏岩体及岩浆岩带边界;20.航磁负等值线;21.航磁正等值线;22.重磁推断三级断裂构造

表 6-1 阿尔哈达式侵入岩体型铅锌矿典型矿床预测要素

典型矿床预测要素		内容描述			要素类别
资源储量(万 t)		2.12	平均品位(%)	Pb+Zn 5	
特征描述		热液型			
地质环境	构造背景	Ⅰ天山-兴蒙造山系,Ⅰ-1大兴安岭弧盆系,Ⅰ-1-5二连-贺根山蛇绿混杂岩带(Pz_2)			必要
	成矿环境	泥盆系为一套巨厚浅海相、滨海相碎屑岩、碳酸盐岩、中基性—酸性细碧-角斑岩火山岩性组合,地层为成矿提供最有利的构造发育空间,地层岩性组合影响容矿断裂构造的发育。矿床发育在北东东—北东向区域断裂构造北西向上盘次级断裂与宾巴查勒干复式岩体侵入倾伏端构造相叠加部位。矿区内无岩体出露,矿区北东方向2.5km即为印支期宾巴查勒干和燕山早期安尔基乌拉组成的复合岩体			必要
	成矿时代	燕山早中期			必要
矿床特征	矿体形态	脉状、透镜状、扁豆状			重要
	岩石类型	上泥盆统浅海相、滨海相火山沉积建造和侏罗纪断陷盆地陆相火山岩			重要
	岩石结构	岩石结构为自形—半自形粒状结构			次要
	矿物组合	矿石矿物:方铅矿、闪锌矿、自然银、辉银矿等。 脉石矿物:绿泥石、高岭土、方解石、石英、萤石等			重要
	结构构造	结构:自形—半自形粒状结构、他形粒状结构、交代残余结构、碎裂结构、包含结构等。 构造:块状构造、角砾状构造、浸染状构造、脉状构造、条带状构造等			次要
	蚀变特征	褐铁矿化、铁锰矿化、高岭土化、绢云母化、白云母化、绿泥石化、绿帘石化、硅化(玉髓)化、黄铁矿化、硅化(石英矿化)、滑石化、碳酸盐化(方解石化)、毒砂矿化、白云石化、萤石化等			次要
	控矿条件	(1)上泥盆统安格尔音乌拉组; (2)北西向和北西西向构造对成矿起到了重要作用,形成一系列北西走向的矿化带或碎裂蚀变带; (3)矿区北东2.5km处出露有印支期宾巴查勒干中细粒的斑状花岗岩岩体($T\pi\gamma$),8km处出露有燕山早期安尔基乌拉粗粒花岗岩岩体($J_3\gamma$),二者在阿尔哈达地区,处于上泥盆统安格尔音乌拉组(D_3a)之下,形成复合岩体,阿尔哈铅、锌矿床产于该岩体的西南侵入倾伏端			必要
地球物理	重力	阿尔哈达式热液型铅锌矿床位于局部重力低异常边部,该局部重力低异常最小值 $\Delta g_{min}=-107.12\times10^{-5}m/s^2$;幅值为$6\times10^{-5}m/s^2$;根据物性资料和地质资料分析,推断该重力低异常是中—酸性岩体的反映			重要
	航磁	据1:5万地磁数据显示,矿床所在位置处于低缓磁场梯度带上,梯度走向南北,磁场变化范围在-80~40nT之间			重要

第二节 预测工作区研究

一、区域地质特征

预测工作区位于内蒙古自治区北部地区,属锡林郭勒市所辖。E116°15′00″—E120°00′00″,N45°20′00″—N46°50′00″。

预测工作区大地构造位置属天山-兴蒙造山系,大兴安岭弧盆系,二连-贺根山蛇绿混杂岩带,区域内构造活动强烈,岩层褶曲构造发育,断裂及岩浆活动频繁,区域成矿地质背景概括如下。

(一)区域地层

预测工作区地层属北疆-兴安地层大区、东乌-呼玛地层分区。区内地层出露不全,有古生界奥陶系、志留系、泥盆系、石炭系和二叠系,属浅海相、滨海相火山沉积建造;有中生界三叠系、侏罗系、白垩系,属断陷盆地陆相火山建造;还有新生界新近系、第四系。

(二)区域岩浆岩

预测工作区内侵入岩分布广泛,有加里东中期、海西早期、晚期和印支期—燕山早期。加里东中期石英闪长岩($O_2\delta o$)出露面积有限,仅分布在乌拉盖苏木以北10km处海勒斯台一带。海西早期辉长岩($D_3\nu$)仅在朝不楞西南有1处,面积约$0.8km^2$。海西晚期岩浆活动最为活跃,大面积岩体分布在预测工作区的中、西部,主要在翁图乌兰、塔日根敖包一带。印支期—燕山早期侵入岩为最重要的一期岩体,主要分布在阿尔哈、朝不楞、查干敖包一带,印支期宾巴勒查干岩体出露面积约$184km^2$,呈岩基分布,包括边缘相和过渡中心相。岩性为灰白色中细粒似斑状花岗岩、淡黄色粗粒花岗岩。矿物成分为钾长石、斜长石、石英和黑云母。燕山早期安基乌拉盖岩体面积约$12km^2$,呈小岩株产出,岩性为灰黄色、浅红色中粗粒花岗岩($J_3\gamma$),二者组成复式岩体。阿尔哈达铅锌矿床产于该岩体的西南侵入倾伏端。

岩浆期后,该期岩体至少引起两次成矿高峰,除形成阿尔哈达铅锌矿外,在燕山早期也达到成矿高峰。在此期间,本地区出现了著名的朝不楞大型铁、锌矿床和查干敖包铁、锌矿床及一些矿点、矿化点。

(三)区域构造

区内构造活动频繁,各时期褶皱、断裂表现得相当活跃,地质构造复杂,不同性质的构造形迹发育,后期构造(含成矿期)对早期构造叠加改造作用强烈。褶皱构造发育,主要褶皱期有加里东中期、晚期,海西中期、晚期及燕山早期。海西中期褶皱最为发育,轴面走向为北东向及北北东向,多为紧密线形褶曲,构成了预测工作区内的基本褶皱形态。麦狼温都尔-额仁高壁-阿尔哈达复式向斜,断续分布长约200km,复式向斜两翼发育规模不等,轴向近于平行的次一级背斜构造,产状北缓、南陡。轴面北北东向褶皱,表现为开阔的褶皱形态,两翼岩层倾角小于15°。预测工作区内断裂构造主要分为3组:北东东向、北北东向及北西向,以北东东向和北西向最为发育。从发生的时代来看,北东东向断裂多发生在古生代地层中,伴随褶皱构造一同构成了预测工作区内的基本构造格局。北西向及北北东向多发生在中生代地层中。从断层性质看,北东东向断裂规模较大,以逆断层为主,分布在褶皱构造的轴部或两翼并且与区域构造线方向一致,北西向多为平推断层、正断层,与总体构造线方向近于垂直。区域主要断裂构造为北东东向阿尔哈达断裂和阿尔哈达北断裂,北北东向的重要断裂为必鲁特断裂和塔尔根敖包断裂。

(四)区域成矿模式图

本区域最主要成矿要素侵入岩为燕山早期花岗岩,控矿构造主要为北北西—北西西向断裂构造。该类型铅锌矿成矿要素见表6-2。根据该预测工作区的成矿规律总结区域成矿模式,见图6-6。

表6-2 阿尔哈达式侵入岩体型铅锌矿阿尔哈达预测工作区成矿要素

区域成矿要素		内容描述	要素类别
地质环境	大地构造位置	Ⅰ天山-兴蒙造山系,Ⅰ-1大兴安岭弧盆系,Ⅰ-1-5二连-贺根山蛇绿混杂岩带(Pz_2)	必要
	成矿区(带)	Ⅰ-4滨太平洋成矿域(叠加在古亚洲成矿域之上,Ⅲ-6东乌珠穆沁旗-嫩江(中强挤压区)铜、钼、铅、锌、金、钨、锡、铬成矿带(Pt_3、Vm—1、Ye—m),Ⅲ-6-②朝不楞-博克图钨、铁、锌、铅成矿亚带(V、Y),V_{48}^{1-3}朝不楞-查干敖包、铁、锌、铅矿集区(Y)	必要
	区域成矿类型及成矿期	热液型,燕山早中期	必要
控矿地质条件	赋矿地质体	上泥盆统安格尔音乌拉组(D_3a)	必要
	控矿侵入岩	燕山早期花岗岩	必要
	主要控矿构造	北北西西—北西西向构造对成矿起到重要作用,形成一系列北西走向的矿化带或碎裂蚀变带	必要
区内相同类型矿床		成矿区(带)内有1处铅锌矿床、6处矿化点	重要

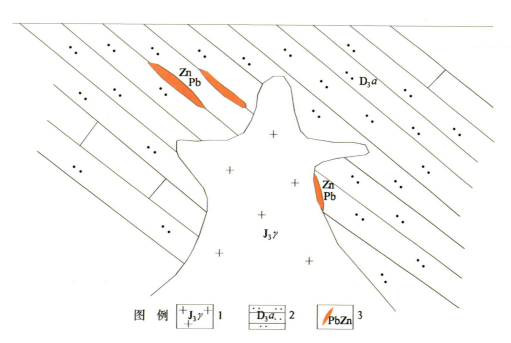

图6-6 阿尔哈达侵入式岩体型铅锌矿阿尔哈达预测工作区成矿模式图
1. 花岗岩;2. 安格尔音乌拉组:黄灰色、黄绿色泥质粉砂岩、板岩、砂岩;3. 铅锌矿体

二、区域地球物理特征

1. 重力场特征

阿尔哈达式侵入岩体型铅锌矿预测工作区位于纵贯全国东部地区的大兴安岭-太行山-武陵山北北东向巨型重力梯度带的东侧,该巨型重力梯度带东、西两侧重力场下降幅度达 $80×10^{-5}m/s^2$,下降梯度约 $1×10^{-5}(m·s^{-2})/km$。由地震和磁大地电流测深资料可知大兴安岭-太行山-武陵山巨型宽条带重力梯度带是一条超地壳深大断裂带的反映。该深大断裂带是环太平洋构造运动的结果。沿深大断裂带侵入了大量的中生代中—酸性岩浆岩和喷发、喷溢了大量的中生代火山岩。

阿尔哈达式侵入岩体型铅锌矿阿尔哈达预测工作区以高背景布格重力场为主,在高背景重力区叠加着许多北东向条带状和等轴状的局部重力低异常,区域重力场强度 $-127×10^{-5}\sim-107×10^{-5}m/s^2$。根据该区的物性资料和已有 1∶20 万直流电测深资料,推断具有一定走向的局部重力低异常是二连盆地群中—新生代盆地的表现;等轴状的局部重力低异常是中—酸性岩体的反映。此外,在预测工作区贺根山—二连浩特市一线形成一些局部重力高异常,推断与超基性岩体有关。

预测工作区内断裂构造以北东向为主;地层单元呈带状和面状分布;中—新生代盆地呈北东向宽条带状展布;中—酸性岩浆岩带呈北东向带状延展。在该预测工作区推断解释地层单元 19 个,断裂构造 100 条,中—酸性岩浆岩带 1 个,中—酸性岩体 4 个,超基性岩体 5 个,中—新生代盆地 20 个。根据重力场特征和推断的成果,在预测工作区截取了 3 条重力剖面进行 2D 反演计算,其中两条重力剖面选择在已知矿床的位置,考虑到该区还有可能形成类似已知矿床的重力场环境,又在该重力场选择了其余一条剖面,通过反演计算,岩体最大延深达 6.3km①。

该预测工作区已知的阿尔哈达式侵入岩体型铅锌矿位于局部重力低异常的边部,表明该类矿床与中—酸性花岗岩体有关。由此认为,在空间上,反映中—酸性岩体的局部重力低异常周边等值线密集带处是成矿的有利地段。

2. 磁法特征

预测工作区内推断断裂走向与磁异常轴向相同,主要为北东向,以不同磁场区的分界线和磁异常梯度带为标志。西部有一条北西向断裂,以不同磁场区的分界线为标志,预测工作区南部推断有出露的火山构造,最北部有磁性蚀变带。预测工作区有较多杂乱的正负相间磁异常,参考地质出露情况,认为由出露的酸性侵入岩体和火山岩地层引起。

根据磁异常特征,阿尔哈达地区侵入岩体型、查干敖包侵入岩体型铅锌银矿预测工作区磁法推断断裂构造 7 条、侵入岩体 22 个、火山构造 11 个。

三、区域地球化学特征

区域上分布有 Cu、Au、Ag、As、Sb、Cd、W、Zn 等元素组成的高背景区带,在高背景区带中有以 Cu、Au、Ag、As、Sb、Cd、W、Zn 为主的多元素局部异常。预测工作区内共有 39 处 Ag 异常,44 处 As 异常,81 处 Au 异常,37 处 Cd 异常,25 处 Cu 异常,35 处 Mo 异常,26 处 Pb 异常,56 处 Sb 异常,44 处 W 异常,29 处 Zn 异常。

预测工作区上 Ag、As、Sb 多呈背景分布,在预测工作区北东部存在局部异常;预测工作区北东部存在 Au 的低异常,南西部 Au 呈背景、高背景分布,存在明显的浓度分带和浓集中心;Cd、Cu、Zn 元素

---

① 查干敖包矿区与阿尔哈达矿区相距约 40km,故区域地质特征基本相同。

在预测工作区南部呈高背景分布,具明显的浓度分带和浓集中心;W 在预测工作区北东部和南西部存在高背景区,有明显的浓度分带;Pb 在预测工作区上呈背景、低背景分布,在阿尔哈达和查干敖包地区存在局部异常。

预测工作区上元素异常套合较好的编号为 AS1~AS5,AS1 和 AS2 位于查干敖包附近,异常元素有 Pb、Zn、Ag,呈同心环状分布;AS3~AS5 分布于阿尔哈达附近,异常元素有 Pb、Zn、Ag、Cd,呈环状分布,圈闭性好。

四、区域遥感影像及解译特征

1. 预测工作区遥感地质特征解译

本预测工作区内解译出巨型断裂带,即二连-贺根山断裂带,共 2 段。该断裂带在预测工作区南部边缘近北东向展布,横跨过图幅的南部边缘地区。此巨型构造在该图幅区域内显示明显的北东向延深特点,线性构造两侧地层体较复杂。

本工作区内共解译出大型构造 4 条,由西到东依次为瓦窑-阿日哈达构造、白音乌拉-乌兰哈达断裂带、巴仁哲里木-高力板断裂带、三站-哈拉盖图农牧场二分场构造,除 1 条沿北西向分布以外,其余 3 条走向基本为北东向,构造格架清晰。

本区域内共解译出中小型构造 283 条,主要分布于北东向大型构造形成的区域里,预测工作区西北部的中小型构造走向以北西向为主,中部以北东向为主,构造总体走向基本清晰。

本预测工作区内的环形构造非常密集,共解译出环形构造 228 条,按其成因可分为中生代花岗岩类引起的环形构造,古生代花岗岩类引起的环形构造,与隐伏岩体有关的环形构造,褶皱引起的环形构造、火山机构或通道,成因不明的环形构造。环形构造在空间分布上没有明显的规律。

2. 预测工作区遥感异常分布特征

本预测工作区的羟基异常分布较少且主要分布在东部地区,西部地区有部分小块状异常集中分布于一个大型条带上,其余地区零星分布。铁染异常主要呈带状和小片状分布在西部偏南地区及中部、中部偏北地区,其余地区有零星分布。

3. 遥感矿产预测分析

综合上述遥感特征,阿尔哈达式侵入岩体型铅锌矿预测工作区共圈定出 7 个预测区。

(1)巴彦乌拉嘎查以北预测区:北东向的白音乌拉-乌兰哈达大型断裂带通过该区,与小型构造在区域内相交,位于主要含矿地层中。

(2)一队以东预测区:北东向的白音乌拉-乌兰哈达中型断裂带通过该区,与穿过该区的小型构造相交错断,相交处有明显印迹的性质不明的环形构造,区域西部有相邻的火山机构,异常信息分布较有规律,位于含矿地层的结合部位,区域内存在有查干敖包铅锌矿。

(3)额仁高毕苏木东南预测区:北东向的白音乌拉-乌兰哈达中型断裂带通过该区,若干小型构造在区域内相交,该区位于含矿地层中。

(4)满都胡宝拉格苏木以南预测区:若干小型构造穿过该区,一条北东向小型构造于区内延展,沿区域形状走向分布,区内有条状异常分布,区域北部有形状清晰的环形构造。

(5)夏日沟图预测区:该区处在若干小型构造相交错断后围成的四边形构造格架中,区域周围有若干环形构造,有条带状异常在区域中分布,朝不楞多金属矿在该区域内。

(6)满都胡宝拉格嘎查东北方向预测区:白音乌拉-乌兰哈达大型断裂带通过该区,并于区内与小型构造相交,区域内异常信息较密集。

(7)宝格达山林场分场西南预测区:若干小型构造在区域内相交错断,遥感异常信息呈条带状且比较密集,该区域位于含矿地层中。

五、预测工作区预测模型

根据预测工作区区域成矿要素和航磁、重力、遥感等特征,建立了本预测工作区的区域预测要素,并编制预测工作区预测要素图和预测模型图。

区域预测要素图以区域成矿要素图为基础,综合研究重力、航磁、化探、遥感等综合致矿信息,总结区域预测要素(表6-3),并将综合信息(如各专题异常曲线)全部叠加在成矿要素图上,在表达时可以导出单独预测要素如航磁的预测要素图。预测模型图以地质剖面图为基础,叠加区域航磁及重力剖面图而形成,简要表示预测要素内容及其相互关系,以及时空展布特征(图6-7)。

表6-3 阿尔哈达侵入岩体型铅锌矿阿尔哈达预测工作区预测要素

区域成矿预测要素		内容描述	要素类别
地质环境	大地构造位置	Ⅰ天山-兴蒙造山系,Ⅰ-1大兴安岭弧盆系,Ⅰ-1-5二连-贺根山蛇绿混杂岩带(Pz_2)	必要
	成矿区(带)	Ⅰ-4滨太平洋成矿域(叠加在古亚洲成矿域之上),Ⅲ-6东乌珠穆沁旗-嫩江(中强挤压区)铜、钼、铅、锌、金、钨、锡、铬成矿带,Ⅲ-6-②朝不楞-博克图钨、铁、锌、铅成矿亚带(V、Y),Ⅴ481-3朝不楞-查干敖包、铁、锌、铅矿集区(Y)	必要
	区域成矿类型及成矿期	热液型,燕山早中期	必要
控矿地质条件	赋矿地质体	上泥盆统安格尔音乌拉组	必要
	控矿侵入岩	燕山早期花岗岩	必要
	主要控矿构造	北西向和北西西向构造对成矿起到了重要作用,形成一系列北西走向的矿化带或碎裂蚀变带	必要
区内相同类型矿床		成矿区(带)内有1处矿床、6处矿化点	必要
物探、化探特征	地球物理特征 / 重力	阿尔哈达式侵入岩体型铅锌矿预测工作区以高背景布格重力场为主,在高背景重力区叠加着许多北东向条带状和等轴状的局部重力低异常,区域重力场强度为 $-127 \times 10^{-5} \sim -107 \times 10^{-5}$ m/s^2	重要
	地球物理特征 / 航磁	据1:50万航磁化极等值线平面图显示,区域总体表现为变化不大的正磁场,南北两侧略高,航磁化极起始值范围$-300 \sim 0$nT	重要
	地球化学特征	预测工作区上分布有Au、As、Sb、Cu、Pb、Zn、Ag、Cd、W、Mo等元素异常,Pb异常主要分布在异常区北东部,浓集中心明显,异常强度高	必要
遥感特征		环状要素(隐伏岩体)及遥感羟基铁染异常区	重要

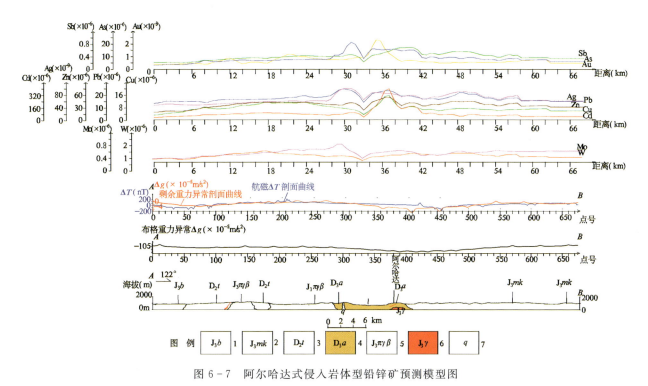

图 6-7　阿尔哈达式侵入岩体型铅锌矿预测模型图

1. 白音高老组；2. 满克头鄂博组；3. 塔尔巴特组；4. 安格尔音乌拉组粉砂岩、泥岩建造；5. 似斑状黑云母花岗岩；6. 花岗岩建造；7. 石英脉

第三节　矿产预测

一、综合地质信息定位预测

1. 变量提取及优选

根据典型矿床成矿要素及预测要素研究，选取以下变量。

(1) 地质体：上泥盆统安格尔音乌拉组。对提取地层周边的第四系及其以上的覆盖部分进行揭盖。

(2) 断层：提取北西向、北北西向、北西西向地质断层及重力、遥感推断断裂，并根据断层的规模作 1000m×1000m 的缓冲区。

(3) 重力：剩余重力起始值 $-4\times10^{-5}\sim9\times10^{-5}\mathrm{m/s^2}$。

(4) 航磁：航磁化极起始值范围 $-300\sim0\mathrm{nT}$。

(5) 化探：提取铅锌单元素及综合异常。

(6) 遥感：遥感的环状要素用于推测隐伏岩体存在。

2. 最小预测区确定及优选

由于预测工作区内有 7 处已知矿床，因此采用 MRAS 矿产资源 GIS 评价系统中有模型预测工程，利用网格单元法进行定位预测。采用空间评价中特征分析、证据权重等方法进行预测，比照各类方法的结果，确定采用特征分析进行评价，再结合综合信息法叠加各预测要素圈定最小预测区，并进行优选。

3. 最小预测区确定结果及地质评价

本次工作共圈定最小预测区 20 个,其中,A 级区 7 个,B 级区 7 个,C 级区 6 个(图 6-8,表 6-4);面积在 0.60~23.14km² 之间。各级别面积分布合理,且已知矿床分布在 A 级区内,说明最小预测区优选分级原则较为合理;最小预测区圈定结果表明,预测工作区总体与区域成矿地质背景和低磁异常、剩余重力异常吻合程度较好。各最小预测区的地质特征、成矿特征和资源潜力评述见表 6-4。

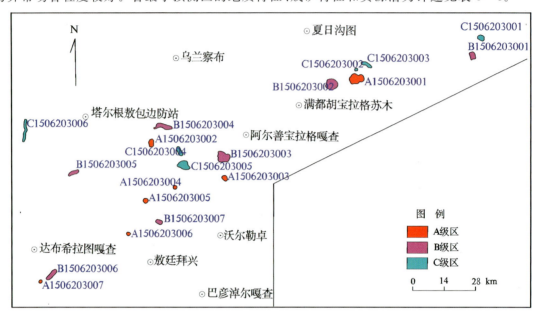

图 6-8 阿尔哈达式侵入岩体型铅锌矿阿尔哈达预测工作区各最小预测区优选分布图

表 6-4 阿尔哈达式侵入岩体型铅锌矿阿尔哈达预测工作区各最小预测区综合信息表

最小预测区编号	最小预测区名称	综合信息	评价
A1506203001	阿尔哈达	该最小预测区近北东向展布,地表有上泥盆统安格尔音乌拉组出露,区内有 1 处矿床,该最小预测区内有磁异常显示,航磁化极异常等值线在 $-300 \sim 0$ nT 之间,重力低,剩余重力异常等值线在 $(1 \sim 6) \times 10^{-5}$ m/s² 之间,Pb、Zn 元素异常	找矿潜力大
A1506203002	查干陶勒盖	该最小预测区内有 1 处矿化点,地表有上泥盆统安格尔音乌拉组出露,该最小预测区内有磁异常显示,航磁化极异常等值线起始值多在 $-100 \sim 0$ nT 之间,重力低,剩余重力异常等值线在 $(0 \sim 4) \times 10^{-5}$ m/s² 之间,Pb、Zn 元素异常	找矿潜力大
A1506203003	一队北	该最小预测区内有 1 处矿化点,有磁异常显示,航磁化极异常等值线起始值在 $-150 \sim -100$ nT 之间,重力低,剩余重力异常等值线在 $(-3 \sim -1) \times 10^{-5}$ 之间,Pb、Zn 元素异常	找矿潜力大
A1506203004	额尔登陶勒盖	该最小预测区内有 1 处矿化点,该最小预测区内有磁异常显示,航磁化极异常等值线在 $-100 \sim 0$ nT 之间,重力低,剩余重力异常等值线在 $(-4 \sim -3) \times 10^{-5}$ 之间	找矿潜力大
A1506203005	乌兰陶勒盖	该最小预测区内有 1 处矿化点,有磁异常显示,该最小预测区内航磁化极异常等值线在 $-150 \sim 0$ nT 之间,重力低,剩余重力异常等值线在 $(-5 \sim -1) \times 10^{-5}$ m/s² 之间	找矿潜力大
A1506203006	敖包特浩来	该最小预测区内有 1 处矿化点,地表有上泥盆统安格尔音乌拉组出露,有磁异常显示,该最小预测区内航磁化极异常等值线在 $-200 \sim -100$ nT 之间,重力低,剩余重力异常等值线多大于 6×10^{-5} m/s²	找矿潜力大

续表 6-4

最小预测区编号	最小预测区名称	综合信息	评价
A1506203007	麦狠温都尔	该最小预测区内有 1 处矿化点,有磁异常显示,该最小预测区内航磁化极异常等值线在 $-100\sim150\text{nT}$ 之间,重力低,剩余重力异常等值线在 $(1\sim2)\times10^{-5}\text{m/s}^2$ 之间,化探综合异常	找矿潜力大
B1506203001	南牧场西北	该最小预测区近南北向展布,地表有上泥盆统安格尔音乌拉组出露,处于北西向断层处,重力低,剩余重力异常等值线在 $(4\sim5)\times10^{-5}\text{m/s}^2$ 之间	找矿潜力大
B1506203002	巴彦布日都嘎查北东	该最小预测区地表有上泥盆统安格尔音乌拉组出露,处于北西向断层处,有磁异常显示,有航磁化极异常等值线在 $-150\sim0\text{nT}$ 之间,重力低,剩余重力异常等值线在 $(-1\sim5)\times10^{-5}\text{m/s}^2$ 之间	找矿潜力大
B1506203003	阿日尔哈达浑地西北	该最小预测区地表有上泥盆统安格尔音乌拉组出露,处于北西西向断层处,航磁化极异常等值线起始值在 $-200\sim-100\text{nT}$ 之间,重力低,剩余重力异常等值线多在 $(0\sim4)\times10^{-5}\text{m/s}^2$ 之间	找矿潜力一般
B1506203004	吉仁宝拉格嘎查东	该最小预测区地表有上泥盆统安格尔音乌拉组出露,处于北西—北西西向断层交会处,有磁异常显示,航磁化极异常等值线起始值在 $-100\sim0\text{nT}$ 之间,重力低,剩余重力异常等值线在 $(4\sim5)\times10^{-5}\text{m/s}^2$ 之间	找矿潜力大
B1506203005	准巴彦塔拉	该最小预测区近北西向展布,地表有上泥盆统安格尔音乌拉组出露,有磁异常显示,航磁化极异常等值线起始值在 $-100\sim200\text{nT}$ 之间,重力低,剩余重力异常等值线在 $(3\sim4)\times10^{-5}\text{m/s}^2$ 之间	找矿潜力大
B1506203006	乌布林苏木北东	该最小预测区近北东向展布,地表出露燕山早期花岗岩体,处于北西向断层,有磁异常显示,航磁化极异常等值线值在 $0\sim100\text{nT}$ 之间,重力低,剩余重力异常等值线在 $(2\sim3)\times10^{-5}\text{m/s}^2$ 之间	找矿潜力大
B1506203007	汗敖包嘎查东西	该最小预测区近北西向展布,地表有上泥盆统安格尔音乌拉组出露,处于北西向断层,有磁异常显示,航磁化极异常等值线值在 $-100\sim150\text{nT}$ 之间,重力低,剩余重力异常等值线在 $(7\sim8)\times10^{-5}\text{m/s}^2$ 之间	找矿潜力大
C1506203001	宝格达山林场分厂西南	该最小预测区近北西向展布,地表出露燕山早期花岗岩岩体,处于北西向断层处,重力低,剩余重力异常值多在 $(-2\sim-1)\times10^{-5}\text{m/s}^2$ 之间	找矿潜力大
C1506203002	阿尔哈达北	该最小预测区近北西向展布,有磁异常显示,航磁化极异常等值线起始值绝多在 $-150\sim-100\text{nT}$ 之间,重力低,剩余重力异常等值线在 $-1\times10^{-5}\sim0\text{m/s}^2$ 之间,化探综合异常	找矿潜力大
C1506203003	安儿基乌拉西	该最小预测区近北西向展布,地表出露上泥盆统安格尔音乌拉组和燕山早期花岗岩岩体,航磁化极异常等值线起始值在 $-100\sim100\text{nT}$ 之间,重力低,剩余重力异常等值线在 $(-1\sim2)\times10^{-5}\text{m/s}^2$ 之间,化探综合异常	找矿潜力大
C1506203004	旦金恩格日	该最小预测区地表有上泥盆统安格尔音乌拉组出露,近北西向展布,处于北西向断层处,有磁异常显示,航磁化极异常等值线起始值绝多在 $-150\sim-100\text{nT}$ 之间,重力低,剩余重力异常等值线在 $(-3\sim4)\times10^{-5}\text{m/s}^2$ 之间,具二、三级遥感异常	找矿潜力一般
C1506203005	杰仁宝拉格嘎查	该最小预测区近北西向展布,地表出露上泥盆统安格尔音乌拉组,处于北西—北东东向断层交会处,航磁化极异常等值线起始值多在 $100\sim200\text{nT}$ 之间,剩余重力异常等值线在 $(0\sim2)\times10^{-5}\text{m/s}^2$ 之间	找矿潜力大
C1506203006	乌合楚鲁古浑地北西	该最小预测区近南北向展布,有磁异常显示,航磁化极异常等值线起始值在 $0\sim200\text{nT}$ 之间,重力低,剩余重力异常等值线在 $(0\sim2)\times10^{-5}\text{m/s}^2$ 之间	找矿潜力差

二、综合信息地质体积法估算资源量

1. 典型矿床深部及外围资源量估算

阿尔哈达典型矿床资源储量估算结果来源于中国冶金地质勘查工程总局第一地质勘查院 2005 年 1 月编写的《内蒙古自治区东乌珠穆沁旗阿尔哈达银多金属矿普查地质工作总结》及内蒙古自治区国土资源厅于 2010 年提交的《截至二〇〇九年底的内蒙古自治区矿产资源储量表》。

已查明矿体的最大延深为 400m,向下预测 300m,另一部分是已知矿体附近含矿建造区预测部分,用已查明延深＋预测延深确定该延深为 700m(＝400＋300)。阿尔哈达预测工作区模型区预测资源量及其估算参数见表 6-5。

表 6-5 阿尔哈达预测工作区典型矿床深部及外围资源量

典型矿床			深部及外围		
已查明资源量(t)	Pb 8480	Zn 12 720	深部	面积(m^2)	31 913
面积(m^2)	31 913			延深(m)	300
延深(m)	400		外围	面积(m^2)	518 697
品位(％)	Pb+Zn 5			延深(m)	700
密度(g/cm^3)	3.13		预测资源量(t)	Pb 247 447	Zn 371 172
含矿系数(t/m^3)	0.000 664	0.000 996	典型矿床资源总量(t)	Pb 255 927	Zn 383 892

2. 模型区的确定、资源量及估算参数

阿尔哈达典型矿床位于阿尔哈达模型区内,已查明铅＋锌资源量 21 200t,预测铅＋锌资源量为 618 619t,其中铅资源量为 247 447t,锌资源量为 371 172t;模型区延深与典型矿床一致;模型区含矿地质体面积与模型区面积一致,含矿地质体面积参数为 1.00。模型区面积为 23 139 247m^2。模型区总体积＝模型区面积×模型区延深＝23 139 247m^2×700m＝16 197 472 900m^3。则模型区铅含矿系数＝铅资源总量/(模型区总体积×含矿地质体面积参数)＝255 927÷(16 197 472 900×1.00)＝0.000 015 8(t/m^3),模型区锌含矿系数＝锌资源总量/(模型区总体积×含矿地质体面积参数)＝383 892÷(16 197 472 900×1.00)＝0.000 023 7(t/m^3),见表 6-6。

表 6-6 阿尔哈达预测工作区模型区资源总量及其估算参数

模型区		矿种	模型区资源总量(t)	模型区面积(m^2)	延深(m)	含矿地质体总体积(m^3)	含矿地质体面积参数	含矿地质体含矿系数(t/m^3)
编号	名称							
A1506203001	阿尔哈达	Pb	255 927	23 139 247	700	6 197 472 900	1.00	0.000 015 8
		Zn	383 892					0.000 023 7

3. 最小预测区预测资源量

(1)估算参数的确定:最小预测区面积圈定是根据 MRAS 所形成的色块区与预测工作区底图重叠区域,并结合含矿地质体、已知矿床、矿(化)点及化探等异常范围进行圈定。延深的确定是在研究最小

预测区含矿地质体地质特征、岩体的形成延深、矿化蚀变、矿化类型的基础上,再对比典型矿床特征综合确定的,部分由成矿带模型类比或专家估计给出。目前所掌握资料预测最大垂深为700m,且并未打穿含矿地层,其向下仍有分布的可能,同时根据含矿地质体的地表出露面积大小来确定其延深。

(2)最小预测区预测资源量估算成果。本次预测资源总量为1 245 647t,其中铅的预测资源总量为493 977t,锌的预测资源总量为751 670t,其中不包括铅、锌已查明资源量232 936t及338 702t,各最小预测区估算成果详见表6-7。

表6-7 阿尔哈达式侵入岩体型铅锌矿阿尔哈达预测工作区各最小预测区估算成果

最小预测区编号	最小预测区名称	$S_{预}$ (m²)	$H_{预}$ (m)	K_S	K(t/m³) Pb	K(t/m³) Zn	α	$Z(t)$ Pb	$Z(t)$ Zn	资源量精度级别
A1506203001	阿尔哈达	23 139 247	700	1.00	0.000 015 8	0.000 023 7	1.00	247 447	371 172	334-1
A1506203002	查干陶勒盖	6 792 394	300	1.00	0.000 015 8	0.000 023 7	0.69	22 215	33 323	334-2
A1506203003	一队北	4 682 395	500	1.00	0.000 015 8	0.000 023 7	0.80	29 593	44 389	334-2
A1506203004	额尔登陶勒盖	2 258 758	150	1.00	0.000 015 8	0.000 023 7	0.61	3265	4898	334-2
A1506203005	乌兰陶勒盖	4 089 049	450	1.00	0.000 015 8	0.000 023 7	0.71	20 642	30 963	334-2
A1506203006	敖包特浩来	2 188 380	150	1.00	0.000 015 8	0.000 023 7	0.55	2853	4279	334-2
A1506203007	麦狼温都尔	1 799 644	100	1.00	0.000 015 8	0.000 023 7	0.69	1962	2943	334-2
B1506203001	南牧场西北	7 246 762	350	1.00	0.000 015 8	0.000 023 7	0.48	19 236	28 854	334-3
B1506203002	巴彦布日都嘎查北东	19 930 803	650	1.00	0.000 015 8	0.000 023 7	0.48	98 251	147 376	334-3
B1506203003	阿日尔哈达浑地西北	21 346 025	650	1.00	0.000 015 8	0.000 023 7	0.48	105 227	157 841	334-3
B1506203004	吉仁宝拉格嘎查东	13 466 386	450	1.00	0.000 015 8	0.000 023 7	0.48	45 958	68 937	334-3
B1506203005	准巴彦塔拉	6 703 320	300	1.00	0.000 015 8	0.000 023 7	0.48	15 251	22 877	334-3
B1506203006	乌布林苏木北东	10 103 364	400	1.00	0.000 015 8	0.000 023 7	0.55	35 119	52 679	334-3
B1506203007	汗敖包嘎查东西	4 868 808	200	1.00	0.000 015 8	0.000 023 7	0.48	7385	11 078	334-3
C1506203001	宝格达山林场分厂西南	6 008 491	250	1.00	0.000 015 8	0.000 023 7	0.29	6883	10 324	334-3
C1506203002	阿尔哈达北	1 426 918	300	1.00	0.000 015 8	0.000 023 7	0.29	1961	2942	334-3
C1506203003	安儿基乌拉西	6 724 529	300	1.00	0.000 015 8	0.000 023 7	0.18	5737	8606	334-3
C1506203004	旦金恩格日	6 714 092	300	1.00	0.000 015 8	0.000 023 7	0.15	4774	7161	334-3
C1506203005	杰仁宝拉格嘎查	15 621 491	500	1.00	0.000 015 8	0.000 023 7	0.26	32 087	48 130	334-3
C1506203006	乌合楚鲁古浑地北西	11 064 497	400	1.00	0.000 015 8	0.000 023 7	0.18	12 587	18 880	334-3

注:本表中A1506203001阿尔哈达的最新已查明资源量分别为Pb 232 936t及Zn 338 702t,故本次预测资源量=模型区资源总量-最新已查明资源量。

4. 预测工作区预测资源量成果汇总表

阿尔哈达预测工作区用地质体积法预测资源量,依据资源量精度级别划分标准,划分为334-1、334-2和334-3。根据各最小预测区含矿地质体、物探、化探异常及相似系数特征,预测延深均在700m以浅。根据矿产潜力评价预测资源量汇总标准,按预测延深、资源量精度级别、可利用性、可信度统计的结果见表6-8。

表6-8 阿尔哈达式侵入岩体型铅锌矿阿尔哈达预测工作区预测资源量成果汇总表 （单位:t）

预测延深	资源量精度级别	矿种	可利用性		可信度			合计	
			可利用	暂不可利用	≥0.75	≥0.50	≥0.25		
700m以浅	334-1	Pb	22 991		22 991	22 991	22 991	22 991	877 157
		Zn	45 190		45 190	45 190	45 190	45 190	
	334-2	Pb	80 530			80 530	80 530	80 530	207 155
		Zn	120 795			120 795	120 795	120 795	
	334-3	Pb		200 271			390 456	390 456	2 340 651
		Zn		300 407			585 685	585 685	
合计		Pb	103 521	200 271	22 991	103 521	493 977	493 977	3 424 963
		Zn	165 985	300 407	45 190	165 985	751 670	751 670	

第七章　长春岭式侵入岩体型铅锌矿预测成果

第一节　典型矿床特征

一、典型矿床地质特征及成矿要素

(一)典型矿床地质特征

突泉县长春岭铅锌矿区位于突泉县城北东40km。地理坐标：E121°55′30″—E121°57′00″，N45°35′00″—N45°36′00″。总面积约16.18km²。

1. 矿区地质

矿区出露下二叠统大石寨组(P_1d)及中侏罗统万宝组(J_2wb)；岩浆活动频繁。

(1)下二叠统大石寨组(P_1d)为砂岩、砾岩、粉砂岩、粉砂质泥岩等。中侏罗统万宝组(J_2wb)为砂岩、砂砾岩、砂质板岩等。

(2)侵入岩为燕山期的闪长玢岩脉、斜长花岗斑岩等浅成侵入体，是矿体的围岩，亦是成矿母岩(图7-1)。

矿区内断裂构造发育，主要有南北向和北西向两组断裂控制本区矿体的分布，是容矿构造。成矿后断裂构造对矿体破坏不大。

2. 矿床特征

矿区共圈出南北向Ⅰ号矿脉带和北西向Ⅲ号脉带。共圈定工业矿体23个，长30~510m不等，矿体厚度很不稳定，均厚1.00~8.33m不等，且变化迅速。在数十米内即可突变而尖灭，延深50~440m不等。铅锌矿化一般相对比较均匀，但多不富集，总的系属银铅锌(贫)矿石(图7-2)。

矿石矿物主要为毒砂、黄铁矿及闪锌矿、方铅矿。

矿床成因类型为中温岩浆热液型；工业类型为充填碎屑沉积岩断裂带中复脉状银铅锌矿床。截至2007年7月31日长春岭矿区银铅锌矿产资源储量估算/评审结果表明Ⅰ号矿脉群11条矿脉，120~298m赋矿标高，122b+333类金属量为铅18 500t(平均品位0.61%)、锌42 205t(平均品位1.40%)、银112t[平均品位(37.14~85.50)×10^{-6}]、铜1688t(平均品位0.13%)。

3. 成矿时代及成因类型

(1)铅锌矿体产于古生界下二叠统大石寨组砂、砾岩的构造裂隙中，以充填为主，呈脉状产出。成矿伴随构造岩浆活动进行，较严格的受断裂构造控制。

(2)成矿与矿区岩浆演化晚期富钠的中酸性花岗闪长斑岩脉及斜长花岗斑岩脉关系密切。

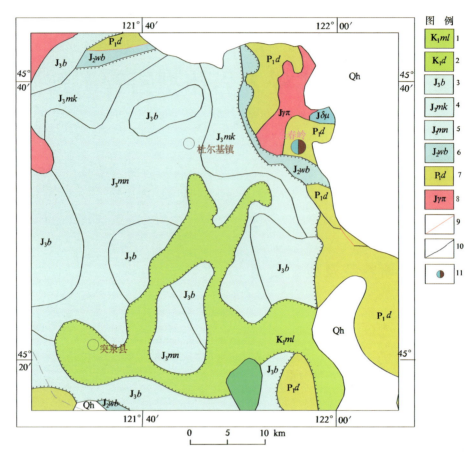

图 7-1 长春岭式侵入岩体型铅锌矿典型矿床地质图

1. 白垩系梅勒图组；2. 白垩系大磨拐河组；3. 上侏罗统白音高老组；4. 上侏罗统满克头鄂博组；5. 中侏罗统玛尼吐组；6. 中侏罗统万宝组；7. 下二叠统大石寨组；8. 侏罗纪花岗斑岩；9. 实测整合岩层界线；10. 地质界线；11. 铅锌矿点

（3）近矿围岩蚀变主要为硅化、绢云母化、绿泥石化、碳酸盐化。部分矿体又赋存于浅成-超浅成的斜长花岗斑岩脉构造裂隙中，故推断成矿延深为浅成相。

（4）成矿物质来源。矿石硫同位素测定，$\delta^{34}S$ 值为 0.8‰～3.6‰（黄铁矿有达 7.6‰），变化范围小，总的接近陨石型，属深部硫源。

矿石中方铅矿同位素比值属正常铅范围，说明铅主要来自较封闭系统的深部岩浆。

矿体不同围岩主要成矿元素含量普遍高于地壳同类岩石的数倍至数十倍以上，这是形成矿床的重要物质基础，而成矿虽与矿区中性岩浆演化晚期较酸性的斜长花岗斑岩（花岗闪长斑岩）有关，但其作为矿体围岩时，矿化并不十分富集，尤其接触带，并不见矿化或蚀变。说明斜长花岗斑岩并不是唯一的载矿岩体，亦非成矿母岩。成矿热液中的部分成矿物质，为岩浆深部分异产物。其特点和莲花山脉状铜矿成矿相似。

（5）成矿温度。根据矿物中主要矿物包体测温结果，其成矿温度在 200～300℃之间。

综上所述，矿区成矿物质具有多源性：一部分来自地壳深部或上地幔；另一部分来自围岩。成矿元素在多次构造-岩浆活动过程中，不断被活化转移，逐次富集，再沉淀成矿。故该矿床成因类型应为与侵入岩有关的中温岩浆热液型。

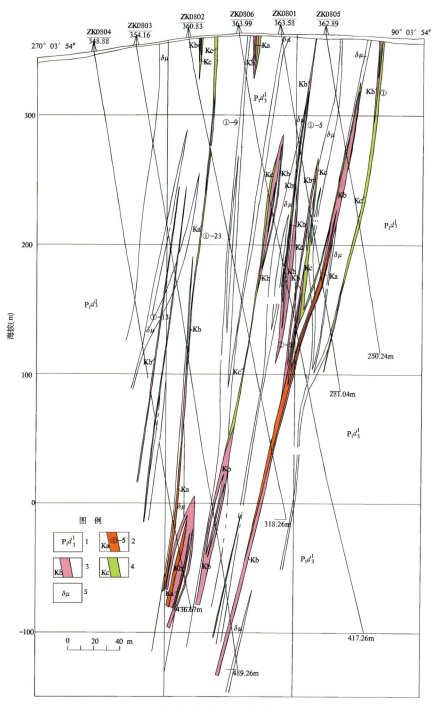

图7-2 长春岭银铅锌矿区第8勘查线剖面图

1. 大石寨组三段一亚段:蚀变砂砾岩夹岩屑砂岩、粉砂岩;2. 工业矿体及编号;3. 表外矿体;
4. 含矿蚀变带;5. 闪长玢岩

(二)典型矿床成矿要素

根据成矿地质条件,总结长春岭侵入岩体型铅锌矿成矿要素表,见表7-1。

表 7-1 内蒙古自治区长春岭式侵入岩体型铅锌矿典型矿床成矿要素

成矿要素		内容描述			要素类别
资源储量(t)		Pb 21 027.06,Zn 45 771.37	平均品位(%)	Pb 0.61,Zn 1.4	
特征描述		次火山热液型			
地质环境	构造背景	锡林浩特岩浆弧			必要
	成矿环境	中酸性岩浆侵位			必要
	成矿时代	二叠纪			必要
矿床特征	矿体形态	脉状、网脉状			重要
	岩石类型	主要为下二叠统大石寨组变质砂岩砂砾岩			重要
	岩石结构	砂状结构			次要
	矿物组合	闪锌矿、铁闪锌矿、方铅矿、黄铁矿;毒砂、黄铜矿、磁铁矿、褐铁矿、磁黄铁矿等			重要
	结构构造	结构:以半自形—他形粒状结构、自形粒状结构为主,其次有包含结构、充填结构、溶蚀结构、斑状变晶结构、固溶体分离结构、反应边结构、压碎结构等。 构造:条纹-条带状构造、块状构造、浸染状构造等			次要
	蚀变特征	近矿围岩蚀变硅化、绿泥石化、绢云母化及碳酸盐化等			必要
	控矿条件	区域性东西向构造带与南北向构造带交会部位,矿体产于古生界下二叠统大石寨组砂、砾岩的构造裂隙中,燕山期多次阶段岩浆活动,中性—中酸性岩浆演化的晚期偏碱富钠的浅成侵入杂岩体发育的地区是成矿的有利地段			必要

二、典型矿床地球物理特征

1. 重力场特征

该预测工作区位于内蒙古自治区北部地区,属兴安盟和赤峰市所辖。地理坐标:E120°00′—E122°00′,N44°00′—N46°10′。

由布格重力异常图可知,长春岭式侵入岩体型铅锌矿典型矿床位于布格重力异常等值线扭曲部位;在剩余重力异常图上,长春岭银铅锌矿位于剩余重力低异常上。在该剩余重力低异常的北部,地表出露古生代花岗斑岩,根据物性资料推断该剩余重力低异常是古生代花岗斑岩的反映。表明长春岭式侵入岩体型铅锌矿典型矿床在成因上与古生代花岗斑岩有关。

2. 磁场特征

该区以负磁场为背景,叠加着跳跃型局部异常,反映火山岩磁场特征。

据1:2.5万航磁平面等值线图显示,长春岭铅锌矿区北西部表现为正磁场,南部表现为负磁场(图7-3)。

三、典型矿床地球化学特征

与预测工作区相比较,矿区存在以 Pb、Zn 为主,伴有 Cu、Ag、Cd 等元素组成的综合异常,Pb、Zn 为主成矿元素,Cu、Ag、Cd 为主要的伴生元素。Pb、Zn、Ag 在长春岭地区浓集中心明显,异常强度高;Cu、Cd 在长春岭地区呈高背景分布,存在明显的浓集中心;Au、As、Sb、W、Mo 在长春岭附近存在局部异常(图7-4)。

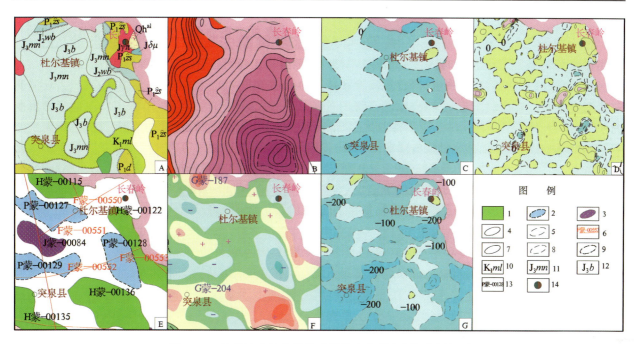

图 7-3 长春岭式侵入岩体型铅锌矿典型矿床综合剖析图

A. 地质矿产图；B. 布格重力异常图；C. 航磁 ΔT 等值线平面图；D. 航磁 ΔT 化极垂向一阶导数等值线平面图；E. 重力解释推断地质构造图；F. 剩余重力异常图；G. 航磁 ΔT 化极等值线平面图；1. 古生代地层；2. 盆地及边界；3. 超基性岩体；4. 出露岩体边界；5. 隐伏岩体边界；6. 重力推断三级断裂构造及编号；7. 航磁正等值线；8. 航磁负等值线；9. 零等值线；10. 梅勒图组；11. 玛尼吐组；12. 白音高老组；13. 盆地编号；14. 铅锌矿点

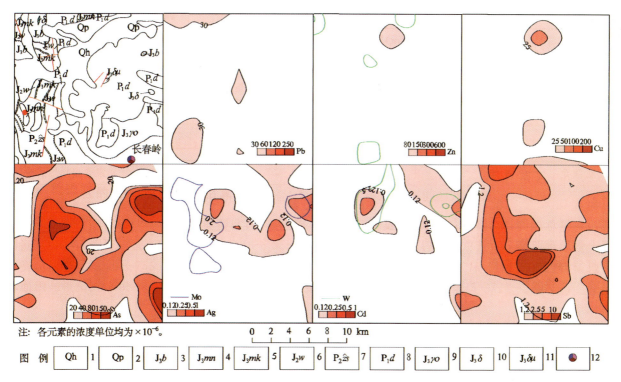

图 7-4 长春岭式侵入岩体型铅锌矿铅锌矿典型矿床化探综合异常剖析图

1. 第四系全新统；2. 第四系更新统；3. 侏罗系白音高老组；4. 侏罗系玛尼吐组；5. 侏罗系满克头鄂博组；6. 侏罗系卧都河组；7. 二叠系哲斯组；8. 二叠系大石寨组；9. 晚侏罗世斜长花岗岩；10. 晚侏罗世闪长岩；11. 晚侏罗世闪长玢岩；12. 铅锌银矿点

四、典型矿床预测模型

根据典型矿床成矿要素和航磁资料、区域重力、化探等资料,建立典型矿床预测要素,编制了典型矿床预测要素图。航磁、重力、化探资料由于只有 1∶20 万比例尺的资料,所以只用矿床所在地区的系列图作为角图表示。

总结典型矿综合信息特征,编制典型矿床预测要素表(表 7-2)。

表 7-2 长春岭式侵入岩体型铅锌矿典型矿床预测要素

特征描述		长春岭次火山热液型铅锌矿				要素类别
资源储量(t)		Pb 21 027.06,Zn 45 771.37		平均品位(%)	Pb 0.61,Zn 1.4	
成矿要素		内容描述				
地质环境	岩石类型	下二叠统大石寨组砂、砾岩				必要
	岩石结构	砂状结构				次要
	成矿时代	二叠纪				必要
	地质背景	长春岭式侵入岩体型铅锌矿典型矿床矿床位于区域性东西向构造带、野马古生代隆起和万宝-牤牛海中生代断陷盆地的降坳接触带靠隆起一侧				必要
	构造环境	大兴安岭中生代北东向火山岩带与华北地块北缘晚古生界增生带的交会处				必要
矿床特征	矿物组合	闪锌矿、铁闪锌矿、方铅矿、黄铁矿;毒砂、黄铜矿、磁铁矿、褐铁矿、磁黄铁矿等				重要
	结构构造	结构:半自形—他形粒状结构,自形粒状结构为主,其次有包含结构、充填结构、溶蚀结构、斑状变晶结构、固溶体分离结构、反应边结构、压碎结构等。构造:条纹-条带状构造、块状构造、浸染状构造等				次要
	蚀变	近矿围岩蚀变有硅化、绿泥石化、绢云母化及碳酸盐化等				次要
	控矿条件	区域性东西向构造带与南北向构造带交会部位,矿体产于古生界下二叠统大石寨组砂岩、砾岩的构造裂隙中,燕山期多次阶段岩浆活动,中性—中酸性岩浆演化的晚期偏碱富钠的浅成侵入杂岩体发育的地区,是成矿的有利地段				重要

第二节　预测工作区研究

一、区域地质特征

本区位于锡林浩特岩浆弧,东临松辽盆地嫩江大断裂的西侧,洮安-代钦塔拉东西向构造带北侧,属突泉鲁北中生代火山凹凸陷带。长春岭式侵入岩体型铅锌矿典型矿床位于区域性东西向构造带、野马古生代隆起和万宝-牤牛海中生代断陷盆地的降坳接触带靠隆起一侧。矿床主要受长期活动的东西向构造控制,而其旁侧南北向和北西向断裂带则控制了矿体的赋存与分布。

(一)区域地层

古生界二叠系为下二叠统寿山沟组(P_1s)、下二叠统大石寨组(P_1d)和中二叠统哲斯组(P_2zs),分布于图幅中北部隆起区。前者由一套浅海相沉积碎屑岩建造组成,后者为海陆交互相的陆源碎屑夹碳酸盐岩沉积建造组成,富含滨海相瓣鳃类、腕足类及匙叶属裸子植物化石。该套地层呈现近东西向复式褶皱产出,总厚度大于 1 210.71m,出露面积约 400km²。

中生界侏罗系、白垩系均为一套陆相火山碎屑建造。侏罗系总厚度约 2 716.23m,分布面积约 250km²。白垩系只在本区的西南部零星出露。现将地层由老到新叙述如下。

1. 寿山沟组(P_1s)

寿山沟组分布广泛,零星出露在牤牛海东南部。岩性组合下部为黑色板岩、浅变质粉砂岩、砂岩、凝灰质砂岩、黏土岩夹灰岩透镜体。上部为变质粉砂岩、砂岩、泥质结晶灰岩、凝灰质砾岩及片理化凝灰质砂岩。局部夹少量中酸性火山岩,总厚度大于3000m。

2. 大石寨组(P_1d)

大石寨组主要分布在长春岭、莲花山地区,出露面积较大,主要为一套火山岩地层,顶部见正常沉积碎屑岩,可分为两个岩性段。

3. 哲斯组(P_2zs)

哲斯组分布在裕民煤矿北部等地区,岩性组合为灰黄色、黑色片理化凝灰质砂岩、粉砂岩、细砂岩、灰色泥灰岩、结晶灰岩夹蚀变英安质凝灰岩,厚度大于1912m。

4. 下侏罗统红旗组(J_1h)

红旗组分布在牤牛海以西地区,岩性组合为:上部灰白色砂岩、石英长石细砂岩夹砾岩;下部灰绿色、灰褐色砾岩夹砂岩及煤线,厚度大于731m。系淡水湖沼相沉积,不整合覆于二叠系大石寨组之上,顶部被玛尼吐组中酸性火山岩不整合覆盖。

5. 中侏罗统万宝组(J_2wb)

石宝组岩性为灰黑色—深灰色细砂岩、粉砂岩、泥岩夹凝灰质砂岩及煤层1~4层,中部以灰白色中细粒砂岩为主,夹薄层粗砂岩及角砾岩。下部为灰白色砾岩夹凝灰岩,厚度240~668m。与下伏红旗组呈角度不整合接触,与上覆满克头鄂博组火山岩呈平行不整合接触。

6. 上侏罗统满克头鄂博组(J_3mk)

满克头鄂博组大面积分布全区,岩性为中酸性熔岩、熔结凝灰岩、角砾凝灰岩夹沉凝灰岩、粉砂质泥岩,厚度452~2115m,与下伏万宝组呈平行不整合接触,被玛尼吐组整合覆盖。

7. 上侏罗统玛尼吐组(J_3mn)

玛尼吐组与满克头鄂博组相伴产出,岩性为紫色—深灰色安山岩、安山质凝灰岩、中性凝灰熔岩夹凝灰质砂岩、沉凝灰岩,厚度223~2052m,与上、下地层单元均呈整合接触。

8. 上侏罗统白音高老组(J_3b)

白音高老组为一套杂色酸性火山碎屑岩、熔结凝灰岩、流纹岩夹中酸性火山碎屑沉积岩,总厚度大于183m,整合在玛尼吐组之上,被梅勒图组不整合覆盖,可细分为两个岩性段。

9. 下白垩统梅勒图组(K_1ml)

梅勒图组主要分布在突泉县西北部和南部新生代断陷盆地中,岩性组合为玄武岩、安山岩、酸性凝灰角砾岩、集块岩夹凝灰质砂岩等，厚度大于137m，横向上岩性岩相变化较大，为陆相火山喷发的产物。不整合于白音高老组之上，未见顶。

10. 中新统汉诺坝组玄武岩（N_1h）

汉诺坝组区内分布范围不大，均呈零星分布在牤牛海一带，划分为一个岩石地层单位。主要分布在牤牛海煤田附近，面积不大，岩性顶部为含气孔状橄榄玄武岩、玄武浮岩，底部少气孔致密块状玄武岩，含橄榄石包体，厚度大于30m。

（二）区域岩浆岩

区内岩浆活动频繁，开始于二叠纪，止于第三纪，尤以燕山期（侏罗纪—白垩纪）活动最为强烈，表现为大量的火山喷发活动和岩浆侵入。

区内岩浆岩从超基性到酸性均有产出，尤以中酸性岩分布最广。侵入岩在区内出露面积大于100km²。其中海西晚期较早为中酸性海相喷发，晚期以大规模花岗岩浆呈岩株、岩基状侵入，形成中深成相岩浆岩系列，出露于古生代隆起区。该期侵入岩在本区以四平山岩体为代表，分布在图幅东部巨宝以北。燕山早期岩浆活动十分强烈，侵入岩和次火山岩、喷出岩大量形成，几乎遍布全区，活动期次多，物质组分多样，岩性复杂，结构多变，多为杂岩体出露。该期岩浆活动主要受东西向基底构造和不同方向的新老构造交会控制。侵入岩以招哥岩体和尖山子岩体为代表。前者分布于图幅中部招哥营子附近交流河谷两侧；后者分布于图幅南部太平川以南。

区内火山岩十分发育，火山活动从古生代、中生代至新生代均有不同程度喷发，尤其是中生代火山岩，其规模宏大，种类齐全，构成内蒙古自治区东部大兴安岭燕山期火山活动带的主体，系环太平洋火山岩带的重要组成部分。

（三）区域构造

本区一级构造单元属华北地块北部活动大陆边缘。中生代火山岩在本区统称大兴安岭火山岩区，是构成我国东部大陆边缘北北东向隆起之一。

预测工作区跨区域性古生代野马隆起和中生代万宝-牤牛海坳陷两个构造单元。区内基本构造格架主要为东西向和南北向，而北北东向和北西向构造亦较发育。

二、区域地球物理特征

1. 重力场特征

长春岭中温岩浆热液型银铅锌矿预测工作区位于纵贯全国东部地区的大兴安岭-太行山-武陵山北北东向巨型重力梯度带上。该巨型重力梯度带东、西两侧重力场下降幅度达80×10^{-5}m/s²，下降梯度约1×10^{-5}(m·s^{-2})/km。由地震和磁大地电流测深资料可知大兴安岭-太行山-武陵山巨型宽条带重力梯度带是一条超地壳深大断裂带的反映。该深大断裂带是环太平洋构造运动的结果。沿深大断裂带侵入了大量的中—新生界中—酸性岩浆岩和喷发、喷溢了大量的中—新生代火山岩。

从布格重力异常图来看，预测工作区处于巨型重力梯度带上，区域重力场总体反映东南部重力高、西北部重力低的特点，重力场最低值-90.60×10^{-5}m/s²，最高值7.89×10^{-5}m/s²。从剩余重力异常图来看，在巨型重力梯度带上叠加着许多重力低局部异常，这些异常主要是中—酸性岩体、次火山岩和火山岩盆地所致。

预测工作区内断裂构造以北东向和北西向为主；地层单元呈带状沿近东西向分布；中—新生代盆地呈带状；岩浆岩带呈面状沿北东向延深，中—酸性岩体呈带状和椭圆状展布，在该预测工作区推断解释断裂构造59条，中—酸性岩体11个，中—新生代盆地24个，地层单元22个。

根据异常特征以及推断的目标物空间形态，在该区截取了 3 条重力剖面进行 2D 反演计算，其中两条重力剖面选择在已知矿床的位置，考虑到该区还有可能形成类似已知矿床的重力场环境，又在该重力场选择了其余 1 条剖面，通过反演计算，岩体最大延深达 22km。

该预测工作区的长春岭中温岩浆热液型银铅锌矿、莲花山铜矿、闹牛山铜矿均位于反映中—酸性岩体（出露或隐伏）的重力低异常上，表明该预测工作区的矿床与中—酸性岩体（出露或隐伏）关系密切。

2. 磁异常特征

在 1∶10 万航磁 ΔT 等值线平面图上预测工作区磁异常幅值范围为 $-600\sim2400$nT，背景值为 $-100\sim100$nT，其间分布着许多磁异常，磁异常形态杂乱，多为不规则带状、片状或团状，预测工作区西北部、西部及中部磁异常较多且异常值较大，纵观预测工作区磁异常轴向及航磁 ΔT 等值线延深方向，以北东向为主。长春岭式次火山岩型铅锌矿位于预测工作区东部，磁异常背景为低缓负磁异常区，-100nT 等值线附近。

本预测工作区磁法推断地质构造（断裂构造）方向与磁异常轴向相同，多为北东向，磁场标志多为不同磁场区分界线。预测工作区北部除西北角磁异常推断为火山岩地层外，其他磁异常推断解释为侵入岩体；预测工作区南部磁异常较规则，解释推断为火山岩地层和侵入岩体。

长春岭式侵入岩体型铅锌矿长春岭预测工作区磁法共推断断裂 22 条、侵入岩体 24 个、火山岩地层 11 个。

三、区域地球化学特征

区域上分布有 Cu、Ag、As、Mo、Pb、Zn、Sb、W 等元素组成的高背景区（带），在高背景区（带）中有以 Ag、As、Cu、Sb、Pb、Zn、W 为主的多元素局部异常。预测工作区内共有 112 处 Ag 异常，76 处 As 异常，76 处 Au 异常，74 处 Cd 异常，49 处 Cu 异常，77 处 Mo 异常，96 处 Pb 异常，83 处 Sb 异常，76 处 W 异常，67 处 Zn 异常。

As、Sb 在预测工作区北东部呈高背景分布，有明显的浓度分带和浓集中心，浓集中心从突泉县—杜尔基镇—九龙乡后新立屯一带呈北东向带状分布，As 元素在预测工作区南部也呈高背景分布，有明显的浓度分带和浓集中心；Pb 元素在预测工作区呈高背景分布，浓集中心明显，强度高，浓集中心主要位于巴彦杜尔基苏木—代钦塔拉苏木之间的巴雅尔图胡硕镇、嘎亥图镇和布敦花地区；Ag、Zn 元素在预测工作区中部呈高背景分布，有多处浓集中心，浓集中心明显，强度高，与 Pb 元素的浓集中心套合较好；Ag 元素从乌兰哈达苏木伊罗斯以西到嘎亥图镇有一条明显的浓度分带，浓集中心明显，强度高；Au 元素在预测工作区多呈低背景分布；Cd 元素在预测工作区呈背景、低背景分布，有几处明显的浓集中心，位于代钦塔拉苏木、乌兰哈达苏木、嘎亥图镇和布敦花地区；W 元素在预测工作区中部呈高背景分布，有明显的浓度分带和浓集中心。

预测工作区内元素异常套合较好的编号为 AS1~AS4。AS1 的异常元素为 Cu、Pb、Zn、Ag、Cd，Pb 元素浓集中心明显，异常强度高，存在明显的浓度分带；Cu、Zn、Ag、Cd 分布于 Pb 异常的周围，呈扁豆状分布。AS2~AS4 的异常元素为 Cu、Pb、Zn、Ag、Cd，Pb 元素浓集中心明显，强度高，呈环状分布；Cu、Zn、Ag、Cd 分布于 Pb 异常周围。

四、区域遥感影像及解译特征

1. 预测工作区遥感地质特征解译

本工作区内共解译出大型构造 20 条，由北到南依次为胡尔勒-巴彦花苏木断裂带、大兴安岭主脊-

林西深断裂带、巴仁哲里木-高力板断裂带、锡林浩特北缘断裂带、毛斯戈-准太本苏木断裂带、额尔格图-巴林右旗断裂带、嫩江-青龙河断裂带、宝日格斯台苏木-宝力召断裂带,除巴仁哲里木-高力板断裂带、宝日格斯台苏木-宝力召断裂带沿北西向分布外,其他大型构造走向基本为北东向,两种方向的大型构造在区域内相互错断,部分构造带交会处成为错断密集区,总体构造格架清晰。

本区域内共解译出中小型构造456条,其中型构造走向基本为北东向,与大型构造格架相同,与大型构造相互作用明显,其分布位置在北东向大型构造附近,形成较为有利的构造群。小型构造在图中的分布规律不明显。

本预测工作区内的环形构造非常密集,共解译出环形构造140个,按其成因可分为中生代花岗岩类引起的环形构造、古生代花岗岩类引起的环形构造、与隐伏岩体有关的环形构造、断裂构造圈闭的环形构造、构造穹隆或构造盆地、成因不明的环形构造。环形构造主要分布在该区域的北部及中部,南部基本没有分布。北部及中部与隐伏岩体有关的环形构造在相对集中的几个区域中集合分布,且大型构造带的交会断裂处及大中型构造形成的构造群附近多有环状要素出现。

2. 预测工作区遥感异常分布特征

本预测工作区的羟基、铁染异常在整图范围分布,没有相对密集的条带块状异常区,分布情况无规律。

五、预测工作区预测模型

预测工作区所利用的化探资料比例尺精度为1∶20万,重力资料以1∶20万的比例尺为主,部分为1∶100万资料,遥感为ETM数据,航磁资料比例尺为1∶20万及1∶10万,基础地质资料比例尺主要为1∶20万数据,部分地区为1∶5万资料,也有部分大比例尺的矿床、矿点资料。资料精度及质量基本能满足矿产预测工作。根据预测工作区区域成矿要素和化探、航磁、重力、遥感等特征,建立了本预测区的区域预测要素(表7-3),编制预测工作区预测模型图(图7-5)。

预测模型图的编制,以地质剖面图为基础,叠加区域航磁、重力、化探剖面图编制而成。

表7-3 长春岭式侵入岩体型铅锌矿区域预测要素表

区域预测要素		内容描述	要素类别
地质环境	大地构造位置	Ⅰ天山-兴蒙造山系,Ⅰ-1大兴安岭弧盆系,Ⅰ-1-6锡林浩特岩浆弧(Pz_2)	重要
	成矿区(带)	Ⅲ$_6$突泉-林西海西期、燕山期铁(锡)铜铅锌银铌钽成矿带,Ⅳ$_6^3$莲花山-大井子铜银铅锌成矿亚带,Ⅴ$_6^{3-1}$莲花山-长春岭铜铅金银成矿聚集区	重要
	区域成矿类型及成矿期	中温热液型;早二叠世	重要
控矿地质条件	赋矿地质体	主要为下二叠统大石寨组砂岩、砾岩	必要
	控矿侵入岩	燕山期多次阶段岩浆活动,中—中酸性岩浆演化的晚期偏碱富钠的浅成侵入杂岩体	必要
	主要控矿构造	区域性东西向构造带、野马古生代隆起和万宝-牤牛海中生代断陷盆地的降坳接触带靠隆起一侧	重要
区内相同类型矿产		已知矿床(点)4处,其中,中型1处,小型3处	重要

续表 7-3

区域预测要素		内容描述	要素类别
地球物理特征	重力异常	预测工作区处于巨型重力梯度带上,区域重力场总体反映东南部重力高、西北部重力低的特点,重力场最低值 $-90.60\times10^{-5}\mathrm{m/s^2}$,最高值 $7.89\times10^{-5}\mathrm{m/s^2}$	重要
	航磁异常	据 1:50 万航磁化极等值线平面图显示,磁场总体表现为低缓的负磁场,没有正异常的出现	重要
地球化学特征		圈出 1 处综合异常,为 Th、W、Zr、Y	重要
遥感特征		解译出线型断裂多条和多处最小预测区	重要

预测要素图以综合信息预测要素为基础,把物探、遥感及化探等的线文件全部叠加在成矿要素图上。在表达时,可以导出单独的预测要素图。

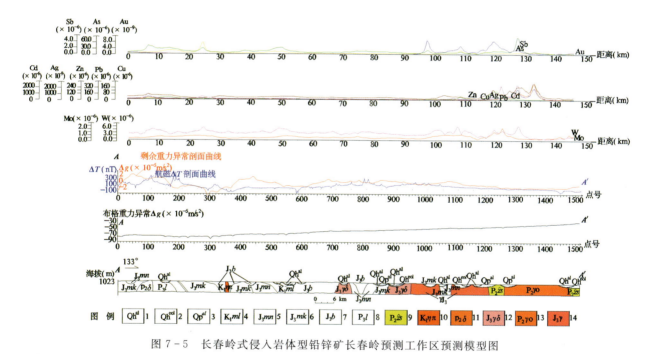

图 7-5 长春岭式侵入岩体型铅锌矿长春岭预测工作区预测模型图

1.冲积:砂、砾石 2.风积:石英、长石细砂、粉砂土;3.冲积:砂、砾、黏土;4.梅勒图组;5.玛尼吐组;6.满克头鄂博组;7.白音高老组;8.林西组;9.哲斯组;10.二长斑岩;11.闪长岩;12.石英闪长岩;13.斜长花岗岩;14.花岗岩

第三节 矿产预测

一、综合地质信息定位预测

1. 变量提取及优选

根据典型矿床及预测工作区研究成果,进行综合信息预测要素提取,选择网格单元法确定预测单元,网格单元大小为 $2.0\mathrm{km}\times2.0\mathrm{km}$,图面大小为 $20\mathrm{mm}\times20\mathrm{mm}$。

在 MRAS 软件中,对揭盖后的地质体、断裂缓冲区、蚀变带、化探综合异常、遥感最小预测区等区文件求区的存在标志,对航磁化极等值线、剩余重力求起始值的加权平均值,并进行以上原始变量的构置,对网格单元进行赋值,形成原始数据专题。

2. 最小预测区确定及优选

根据已知矿床所在地区的航磁化极异常值、剩余重力值对原始数据专题中的航磁化极等值线、剩余重力起始值的加权平均值进行二值化处理[航磁起始值范围取 100~1400nT 之间,剩余重力起始值范围取$(-1\sim 5)\times 10^{-5}\mathrm{m/s^2}$之间],形成定位数据转换专题。

3. 最小预测区确定结果

本次预测底图比例尺为 1:10 万,预测方法为网格单元法。利用 MRAS 软件中的建模功能,根据特征分析法和证据权重法的结果以地质、物探、化探成矿要素进行最小预测区的圈定与优选。共圈定最小预测区 73 个,其中,A 级区 14 个,B 级区 33 个,C 级区 26 个(表 7-4,图 7-6)。

表 7-4　长春岭预测工作区各最小预测区面积圈定大小及方法依据

最小预测区编号	最小预测区名称	经度	纬度	面积(km²)	参数确定依据
A1506204001	巴拉格歹乡	E121°38′19″	N46°06′01″	34.56	
A1506204002	地宫化嘎查东	E120°43′36″	N45°19′45″	3.11	
A1506204003	巴彦乌拉嘎查	E120°16′14″	N45°12′16″	4.79	
A1506204004	巴彦乌拉嘎查南东	E120°18′58″	N45°10′48″	6.92	
A1506204005	巴彦扎拉嘎嘎查南西	E120°36′51″	N45°04′26″	8.68	
A1506204006	扎热图嘎查北东	E120°36′36″	N45°02′32″	1.35	
A1506204007	巴彦达巴嘎查北西	E120°37′16″	N45°00′16″	14.98	
A1506204008	温都尔哈达嘎查西	E120°20′28″	N44°55′54″	4.17	据 MRAS 所形成的色块区与含矿地质体、推断断层缓冲区、重力、航磁、化探等综合确定
A1506204009	霍日格嘎查东	E120°18′25″	N44°53′46″	4.66	
A1506204010	南乌嘎拉吉嘎查	E120°53′26″	N44°17′51″	12.32	
A1506204011	长春岭	E121°56′35″	N45°34′48″	36.00	
A1506204012	乌兰哈达公社敖林达	E120°20′26″	N45°14′12″	60.26	
A1506204013	额尔敦宝力皋嘎查北东	E120°56′38″	N45°15′40″	6.39	
A1506204014	科右中旗孟恩陶力盖	E121°22′02″	N45°12′18″	60.2	
B1506204001	新立村南西	E121°35′59″	N46°04′16″	0.75	
B1506204002	巴润毛盖吐南东	E120°50′46″	N45°24′28″	3.58	
B1506204003	公爷苏木北西	E120°24′23″	N45°19′33″	2.93	
B1506204004	公爷苏木西	E120°21′51″	N45°18′44″	1.61	

续表 7-4

最小预测区编号	最小预测区名称	经度	纬度	面积(km²)	参数确定依据
B1506204005	公爷苏木	E120°27′08″	N45°18′48″	1.23	
B1506204006	地宫化嘎查南东	E120°42′60″	N45°17′47″	8.96	
B1506204007	额尔敦宝力皋嘎查北东	E120°52′35″	N45°16′18″	21.16	
B1506204008	额尔敦宝力皋嘎查南东	E120°51′48″	N45°11′23″	16.20	
B1506204009	查干恩格尔嘎查	E120°33′24″	N45°12′02″	0.80	
B1506204010	巴彦乌拉嘎查南	E120°14′50″	N45°10′47″	0.50	
B1506204011	乌兰哈达公社敖林达南	E120°24′45″	N45°10′09″	10.59	
B1506204012	巴彦扎拉嘎嘎查	E120°38′29″	N45°10′00″	7.03	
B1506204013	查干恩格尔嘎查南东	E120°34′24″	N45°09′18″	1.04	
B1506204014	巴彦扎拉嘎嘎查南西	E120°36′54″	N45°06′31″	1.39	
B1506204015	查嘎拉吉嘎查北西	E120°42′39″	N45°02′53″	0.75	
B1506204016	香山镇	E120°38′32″	N44°29′19″	2.90	
B1506204017	查干诺尔羊铺北	E120°47′55″	N44°10′11	5.36	据 MRAS 所形成的色块区与含矿地质体、推断断层缓冲区、重力、航磁、化探等综合确定
B1506204018	乌兰哈达苏木	E120°32′36″	N45°18′42″	44.91	
B1506204019	大肚子沟西	E121°02′17″	N46°08′36″	18.28	
B1506204020	嘎达斯庙南西	E120°51′34″	N44°20′08″	49.26	
B1506204021	东黄花甸子	E121°51′18″	N45°41′21″	44.67	
B1506204022	巴彦杜尔基苏木巴彦花	E121°03′44″	N45°21′58″	0.80	
B1506204023	巴仁杜尔基苏木特图花	E121°08′30″	N45°17′42″	0.19	
B1506204024	格日朝鲁苏木老道沟	E120°18′40″	N44°50′38″	7.77	
B1506204025	毛都苏木马拉嘎浑楚鲁	E120°48′28″	N44°46′31″	0.39	
B1506204026	巨日公镇南洼子	E120°26′52″	N44°41′18″	2.40	
B1506204027	代钦塔拉苏木	E121°18′21″	N45°08′44″	1.01	
B1506204028	巴雅尔图胡硕镇	E120°21′55″	N45°16′17″	39.65	
B1506204029	代钦塔拉苏木孟恩陶力	E121°25′44″	N45°11′45″	34.78	
B1506204030	扎鲁特旗石长温都尔	E120°24′27″	N45°13′15″	13.66	
B1506204031	杜尔基苏木乌兰中	E121°01′41″	N45°18′04″	0.99	
B1506204032	巴音达拉苏木红光	E120°23′39″	N44°26′40″	1.27	

续表 7-4

最小预测区编号	最小预测区名称	经度	纬度	面积(km²)	参数确定依据
B1506204033	吐列毛都镇	E120°43′47″	N45°47′03″	0.58	
C1506204001	树木沟乡东	E120°56′58″	N46°08′30″	48.32	
C1506204002	新翁根海拉苏	E120°39′40″	N45°27′34″	18.12	
C1506204003	巴润毛盖吐	E120°46′19″	N45°26′23″	8.40	
C1506204004	巴润毛盖吐南西	E120°46′21″	N45°24′46″	1.65	
C1506204005	麦罕查干北西	E120°53′37″	N45°23′17″	11.21	
C1506204006	地宫化嘎查	E120°35′20″	N45°21′16″	41.08	
C1506204007	坤都冷苏木	E120°43′56″	N45°22′54″	4.25	
C1506204008	麦罕查干	E120°56′18″	N45°22′34″	2.24	
C1506204009	坤都冷苏木南西	E120°40′46″	N45°21′33″	4.25	
C1506204010	巴彦哈达套布	E121°20′20″	N45°19′12″	1.33	
C1506204011	乌兰哈达苏木东	E120°40′32″	N45°16′38″	1.65	据 MRAS 所形成的色块区与含矿地质体、推断断层缓冲区、重力、航磁、化探等综合确定
C1506204012	查干恩格尔嘎查东	E120°35′41″	N45°12′04″	7.45	
C1506204013	巴彦乌拉嘎查西	E120°10′33″	N45°10′43″	5.36	
C1506204014	巴彦扎拉嘎嘎查北	E120°38′54″	N45°11′09″	1.55	
C1506204015	宝拉根阿日	E120°59′06″	N45°10′03″	1.12	
C1506204016	浩布勒图嘎查东	E120°31′08″	N45°08′29″	2.94	
C1506204017	查嘎拉吉嘎查	E120°47′13″	N45°01′06″	12.07	
C1506204018	巴彦达巴嘎查	E120°43′05″	N45°00′02″	22.08	
C1506204019	哈达艾里嘎查	E120°11′16″	N44°55′47″	3.86	
C1506204020	霍日格嘎查	E120°12′28″	N44°52′00″	27.32	
C1506204021	格日朝鲁苏木	E120°09′53″	N44°49′26″	0.84	
C1506204022	格日朝鲁苏木南东	E120°11′54″	N44°48′40″	0.86	
C1506204023	伊和淖尔北	E121°11′37″	N44°32′51″	5.95	
C1506204024	罕山村	E120°31′48″	N44°25′44″	18.47	
C1506204025	额尔敦宝力皋嘎查	E120°48′26″	N45°15′31″	15.85	
C1506204026	冈干营子地铺	E121°21′32″	N45°18′33″	5.66	

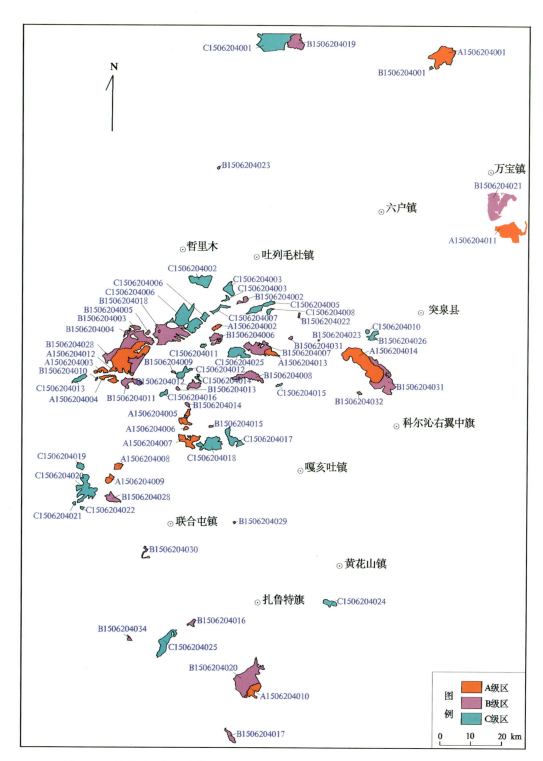

图 7-6　长春岭式侵入岩体型铅锌矿长春岭预测工作区各最小预测区优选分布图

4. 最小预测区地质评价

各最小预测区根据地质特征、成矿特征和资源潜力等进行了综合评述(表 7-5)。

表7-5 长春岭式侵入岩体型铅锌矿长春岭预测工作区各最小预测区综合信息表

最小预测区编号	最小预测区名称	综合信息（航磁单位为nT，重力单位为×10^{-5}m/s^2）	评价
A1506204001	巴拉格歹乡	该最小预测区矿体主要赋存于下二叠统大石寨组砂砾岩构造裂隙中。与成矿有关的围岩蚀变为绢云母化、锰菱铁矿化、硅化、黄铁矿化，其次是绿泥石化和黑云母退色。航磁化极等值线起始值在-100～1570之间；剩余重力异常起始值在-1～5之间；最小预测区在铅锌综合化探异常区内。预测延深为700m时，334-2级预测资源量为Pb 18 867.89t，Zn 41 944.78t	找矿潜力极大
A1506204002	地宫化嘎查东	该最小预测区矿体主要赋存于下二叠统大石寨组砂砾岩构造裂隙中，矿体呈脉群状。与成矿有关的围岩蚀变为绢云母化、锰菱铁矿化、硅化、黄铁矿化，其次是绿泥石化和黑云母退色。该区内有矿点1处，航磁化极等值线起始值在-100～1570之间；剩余重力异常起始值在-1～5之间；最小预测区在铅锌综合化探异常区内。预测延深为60m时，334-2级预测资源量为Pb 133.39t，Zn 296.53t	找矿潜力极大
A1506204003	巴彦乌拉嘎查	该最小预测区矿体主要赋存于下二叠统大石寨组砂砾岩构造裂隙中。与成矿有关的围岩蚀变为绢云母化、锰菱铁矿化、硅化、黄铁矿化，其次是绿泥石化和黑云母退色。航磁化极等值线起始值在-100～1570之间；剩余重力异常起始值在-1～5之间；最小预测区在铅锌综合化探异常区内。预测延深为100m时，334-2级预测资源量为Pb 373.86t，Zn 831.12t	找矿潜力极大
A1506204004	巴彦乌拉嘎查南东	该最小预测区矿体主要赋存于下二叠统大石寨组砂砾岩构造裂隙中。与成矿有关的围岩蚀变为绢云母化、锰菱铁矿化、硅化、黄铁矿化，其次是绿泥石化和黑云母退色。航磁化极等值线起始值在-100～1570之间；剩余重力异常起始值在-1～5之间；最小预测区在铅锌综合化探异常区内。预测延深为140m时，334-2级预测资源量为Pb 818.28t，Zn 1 819.10t	找矿潜力极大
A1506204005	巴彦扎拉嘎嘎查南西	该最小预测区矿体主要赋存于下二叠统大石寨组砂砾岩构造裂隙中。与成矿有关的围岩蚀变为绢云母化、锰菱铁矿化、硅化、黄铁矿化，其次是绿泥石化和黑云母退色。航磁化极等值线起始值在-100～1570之间；剩余重力异常起始值在-1～5之间；最小预测区在铅锌综合化探异常区内。预测延深为160m时，334-2级预测资源量为Pb 1 083.02t，Zn 2 407.63t	找矿潜力极大
A1506204006	扎热图嘎查北东	该最小预测区矿体主要赋存于下二叠统大石寨组砂砾岩构造裂隙中，矿体呈脉群状。该区内有中型矿产地1处，航磁化极等值线起始值在-100～1570之间；剩余重力异常起始值在-1～5之间；最小预测区在铅锌综合化探异常区内。预测延深为60m时，334-2级预测资源量为Pb 68.41t，Zn 152.07t	找矿潜力极大
A1506204007	巴彦达巴嘎查北西	该最小预测区矿体主要赋存于下二叠统大石寨组砂砾岩构造裂隙中。与成矿有关的围岩蚀变为绢云母化、锰菱铁矿化、硅化、黄铁矿化，其次是绿泥石化和黑云母退色。航磁化极等值线起始值在-100～1570之间；剩余重力异常起始值在-1～5之间；最小预测区在铅锌综合化探异常区内。预测延深为300m时，334-2级预测资源量为Pb 3212.69t，Zn 7 142.06t	找矿潜力极大
A1506204008	温都尔哈达嘎查西	该最小预测区矿体主要赋存于下二叠统大石寨组砂砾岩构造裂隙中，航磁化极等值线起始值在-100～1570之间；剩余重力异常起始值在-1～5之间；最小预测区在铅锌综合化探异常区内。预测延深为100m时，334-2级预测资源量为Pb 352.10t，Zn 782.75t	找矿潜力极大
A1506204009	霍日格嘎查东	该最小预测区矿体主要赋存于下二叠统大石寨组砂砾岩构造裂隙中，矿体呈脉群状。该区内有矿点1处，航磁化极等值线起始值在-100～1570之间；剩余重力异常起始值在-1～5之间；最小预测区在铅锌综合化探异常区内。预测延深为100m时，334-2级预测资源量为Pb 393.88t，Zn 875.62t	找矿潜力极大

续表 7-5

最小预测区编号	最小预测区名称	综合信息（航磁单位为 nT，重力单位为 $\times 10^{-5}$ m/s^2）	评价
A1506204010	南乌嘎拉吉嘎查	该最小预测区矿体主要赋存于下二叠统大石寨组砂砾岩构造裂隙中。航磁化极等值线起始值在 $-100\sim1570$ 之间；剩余重力异常起始值在 $-1\sim5$ 之间；最小预测区在铅锌综合化探异常区内。预测延深为240m时，334-2级预测资源量为 Pb 2 113.42t, Zn 4 698.29t	找矿潜力极大
A1506204011	长春岭	该最小预测区矿体主要赋存于下二叠统大石寨组砂砾岩构造裂隙中，矿体呈脉群状。受南北向和北西向两组断裂控制。该区内中南部有中型矿床1处，440m以浅已知铅锌资源量分别为 Pb 21 027.06t, Zn 45 771.37t。航磁化极等值线起始值在 $-100\sim1570$ 之间；剩余重力异常起始值在 $-1\sim5$ 之间；最小预测区在铅锌综合化探异常区内。预测延深为976.26m时，334-1级预测资源量为 Pb 7 639.78t, Zn 16 644.32t	找矿潜力极大
A1506204012	乌兰哈达公社敖林达	该最小预测区矿体主要赋存于下二叠统大石寨组砂砾岩构造裂隙中。航磁化极等值线起始值在 $-100\sim1570$ 之间；剩余重力异常起始值在 $-1\sim5$ 之间；最小预测区在铅锌综合化探异常区内。预测延深为360m时，334-1级预测资源量为 Pb 21 997.05t, Zn 48 901.13t	找矿潜力极大
A1506204013	额尔敦宝力皋嘎查北东	该最小预测区矿体主要赋存于下二叠统大石寨组砂砾岩构造裂隙中。航磁化极等值线起始值在 $-100\sim1570$ 之间；剩余重力异常起始值在 $-1\sim5$ 之间；最小预测区在铅锌综合化探异常区内。预测延深为120m时，334-2级预测资源量为 Pb 458.78t, Zn 10 19.91t	找矿潜力极大
A1506204014	科右中旗孟恩陶力盖	该最小预测区矿体主要赋存于下二叠统大石寨组砂砾岩构造裂隙中。航磁化极等值线起始值在 $-100\sim1570$ 之间；剩余重力异常起始值在 $-1\sim5$ 之间；最小预测区在铅锌综合化探异常区内。预测延深为1500m时，334-1级预测资源量为 Pb 70 433.31t, Zn 156 578.67t	找矿潜力极大
B1506204001	新立村南西	该最小预测区矿体主要赋存于下二叠统大石寨组砂砾岩构造裂隙中。航磁化极等值线起始值在 $-100\sim1570$ 之间；剩余重力异常起始值在 $-1\sim5$ 之间；最小预测区在铅锌综合化探异常区内。预测延深为80m时，334-2级预测资源量为 Pb 35.25t, Zn 78.36t	找矿潜力较大
B1506204002	巴润毛盖吐南东	该最小预测区矿体主要赋存于下二叠统大石寨组砂砾岩构造裂隙中。航磁化极等值线起始值在 $-100\sim1570$ 之间；剩余重力异常起始值在 $-1\sim5$ 之间；最小预测区在铅锌综合化探异常区内。预测延深为80m时，334-2级预测资源量为 Pb 186.39t, Zn 414.35t	找矿潜力较大
B1506204003	公爷苏木北西	该最小预测区矿体主要赋存于下二叠统大石寨组砂砾岩构造裂隙中。航磁化极等值线起始值在 $-100\sim1570$ 之间；剩余重力异常起始值在 $-1\sim5$ 之间；最小预测区在铅锌综合化探异常区内。预测延深为60m时，334-2级预测资源量为 Pb 91.54t, Zn 203.50t	找矿潜力较大
B1506204004	公爷苏木西	该最小预测区矿体主要赋存于下二叠统大石寨组砂砾岩构造裂隙中。航磁化极等值线起始值在 $-100\sim1570$ 之间；剩余重力异常起始值在 $-1\sim5$ 之间；最小预测区在铅锌综合化探异常区内。预测延深为60m时，334-2级预测资源量为 Pb 56.45t, Zn 125.48t	找矿潜力较大
B1506204005	公爷苏木	该最小预测区矿体主要赋存于下二叠统大石寨组砂砾岩构造裂隙中。航磁化极等值线起始值在 $-100\sim1570$ 之间；剩余重力异常起始值在 $-1\sim5$ 之间；最小预测区在铅锌综合化探异常区内。预测延深为60m时，334-2级预测资源量为 Pb 38.46t, Zn 85.51t	找矿潜力较大
B1506204006	地宫化嘎查南东	该最小预测区矿体主要赋存于下二叠统大石寨组砂砾岩构造裂隙中。航磁化极等值线起始值在 $-100\sim1570$ 之间；剩余重力异常起始值在 $-1\sim5$ 之间；最小预测区在铅锌综合化探异常区内。预测延深为180m时，334-2级预测资源量为 Pb 1 880.29t, Zn 1 956.95t	找矿潜力较大

续表 7-5

最小预测区编号	最小预测区名称	综合信息（航磁单位为 nT，重力单位为 $\times 10^{-5}$ m/s^2）	评价
B1506204007	额尔敦宝力皋嘎查北东	该最小预测区矿体主要赋存于下二叠统大石寨组砂砾岩构造裂隙中。航磁化极等值线起始值在 $-100\sim1570$ 之间；剩余重力异常起始值在 $-1\sim5$ 之间；最小预测区在铅锌综合化探异常区内。预测延深为 400m 时，334-2 级预测资源量为 Pb 4 401.48t, Zn 9 784.83t	找矿潜力较大
B1506204008	额尔敦宝力皋嘎查南东	该最小预测区矿体主要赋存于下二叠统大石寨组砂砾岩构造裂隙中。航磁化极等值线起始值在 $-100\sim1570$ 之间；剩余重力异常起始值在 $-1\sim5$ 之间；最小预测区在铅锌综合化探异常区内。预测延深为 300m 时，334-2 级预测资源量为 Pb 2 526.87t, Zn 5 617.43t	找矿潜力较大
B1506204009	查干恩格尔嘎查	该最小预测区矿体主要赋存于下二叠统大石寨组砂砾岩构造裂隙中。最小预测区在铅锌综合化探异常区内。预测延深为 60m 时，334-2 级预测资源量为 Pb 28.00t, Zn 62.25t	找矿潜力较大
B1506204010	巴彦乌拉嘎查南	该最小预测区矿体主要赋存于下二叠统大石寨组砂砾岩构造裂隙中。最小预测区在铅锌综合化探异常区内。预测延深为 50m 时，334-2 级预测资源量为 Pb 13.55t, Zn 30.13t	找矿潜力较大
B1506204011	乌兰哈达公社敖林达南	该最小预测区矿体主要赋存于下二叠统大石寨组砂砾岩构造裂隙中。最小预测区在铅锌综合化探异常区内。预测延深为 200m 时，334-2 级预测资源量为 Pb 1 322.09t, Zn 2 939.10t	找矿潜力较大
B1506204012	巴彦扎拉嘎嘎查	该最小预测区矿体主要赋存于下二叠统大石寨组砂砾岩构造裂隙中。最小预测区在铅锌综合化探异常区内。预测延深为 140m 时，334-2 级预测资源量为 Pb 511.73t, Zn 1 137.61t	找矿潜力较大
B1506204013	查干恩格尔嘎查南东	该最小预测区矿体主要赋存于下二叠统大石寨组砂砾岩构造裂隙中。最小预测区在铅锌综合化探异常区内。预测延深为 200m 时，334-2 级预测资源量为 Pb 102.88t, Zn 228.70t	找矿潜力较大
B1506204014	巴彦扎拉嘎嘎查南西	该最小预测区矿体主要赋存于下二叠统大石寨组砂砾岩构造裂隙中。最小预测区在铅锌综合化探异常区内。预测延深为 60m 时，334-2 级预测资源量为 Pb 43.45t, Zn 96.58t	找矿潜力较大
B1506204015	查嘎拉吉嘎查北西	该最小预测区矿体主要赋存于下二叠统大石寨组砂砾岩构造裂隙中。最小预测区在铅锌综合化探异常区内。预测延深为 50m 时，334-2 级预测资源量为 Pb 19.38t, Zn 43.08t	找矿潜力较大
B1506204016	香山镇	该最小预测区矿体主要赋存于下二叠统大石寨组砂砾岩构造裂隙中。最小预测区在铅锌综合化探异常区内。预测延深为 60m 时，334-2 级预测资源量为 Pb 101.75t, Zn 226.19t	找矿潜力较大
B1506204017	查干诺尔羊铺北	该最小预测区矿体主要赋存于下二叠统大石寨组砂砾岩构造裂隙中。最小预测区在铅锌综合化探异常区内。预测延深为 100m 时，334-2 级预测资源量为 Pb 278.50t, Zn 619.12t	找矿潜力较大
B1506204018	乌兰哈达苏木	该最小预测区矿体主要赋存于下二叠统大石寨组砂砾岩构造裂隙中。最小预测区在铅锌综合化探异常区内。预测延深为 700m 时，334-2 级预测资源量为 Pb 17 162.70t, Zn 38 154.00t	找矿潜力较大
B1506204019	大肚子沟西	该最小预测区矿体主要赋存于下二叠统大石寨组砂砾岩构造裂隙中。最小预测区在铅锌综合化探异常区内。预测延深为 350m 时，334-2 级预测资源量为 Pb 3 161.04t, Zn 7 027.23t	找矿潜力较大

续表 7-5

最小预测区编号	最小预测区名称	综合信息(航磁单位为 nT,重力单位为 $\times 10^{-5}$ m/s^2)	评价
B1506204020	嘎达斯庙南西	该最小预测区矿体主要赋存于下二叠统大石寨组砂砾岩构造裂隙中。最小预测区在铅锌综合化探异常区内。预测延深为 600m 时,334-2 级预测资源量为 Pb 13 446.80t,Zn 29 893.28t	找矿潜力较大
B1506204021	东黄花甸子	该最小预测区矿体主要赋存于下二叠统大石寨组砂砾岩构造裂隙中。最小预测区在铅锌综合化探异常区内。预测延深为 600m 时,334-2 级预测资源量为 Pb 13 241.00t,Zn 29 435.76t	找矿潜力较大
B1506204022	巴彦杜尔基苏木巴彦花	该最小预测区矿体主要赋存于下二叠统大石寨组砂砾岩构造裂隙中。最小预测区在铅锌综合化探异常区内。预测延深为 150m 时,334-2 级预测资源量为 Pb 62.72t,Zn 139.44t	找矿潜力较大
B1506204023	巴仁杜尔基苏木特图花	该最小预测区矿体主要赋存于下二叠统大石寨组砂砾岩构造裂隙中。最小预测区在铅锌综合化探异常区内。预测延深为 50m 时,334-2 级预测资源量为 Pb 5.02t,Zn 11.16t	找矿潜力较大
B1506204024	格日朝鲁苏木老道沟	该最小预测区矿体主要赋存于下二叠统大石寨组砂砾岩构造裂隙中。最小预测区在铅锌综合化探异常区内。预测延深为 150m 时,334-2 级预测资源量为 Pb 606.12t,Zn 1 347.46t	找矿潜力较大
B1506204025	毛都苏木马拉嘎浑楚鲁	该最小预测区矿体主要赋存于下二叠统大石寨组砂砾岩构造裂隙中。最小预测区在铅锌综合化探异常区内。预测延深为 150m 时,334-2 级预测资源量为 Pb 30.75t,Zn 68.37t	找矿潜力较大
B1506204026	巨日公镇南洼子	该最小预测区矿体主要赋存于下二叠统大石寨组砂砾岩构造裂隙中。最小预测区在铅锌综合化探异常区内。预测延深为 150m 时,334-2 级预测资源量为 Pb 187.38t,Zn 416.57t	找矿潜力较大
B1506204027	代钦塔拉苏木	该最小预测区矿体主要赋存于下二叠统大石寨组砂砾岩构造裂隙中。最小预测区在铅锌综合化探异常区内。预测延深为 100m 时,334-2 级预测资源量为 Pb 52.60t,Zn 116.93t	找矿潜力较大
B1506204028	巴雅尔图胡硕镇	该最小预测区矿体主要赋存于下二叠统大石寨组砂砾岩构造裂隙中。最小预测区在铅锌综合化探异常区内。预测延深为 600m 时,334-2 级预测资源量为 Pb 10 823.60t,Zn 24 061.69t	找矿潜力较大
B1506204029	代钦塔拉苏木孟恩陶力	该最小预测区矿体主要赋存于下二叠统大石寨组砂砾岩构造裂隙中。最小预测区在铅锌综合化探异常区内。预测延深为 360m 时,334-2 级预测资源量为 Pb 6 511.18t,Zn 14 474.86t	找矿潜力较大
B1506204030	扎鲁特旗石长温都尔	该最小预测区矿体主要赋存于下二叠统大石寨组砂砾岩构造裂隙中。最小预测区在铅锌综合化探异常区内。预测延深为 600m 时,334-1 级预测资源量为 Pb 6 926.11t,Zn 15 397.28t	找矿潜力较大
B1506204031	杜尔基苏木乌兰中	该最小预测区矿体主要赋存于下二叠统大石寨组砂砾岩构造裂隙中。最小预测区在铅锌综合化探异常区内。预测延深为 100m 时,334-2 级预测资源量为 Pb 51.67t,Zn 114.87t	找矿潜力较大
B1506204032	巴音达拉苏木红光	该最小预测区矿体主要赋存于下二叠统大石寨组砂砾岩构造裂隙中。最小预测区在铅锌综合化探异常区内。预测延深为 50m 时,334-2 级预测资源量为 Pb 32.93t,Zn 73.20t	找矿潜力较大

续表 7-5

最小预测区编号	最小预测区名称	综合信息(航磁单位为 nT,重力单位为 $\times 10^{-5}\text{m/s}^2$)	评价
B1506204033	吐列毛都镇	该最小预测区矿体主要赋存于下二叠统大石寨组砂砾岩构造裂隙中。最小预测区在铅锌综合化探异常区内。预测延深为100m时,334-2级预测资源量为 Pb 30.30t,Zn 67.35t	找矿潜力较大
C1506204001	树木沟乡东	该最小预测区矿体主要赋存于下二叠统大石寨组砂砾岩构造裂隙中。最小预测区在铅锌综合化探异常区内。预测延深为480m时,334-2级预测资源量为 Pb 6 030.70t,Zn 13 406.72t	有一定的找矿潜力
C1506204002	新翁根海拉苏	该最小预测区矿体主要赋存于下二叠统大石寨组砂砾岩构造裂隙中。最小预测区在铅锌综合化探异常区内。预测延深为350m时,334-2级预测资源量为 Pb 1 648.98t,Zn 3 665.81t	有一定的找矿潜力
C1506204003	巴润毛盖吐	该最小预测区矿体主要赋存于下二叠统大石寨组砂砾岩构造裂隙中。最小预测区在铅锌综合化探异常区内。预测延深为160m时,334-2级预测资源量为 Pb 349.41t,Zn 776.76t	有一定的找矿潜力
C1506204004	巴润毛盖吐南西	该最小预测区矿体主要赋存于下二叠统大石寨组砂砾岩构造裂隙中。最小预测区在铅锌综合化探异常区内。预测延深为60m时,334-2级预测资源量为 Pb 25.69t,Zn 57.11t	找矿潜力不大
C1506204005	麦罕查干北西	该最小预测区矿体主要赋存于下二叠统大石寨组砂砾岩构造裂隙中。最小预测区在铅锌综合化探异常区内。预测延深为80m时,334-2级预测资源量为 Pb 233.13t,Zn 518.26t	有一定的找矿潜力
C1506204006	地宫化嘎查	该最小预测区矿体主要赋存于下二叠统大石寨组砂砾岩构造裂隙中。最小预测区在铅锌综合化探异常区内。预测延深为400m时,334-2级预测资源量为 Pb 4 272.15t,Zn 9 497.32t	有一定的找矿潜力
C1506204007	坤都冷苏木	该最小预测区矿体主要赋存于下二叠统大石寨组砂砾岩构造裂隙中。最小预测区在铅锌综合化探异常区内。预测延深为80m时,334-2级预测资源量为 Pb 88.36t,Zn 196.44t	有一定的找矿潜力
C1506204008	麦罕查干	该最小预测区矿体主要赋存于下二叠统大石寨组砂砾岩构造裂隙中。最小预测区在铅锌综合化探异常区内。预测延深为60m时,334-2级预测资源量为 Pb 34.93t,Zn 77.65t	找矿潜力不大
C1506204009	坤都冷苏木南西	该最小预测区矿体主要赋存于下二叠统大石寨组砂砾岩构造裂隙中。最小预测区在铅锌综合化探异常区内。预测延深为80m时,334-2级预测资源量为 Pb 88.36t,Zn 196.43t	有一定的找矿潜力
C1506204010	巴彦哈达套布	该最小预测区矿体主要赋存于下二叠统大石寨组砂砾岩构造裂隙中。最小预测区在铅锌综合化探异常区内。预测延深为60m时,334-2级预测资源量为 Pb 20.77t,Zn 46.18t	找矿潜力不大
C1506204011	乌兰哈达苏木东	该最小预测区矿体主要赋存于下二叠统大石寨组砂砾岩构造裂隙中。最小预测区在铅锌综合化探异常区内。预测延深为60m时,334-2级预测资源量为 Pb 25.74t,Zn 57.23t	有一定的找矿潜力
C1506204012	查干恩格尔嘎查东	该最小预测区矿体主要赋存于下二叠统大石寨组砂砾岩构造裂隙中。最小预测区在铅锌综合化探异常区内。预测延深为140m时,334-2级预测资源量为 Pb 271.20t,Zn 602.90t	有一定的找矿潜力

续表 7-5

最小预测区编号	最小预测区名称	综合信息（航磁单位为 nT，重力单位为 $\times 10^{-5}\,\mathrm{m/s^2}$）	评价
C1506204013	巴彦乌拉嘎查西	该最小预测区矿体主要赋存于下二叠统大石寨组砂砾岩构造裂隙中。最小预测区在铅锌综合化探异常区内。预测延深为100m时，334-2级预测资源量为 Pb 139.45t, Zn 310.00t	有一定的找矿潜力
C1506204014	巴彦扎拉嘎嘎查北	该最小预测区矿体主要赋存于下二叠统大石寨组砂砾岩构造裂隙中。最小预测区在铅锌综合化探异常区内。预测延深为60m时，334-2级预测资源量为 Pb 24.18t, Zn 53.76t	找矿潜力不大
C1506204015	宝拉根阿日	该最小预测区矿体主要赋存于下二叠统大石寨组砂砾岩构造裂隙中。最小预测区在铅锌综合化探异常区内。预测延深为60m时，334-2级预测资源量为 Pb 17.48t, Zn 38.87t	找矿潜力不大
C1506204016	浩布勒图嘎查东	该最小预测区矿体主要赋存于下二叠统大石寨组砂砾岩构造裂隙中。最小预测区在铅锌综合化探异常区内。预测延深为60m时，334-2级预测资源量为 Pb 45.87t, Zn 101.98t	找矿潜力不大
C1506204017	查嘎拉吉嘎查	该最小预测区矿体主要赋存于下二叠统大石寨组砂砾岩构造裂隙中。最小预测区在铅锌综合化探异常区内。预测延深为240m时，334-2级预测资源量为 Pb 753.24t, Zn 1 674.51t	有一定的找矿潜力
C1506204018	巴彦达巴嘎查	该最小预测区矿体主要赋存于下二叠统大石寨组砂砾岩构造裂隙中。最小预测区在铅锌综合化探异常区内。预测延深为400m时，334-2级预测资源量为 Pb 2 295.90t, Zn 5 103.96t	有一定的找矿潜力
C1506204019	哈达艾里嘎查	该最小预测区矿体主要赋存于下二叠统大石寨组砂砾岩构造裂隙中。最小预测区在铅锌综合化探异常区内。预测延深为80m时，334-2级预测资源量为 Pb 80.38t, Zn 178.68t	有一定的找矿潜力
C1506204020	霍日格嘎查	该最小预测区矿体主要赋存于下二叠统大石寨组砂砾岩构造裂隙中。最小预测区在铅锌综合化探异常区内。预测延深为540m时，334-2级预测资源量为 Pb 3 835.86t, Zn 8 527.41t	有一定的找矿潜力
C1506204021	格日朝鲁苏木	该最小预测区矿体主要赋存于下二叠统大石寨组砂砾岩构造裂隙中。最小预测区在铅锌综合化探异常区内。预测延深为60m时，334-2级预测资源量为 Pb 13.10t, Zn 29.12t	有一定的找矿潜力
C1506204022	格日朝鲁苏木南东	该最小预测区矿体主要赋存于下二叠统大石寨组砂砾岩构造裂隙中。最小预测区在铅锌综合化探异常区内。预测延深为60m时，334-2级预测资源量为 Pb 13.47t, Zn 29.95t	找矿潜力不大
C1506204023	伊和淖尔北	该最小预测区矿体主要赋存于下二叠统大石寨组砂砾岩构造裂隙中。最小预测区在铅锌综合化探异常区内。预测延深为180m时，334-2级预测资源量为 Pb 278.69t, Zn 619.54t	有一定的找矿潜力
C1506204024	罕山村	该最小预测区矿体主要赋存于下二叠统大石寨组砂砾岩构造裂隙中。最小预测区在铅锌综合化探异常区内。预测延深为350m时，334-2级预测资源量为 Pb 1 680.68t, Zn 3 736.28t	有一定的找矿潜力
C1506204025	额尔敦宝力皋嘎查	该最小预测区矿体主要赋存于下二叠统大石寨组砂砾岩构造裂隙中。最小预测区在铅锌综合化探异常区内。预测延深为300m时，334-2级预测资源量为 Pb 927.03t, Zn 2 060.85t	有一定的找矿潜力
C1506204026	冈干营子地铺	该最小预测区矿体主要赋存于下二叠统大石寨组砂砾岩构造裂隙中。最小预测区在铅锌综合化探异常区内。预测延深为100m时，334-2级预测资源量为 Pb 147.13t, Zn 327.09t	有一定的找矿潜力

二、综合信息地质体积法估算资源量

1. 典型矿床深部及外围资源量估算

长春岭式侵入岩体型铅锌矿典型矿床资源量来源于内蒙古自治区国土资源信息院于 2010 年提交的《截至二〇〇九年底的内蒙古自治区矿产资源储量表》,截至 2007 年 7 月 31 日,长春岭矿区铅锌矿产资源量估算/评审结果为金属量(122b+333):铅 21 027.06t(平均品位 0.61%)、锌 45 771.37t(平均品位 1.40%)。

典型矿床面积根据 2007 年 8 月《内蒙古自治区突泉县长春岭矿区银铅锌矿补充详查报告》《长春岭铅锌矿矿区 1∶5 万地形地质图》圈定,资源量估算面积 879 348.94m²。根据勘查线剖面图,见矿延深 440m,预测延深 160m,总延深 600m(表 7-6)。

勘探区深部体积为 879 348.94m²×160m=140 695 830.4m³。

由于模型区除勘探范围以外没有含矿地质体,因此其外围及深部预测资源量仅为深部预测资源量,即:典型矿床预测资源量=深部含矿地质体体积×含矿系数。

铅预测资源量=140 695 830.4×0.000 054 3=7 639.78(t)。

锌预测资源量=140 695 830.4×0.000 118 3=16 644.32(t)。

表 7-6　长春岭预测工作区典型矿床深部及外围资源量估算表

典型矿床			深部及外围			
已查明资源量(t)	Pb 21 027.06	Zn 45 771.37	深部	面积(km²)	0.879 3	
面积(km²)	0.879 3			延深(m)	600	
延深(m)	440		外围	面积(m²)		
品位(%)	0.61	1.40		延深(m)		
密度(g/cm³)	3.7			预测资源量(t)	Pb 7 639.78	Zn 16 644.32
含矿系数	0.000 054 3	0.000 118 3	典型矿床资源总量(t)		Pb 28 666.84	Zn 62 415.69

2. 模型区的确定、资源量及估算参数

模型区为典型矿床所在的最小预测区。模型区资源总量 $Z_{模}$ [= 已查明资源量 $Z_{典}$ + 预测资源量 ($Z_{深}$ + $Z_{外}$)],铅 28 666.84t(平均品位 0.61%)、锌 62 415.69t(平均品位 1.40%)。模型区面积为最小预测区加以人工修正后的面积,在 MapGIS 软件下读取、换算后求得,为 36km²(表 7-1)。

模型区总延深(已查明+预测),即 600m。含矿地质体面积,在 MapGIS 软件下读取、换算后求得,为 36km²,与模型区面积一致。

含矿地质体面积参数=含矿地质体面积/模型区面积=36/36=1.00。

含矿地质体含矿系数=(已知矿体金属量+外围及深部预测资源量)/(预测矿体面积×预测延深)。即铅含矿系数=(21 027.06+7 639.78)÷(36 000 000×600)=0.000 001 3(t/m³);锌含矿系数=(45 771.37+16 644.32)÷(36 000 000×600)=0.000 002 9(t/m³)。

表 7-7　长春岭预测工作区模型区资源总量及其估算参数

模型区		矿种	模型区资源总量(t)	模型区面积(km²)	总延深(m)	含矿地质体总体积(km³)	含矿地质体面积参数	含矿地质体含矿系数(t/m³)
编号	名称							
A1506204011	长春岭	Pb	28 666.84	36	600	21.6	1.00	0.000 001 3
		Zn	62 415.69		600	21.6	1.00	0.000 002 9

3. 最小预测区预测资源量

长春岭式侵入岩体型铅锌矿预测工作区最小预测区资源量定量估算采用地质体积法进行估算。

(1)估算参数的确定。最小预测区面积依据综合地质信息定位优选的结果;延深的确定是在研究最小预测区含矿地质体地质特征、含矿地质体的形成延深、断裂特征、矿化类型的基础上,再对比典型矿床特征综合确定的;相似系数的确定主要依据 MRAS 生成的概率及与模型区的比值,并参照最小预测区地质体出露情况、化探及异常规模分布、物探解译信息等进行修正。

(2)最小预测区预测资源量估算成果。各最小预测区预测资源量见表 7-8,资源总量见表 7-9。

表 7-8 长春岭式侵入岩体型铅锌矿长春岭预测工作区各最小预测区预测资源量估算成果

最小预测区编号	最小预测区名称	$S_{预}$ (km²)	$H_{预}$ (m)	K (t/m³) Pb	K (t/m³) Zn	α	$Z_{预}$ (t) Pb	$Z_{预}$ (t) Zn	资源量精度级别
A1506204001	巴拉格歹乡	34.56	700	0.000 001 3	0.000 002 9	0.60	18 868	41 945	334-2
A1506204002	地宫化嘎查东	3.11	60	0.000 001 3	0.000 002 9	0.55	133	297	334-2
A1506204003	巴彦乌拉嘎查	4.79	100	0.000 001 3	0.000 002 9	0.60	374	831	334-2
A1506204004	巴彦乌拉嘎查南东	6.92	140	0.000 001 3	0.000 002 9	0.65	818	1819	334-2
A1506204005	巴彦扎拉嘎嘎查南西	8.68	160	0.000 001 3	0.000 002 9	0.60	1083	2408	334-2
A1506204006	扎热图嘎查北东	1.35	60	0.000 001 3	0.000 002 9	0.65	68	152	334-2
A1506204007	巴彦达巴嘎查北西	14.98	300	0.000 001 3	0.000 002 9	0.55	3213	7142	334-2
A1506204008	温都尔哈达嘎查西	4.17	100	0.000 001 3	0.000 002 9	0.65	352	783	334-2
A1506204009	霍日格嘎查东	4.66	100	0.000 001 3	0.000 002 9	0.65	394	876	334-2
A1506204010	南乌嘎拉吉嘎查	12.32	240	0.000 001 3	0.000 002 9	0.55	2113	4698	334-2
A1506204011	长春岭	36.00	976	0.000 001 3	0.000 002 9	1.00	7640	16 644	334-1
A1506204012	乌兰哈达公社敖林达	60.26	360	0.000 001 3	0.000 002 9	0.78	21 997	48 901	334-1
A1506204013	额尔敦宝力皋嘎查北东	6.39	120	0.000 001 3	0.000 002 9	0.46	459	1020	334-2
A1506204014	科右中旗孟恩陶力盖	60.20	1500	0.000 001 3	0.000 002 9	0.60	70 433	156 579	334-1
B1506204001	新立村南西	0.75	80	0.000 001 3	0.000 002 9	0.45	35	78	334-2
B1506204002	巴润毛盖吐南东	3.58	80	0.000 001 3	0.000 002 9	0.50	186	414	334-2
B1506204003	公爷苏木北西	2.93	60	0.000 001 3	0.000 002 9	0.40	92	204	334-2
B1506204004	公爷苏木西	1.61	60	0.000 001 3	0.000 002 9	0.45	56	125	334-2
B1506204005	公爷苏木	1.23	60	0.000 001 3	0.000 002 9	0.40	38	86	334-2
B1506204006	地宫化嘎查南东	8.96	180	0.000 001 3	0.000 002 9	0.42	880	1957	334-2
B1506204007	额尔敦宝力皋嘎查北东	21.16	400	0.000 001 3	0.000 002 9	0.40	4401	9785	334-2
B1506204008	额尔敦宝力皋嘎查南东	16.20	300	0.000 001 3	0.000 002 9	0.40	2527	5617	334-2
B1506204009	查干恩格尔嘎查	0.80	60	0.000 001 3	0.000 002 9	0.45	28	62	334-2
B1506204010	巴彦乌拉嘎查南	0.50	50	0.000 001 3	0.000 002 9	0.42	14	30	334-2
B1506204011	乌兰哈达公社敖林达南	10.59	200	0.000 001 3	0.000 002 9	0.48	1322	2939	334-2
B1506204012	巴彦扎拉嘎嘎查	7.03	140	0.000 001 3	0.000 002 9	0.40	512	1138	334-2

续表 7-8

最小预测区编号	最小预测区名称	$S_{预}$ (km²)	$H_{预}$ (m)	K (t/m³) Pb	K (t/m³) Zn	α	$Z_{预}$ (t) Pb	$Z_{预}$ (t) Zn	资源量精度级别
B1506204013	查干恩格尔嘎查南东	1.04	200	0.000 001 3	0.000 002 9	0.38	103	229	334-2
B1506204014	巴彦扎拉嘎嘎查南西	1.39	60	0.000 001 3	0.000 002 9	0.40	43	97	334-2
B1506204015	查嘎拉吉嘎查北西	0.75	50	0.000 001 3	0.000 002 9	0.40	19	43	334-2
B1506204016	香山镇	2.90	60	0.000 001 3	0.000 002 9	0.45	102	226	334-2
B1506204017	查干诺尔羊铺北	5.36	100	0.000 001 3	0.000 002 9	0.40	279	619	334-2
B1506204018	乌兰哈达苏木	44.91	700	0.000 001 3	0.000 002 9	0.42	17 163	38 154	334-2
B1506204019	大肚子沟西	18.28	350	0.000 001 3	0.000 002 9	0.38	3161	7027	334-2
B1506204020	嘎达斯庙南西	49.26	600	0.000 001 3	0.000 002 9	0.35	13 447	29 893	334-2
B1506204021	东黄花甸子	44.67	600	0.000 001 3	0.000 002 9	0.38	13 241	29 436	334-2
B1506204022	巴彦杜尔基苏木巴彦花	0.80	150	0.000 001 3	0.000 002 9	0.40	63	139	334-2
B1506204023	巴仁杜尔基苏木特图花	0.19	50	0.000 001 3	0.000 002 9	0.40	5	11	334-2
B1506204024	格日朝鲁苏木老道沟	7.77	150	0.000 001 3	0.000 002 9	0.40	606	1347	334-2
B1506204025	毛都苏木马拉嘎浑楚鲁	0.39	150	0.000 001 3	0.000 002 9	0.40	31	68	334-2
B1506204026	巨日公镇南洼子	2.40	150	0.000 001 3	0.000 002 9	0.40	187	417	334-2
B1506204027	代钦塔拉苏木	1.01	100	0.000 001 3	0.000 002 9	0.40	53	117	334-2
B1506204028	巴雅尔图胡硕镇	39.65	600	0.000 001 3	0.000 002 9	0.35	10 824	24 062	334-2
B1506204029	代钦塔拉苏木孟恩陶力	34.78	360	0.000 001 3	0.000 002 9	0.40	6511	14 475	334-2
B1506204030	扎鲁特旗石长温都尔	13.66	600	0.000 001 3	0.000 002 9	0.65	6926	15 397	334-1
B1506204031	杜尔基苏木乌兰中	0.99	100	0.000 001 3	0.000 002 9	0.40	52	115	334-2
B1506204032	巴音达拉苏木红光	1.27	50	0.000 001 3	0.000 002 9	0.40	33	73	334-2
B1506204033	吐列毛都镇	0.58	100	0.000 001 3	0.000 002 9	0.40	30	67	334-2
C1506204001	树木沟乡东	48.32	480	0.000 001 3	0.000 002 9	0.20	6031	13 407	334-2
C1506204002	新翁根海拉苏	18.12	350	0.000 001 3	0.000 002 9	0.20	1649	3666	334-2
C1506204003	巴润毛盖吐	8.40	160	0.000 001 3	0.000 002 9	0.20	349	777	334-2
C1506204004	巴润毛盖吐南西	1.65	60	0.000 001 3	0.000 002 9	0.20	26	57	334-2
C1506204005	麦罕查干北西	11.21	80	0.000 001 3	0.000 002 9	0.20	233	518	334-2
C1506204006	地宫化嘎查	41.08	400	0.000 001 3	0.000 002 9	0.20	4272	9497	334-2
C1506204007	坤都冷苏木	4.25	80	0.000 001 3	0.000 002 9	0.20	88	196	334-2
C1506204008	麦罕查干	2.24	60	0.000 001 3	0.000 002 9	0.20	35	78	334-2
C1506204009	坤都冷苏木南西	4.25	80	0.000 001 3	0.000 002 9	0.20	88	196	334-2
C1506204010	巴彦哈达套布	1.33	60	0.000 001 3	0.000 002 9	0.20	21	46	334-2
C1506204011	乌兰哈达苏木东	1.65	60	0.000 001 3	0.000 002 9	0.20	26	57	334-2
C1506204012	查干恩格尔嘎查东	7.45	140	0.000 001 3	0.000 002 9	0.20	271	603	334-2
C1506204013	巴彦乌拉嘎查西	5.36	100	0.000 001 3	0.000 002 9	0.20	139	310	334-2
C1506204014	巴彦扎拉嘎嘎查北	1.55	60	0.000 001 3	0.000 002 9	0.20	24	54	334-2

续表 7-8

最小预测区编号	最小预测区名称	$S_{预}$ (km²)	$H_{预}$ (m)	K(t/m³) Pb	K(t/m³) Zn	α	$Z_{预}$(t) Pb	$Z_{预}$(t) Zn	资源量精度级别
C1506204015	宝拉根阿日	1.12	60	0.000 001 3	0.000 002 9	0.20	17	39	334-2
C1506204016	浩布勒图嘎查东	2.94	60	0.000 001 3	0.000 002 9	0.20	46	102	334-2
C1506204017	查嘎拉吉嘎查	12.07	240	0.000 001 3	0.000 002 9	0.20	753	1675	334-2
C1506204018	巴彦达巴嘎查	22.08	400	0.000 001 3	0.000 002 9	0.20	2296	5104	334-2
C1506204019	哈达艾里嘎查	3.86	80	0.000 001 3	0.000 002 9	0.20	80	179	334-2
C1506204020	霍日格嘎查	27.32	540	0.000 001 3	0.000 002 9	0.20	3836	8527	334-2
C1506204021	格日朝鲁苏木	0.84	60	0.000 001 3	0.000 002 9	0.20	13	29	334-2
C1506204022	格日朝鲁苏木南东	0.86	60	0.000 001 3	0.000 002 9	0.20	13	30	334-2
C1506204023	伊和淖尔北	5.95	180	0.000 001 3	0.000 002 9	0.20	279	620	334-2
C1506204024	罕山村	18.47	350	0.000 001 3	0.000 002 9	0.20	1681	3736	334-2
C1506204025	额尔敦宝力皋嘎查	15.85	300	0.000 001 3	0.000 002 9	0.15	927	2061	334-2
C1506204026	冈干营子地铺	5.66	100	0.000 001 3	0.000 002 9	0.20	147	327	334-2
合计							234 258	520 433	

表 7-9 长春岭预测工作区资源总量及估算参数

矿种	已查明资源量(金属量,t)	预测资源量(金属量,t)	资源总量(金属量,t)
Pb	120 867	234 258	355 125
Zn	241 870	520 433	762 303
Pb+Zn	362 737	754 691	1 117 428

4. 预测工作区预测资源量成果汇总表

长春岭热液型铅锌矿预测工作区采用地质体积法预测资源量,各最小预测区资源量精度级别划分为 334-1 和 334-2。根据各最小预测区含矿地质体、物探、化探异常及相似系数特征,预测延深均在 1000m 以浅。根据矿产潜力评价预测资源量汇总标准,长春岭预测工作区预测资源量按预测延深、资源量精度级别、可利用性、可信度统计的结果见表 7-10。

表 7-10 长春岭式侵入岩体型铅锌矿长春岭预测工作区预测资源量成果汇总表　　　　(单位:t)

预测延深	资源量精度级别	矿种	可利用性 可利用	可利用性 暂不可利用	可信度 ≥0.75	可信度 ≥0.50	可信度 ≥0.25	合计
1000m 以浅	334-1	Pb	106 996		106 996	106 996	106 996	106 996
		Zn	237 521		237 521	237 521	237 521	237 521
	334-2	Pb	127 261		26 498	86 967	121 195	127 261
		Zn	282 912		58 907	193 335	269 425	282 912
合计		Pb						234 257
		Zn						520 433

第八章　拜仁达坝式侵入岩体型铅锌矿预测成果

第一节　典型矿床特征

一、典型矿床地质特征及成矿模式

(一)典型矿床地质特征

拜仁达坝矿区位于赤峰市克什克腾旗巴彦高勒苏木。

1. 矿区地质

矿区出露地层单一,除广泛分布的第四系外,仅出露宝音图岩群(锡林郭勒杂岩)下岩段(图8-1)。

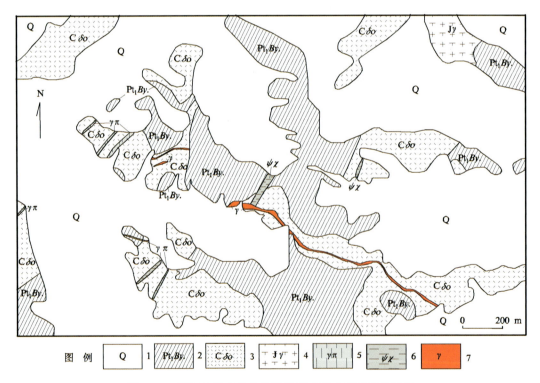

图8-1　拜仁达坝式侵入岩体型铅锌矿典型矿床地质图
1. 第四系;2. 宝音图岩群;3. 石炭纪石英闪长岩;4. 侏罗纪花岗岩;5. 花岗斑岩脉;6. 角闪石岩;7. 花岗岩脉

(1)宝音图岩群(锡林郭勒杂岩,$Pt_1By.$)下岩段,岩性单一,多为黑云母斜长片麻岩,局部见极少量角闪斜长片麻岩、二云片岩透镜体,分布于矿区南北两侧。

(2)第四系(Q),分布较为广泛,厚度0.2~34m,上部为腐殖土,下部为冲积物及少量黏土,局部见风成砂。

矿区内岩浆岩分布较广,以石炭纪石英闪长岩($C\delta o$)为主,侏罗纪花岗岩($J\gamma$)零星出露,岩浆期后脉岩发育。

(1)石炭纪石英闪长岩($C\delta o$),分布于矿区中部及南部,呈岩基侵入于古元古界宝音图岩群(锡林郭勒杂岩)黑云斜长片麻岩中。

(2)侏罗纪花岗岩($J\gamma$),呈小岩株出露于矿区北部,侵入于黑云斜长片麻岩中,岩石呈浅肉红色,花岗结构、块状构造。该期次花岗岩中银、铅、锌、铜丰度值较高。

2. 矿床特征

矿床为岩浆热液矿床,矿体赋存于近东西向压扭性断裂构造中,个别矿体充填于北西向张性断裂中。地表及浅部为氧化矿,氧化带延深为基岩下8~14m,深部及隐伏矿为硫化矿。矿床由54个矿体组成(地表露头矿体20个,隐伏盲矿体34个),其中工业矿体22个。

1号矿体为主矿体,其矿石资源/储量占总资源/储量的77.79%,2号、39号矿体规模较大,其他矿体规模较小。矿区内各矿体规模大小不等,延长数十米至2000余米,延深数十米至1000余米,厚度一般为0.5m至十几米(图8-2)。

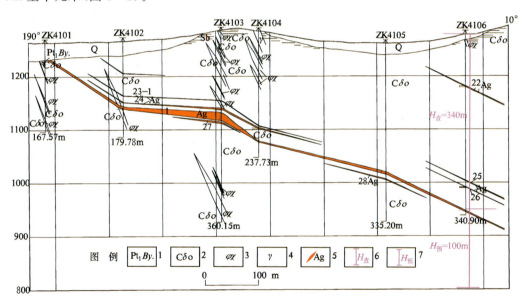

图8-2 拜仁达坝矿区铅锌矿41勘查线地质剖面图

1.宝音图岩群;2.石炭纪石英闪长岩;3.斜长闪长岩脉;4.中—细粒花岗岩;5.银矿体;6.典型矿床已查明延深;7.典型矿床预测延深

矿体呈脉状、似脉状,走向近东西,倾向北,倾角10°~50°,个别矿体走向北西,倾向北东,倾角一般26°~34°。

矿石矿物成分:氧化矿石中的金属矿物主要为褐铁矿、铅华,其次为孔雀石,蓝铜矿,局部见残留的方铅矿、闪锌矿、黄铁矿、磁黄铁矿团块,非金属矿物为高岭土、石英、绢云母、长石、碳酸盐等;硫化矿石中的金属矿物主要为磁黄铁矿、黄铁矿,其次为毒砂、铁闪锌矿、黄铜矿、方铅矿、硫锑铅矿、黝铜矿,非金属矿物为白云石、绿泥石、石英、绢云母、萤石、白云母及少量重晶石。

氧化矿石见交代结构以及交代作用形成的填隙结构、反应边结构。主要为褐铁矿交代黄铁矿、磁黄铁矿,铅华交代方铅矿,蓝铜矿、孔雀石交代黄铜矿,白铅矿交代方铅矿等,但保留原矿物形态。硫化矿中见有半自形结构、他形晶粒状结构及交代结构、乳滴结构等。

矿石构造:氧化矿石中见角砾构造及蜂窝状构造以及网脉状构造;硫化矿石中见浸染状构造、斑杂状构造及块状构造等。

矿石类型以硫化矿石为主,其次为氧化矿石。

3. 成矿时代及成因类型

石炭纪石英闪长岩及侏罗纪花岗斑岩使成矿物质迁移富集程度较高,而矿区断裂极为发育,为成矿物质的迁移、充填、沉淀提供了良好的空间。矿体赋存空间即为断裂,以近东西向压扭性断裂为主,而成矿母岩石炭纪石英闪长岩、侏罗纪花岗岩分布于矿区周围。主要的成矿作用与侏罗纪岩浆活动和断裂活动有关,成矿时代应为侏罗纪。矿体蚀变具中低温矿物组合特征,故该矿床为与侵入岩有关的断裂构造控制中低温热液矿床。

(二) 典型矿床成矿模式

在前中生代,大兴安岭西坡地区处于西伯利亚和华北地块的相向挤压作用下,形成了北东向和近东西向的大的构造带。并有大量的岩浆沿沟通上地幔的北东向、近东西向深大断裂上侵,将大量的深部成矿元素带到地壳浅部,形成了含丰富成矿物质的二叠纪基底地层。同时,在本矿区形成了受北东向构造控制的海西期石英闪长岩及其后同样受北东向构造控制的成群分布的辉绿辉长岩脉、岩株等。到了二叠纪末期(燕山期早期),本区受到太平洋板块北西向的挤压,中生代强烈的构造-岩浆活动使先前形成的构造复活、发展,大量形成于海西期的区域性北东向构造控制的燕山期岩浆上侵。在岩浆上侵的过程中,富含成矿物质的基底地层部分熔融。天水被岩浆活动晚期上侵的霏细岩脉加热,与深源的岩浆水混合,参加对流循环,沿着该北东向断裂配套的燕山期近东西向压扭性和北西向张性次级断裂向外运移,同时与围岩中的基性岩脉、岩墙、岩株等发生交代反应并淋滤萃取其中的成矿物质,在较封闭、还原的环境下,银、铅、锌以氯络合物的形式搬运。在成矿热液运移的后期,大量的天水加入,使成矿的物理化学条件发生改变,在断裂构造和裂隙中沉淀、充填、交代成矿。由于中生代构造-岩浆活动的多阶段性,还有岩浆不断上侵,造成多期次的成矿作用。在矿体完全形成以后,矿区的中部出现了北东向断裂继续活动产生的北西向断裂,将矿床分为东、西两个矿区,破坏了东西两个矿区地貌、岩体、矿体等的协调性。东矿区被抬升,剥蚀较强烈;西矿区矿体埋深较大,并且使两个矿区的矿体在地表产生了"平面效应"。其找矿模型及成矿模式见图 8-3。

古元古界宝音图岩群(锡林郭勒杂岩)片麻岩、石炭纪石英闪长岩中成矿物质迁移富集程度较高,各成矿物质主要沿近东西向压扭性断裂迁移、充填、沉淀,矿体赋存空间为断裂。

二、典型矿床地球物理特征

1. 重力场特征

该预测工作区位于内蒙古自治区北部地区,属兴安盟和赤峰市所辖。布格重力异常图上,拜仁达坝银铅锌多金属矿床位于北北东向克什克腾旗—霍林郭勒市一带布格重力低异常带的北西侧,根据物性资料和地质资料分析,推断该重力低异常带是中—酸性岩浆岩活动区(带)引起。表明拜仁达坝银铅锌矿床在成因上与中—酸性岩体有关。

2. 磁场特征

据 1:1 万地磁等值线图显示,磁场表现为在低正磁异常范围背景中的圆团状正磁异常。据 1:1 万电法等值线图显示,北部表现为低阻高极化,南部则表现为高阻低极化。

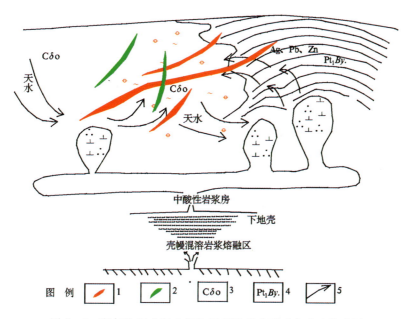

图 8-3 拜仁达坝式侵入岩体型铅锌矿典型矿床成矿模式图
1. 铅锌矿体；2. 基性岩脉；3. 石英闪长岩；4. 古元古界宝音图岩群；5. 流体移动方向

三、典型矿床地球化学特征

拜仁达坝大型银铅锌多金属矿床位于 1∶5 万化探 5 号、5-1 号异常内，异常形态为椭圆形，面积 10.8km^2，长轴方向近东西向，与矿体走向一致。矿区出现了以 Pb、Zn、Ag 为主，伴有 Cd、As、Sb、W、Mo 等元素组成的综合异常。

四、典型矿床预测模型

在典型矿床成矿要素研究的基础上，根据矿区大比例尺化探异常、地磁资料及矿床所在区域的航磁重力资料，建立典型矿床的预测要素。在成矿要素图上叠加大比例尺地磁等值线形成预测要素图，同时以典型矿床所在区域的地球化探异常、航磁重力资料做系列图，以角图形式表达，反映它所在位置的物探特征。其预测要素见表 8-2。

表 8-2　内蒙古自治区拜仁达坝式侵入岩体型铅锌矿典型矿床预测要素表

预测要素		内容描述				要素类别
		资源储量(t)	铅+锌 1 325 567	平均品位(%)	铅 2.38，锌 5.06	
		特征描述	热液型			
地质环境	岩石类型	各类片麻岩，片麻状石英闪长岩				必要
	岩石结构	鳞片柱粒状变晶结构，中细粒花岗结构；片麻状构造，块状构造				次要
	成矿环境	滨太平洋成矿域，内蒙-大兴安岭成矿省，突泉-林西海西、燕山期铁(锡)、铜、铅、锌、银、铌、钽成矿带，神山-白音诺尔铜、铅、锌、铁、铌、钽成矿亚带，拜仁达坝银、铅、锌矿集区				必要
	成矿时代	海西期				必要
	构造背景	天山-兴蒙褶皱系，锡林浩特岩浆弧，锡林浩特复背斜东段，即显生庙复背斜靠近轴部的东南翼				必要

续表 8-2

预测要素			内容描述				要素类别
		资源储量(t)	铅+锌 1 325 567	平均品位(%)		铅 2.38,锌 5.06	
		特征描述	热液型				
矿床特征	矿物组合		硫化矿主要为磁黄铁矿、黄铁矿,其次为毒砂、铁闪锌矿、黄铜矿、方铅矿等				必要
	结构构造		结构:主要为半自形结构、他形结构、交代结构。 构造:浸染状、斑杂状、角砾状、块状构造				必要
	蚀变特征		硅化、白云母化、绢云母化、绿泥石化、碳酸盐化、高岭土化,其次为绿帘石化和叶蜡石化等。其中与银、铅、锌矿化有关的是硅化、绿泥石、绢云母化				必要
	控矿条件		古元古界宝音图岩群(锡林郭勒杂岩)黑云斜长片麻岩、二云斜长片麻岩、角闪斜长片麻岩及石炭纪石英闪长岩。矿带和矿体的赋存明显受构造控制。北东向构造控制海西期中酸性侵入岩的分布,同时控制矿带的展布。而北北西向和近东西向构造是矿区内主要控矿构造				必要
物探、化探特征	地球物理特征	重力	拜仁达坝银铅锌多金属矿床位于北北东向克什克腾旗—霍林郭勒市一带布格重力低异常带的西北侧,根据物性资料和地质资料分析,推断该重力低异常带是中—酸性岩浆岩活动区(带)引起。表明拜仁达坝银铅锌矿床在成因上与中—酸性岩体有关				次要
		磁法	据 1∶1 万地磁等值线图显示:磁场表现为在低正磁异常范围背景中的圆团状正磁异常。据 1∶1 万电法等值线图显示:北部表现为低阻高极化,南部则表现为高阻低极化				重要
	地球化学特征		以 Ag、Pb、Zn、Au、Sn、W 等元素为主的综合异常,异常多呈椭圆形分布于北东向断裂带及岩体与地层的接触带				必要

第二节 预测工作区研究

一、区域地质特征

预测工作区横跨西伯利亚板块东南大陆边缘晚古生代增生带与华北地块北部边缘晚古生代增生带。中生代则处于滨太平洋构造域的大兴安岭中生代火山-岩浆岩带的东部边缘。

古生代为华北地层大区,内蒙古草原地层区,锡林浩特-磐石地层分区,属华北地块。中新生代属滨太平洋地层区,大兴安岭-燕山地层分区,博克图-二连浩特地层小区。出露地层有古元古界宝音图岩群;上志留统西别河组;上石炭统本巴图组、阿木山组、格根敖包组;上石炭统—下二叠统宝力高庙组;下二叠统寿山沟组、大石寨组;中二叠统哲斯组,上二叠统林西组。中新生代地层广泛分布,有中下侏罗统红旗组、新民组(万宝组)陆相碎屑岩;上侏罗统土城子组、满克头鄂博组、玛尼吐组、白音高老组;下白垩统梅勒图组(龙江组)、巴音花组及新生界。

宝音图岩群(锡林郭勒杂岩):主要出露在拜仁达坝矿区一带,原称锡林郭勒杂岩,由老到新分 3 个岩段。第一岩段为灰绿色黑云斜长片麻岩,第二岩段为灰绿色黑云斜长片麻岩夹灰黑色二云斜长片麻岩,第三岩段为浅灰黄色石英二云片岩夹细粒斜长角闪片麻岩、变粒岩及大理岩透镜体。主要出露于矿区及以北地区,呈北东向展布,走向 36°～61°,倾向北西,倾角 35°～43°,厚度大于 917m,该套变质岩系与拜仁达坝式侵入岩体型铅锌矿床关系密切。

上志留统西别河组为海相碎屑岩夹碳酸盐岩建造;石炭系—二叠系为海相火山岩、碎屑岩建造;本巴图组岩性主要为深灰色、灰绿色、黄绿色硬砂岩、长石砂岩夹含砾砂岩、砾岩及灰岩，下部为一套酸性火山岩；阿木山组与本巴图组呈连续沉积，为一套海相碎屑岩、碳酸盐沉积建造，为岛弧环境火山-沉积建造，下部为灰色生物碎屑灰岩夹含砾砂岩、硬砂岩，上部为厚层块状生物碎屑灰岩夹砂岩、砂砾岩等；寿山沟组、大石寨组、哲斯组为一套深灰色、黄绿色、暗灰色长石砂岩、粉砂岩、粉砂质板岩、粉砂质泥岩和安山岩、安山质玄武岩、流纹岩夹凝灰质砾岩，属海陆交互相碎屑岩与火山碎屑岩；林西组岩性为深灰色—灰黑色厚层状粉砂质碳质板岩、变质粉砂质泥岩夹粉砂质砾岩。

中生代陆相地层仅局部发育，红旗组、新民组（万宝组）岩性为灰色、深灰色、黑色泥岩，含碳质泥岩，粉砂岩，砾岩夹煤层，为含煤陆相湖盆沉积；满克头鄂博组、玛尼吐组、白音高老组为灰色—灰绿色流纹岩、流纹质熔结凝灰岩-中性熔岩-酸性熔岩、火山碎屑岩。

区域侵入岩十分发育，主要为海西期石英闪长岩-闪长岩，二叠纪中性、中酸性侵入岩，三叠纪基性、中性侵入岩及燕山期中酸性侵入岩。其中海西期石英闪长岩是拜仁达坝矿区银多金属矿含矿母岩。矿物成分主要为石英、斜长石、角闪石，具片麻理构造，片麻理方向与区域构造线一致。该石英闪长岩岩体为拜仁达坝矿区银多金属矿主要赋矿围岩，侵入到宝音图岩群（锡林郭勒杂岩）及上石炭统本巴图组中，并在下二叠统砂砾岩内见其角砾。锆石 U-Pb 同位素年龄为 316.7~315.2Ma。该岩体暗色矿物为角闪石，浅色矿物为斜长石和石英，副矿物为锆石，不透明矿物为磁铁矿、黄铁矿。

燕山期花岗岩类分布于矿区南北两侧，北侧呈小岩株零星出露，主要为肉红色花岗岩，具半自形花岗结构、块状构造，矿物成分为石英、斜长石、钾长石及黑云母；南侧为出露于北大山地区的花岗岩基，为浅灰色斑状花岗岩，矿物成分以斜长石为主，石英次之，含少量钾长石，侵入于中下侏罗统，但被晚侏罗世酸性火山岩覆盖，同位素测年为 159Ma。

区内褶皱构造为显生庙复背斜，由一系列的小背斜、向斜组成，褶皱轴向北东向，由锡林郭勒杂岩组成复背斜轴部，石炭系、二叠系组成翼部。断裂构造以北东向压性断裂为主，其次为北西向张性断裂，而近东西向压扭性断裂不甚发育，但拜仁达坝矿床矿体受东西向压扭断层控制。孙丰月等（2008）认为北东向断裂为燕山期构造，东西向压扭断裂可能为北东向断裂的次级构造，但宁奇生等（1959）认为东西向压扭断裂为晚古生代形成的挤压构造。中亚造山带包含了多期次的岩浆弧增生地体，不同时代多种属性的微陆块，以及多条代表古洋盆残骸的蛇绿混杂岩带，被共识为强增生、弱碰撞的大陆造山带或增生型造山带。该造山带经历了多期次的洋盆形成、俯冲-消减和闭合，最终形成于古生代末—三叠纪初的中朝板块与西伯利亚古板块之间的大陆碰撞。因此，在中亚造山带广泛发育以锡林郭勒杂岩为代表的古生代变质杂岩，锡林郭勒杂岩的主要岩性为黑云母斜长片麻岩，变质相为角闪岩相，变质作用温度为 540~550℃，压力为 0.5~0.6GPa，原岩主要为晚古生代岛弧环境的钙碱性火山岩建造。矿区内石英闪长岩-闪长岩的形成构造背景可能与白音保力道岩体相同，均为石炭纪—二叠纪的岩浆弧。

二、区域地球物理特征

1. 重力场特征

由布格重力异常图可知，预测工作区区域重力场总体格架为北东向；预测工作区反映东南部重力高、中部重力低、西北部相对重力高的特点，重力场最低值 -148.63×10^{-5} m/s^2，最高值 -27.93×10^{-5} m/s^2，沿克什克腾旗—霍林郭勒市一带布格重力异常总体反映重力低异常带，异常带走向北北东，呈宽条带状，长约 370km，宽约 90km。地表断断续续出露不同期次的中—新生代花岗岩体，推断该重力低异常带是中—酸性岩浆岩活动区（带）引起。局部重力低异常是花岗岩体和次火山热液活动带所致。从布格重力异常图还可以看出，重力低异常带反映出多期次的特点。

预测工作区断裂构造以北东向和北西向为主；地层单元呈带状和团块状；中—新生代盆地呈北东向带状分布；中—酸性岩体呈等轴状和椭圆状，在该预测工作区推断解释地层单元 42 个，断裂构造 181

条,中—酸性岩浆岩活动区(带)1个,中—酸性岩体29个,中—新生代盆地46个。具体解释成果见内蒙古自治区拜仁达坝地区拜仁达坝银铅锌多金属矿预测工作区重力解释推断地质构造图。

该预测工作区的拜仁达坝式侵入岩体型铅锌矿、道伦达坝铜矿位于中部中—酸性岩浆岩活动区(带)西北部边缘,表明矿床在成因上与中—酸性花岗岩体有关。中—酸性岩浆岩活动区(带)为其提供了充分的热源和热流。上述现象说明,应用重力资料推断的每一个岩浆岩活动区(带)实质上是一个成矿系统。在空间上,这些岩浆岩活动区(带)控制着内生矿床的分布,在成因上它们存在着内在联系,是成矿最有利的地段。

2. 磁异常特征

维拉斯托—拜仁达坝地区位于正磁异常(ΔT 为 0～100nT)与负磁异常(ΔT 为 －100～0nT)交界处,是古生代板块内镶嵌的锡林浩特元古宙地块的边缘。布格重力异常等值线多方向多处同向扭曲,形成一个似元宝状的等值线展布格局,拜仁达坝—维拉斯托地区就位于布格重力异常等值线向南西同向扭曲和向北东同向扭曲的过渡部位,表明锡林浩特元古宙地块东端与周边块体接触,形成构造形迹的显示(图 8-4)。

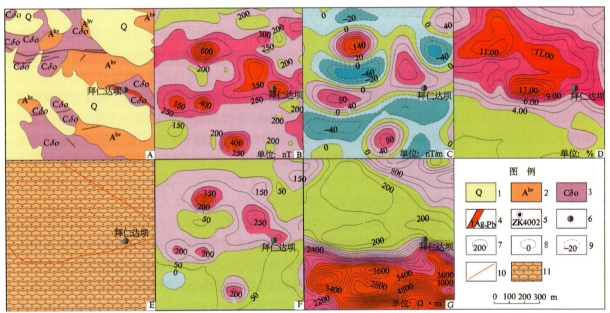

图 8-4 拜仁达坝式侵入岩体型铅锌矿典型矿床地质矿产及物探剖析图

A. 地质矿产图;B. 地磁 ΔZ 等值线平面图;C. 地磁 ΔZ 化极垂向一阶导数等值线平面图;D. 电法极化率 η_s 平面图;E. 推断地质构造图;F. 地磁 ΔZ 化极等值线平面图;G. 电法视电阻率 ρ_s 平面图;1. 第四系;2. 片麻岩;3. 石英闪长岩;4. 银、铅矿体及编号;5. 钻孔位置及编号;6. 矿床所在位置;7. 正等值线及注记;8. 零等值线及注记;9. 负等值线及注记;10. 磁法推断三级断裂;11. 磁法推断变质岩地层

三、区域地球化学特征

本区为大兴安岭西坡银多金属成矿带即巴音乌拉-双山煤矿银、铅、锌铜Ⅱ级远景区。区内银、铅、锌、铜异常强度高,面积大。经1:5万化探测量,在达青牧场至北大山一共圈出22个化探异常,异常元素组合齐全,为 Ag、Pb、Zn、W、Sn、As、Sb 组合,为热液矿床异常组合,异常多呈带状分布于北东向断裂带及岩体与地层的接触带附近。以5号、5-1号、7号异常强度高,拜仁达坝银多金属矿即处于5号、

5-1号异常中。

1∶20万水系沉积物测量,大兴安岭地区圈出了6000多个化探异常,元素组合以Ag、Pb、Zn、Cu、Sn等为主,伴生元素有W、Mo、Bi、Cd、F、As、Cr、Co、Ni、Hg、Mn等。

预测工作区主要分布有Au、As、Sb、Cu、Pb、Zn、Ag、Cd、W、Mo等元素异常,异常具有北东向分带性,Pb元素具有明显的浓度分带和浓集中心,异常强度高,呈北东向带状展布。

四、区域遥感影像及解译特征

1. 预测工作区遥感地质特征解译

预测工作区内共解译出大型构造43条,由西到东依次为嘎尔迪布楞-芒罕乌罕构造、白音乌拉-乌兰哈达断裂带、锡林浩特北缘断裂带、扎鲁特旗深断裂带、巴彦乌拉嘎查-塔里亚托构造、翁图苏木-沙巴尔诺尔断裂带、新林-白音特拉断裂带、大兴安岭主脊-林西深断裂带、新木-奈曼旗断裂带、额尔格图-巴林右旗断裂带、额尔敦宝拉格嘎查-那杰嘎查近东西向断裂、图力嘎以东构造、宝日格斯台苏木-宝力召断裂带、嫩江-青龙河断裂带,除新木-奈曼旗断裂带、宝日格斯台苏木-宝力召断裂带沿北西向分布,其他大型构造走向基本为近北东向分布,不同方向的大型构造在区域内相交错断,形成多处三角形及四边形构造,部分构造带交会处成为错断密集区,总体构造格架清晰。

本区域内共解译出中小型构造552条,其中中型构造走向基本为近北东向,与大型构造格架基本相同并相互作用明显,主要分布在北东向的锡林浩特北缘断裂带与额尔格图-巴林右旗断裂带之间的区域,形成构造密集区;小型构造在图中的分布规律不明显。

本预测工作区内的环形构造非常密集,共解译出环形构造248个,按其成因可分为中生代花岗岩类引起的环形构造、古生代花岗岩类引起的环形构造、与隐伏岩体有关的环形构造、基性岩类引起的环形构造、构造穹隆或构造盆地、火山口、火山机构或通道。环形构造主要分布在该区域的中部及东部地区,西部相对较少。区域中与隐伏岩体有关的环形构造在相对集中的几个区域中集合分布,且大型构造带的交会断裂处及大中型构造形成的构造群附近多有环状要素出现。

2. 预测工作区遥感异常分布特征

本预测工作区的羟基异常在西部及中部分布较多,东部相对较零散,异常基本分布在锡林浩特北缘断裂带两侧及大兴安岭主脊-林西深断裂带走向两侧的较大区域,东部的扎鲁特旗断裂带两侧有片状异常区分布。铁染异常主要在中部地区分布,中部的西南方向和东北方向有相对密集的块状异常区。

五、预测工作区的预测模型

根据预测工作区的区域成矿要素和化探、航磁、重力、遥感及自然重砂等特征,建立了本预测工作区的区域预测要素,编制了本预测工作区的预测要素图和预测模型图。

以综合信息预测要素为基础,将拜仁达坝预测工作区与拜仁达坝式铅锌矿成矿有关的铅异常、锌异常及铅锌综合异常,航磁化极异常,剩余重力异常,遥感提取的羟基蚀变异常及自然重砂异常等值线或区全部叠加在成矿要素图上,总结区域预测要素(表8-3),编制成矿预测要素图。

表8-3 拜仁达坝式侵入岩体型铅锌矿拜仁达坝预测工作区区域预测要素

区域预测要素		内容描述	要素类别
地质环境	大地构造位置	天山-兴蒙造山系,锡林浩特岩浆弧,锡林浩特复背斜东段	必要
	成矿区(带)	滨太平洋成矿域,内蒙-大兴安岭成矿省。突泉-林西海西、燕山期铁(锡)、铜、铅、锌、银、铌、钽成矿带,神山-白音诺尔铜、铅、锌、铁、铌、钽成矿亚带,拜仁达坝银、铅、锌矿集区	必要
	区域成矿类型及成矿期	中低温热液型,海西期	必要
控矿地质条件	赋矿地质体	古元古界宝音图岩群黑云斜长片麻岩、二云斜长片麻岩、角闪斜长片麻岩。海西期石英闪长岩	必要
	控矿侵入岩	石英闪长岩的侵入不仅提供了成矿热源,也是引起矿区内岩(矿)石发生蚀变的主要原因	重要
	主要控矿构造	矿带和矿体的赋存明显受构造控制。北东向构造控制海西期中酸性侵入岩的分布,同时控制矿带的展布。而北北西向和近东西向构造是矿区内主要控矿构造	重要
区内相同类型矿床		成矿区(带)内有4处铅锌矿床(点)	重要
物探、化探特征	地球物理特征 重力	预测工作区区域重力场总体格架走向北东;反映预测工作区东南部重力高、中部重力低、西北部相对重力高的特点,重力场最低值-148.63×10^{-5}m/s²,最高值-27.93×10^{-5}m/s²,沿克什克腾旗—霍林郭勒市一带布格重力异常总体反映重力低异常带,异常带走向北北东,呈宽条带状,长约370km,宽约90km。地表断断续续出露不同期次的中—新生代花岗岩体,推断该重力低异常带是由中—酸性岩浆岩活动区(带)引起的。局部重力低异常是花岗岩体和次火山热液活动带所致	次要
	航磁	据1:50万航磁化极等值线平面图显示,磁场总体表现为低缓的负磁场,没有异常的出现	重要
	地球化学特征	预测工作区主要分布有Au、As、Sb、Cu、Pb、Zn、Ag、Cd、W、Mo等元素异常,异常具有北东向分带性,Pb元素具有明显的浓度分带和浓集中心,异常强度高,呈北东向带状展布	必要
遥感特征		环状要素(隐伏岩体)及遥感羟基铁染异常区	次要

第三节　矿产预测

一、综合地质信息定位预测

1. 变量的提取及优选

根据典型矿床成矿要素及预测要素研究,及预测工作区提取的要素特征,本次选择网格单元法作为预测单元,根据预测底图比例尺确定网格间距为2km×2km,图面为20mm×20mm。

在MRAS软件中,对揭盖后的地质体、断裂缓冲区、蚀变带、化探综合异常、遥感最小预测区等区文件求区的存在标志,对航磁化极等值线、剩余重力求起始值的加权平均值,并进行以上原始变量的构置,对网格单元进行赋值,形成原始数据专题。

2. 最小预测区的确定及优选

本次预测底图比例尺为1:25万,利用规则网格单元作为预测单元,网格单元大小为2.0km×2.0km。预测地质变量如下。

地层:古元古界宝音图岩群(锡林郭勒杂岩)火山岩夹碎屑岩建造。

侵入岩:晚石炭世石英闪长岩。

构造:北东向构造。

遥感:遥感蚀变对矿化无明显反映,只利用了遥感断裂解译结果。

重力:剩余重力梯度带,重力低缓斜坡,重力异常等值线同向扭曲部位,剩余重力过度带。

航磁:正负航磁异常过度带,负背景磁场内局部升高部位,低缓磁异常呈椭圆状、似椭圆状,形态规则、近于对称。

3. 最小预测区确定结果

本次利用证据权重法,采用2.0km×2.0km规则网格单元,在MRAS 2.0下进行最小预测区的圈定与优选。然后在MapGIS下,根据优选结果圈定成为不规则形状。最终圈定13个最小预测区,其中,A级区5个,B级区5个,C级区3个(图8-5,表8-4)。

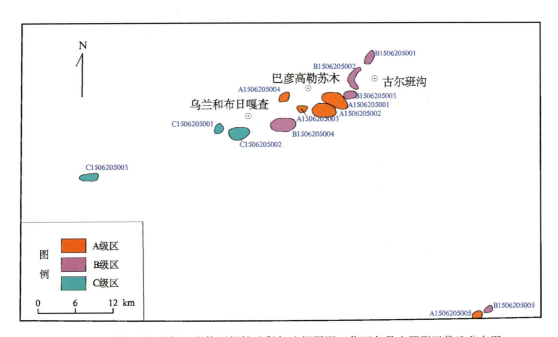

图8-5 拜仁达坝式侵入岩体型铅锌矿拜仁达坝预测工作区各最小预测区优选分布图

4. 最小预测区地质评价

各最小预测区根据地质特征、成矿特征和资源潜力等进行了综合评述(表8-4)。

表 8-4 拜仁达坝式侵入岩体型铅锌矿拜仁达坝预测工作区各最小预测区综合信息表

最小预测区编号	最小预测区名称	综合信息
A1506205001	拜仁达坝	该最小预测区出露的地层为宝音图岩群(锡林郭勒杂岩)黑云斜长片麻岩、二云斜长片麻岩、角闪斜长片麻岩。侵入岩为石炭纪石英闪长岩;呈北东向展布,拜仁达坝银铅矿、锡矿位于该区。区内航磁化极为低背景,剩余重力异常为重力低,异常值$-2\times10^{-5}\sim1\times10^{-5}\,\mathrm{m/s^2}$;铅锌异常一级浓度分带明显
A1506205002	维拉斯托	该最小预测区出露的地层为宝音图岩群(锡林郭勒杂岩)黑云斜长片麻岩、二云斜长片麻岩、角闪斜长片麻岩。隐伏石炭纪石英闪长岩;呈北东向展布,维拉斯托银铅矿、双山铅锌矿、巴彦乌拉苏木铅锌矿位于该区。区内航磁化极为低背景,剩余重力异常为重力低,异常值$-2\times10^{-5}\sim1\times10^{-5}\,\mathrm{m/s^2}$;铅锌异常一级浓度分带明显
A1506205003	巴彦乌拉嘎查	该最小预测区出露的地层为宝音图岩群(锡林郭勒杂岩)黑云斜长片麻岩、二云斜长片麻岩、角闪斜长片麻岩。区内航磁化极为低背景,剩余重力异常为重力低,异常值$-2\times10^{-5}\sim1\times10^{-5}\,\mathrm{m/s^2}$;铅锌异常一级浓度分带明显
A1506205004	呼和锡勒嘎查东	该最小预测区出露的地层为宝音图岩群(锡林郭勒杂岩)黑云斜长片麻岩、二云斜长片麻岩、角闪斜长片麻岩。区内航磁化极为低背景,剩余重力异常为重力低,异常值$-2\times10^{-5}\sim1\times10^{-5}\,\mathrm{m/s^2}$;铅锌异常一级浓度分带明显
A1506205005	双井店乡北	该最小预测区出露的地层为宝音图岩群(锡林郭勒杂岩)黑云斜长片麻岩、二云斜长片麻岩、角闪斜长片麻岩及石炭纪石英闪长岩,区内发育1条规模巨大的近东西向断裂。区内航磁化极为低背景,位于剩余重力异常梯度带,异常值$-2\times10^{-5}\sim1\times10^{-5}\,\mathrm{m/s^2}$;铅锌异常二级浓度分带明显
B1506205001	巴彦宝拉格嘎查	该最小预测区出露的地层为宝音图岩群(锡林郭勒杂岩)黑云斜长片麻岩、二云斜长片麻岩、角闪斜长片麻岩。侵入岩为石炭纪石英闪长岩,区内航磁化极为低背景场中的正异常区,剩余重力异常高值区,异常值$-2\times10^{-5}\sim3\times10^{-5}\,\mathrm{m/s^2}$;铅锌异常三级浓度分带明显
B1506205002	古尔班沟	该最小预测区出露的地层为宝音图岩群(锡林郭勒杂岩)黑云斜长片麻岩、二云斜长片麻岩、角闪斜长片麻岩。侵入岩为石炭纪石英闪长岩,区内航磁化极为低背景场中的正异常区,剩余重力异常高值区,异常值$-2\times10^{-5}\sim3\times10^{-5}\,\mathrm{m/s^2}$;铅锌异常三级浓度分带明显
B1506205003	萨仁图嘎查北	该最小预测区出露的地层为宝音图岩群(锡林郭勒杂岩)黑云斜长片麻岩、二云斜长片麻岩、角闪斜长片麻岩。侵入岩为石炭纪石英闪长岩,区内航磁化极为低背景场中的正异常区,剩余重力异常高值区,异常值$-2\times10^{-5}\sim3\times10^{-5}\,\mathrm{m/s^2}$;铅锌异常三级浓度分带明显
B1506205004	巴彦布拉格嘎查	该最小预测区出露的地层为宝音图岩群(锡林郭勒杂岩)黑云斜长片麻岩、二云斜长片麻岩、角闪斜长片麻岩。侵入岩为石炭纪石英闪长岩,区内航磁化极为低背景场中的正异常区,剩余重力异常高值区,异常值$-2\times10^{-5}\sim3\times10^{-5}\,\mathrm{m/s^2}$;铅锌异常三级浓度分带明显
B1506205005	井沟子南	该最小预测区出露的地层为宝音图岩群(锡林郭勒杂岩)黑云斜长片麻岩、二云斜长片麻岩、角闪斜长片麻岩。侵入岩为石炭纪石英闪长岩,区内航磁化极为低背景场中的正异常区,剩余重力异常高值区,异常值$-2\times10^{-5}\sim3\times10^{-5}\,\mathrm{m/s^2}$;铅锌异常三级浓度分带明显
C1506205001	乌兰和布日嘎查	该最小预测区出露的地层为宝音图岩群(锡林郭勒杂岩)黑云斜长片麻岩、二云斜长片麻岩、角闪斜长片麻岩。侵入岩主要为石炭纪石英闪长岩,区内航磁化极为低背景场中的正异常区,位于剩余重力梯度带,异常值$4\times10^{-5}\sim8\times10^{-5}\,\mathrm{m/s^2}$;较高铅锌异常
C1506205002	乌兰和布日嘎查	该最小预测区出露的地层为宝音图岩群(锡林郭勒杂岩)黑云斜长片麻岩、二云斜长片麻岩、角闪斜长片麻岩。侵入岩主要为石炭纪石英闪长岩,区内航磁化极为低背景场中的正异常区,位于剩余重力梯度带,异常值$4\times10^{-5}\sim8\times10^{-5}\,\mathrm{m/s^2}$;较高铅锌异常
C1506205003	冬营点	该最小预测区出露的地层为宝音图岩群(锡林郭勒杂岩)黑云斜长片麻岩、二云斜长片麻岩、角闪斜长片麻岩。区内航磁化极为低背景场中的正异常区,位于剩余重力梯度带,异常值$4\times10^{-5}\sim8\times10^{-5}\,\mathrm{m/s^2}$;较高铅锌异常

二、综合信息地质体积法估算资源量

1. 典型矿床深部及外围资源量估算

拜仁达坝铅锌矿典型矿床已查明资源量、密度及铅、锌品位数据均来源于内蒙古自治区地质矿产开发局提交的《内蒙古自治区克什克腾旗拜仁达坝矿区银多金属矿详查报告》。矿床面积($S_{总}$)是根据1∶5万矿区综合地质图,在 MapGIS 软件下读取数据;矿体延深($L_{查}$)依据控制矿体最深的41—41′勘查线剖面图确定,具体数据见表8-5。

表8-5 拜仁达坝预测工作区典型矿床深部及外围资源量估算表

典型矿床			深部及外围		
已查明资源量(t)	Pb 424 500	Zn 901 067	深部	面积(m²)	1 337 500
面积(m²)	1 337 500			延深(m)	100
延深(m)	340		外围	面积(km²)	161 250
品位(%)	2.38	5.06		延深(m)	440
密度(g/cm³)	3.61		预测资源量(t)	Pb 784 223	Zn 1 669 635
含矿系数(t/m³)	0.000 93	0.001 98	典型矿床资源总量(t)	Pb 1 208 723	Zn 2 570 702

2. 模型区的确定、资源量及估算参数

拜仁达坝典型矿床位于拜仁达坝模型区内,该区没有其他矿床、矿(化)点;模型区铅资源总量=已查明资源量+预测资源量=424 500+124 388+659 835=1 208 723(t);锌资源总量=已查明资源量+预测资源量=901 067+264 825+1 404 810=2 570 702(t);模型区延深与典型矿床一致;模型区含矿地质体面积与模型区面积一致,经 MapGIS 软件下读取数据为44 750 000m²(表8-6)。

典型矿床总延深(已查明+预测),即440m。

铅含矿系数=资源总量/(含矿地质体总体积×含矿地质体面积参数)=1 208 723÷19 690 000 000=0.000 061 3(t/m³)。

锌含矿系数=资源总量/(含矿地质体总体积×含矿地质体面积参数)=2 570 702÷19 690 000 000=0.000 130 5(t/m³)。

表8-6 矿拜仁达预测工作区(模型区)资源总量及其估算参数

模型区		矿种	模型区资源总量(t)	模型区面积(m²)	延深(m)	含矿地质体总体积(m³)	含矿地质体面积参数	含矿地质体含矿系数(t/m³)
编号	名称							
A1506205001	矿拜仁达	Pb	1 208 723	44 750 000	440	15 042 500 000	1.00	0.000 061 3
		Zn	2 570 702					0.000 130 5

3. 最小预测区预测资源量

拜仁达坝式侵入岩体型铅锌矿拜仁达坝预测工作区最小预测区资源量定量估算采用地质体积法。

(1)估算参数的确定。最小预测区面积依据综合地质信息定位优选的结果,延深的确定是在研究最小预测区含矿地质体地质特征,含矿地质的形成延深、断裂特征、矿化类型的基础上,再对比典型矿床特征确定的,相似系数的确定主要依据 MRAS 生成的概率及与模型区的比值,参照最小预测区地质体出露情况、化探及异常规模分布、物探解译信息等进行修正。

(2)最小预测区预测资源量估算成果。各最小预测区预测资源量见表 8-7。

表 8-7 拜仁达坝预测工作区各最小预测区预测资源量成果汇总表

最小预测区编号	最小预测区名称	$S_{预}$ (km^2)	$H_{预}$ (m)	K(t/m^3) Pb	K(t/m^3) Zn	α	Pb(t) 已查明	Pb(t) 本次预测	Zn(t) 已查明	Zn(t) 本次预测	资源量精度级别
A1506205001	拜仁达坝	44.783	440	0.000 061 3	0.000 130 5	1.00	424 500	784 223	901 067	1 669 635	334-1
A1506205002	维拉斯托	41.535	400	0.000 061 3	0.000 130 5	0.50	66 771	442 445	880 979	203 079	334-1
A1506205003	巴彦乌拉嘎查	9.074	190	0.000 061 3	0.000 130 5	0.25		26 422		56 248	334-2
A1506205004	呼和锡勒嘎查东	11.828	340	0.000 061 3	0.000 130 5	0.25		61 629		131 201	334-2
A1506205005	双井店乡北	9.674	340	0.000 061 3	0.000 130 5	0.20		40 323		85 843	334-3
B1506205001	巴彦宝拉格嘎查	14.589	160	0.000 061 3	0.000 130 5	0.20		28 619		60 925	334-2
B1506205002	古尔班沟	21.897	160	0.000 061 3	0.000 130 5	0.20		42 954		91 443	334-2
B1506205003	萨仁图嘎查北	13.414	160	0.000 061 3	0.000 130 5	0.20		26 313		56 017	334-2
B1506205004	巴彦布拉格嘎查	43.165	160	0.000 061 3	0.000 130 5	0.20		84 673		180 259	334-2
B1506205005	井沟子南	6.888	150	0.000 061 3	0.000 130 5	0.20		12 668		26 968	334-2
C1506205001	乌兰和布日嘎查	11.202	150	0.000 061 3	0.000 130 5	0.20		20 600		43 854	334-3
C1506205002	乌兰和布日嘎查	32.742	150	0.000 061 3	0.000 130 5	0.20		60 213		128 186	334-3
C1506205003	冬营点	18.509	100	0.000 061 3	0.000 130 5	0.20		22 692		48 308	334-3
合计							491 271	1 653 774	1 782 046	2 781 966	

4. 预测工作区预测资源量成果汇总表

拜仁达坝式侵入岩体型铅锌矿拜仁达坝预测工作区采用地质体积法预测资源量,各最小预测区资源量精度级别划分为 334-1、334-2 和 334-3。根据各最小预测区含矿地质体、物探、化探异常及相似系数特征,预测延深均在 440m 以浅。根据矿产潜力评价预测资源量汇总标准,拜仁达坝预测工作区预测资源量按预测延深、资源量精度级别、可利用性、可信度统计的结果见表 8-8。

表 8-8 拜仁达坝式侵入岩体型铅锌矿拜仁达坝预测工作区预测资源量成果汇总表 （单位：t）

预测延深	资源量精度级别	矿种	可利用性		可信度			合计
			可利用	暂不可利用	≥0.75	≥0.50	≥0.25	
440m 以浅	334-1	Pb	1 233 944		1 226 668	1 226 668	1 226 668	1 233 944
		Zn	2 826 914		1 872 714	1 872 714	1 872 714	2 826 914
	334-2	Pb		283 278		88 051	283 278	283 278
		Zn		603 061		187 449	603 061	603 061
	334-3	Pb		143 828		60 213	143 828	143 828
		Zn		306 191		128 186	306 191	306 191
合计		Pb	1 233 944	427 106	1 226 668	1 374 932	1 653 774	1 661 050
		Zn	2 826 914	909 252	1 872 714	2 188 349	2 781 966	3 736 166

第九章 孟恩陶勒盖式侵入岩体型铅锌矿预测成果

第一节 典型矿床特征

一、典型矿床地质特征及成矿模式

(一)典型矿床地质特征

1. 矿区地质

孟恩陶勒盖铅锌矿床位于内蒙古自治区通辽市科尔沁右翼中旗代钦塔拉苏木,位于旗政府所在地白音胡硕镇西北约24km处。地理坐标:E121°20′54″—E121°23′10″,N45°12′16″—N45°12′20″。

矿区内无地层出露,近矿区见有早二叠世滨海相陆源碎屑夹碳酸盐岩沉积及中酸性火山碎屑岩(图9-1)。

矿区内岩体主要由黑云斜长花岗岩组成,微量元素中Be、B、Nb、Zn、Pb、Ga、Sn、Ag等均高于克拉克值。岩体中常出现中基性脉岩,有辉绿岩和闪长玢岩先后穿切矿体,是燕山期区域性脉岩的一部分。

孟恩陶勒盖杂岩体东西长30km,南北宽18km,面积超过400km^2,北东侧侵入下二叠统,南侧被中生代火山岩覆盖。

与岩体自变质作用和控岩构造有关的区域性蚀变主要是钾长石化、绢云母化,其次为黑云母退色、绿泥石化、绿帘石化、黄铁矿化、高岭土化。

容矿构造主要为近东西向断裂,其次为北东向断裂。成矿后构造主要有两组,一组为近东西向的顺矿断裂,另一组为北西向、北北西向的截矿断裂。

2. 矿床特征

(1)矿体特征。本矿床已查明具工业意义的大小矿体共44条,其中主要矿体9条,延伸400~2000m,已控制延深250~500m,为矿区主要探采对象。较大的分支矿体9条,延长数百米。此外,主矿体上下盘的零星小矿体26条,已基本控制其产出规律(图9-2)。

按容矿构造的产状和空间展布,全区矿体由西向东可分为下、中、上3个矿脉群,矿石类型由锌矿石递变为银铅矿石,矿化强度以中东段最高。下脉群以8号矿体为主干,走向以复合脉型为主,膨缩变化显著,矿化连续性较差。中脉群以1号矿体为主干,走向80°~90°,倾向南,倾角65°~75°,顺矿构造发育,网脉状、角砾状构造及串珠状夹石发育,该脉群矿体较密集,总宽100m左右,西端矿体最大间距80m。上脉群以11号矿体为主干,走向75°~85°,倾向东南,倾角70°~85°,矿石构造复杂,以角砾状、胶状环带构造为特征,发育浸染状方铅矿化及硅化闪锌矿,富矿段常见,可连续长50m以上,该脉群矿体间紧密关联,向东聚合,总宽100m左右,西端矿体最大间距70m。

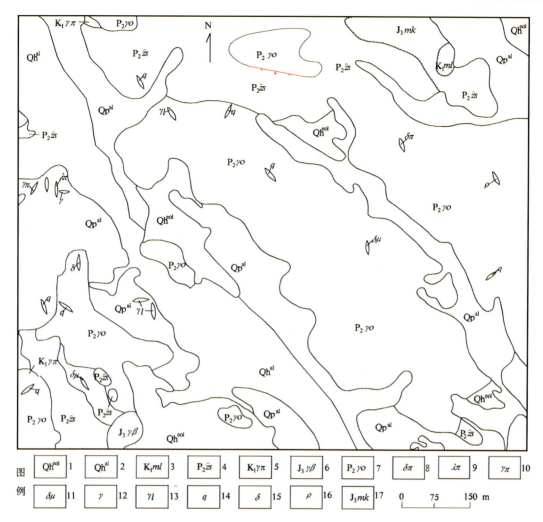

图 9-1 孟恩陶勒盖式侵入岩体型铅锌矿典型矿床地质图

1. 第四系风积层；2. 第四系冲积层；3. 白垩系梅勒图组；4. 中二叠统哲斯组；5. 白垩世花岗斑岩；6. 石英二长斑岩；7. 二叠世斜长花岗岩；8. 闪长斑岩脉；9. 石英斑岩脉；10. 花岗斑岩脉；11. 闪长斑岩脉；12. 花岗岩脉；13. 花岗细晶岩脉；14. 石英岩脉；15. 闪长岩脉；16. 伟晶岩脉；17. 侏罗系满克头鄂博组

（2）矿石矿物成分。主要工业矿物为闪锌矿、方铅矿、深红银矿、黑硫银锡矿、自然银等。共生矿物为黄铜矿、黝锡矿、锡石、黄铁矿、磁黄铁矿和毒砂。

（3）矿石结构、构造。矿石结构主要为结晶结构、包含结构、填隙结构、胶状结构、交代熔蚀结构、固溶体分离结构、碎裂结构等。矿石构造主要为浸染状构造、网脉状构造、梳状构造、条带状构造、块状构造、角砾状构造、斑杂状构造、球粒状-半球粒状构造、环带状构造、晶洞状构造。

（4）围岩蚀变。与成矿有关的围岩蚀变为绢云母化、锰菱铁矿化、硅化、黄铁矿化，其次为绿泥石化和黑云母退色。

3. 矿床成因

该矿床成因类型为裂隙充填脉状银铅锌多金属中温热液型矿床。

据《孟恩套力盖矿区银铅锌矿地质勘探总结报告》（吉林省地质局第十地质队，1978），求得资源量铅 168 877t（已查明资源量 167 334t，表外资源量 1543t），锌 388 398t（已查明资源量 373 540t，表外资源量 14 858t）。

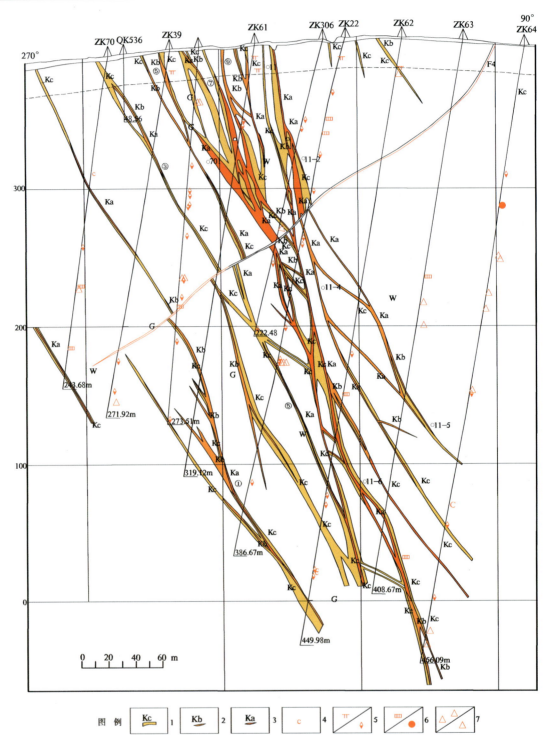

图 9-2 孟恩陶勒盖铅锌矿勘查线剖面图

1. 矿化蚀变带;2. 表外矿体;3. 工业矿体;4. 绢云母化为主的近矿蚀变;5. 铁锰染/铅锌矿化(已取样处不表示);6. 黄铁矿化/黄铜矿化;7. 断层破碎带

(二)典型矿床成矿模式

该矿床构造环境为锡林浩特岩浆弧,赋矿岩石为中二叠世斜长花岗岩,控矿构造主要为东西向断裂,其次是北东向断裂(表9-1)。成矿模式见图9-3。

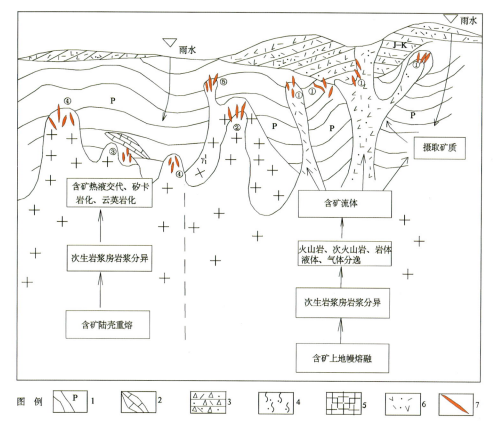

图 9-3 孟恩陶勒盖式侵入岩体型铅锌矿典型矿床成矿模式图

1. 二叠纪碎屑岩夹中基一中酸性火山岩；2. 二叠纪碎屑岩夹碳酸盐岩透镜体；3. 侏罗纪火山角砾凝灰岩、熔岩；4. 矽卡岩；5. 花岗岩；6. 英安斑岩、安山玢岩；7. 矿床：①大井式（火山岩-次火山岩中），②孟恩陶勒盖式（岩体内接触带中），③黄岗梁式（矽卡岩中），④宝盖沟式（岩体顶部，接触带中），⑤胡家店式（岩体顶部、边部）

表 9-1 孟恩陶勒盖式侵入岩体型铅锌矿典型矿床成矿要素

成矿要素		内容描述			要素类别
资源储量(t)		铅 168 877，锌 388 398	平均品位(%)	Pb 0.10，Zn 0.99	
特征描述		岩浆晚期热液型			
地质环境	构造背景	锡林浩特岩浆弧			必要
	成矿环境	中酸性岩浆侵位			必要
	成矿时代	侏罗纪			必要
矿床特征	矿体形态	脉状、网脉状			重要
	岩石类型	主要为中二叠世斜长花岗岩			重要
	岩石结构	花岗结构			次要
	矿物组合	闪锌矿、方铅矿、深红银矿、黑硫银锡矿、自然银等			重要
	结构构造	结晶结构、包含结构、填隙结构、胶状结构、交代熔蚀结构、固溶体分离结构、碎裂结构等。浸染状构造、网脉状构造、梳状构造、条带状构造、块状构造、角砾状构造、斑杂状构造、球粒状-半球粒状构造、环带状构造、晶洞状构造			次要
	蚀变特征	主要为绢云母化、锰菱铁矿化、硅化、黄铁矿化，其次为绿泥石化和黑云母退色			必要
	控矿条件	主要为近东西向断裂，其次为北东向断裂			必要

二、典型矿床地球物理特征

1. 重力场特征

布格重力异常图显示,孟恩陶勒盖式侵入岩体型铅锌矿床位于布格重力异常等值线扭曲部位;剩余重力异常图显示,孟恩陶勒盖铅锌矿位于 L 蒙-205 号负剩余重力异常上,走向呈北西向,$\Delta g_{min} = -5.90 \times 10^{-5} \text{m/s}^2$,根据物性资料和地质资料分析,推断该重力低异常是中—酸性岩体的反映。表明孟恩陶勒盖铅锌矿床在成因上与中—酸性岩体有关。

2. 磁场特征

据 1∶5 万航磁平面等值线图,磁场总体表现为低缓的负磁场,中央出现条带状负磁异常带,走向南北,极值达-150nT。

三、典型矿床地球化学特征

与预测工作区相比,矿区存在以 Pb、Zn 为主,伴有 Cu、Ag、Cd 等元素组成的综合异常,Pb、Zn 为主成矿元素,Cu、Ag、Cd 为主要的伴生元素。在孟恩陶勒盖地区 Pb、Zn、Ag 存在明显的浓集中心,异常强度高;Cu、Cd 在孟恩陶勒盖地区呈高背景分布,存在明显的浓集中心,Au、As、Sb、W、Mo 在孟恩陶勒盖附近存在局部异常。

四、典型矿床预测模型

根据典型矿床成矿要素和航磁资料、区域重力、化探等资料,建立典型矿床预测要素,编制了典型矿床预测要素图。航磁、重力、化探资料由于只有 1∶20 万比例尺的资料,所以只用矿床所在地区的系列图作为角图表示(图 9-4、图 9-5)。

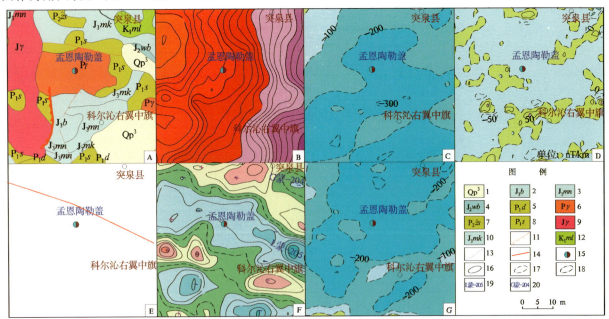

图 9-4 孟恩陶勒盖典型矿床所在区域地质矿产及物探剖析图

A. 地质矿产图;B. 布格重力异常图;C. 航磁 ΔT 等值线平面图;D. 航磁 ΔT 化极垂向一阶导数等值线平面图;E. 重磁推断地质构造图;F. 剩余重力异常图;G. 航磁 ΔT 化极等值线平面图;1. 上更新统;2. 白音高老组;3. 玛尼吐组;4. 万宝组;5. 大石寨组;6. 二叠纪花岗岩;7. 哲斯组;8. 寿山沟组;9. 侏罗纪花岗岩;10. 满克头鄂博组;11. 实测正断层;12. 梅勒图组;13. 相变界线;14. 重磁推断三级断裂构造;15. 铅锌矿点;16. 航磁正等值线;17. 航磁负等值线;18. 航磁零值线

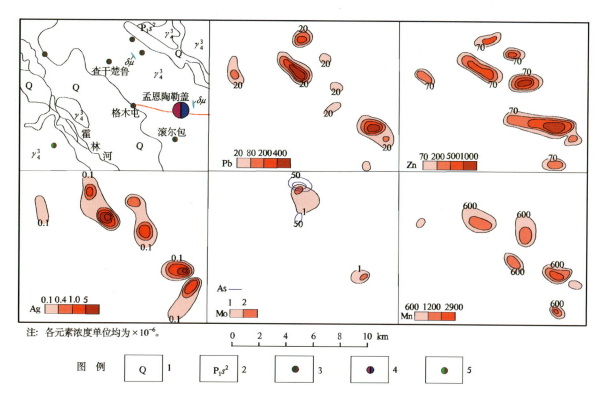

图 9-5 孟恩陶勒盖式侵入岩体型铅锌矿典型矿床化探综合异常剖析图

1. 第四系;2. 下二叠统寿山沟组;3. 铅锌矿点;4. 银铅矿点;5. 铜锌矿点

总结典型矿床综合信息特征,编制典型矿床预测要素表(表 9-2)。

表 9-2 孟恩陶勒盖式侵入岩体型铅锌矿典型矿床预测要素

成矿要素		内容描述			要素类别
资源储量(t)		铅 168 877,锌 388 398	平均品位(%)	铅 0.10,锌 0.99	
特征描述		岩浆晚期热液型			
地质环境	构造背景	锡林浩特岩浆弧			必要
	成矿环境	中酸性岩浆侵位			必要
	成矿时代	侏罗纪			必要
矿床特征	矿体形态	脉状、网脉状			重要
	岩石类型	主要为中二叠世斜长花岗岩			重要
	岩石结构	花岗结构			次要
	矿物组合	闪锌矿、方铅矿、深红银矿、黑硫银锡矿、自然银等			重要
	结构构造	结构:结晶结构、包含结构、填隙结构、胶状结构、交代熔蚀结构、固溶体分离结构、碎裂结构等。 构造:浸染状构造、网脉状构造、梳状构造、条带状构造、块状构造、角砾状构造、斑杂状构造、球粒状-半球粒状构造、环带状构造、晶洞状构造			次要
	蚀变特征	主要为绢云母化、锰菱铁矿化、硅化、黄铁矿化,其次为绿泥石化和黑云母退色			必要
	控矿条件	主要为近东西向断裂,其次为北东向断裂			必要

续表 9-2

成矿要素		内容描述			要素类别
资源储量（t）		铅 168 877,锌 388 398	平均品位（%）	铅 0.10;锌 0.99	
特征描述		岩浆晚期热液型			
地球物理特征	重力异常	矿床位于布格重力异常等值线扭曲部位；剩余重力异常图上，孟恩陶勒盖铅锌矿位于负剩余重力异常上，走向呈北西，$\Delta g_{min}=-5.90\times10^{-5}\,m/s^2$，根据物性资料和地质资料分析，推断该重力低异常是中—酸性岩体的反映			次要
	磁法异常	据 1:5 万航磁平面等值线图,磁场总体表现为低缓的负磁场,中央出现条带状负磁异常带,走向南北,极值达－150nT			重要
地球化学特征		矿区存在以 Pb、Zn 为主,伴有 Cu、Ag、Cd 等元素组成的综合异常,Pb、Zn 为主要的成矿元素,Cu、Ag、Cd 为主要的伴生元素			必要

第二节 预测工作区研究

一、区域地质特征

该预测工作区位于大兴安岭构造岩浆带东南缘,锡林浩特岩浆岩亚带内,火山-侵入岩发育,侵入岩以二叠纪和侏罗纪—白垩纪酸性岩为主,中性岩零星分布,区内矿产资源丰富,与叠纪酸性侵入岩有关的矿产为铜、铅、锌、银、金、锡等,与侏罗纪中酸性侵入岩有关的矿产为铜、钼、铅,与侏罗纪酸性侵入岩有关的矿产为铜、铅、锡、银和稀有稀土及放射性矿产,与白垩纪花岗斑岩有关的矿产为铅多金属等。

中二叠世侵入岩,岩石组合以斜长花岗岩和正长花岗岩为主,花岗岩、闪长岩较少。斜长花岗岩主要分布于孟恩陶勒盖,呈近等轴状岩基侵入中二叠统哲斯组,被晚侏罗世花岗岩侵入。正长花岗岩见于铁列格屯东,为呈近东西向展布的岩株,侵入下二叠统大石寨组（$P_1 d$）,被上侏罗统满克头鄂博组火山岩覆盖,岩石为粗粒结构,含钾长石巨晶,与锡的成矿作用有关。中二叠世侵入岩为中钾钙碱—高钾钙碱系列,中深成相,中等剥蚀,大地构造环境为岩浆弧(陆缘弧)相。

晚侏罗世侵入岩,岩石组合为黑云母花岗岩、花岗闪长岩、二长花岗岩、斜长花岗岩、石英闪长岩、闪长岩,北东向展布,呈岩基、岩株侵入中二叠统和上侏罗统以及二叠纪侵入岩,同位素测得花岗闪长岩年龄值达 150Ma,其他年龄值多偏低。中性岩与铜、铅、锌、钼的成矿作用有关,为钙碱系列,壳幔混合源。酸性岩与铜、锡、锌、银及稀土元素、稀有元素的成矿作用有关,为高钾钙碱系列,壳源。晚侏罗世侵入岩大地构造环境为后碰撞岩浆杂岩亚相。

白垩纪侵入岩以二长花岗岩、晶洞正长花岗岩和花岗斑岩为主,零星出露花岗闪长岩、闪长岩,呈岩基、岩株或脉状侵入体,北北东向带状产出,侵入晚侏罗世火山岩以及更老的地层。岩石系列为碱性和钙碱性,壳源或壳幔混合源,岩石构造组合为碱性花岗岩＋钙碱性花岗岩和花岗闪长岩、闪长岩,大地构造环境为后造山岩浆杂岩亚相。

东西向或近东西向展布的断裂控制了矿体的分布。

二、区域地球物理特征

1. 重力场特征

布格重力异常图显示,本预测工作区处于巨型重力梯度带上,区域重力场总体反映东南部重力高、西北部重力低的特点，重力场最低值$-90.60\times10^{-5}\mathrm{m/s^2}$，最高值$7.89\times10^{-5}\mathrm{m/s^2}$。剩余重力异常图显示，在巨型重力梯度带上叠加着许多重力低局部异常，这些异常主要是中—酸性岩体、次火山岩和火山岩盆地所致。

本预测工作区内的断裂构造以北东向和北西向为主；地层单元呈带状沿近东西向分布；中—新生代盆地呈带状；岩浆岩带呈面状沿北东向延深，中—酸性岩体呈带状和椭圆状分布，在该预测工作区推断解释断裂构造59条，中—酸性岩体11个，中—新生代盆地24个，地层单元22个。

2. 磁异常特征

1∶10万航磁ΔT等值线平面图显示，本预测工作区磁异常幅值范围为$-600\sim2400\mathrm{nT}$，背景值为$-100\sim100\mathrm{nT}$，其间分布着许多磁异常，磁异常形态杂乱，多为不规则带状、片状或团状，预测工作区西北部、西部及中部磁异常较多且异常值较大，纵观预测工作区磁异常轴向及航磁ΔT等值线延深方向，以北东向为主。孟恩陶勒盖式侵入岩体型铅锌矿位于预测工作区东部，磁异常背景为低缓负磁异常区，$-100\mathrm{nT}$等值线附近。

本预测工作区磁法推断地质构造（断裂构造）与磁异常轴向相同，多为北东向，磁场标志多为不同磁场区分界线。预测工作区北部除西北角磁异常推断为火山岩地层外，其他磁异常推断解释为侵入岩体；预测工作区南部磁异常较规则，解释推断为火山岩地层和侵入岩体。

孟恩陶勒盖式侵入岩体型铅锌矿孟恩陶勒盖预测工作区磁法共推断断裂22条，侵入岩体24个，火山岩地层11个。

三、区域地球化学特征

区域上分布有Cu、Ag、As、Mo、Pb、Zn、Sb、W等元素组成的高背景区（带），在高背景区（带）中有以Ag、As、Cu、Sb、Pb、Zn、W为主的多元素局部异常。预测工作区内共有112处Ag异常、76处As异常、76处Au异常、74处Cd异常、49处Cu异常、77处Mo异常、96处Pb异常、83处Sb异常、76处W异常、67处Zn异常。

As、Sb元素在预测工作区北东部呈高背景分布，有明显的浓度分带和浓集中心，浓集中心沿突泉县—杜尔基镇—九龙乡后新立屯一带呈北东向带状分布，As元素在预测工作区南部也呈高背景分布，有明显的浓度分带和浓集中心；Pb元素在预测工作区呈高背景分布，浓集中心明显，强度高，浓集中心主要位于巴彦杜尔基苏木—代钦塔拉苏木之间的巴雅尔图胡硕镇、嘎亥图镇和布敦花地区；Ag、Zn元素在预测工作区中部呈高背景分布，有多处浓集中心，浓集中心明显，强度高，与Pb元素的浓集中心套合较好；Ag元素从乌兰哈达苏木伊罗斯以西到嘎亥图镇有一条明显的浓度分带，浓集中心明显，强度高；Au元素在预测工作区多呈低背景分布；Cd元素在预测工作区呈背景、低背景分布，有几处明显的浓集中心，位于代钦塔拉苏木、乌兰哈达苏木、嘎亥图镇和布敦花地区；W元素在预测工作区中部呈高背景分布，有明显的浓度分带和浓集中心。

四、区域遥感影像及解译特征

1. 遥感地质特征解译

本预测工作区内共解译出大型构造20条，由北到南依次为胡尔勒-巴彦花苏木断裂带、大兴安岭主脊-林西深断裂带、巴仁哲里木-高力板断裂带、锡林浩特北缘断裂带、毛斯戈-准太本苏木断裂带、额尔格图-巴林右旗断裂带、嫩江-青龙河断裂带、宝日格斯台苏木-宝力召断裂带，除巴仁哲里木-高力板断裂带、宝日格斯台苏木-宝力召断裂带沿北西向分布，其他大型构造的走向基本为北东向，两种方向的大型构造在区域内相互错断,在部分构造带交会处形成错断密集区,总体构造格架清晰。

本区域内共解译出中小型构造456条、环形构造140条。环形构造主要分布在该区域的北部及中部。北部及中部的与隐伏岩体有关的环形构造在相对集中的几个区域中集合分布,且大型构造带的交会断裂处及大中型构造形成的构造群附近多有环状要素出现。

2. 遥感异常分布特征

本预测工作区的羟基、铁染异常在整图范围分布,没有相对密集的条带状、块状异常区,分布情况无规律。

五、预测工作区预测模型

根据预测工作区区域成矿要素和化探、航磁、重力、遥感等特征,建立了本预测工作区的区域预测要素(表9-3),编制预测工作区预测要素图和预测模型图(图9-6)。

预测要素图以综合信息预测要素为基础,把物探、遥感及化探等的线文件全部叠加在成矿要素图上。

表9-3 孟恩陶勒盖式侵入岩体型铅锌矿区域预测要素

预测要素		内容描述	要素类别
地质环境	大地构造位置	Ⅰ天山-兴蒙造山系,Ⅰ-1大兴安岭弧盆系,Ⅰ-1-6锡林浩特岩浆弧(Pz_2)	重要
	成矿区(带)	Ⅱ-13大兴安岭成矿省,Ⅲ-50林西-孙吴铅、锌、铜、钼、金成矿带(Vl、Il、Ym),Ⅳ$_{50}^{2}$神山-白音诺尔铜、铅、锌、铁、铌(钽)成矿亚带(Y),V$_{50}^{3-2}$孟恩陶勒盖-布敦花银、铜、铅、锌矿集区(Ye)	重要
	区域成矿类型及成矿期	区域成矿类型为热液型,成矿期为侏罗纪	重要
控矿地质条件	赋矿地质体	主要为中二叠世黑云母花岗岩	必要
	控矿侵入岩	主要为中二叠世斜长花岗岩,其次为中二叠世黑云母花岗岩、闪长岩	必要
	主要控矿构造	主要为东西向断裂,其次是北东向断裂	重要
区内相同类型矿产		已知矿床(点)4处,其中,小型1处,矿点3处	重要
地球物理特征	重力异常	预测工作区处于巨型重力梯度带上,区域重力场总体反映东南部重力高、西北部重力低的特点,重力场最低值-90.60×10^{-5} m/s^2,最高值7.89×10^{-5} m/s^2。从剩余重力异常图来看,在巨型重力梯度带上叠加着许多重力低局部异常,这些异常主要是中—酸性岩体、次火山岩和火山岩盆地所致	重要
	航磁异常	据1:50万航磁化极等值线平面图显示,磁场总体表现为低缓的负磁场,没有异常的出现	重要
地球化学特征		预测工作区主要分布有Au、As、Sb、Cu、Pb、Zn、Ag、Cd、W、Mo等元素异常,Pb元素异常主要分布在预测工作区中部和北部,具有明显的浓度分带和浓集中心,异常强度高	重要
遥感特征		解译出线型断裂多条和最小预测区多处	重要

预测模型图的编制,以地质剖面图为基础,叠加区域航磁、重力、化探剖面图而形成。

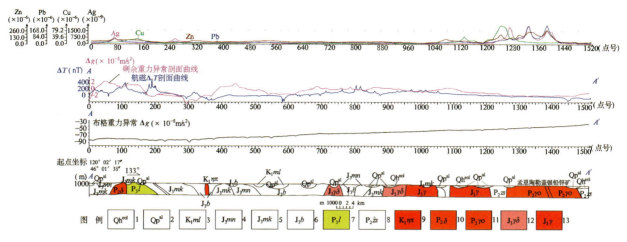

图 9-6 孟恩陶勒盖式侵入岩体型铅锌矿孟恩陶勒盖预测工作区预测模型图

1. 风积:石英、长石细砂、粉砂土;2. 冲积:砂、砾、黏土;3. 梅勒图组;4. 玛尼吐组;5. 满克头鄂博组;6. 白音高老组;7. 林西组;8. 哲斯组;9. 二长斑岩;10. 闪长岩;11. 斜长花岗岩;12. 石英闪长岩;13. 花岗岩

第三节 矿产预测

一、综合地质信息定位预测

1. 变量提取及优选

根据典型矿床成矿要素及预测要素研究,结合预测工作区提取的要素特征,本次选择综合信息网格单元法作为预测单元,根据预测底图比例尺确定网格间距为 2km×2km,图面为 20mm×20mm。

在 MRAS 软件中,对揭盖后的地质体、断裂缓冲区、蚀变带、化探综合异常、遥感最小预测区等的区文件求区的存在标志,对航磁化极等值线、剩余重力求起始值的加权平均值,并进行以上原始变量的构置,对网格单元进行赋值,形成原始数据专题。

2. 最小预测区确定及优选

根据已知矿床所在地区的航磁化极异常值、剩余重力值对原始数据专题中的航磁化极等值线、剩余重力起始值的加权平均值进行二值化处理(航磁起始值范围取 $-100\sim1570$ nT 之间,剩余重力起始值范围取 $-1\times10^{-5}\sim5\times10^{-5}$ m/s^2 之间),形成定位数据转换专题。

进行定位预测变量选取时将以上变量全部选取,经软件判断和人工分析进行最小预测区圈定。

3. 最小预测区确定结果

叠加所有预测要素,根据各要素边界圈定最小预测区,共圈定最小预测区 31 个,其中,A 级区 11 个(面积 87.89km^2),B 级区 11 个,C 级区 9 个(图 9-7,表 9-4)。

4. 最小预测区地质评价

各最小预测区根据地质特征、成矿特征和资源潜力等进行了综合评述(表 9-4)。

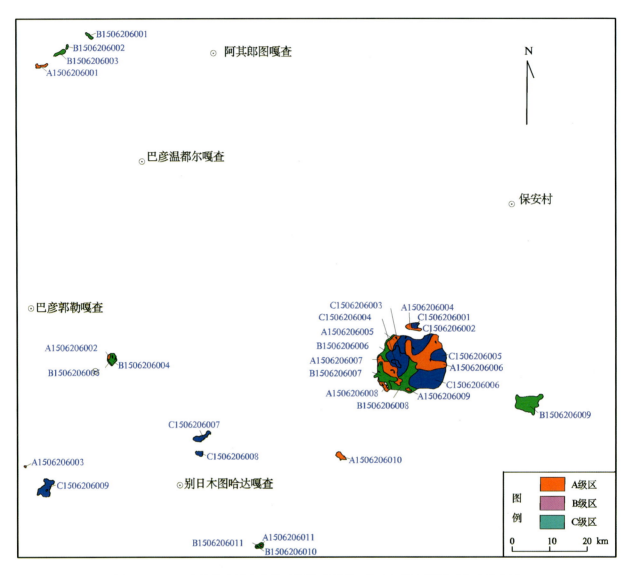

图 9-7 孟恩陶勒盖式侵入岩体型铅锌矿预测工作区各最小预测区优选分布图

表 9-4 孟恩陶勒盖式侵入岩体型铅锌矿孟恩陶勒盖预测工作区各最小预测区综合信息表

最小预测区编号	最小预测区名称	综合信息(航磁单位为 nT,重力单位为 $\times 10^{-5}\mathrm{m/s^2}$)	评价
A1506206001	敖很达巴嘎查西	该最小预测区矿床主要赋存于中二叠纪闪长岩中。与成矿有关的围岩蚀变为绢云母化、锰菱铁矿化、硅化、黄铁矿化,其次是绿泥石化和黑云母退色。航磁化极等值线起始值在-100~1570 之间;剩余重力异常起始值在-1~5 之间;最小预测区在铅锌综合化探异常区内。预测延深为 600m 时,334-2 级预测资源量为 Pb 2 728.50t,Zn 6 420.00t	找矿潜力极大
A1506206002	巴彦乌拉嘎查北东	该最小预测区矿床主要赋存于中二叠纪闪长岩中,矿体呈脉群状。该区内有矿点 1 处,航磁化极等值线起始值在-100~1570 之间;剩余重力异常起始值在-1~5 之间;最小预测区在铅锌综合化探异常区内。预测延深为 600m 时,334-2 级预测资源量为 Pb 1 032.75t,Zn 2 430.00t	找矿潜力极大

续表 9-4

最小预测区编号	最小预测区名称	综合信息（航磁单位为 nT，重力单位为 $\times 10^{-5}$ m/s^2）	评价
A1506206003	1258 高地南西	该最小预测区矿床主要赋存于中二叠世黑云花岗岩中。与成矿有关的围岩蚀变为绢云母化、锰菱铁矿化、硅化、黄铁矿化。航磁化极等值线起始值在 -100～1570 之间；剩余重力异常起始值在 -1～5 之间；最小预测区在铅锌综合化探异常区内。预测延深为 600m 时，334-2 级预测资源量为 Pb 318.75t，Zn 750.00t	找矿潜力极大
A1506206004	布拉格呼都格北	该最小预测区矿床主要赋存于中二叠世黑云斜长花岗岩中。与成矿有关的围岩蚀变为绢云母化、锰菱铁矿化、硅化、黄铁矿化。航磁化极等值线起始值在 -100～1570 之间；剩余重力异常起始值在 -1～5 之间；最小预测区在铅锌综合化探异常区内。预测延深为 600m 时，334-2 级预测资源量为 Pb 4 475.25t，Zn 10 530.00t	找矿潜力极大
A1506206005	白音哈嘎南东	该最小预测区矿床主要赋存于中二叠世黑云斜长花岗岩中。与成矿有关的围岩蚀变为绢云母化、锰菱铁矿化、硅化、黄铁矿化。航磁化极等值线起始值在 -100～1570 之间；剩余重力异常起始值在 -1～5 之间；最小预测区在铅锌综合化探异常区内。预测延深为 600m 时，334-2 级预测资源量为 Pb 9 090.75t，Zn 21 390.00t	找矿潜力极大
A1506206006	孟恩套力盖	该最小预测区矿床主要赋存于中二叠世黑云斜长花岗岩中，矿体呈脉群状。该区内有中型矿产地 1 处，航磁化极等值线起始值在 -100～1570 之间；剩余重力异常起始值在 -1～5 之间；最小预测区在铅锌综合化探异常区内。预测延深为 600m 时，334-1 级预测资源量为 Pb 85 862.78t，Zn 197 274.95t	找矿潜力极大
A1506206007	靠山嘎查	该最小预测区矿床主要赋存于中二叠世黑云斜长花岗岩中，与成矿有关的围岩蚀变为绢云母化、锰菱铁矿化、硅化、黄铁矿化，其次是绿泥石化和黑云母退色。航磁化极等值线起始值在 -100～1570 之间；剩余重力异常起始值在 -1～5 之间；最小预测区在铅锌综合化探异常区内。预测延深为 600m 时，334-2 级预测资源量为 Pb 20 795.25t，Zn 48 930.00t	找矿潜力极大
A1506206008	石场	该最小预测区矿床主要赋存于中二叠世黑云斜长花岗岩中，与成矿有关的围岩蚀变为绢云母化、锰菱铁矿化、硅化、黄铁矿化。航磁化极等值线起始值在 -100～1570 之间；剩余重力异常起始值在 -1～5 之间；最小预测区在铅锌综合化探异常区内。预测延深为 600m 时，334-2 级预测资源量为 Pb 4 003.50t，Zn 9 420.00t	找矿潜力极大
A1506206009	果尔本巴拉南	该最小预测区矿床主要赋存于中二叠世黑云斜长花岗岩中，矿体呈脉群状。与成矿有关的围岩蚀变为绢云母化、锰菱铁矿化、硅化、黄铁矿化，其次是绿泥石化和黑云母退色。该区内有矿点 1 处，航磁化极等值线起始值在 -100～1570 之间；剩余重力异常起始值在 -1～5 之间；最小预测区在铅锌综合化探异常区内。预测延深为 600m 时，334-2 级预测资源量为 Pb 1 287.75t，Zn 3 030.00t	找矿潜力极大
A1506206010	机械连西南	该最小预测区矿床主要赋存于中二叠世黑云斜长花岗岩中，与成矿有关的围岩蚀变为绢云母化、锰菱铁矿化、硅化、黄铁矿化，其次是绿泥石化和黑云母退色。航磁化极等值线起始值在 -100～1570 之间；剩余重力异常起始值在 -1～5 之间；最小预测区在铅锌综合化探异常区内。预测延深为 600m 时，334-2 级预测资源量为 Pb 4 284.00t，Zn 10 080.00t	找矿潜力极大
A1506206011	乌日根塔拉嘎查东	该最小预测区矿床主要赋存于中二叠世黑云母花岗岩中，矿体呈脉群状。主要工业矿物是闪锌矿、方铅矿、深红银矿、黑硫银锡矿、自然银等。共生矿物有黄铜矿、黝锡矿、锡石、黄铁矿、磁黄铁矿和毒砂。与成矿有关的围岩蚀变为绢云母化、锰菱铁矿化、硅化、黄铁矿化，其次是绿泥石化和黑云母退色。该区内南侧有矿点 1 处，航磁化极等值线起始值在 -100～1570 之间；剩余重力异常起始值在 -1～5 之间；最小预测区在铅锌综合化探异常区内。预测延深为 600m 时，334-3 级预测资源量为 Pb 382.50t，Zn 900.00t	找矿潜力极大

续表 9-4

最小预测区编号	最小预测区名称	综合信息（航磁单位为 nT,重力单位为 $\times 10^{-5}\,m/s^2$）	评价
B1506206001	1283 高地	该最小预测区矿床主要赋存于中二叠世闪长岩中。航磁化极等值线起始值在－100～1570 之间；剩余重力异常起始值在－1～5 之间；最小预测区在铅锌综合化探异常区内。预测延深为 600m 时,334-2 级预测资源量为 Pb 1 139.85t,Zn 2 682.00t	找矿潜力较大
B1506206002	额布根乌拉嘎查北	该最小预测区矿床主要赋存于中二叠世闪长岩中。航磁化极等值线起始值在－100～1570 之间；剩余重力异常起始值在－1～5 之间；最小预测区在铅锌综合化探异常区内。预测延深为 600m 时,334-2 级预测资源量为 Pb 459.00t,Zn 1 080.00t	找矿潜力较大
B1506206003	老头山护林站	该最小预测区矿床主要赋存于中二叠世闪长岩中。航磁化极等值线起始值在－100～1570 之间；剩余重力异常起始值在－1～5 之间；最小预测区在铅锌综合化探异常区内。预测延深为 600m 时,334-2 级预测资源量为 Pb 1 989.00t,Zn 4 680.00t	找矿潜力较大
B1506206004	巴彦乌拉嘎查北东	该最小预测区矿床主要赋存于中二叠世闪长岩中。航磁化极等值线起始值在－100～1570 之间；剩余重力异常起始值在－1～5 之间；最小预测区在铅锌综合化探异常区内。预测延深为 600m 时,334-2 级预测资源量为 Pb 3 350.70t,Zn 7 884.00t	找矿潜力较大
B1506206005	巴彦乌拉嘎查北东	该最小预测区矿床主要赋存于中二叠世闪长岩中。航磁化极等值线起始值在－100～1570 之间；剩余重力异常起始值在－1～5 之间；最小预测区在铅锌综合化探异常区内。预测延深为 600m 时,334-2 级预测资源量为 Pb 474.30t,Zn 1 116.00t	找矿潜力较大
B1506206006	巴仁杜尔基苏木东	该最小预测区矿床主要赋存于中二叠世黑云母斜长花岗岩中。航磁化极等值线起始值在－100～1570 之间；剩余重力异常起始值在－1～5 之间；最小预测区在铅锌综合化探异常区内。预测延深为 600m 时,334-2 级预测资源量为 Pb 5 446.80t,Zn 12 816.00t	找矿潜力较大
B1506206007	靠山嘎查南	该最小预测区矿床主要赋存于中二叠世黑云母斜长花岗岩中。航磁化极等值线起始值在－100～1570 之间；剩余重力异常起始值在－1～5 之间；最小预测区在铅锌综合化探异常区内。预测延深为 600m 时,334-2 级预测资源量为 Pb 11 658.60t,Zn 27 432.00t	找矿潜力较大
B1506206008	新鲜光	该最小预测区矿床主要赋存于中二叠世黑云母斜长花岗岩中。航磁化极等值线起始值在－100～1570 之间；剩余重力异常起始值在－1～5 之间；最小预测区在铅锌综合化探异常区内。预测延深为 600m 时,334-2 级预测资源量为 Pb 19 974.15t,Zn 46 998.00t	找矿潜力较大
B1506206009	查干淖尔嘎查	该最小预测区矿床主要赋存于中二叠世黑云母斜长花岗岩中。航磁化极等值线起始值在－100～1570 之间；剩余重力异常起始值在－1～5 之间；最小预测区在铅锌综合化探异常区内。预测延深为 600m 时,334-2 级预测资源量为 Pb 18 421.20t,Zn 43 344.00t	找矿潜力较大
B1506206010	乌日根塔拉嘎查东	该最小预测区矿床主要赋存于中二叠世黑云母花岗岩中。航磁化极等值线起始值在－100～1570 之间；剩余重力异常起始值在－1～5 之间；最小预测区在铅锌综合化探异常区内。预测延深为 600m 时,334-3 级预测资源量为 Pb 61.20t,Zn 144.00t	找矿潜力较大
B1506206011	乌日根塔拉嘎查东	该最小预测区矿床主要赋存于中二叠世黑云母花岗岩中。航磁化极等值线起始值在－100～1570 之间；剩余重力异常起始值在－1～5 之间；最小预测区在铅锌综合化探异常区内。预测延深为 600m 时,334-3 预测资源量为 Pb 1 637.10t,Zn 3 852.00t	找矿潜力较大

续表 9-4

最小预测区编号	最小预测区名称	综合信息（航磁单位为 nT,重力单位为 $\times 10^{-5}\mathrm{m/s^2}$）	评价
C1506206001	道仓毛都南	该最小预测区矿床主要赋存于中二叠世黑云母斜长花岗岩中。最小预测区在铅锌综合化探异常区内。预测延深为 600m 时,334-2 级预测资源量为 Pb 1 315.80t,Zn 3 096.00t	有一定的找矿潜力
C1506206002	冈干营子地铺	该最小预测区矿床主要赋存于中二叠世黑云母斜长花岗岩中。最小预测区在铅锌综合化探异常区内。预测延深为 600m 时,334-2 级预测资源量为 Pb 14 157.60t,Zn 33 312.00t	有一定的找矿潜力
C1506206003	查干楚鲁	该最小预测区矿床主要赋存于中二叠世黑云母斜长花岗岩中。最小预测区在铅锌综合化探异常区内。预测延深为 600m 时,334-2 级预测资源量为 Pb 12 714.30t,Zn 29 916.00t	有一定的找矿潜力
C1506206004	332 高地	该最小预测区矿床主要赋存于中二叠世黑云母斜长花岗岩中。最小预测区在铅锌综合化探异常区内。预测延深为 600m 时,334-2 级预测资源量为 Pb 1 361.70t,Zn 3 204.00t	有一定的找矿潜力
C1506206005	海拉苏	该最小预测区矿床主要赋存于中二叠世黑云母斜长花岗岩中。最小预测区在铅锌综合化探异常区内。预测延深为 600m 时,334-2 级预测资源量为 Pb 5 706.90t,Zn 13 428.00t	有一定的找矿潜力
C1506206006	双龙岗	该最小预测区矿床主要赋存于中二叠世黑云母斜长花岗岩中。最小预测区在铅锌综合化探异常区内。预测延深为 600m 时,334-2 级预测资源量为 Pb 20 736.60t,Zn 48 792.00t	有一定的找矿潜力
C1506206007	931 高地北	该最小预测区矿床主要赋存于中二叠世闪长岩中。最小预测区在铅锌综合化探异常区内。预测延深为 600m 时,334-2 级预测资源量为 Pb 2 830.50t,Zn 6 660.00t	有一定的找矿潜力
C1506206008	南萨拉嘎查	该最小预测区矿床主要赋存于中二叠世闪长岩中。最小预测区在铅锌综合化探异常区内。预测延深为 600m 时,334-3 级预测资源量为 Pb 1 127.10t,Zn 2 652.00t	有一定的找矿潜力
C1506206009	哈达艾里嘎查南西	该最小预测区矿床主要赋存于中二叠世黑云母花岗岩中。最小预测区在铅锌综合化探异常区内。预测延深为 600m 时,334-2 级预测资源量为 Pb 5 992.50t,Zn 14 100.00t	有一定的找矿潜力

二、综合信息地质体积法估算资源量

1. 典型矿床深部及外围资源量估算

已查明资源量来源于 1978 年《吉林省科尔沁右翼中旗孟恩陶勒盖矿区银铅锌矿地质勘探总结报告》（吉林省地质局第十地质队）。矿床面积（$S_{总}$）是根据 1:5 万矿区综合地质图,在 MapGIS 软件下读取数据；矿体延深（$L_{查}$）依据控制矿体最深的勘查线剖面图确定,预测面积分两部分：一部分为该矿床各矿体、矿脉聚积区边界范围的下延面积 1 739 216m²；另一部分为已知矿体南北两侧依据矿化体等预测部分,面积 332 836m²。具体数据见表 9-5。

表 9-5 孟恩陶勒盖预测工作区典型矿床深部及外围资源量估算表

典型矿床			深部及外围			
已查明资源量(t)	Pb 168 877	Zn 388 398	深部	面积(m²)	1 739 216	
面积(m²)	1 739 216			延深(m)	123	
延深(m)	474		外围	面积(m²)	332 836	
品位(%)	0.10	0.99		延深(m)	600	
密度(g/cm³)	2.77		预测资源量(t)		Pb 85 862.78	Zn 197 274.95
含矿系数(t/m³)	0.000 205	0.000 471	典型矿床资源总量(t)		Pb 254 739.78	Zn 585 672.95

2. 模型区的确定、资源量及估算参数

孟恩陶勒盖典型矿床位于孟恩陶勒盖模型区内。模型区预测资源量此处为典型矿床资源总量 $Z_{模}$ [=已查明资源量 $Z_{典}$ +预测资源量($Z_{深}+Z_{外}$)],即 Pb 254 739.78t、Zn 585 672.95t(金属量),模型区延深与典型矿床一致,即 600m;模型区含矿地质体面积与模型区面积一致,经 MapGIS 软件下读取数据为 49.93km²(表 9-6)。

铅含矿地质体含矿系数 K=资源总量 $Z_{模}$ /含矿地质体总体积=254 739.78÷(49 930 000×600)= 0.000 008 5(t/m³);锌含矿地质体含矿系数=资源总量/含矿地质体总体积=585 672.95÷(49 930 000× 600)=0.000 019 6(t/m³)。

表 9-6 孟恩陶勒盖预测工作区模型区资源总量及其估算参数

模型区		矿种	资源总量(t)	模型区面积(km²)	延深(m)	含矿地质体总体积(m³)	含矿地质体面积参数	含矿地质体含矿系数(t/m³)
编号	名称							
A1506206006	孟恩陶勒盖	Pb	254 739.78	49.93	600	29 958 000 000	1.00	0.000 008 5
		Zn	585 672.95					0.000 019 6

3. 最小预测区预测资源量

孟恩陶勒盖式侵入岩体型铅锌矿预测工作区最小预测区资源量定量估算采用地质体积法进行估算。

(1)估算参数的确定。最小预测区面积依据综合地质信息定位优选的结果,延深的确定是在研究最小预测区含矿地质体地质特征,含矿地质的形成延深、断裂特征、矿化类型的基础上,再对比典型矿床特征确定的,相似系数的确定主要依据 MRAS 生成的概率及与模型区的比值,参照最小预测区地质体出露情况、化探及异常规模分布、物探解译信息等进行修正。

(2)最小预测区预测资源量估算成果。各最小预测区预测资源量估算成果见表 9-7。

表 9-7 孟恩陶勒盖预测工作区各最小预测区估算成果

最小预测区编号	最小预测区名称	$S_{预}$ (km²)	$H_{预}$ (m)	K_s	K(t/m³)		α	$Z_{预}$(t)		资源量精度级别
					Pb	Zn		Pb	Zn	
A1506206001	敖很达巴嘎查西	2.14	600	1.00	0.000 008 5	0.000 019 6	0.25	2729	6420	334-2
A1506206002	巴彦乌拉嘎查北东	0.81	600	1.00	0.000 008 5	0.000 019 6	0.25	1033	2430	334-2

续表 9-7

最小预测区编号	最小预测区名称	$S_{预}$ (km²)	$H_{预}$ (m)	K_S	K (t/m³) Pb	K (t/m³) Zn	α	$Z_{预}$ (t) Pb	$Z_{预}$ (t) Zn	资源量精度级别
A1506206003	1258 高地南西	0.25	600	1.00	0.000 008 5	0.000 019 6	0.25	319	750	334-2
A1506206004	布拉格呼都格北	3.51	600	1.00	0.000 008 5	0.000 019 6	0.25	4475	10 530	334-2
A1506206005	白音哈嘎南东	7.13	600	1.00	0.000 008 5	0.000 019 6	0.25	9091	21 390	334-2
A1506206006	孟恩陶勒盖	49.93	600	1.00	0.000 008 5	0.000 019 6	1.00	85 863	197 275	334-1
A1506206007	靠山嘎查	16.31	600	1.00	0.000 008 5	0.000 019 6	0.25	20 795	48 930	334-2
A1506206008	石场	3.14	600	1.00	0.000 008 5	0.000 019 6	0.25	4004	9420	334-2
A1506206009	果尔本巴拉南	1.01	600	1.00	0.000 008 5	0.000 019 6	0.25	1288	3030	334-2
A1506206010	机械连西南	3.36	600	1.00	0.000 008 5	0.000 019 6	0.25	4284	10 080	334-2
A1506206011	乌日根塔拉嘎查东	0.3	600	1.00	0.000 008 5	0.000 019 6	0.25	383	900	334-3
B1506206001	1283 高地	1.49	600	1.00	0.000 008 5	0.000 019 6	0.15	1140	2682	334-2
B1506206002	额布根乌拉嘎查北	0.6	600	1.00	0.000 008 5	0.000 019 6	0.15	459	1080	334-2
B1506206003	老头山护林站	2.6	600	1.00	0.000 008 5	0.000 019 6	0.15	1989	4680	334-2
B1506206004	巴彦乌拉嘎查北东	4.38	600	1.00	0.000 008 5	0.000 019 6	0.15	3351	7884	334-2
B1506206005	巴彦乌拉嘎查北东	0.62	600	1.00	0.000 008 5	0.000 019 6	0.15	474	1116	334-2
B1506206006	巴仁杜尔基苏木东	7.12	600	1.00	0.000 008 5	0.000 019 6	0.15	5447	12 816	334-2
B1506206007	靠山嘎查南	15.24	600	1.00	0.000 008 5	0.000 019 6	0.15	11 659	27 432	334-2
B1506206008	新鲜光	26.11	600	1.00	0.000 008 5	0.000 019 6	0.15	19 974	46 998	334-2
B1506206009	查干淖尔嘎查	24.08	600	1.00	0.000 008 5	0.000 019 6	0.15	18 421	43 344	334-2
B1506206010	乌日根塔拉嘎查东	0.08	600	1.00	0.000 008 5	0.000 019 6	0.15	61	144	334-3
B1506206011	乌日根塔拉嘎查东	2.14	600	1.00	0.000 008 5	0.000 019 6	0.15	1637	3852	334-3
C1506206001	道仓毛都南	2.58	600	1.00	0.000 008 5	0.000 019 6	0.10	1316	3096	334-2
C1506206002	冈干营子地铺	27.76	600	1.00	0.000 008 5	0.000 019 6	0.10	14 158	33 312	334-2
C1506206003	查干楚鲁	24.93	600	1.00	0.000 008 5	0.000 019 6	0.10	12 714	29 916	334-2
C1506206004	332 高地	2.67	600	1.00	0.000 008 5	0.000 019 6	0.10	1362	3204	334-2
C1506206005	海拉苏	11.19	600	1.00	0.000 008 5	0.000 019 6	0.10	5707	13 428	334-2
C1506206006	双龙岗	40.66	600	1.00	0.000 008 5	0.000 019 6	0.10	20 737	48 792	334-2
C1506206007	931 高地北	5.55	600	1.00	0.000 008 5	0.000 019 6	0.10	2831	6660	334-2
C1506206008	南萨拉嘎查	2.21	600	1.00	0.000 008 5	0.000 019 6	0.10	1127	2652	334-3
C1506206009	哈达艾里嘎查南西	11.75	600	1.00	0.000 008 5	0.000 019 6	0.10	5993	14 100	334-2

4. 预测工作区预测资源量成果汇总表

孟恩陶勒盖式侵入岩体型铅锌矿孟恩陶勒盖预测工作区采用地质体积法预测资源量，各最小预测区资源量精度级别划分为334-1、334-2及334-3。根据各最小预测区含矿地质体、物探、化探异常及相似系数特征，预测延深均在600m以浅。根据矿产潜力评价预测资源量汇总标准，孟恩陶勒盖预测工作区预测资源量按预测延深、资源量精度级别、可利用性、可信度统计的结果见表 9-9。

表 9-9 孟恩陶勒盖式侵入岩体型铅锌矿预测工作区预测资源量成果汇总表 （单位:t）

预测延深	资源量精度级别	矿种	可利用性		可信度			合计
			可利用	暂不可利用	≥0.75	≥0.50	≥0.25	
600m 以浅	334-1	Pb	85 863		85 863	85 863	85 863	85 863
		Zn	197 275		197 275	197 275	197 275	197 275
	334-2	Pb		175 746	2321	175 746	175 746	175 746
		Zn		413 520	5460	413 520	413 520	413 520
	334-3	Pb		3208	382.5	3208	3208	3 208
		Zn		7548	900	7548	7548	7548
合计		Pb	85 863	178 954	85 863	88 566	264 817	264 817
		Zn	197 275	421 068	197 275	203 635	618 343	618 343

第十章 白音诺尔式侵入岩体型铅锌矿预测成果

第一节 典型矿床特征

一、典型矿床地质特征及成矿模式

(一)典型矿床地质特征

1. 矿区地质

白音诺尔铅锌矿位于大兴安岭中南段巴林左旗的北部,区域地质划分属华北地块北缘增生带、苏尼特右旗海西增生带、哲斯-林西复向斜的北西翼,位于白音诺尔-景峰北东向断裂与白音诺尔-罕庙东西向断裂交会处。受区域构造控制,地层、侵入岩、构造形迹均呈北东向展布。白音诺尔铅锌矿位于白音乌拉火山机构的北部,矿区东西长 2km,南北宽 1.9km(图 10-1)。

矿区出露的地层主要有上二叠统林西组,上侏罗统满克头鄂博组。矿区外围尚有部分下二叠统大石寨组分布。林西组为一套浅变质海相砂泥质-碳酸盐岩沉积建造,地层走向 40°~50°,倾向北西向或南东向,倾角 70°~90°,按岩性划分为 3 个岩性段,下段为粉砂质、泥质板岩段;中段为灰色结晶灰岩和白色厚层大理岩;上段为灰黑色斑点板岩夹粉砂质泥质板岩。林西组为湖盆相碎屑沉积建造,岩性为泥质板岩、斑点板岩,地层走向 40°~50°,倾向北西,倾角陡。满克头鄂博组为凝灰质砾岩、凝灰质角砾岩夹凝灰岩,上部为流纹质熔结凝灰岩、安山岩。

矿区侵入岩分布较广,主要为燕山早期中酸性浅成—超浅成侵入岩,主要岩性为石英闪长岩、流纹质凝灰熔岩、正长斑岩及部分脉岩。石英闪长岩受岩浆分异作用及围岩影响,岩性变化较大,可见有石英闪长岩、花岗闪长岩、花岗斑岩、长石斑岩、闪长玢岩等,主要以脉状产出,呈北东—北北东向展布,长几十米至几千米,宽几米至几十米,成岩铷锶等时线年龄为 171 ± 17Ma。流纹质凝灰熔岩呈环状分布于火山岩底部,以不规则脉状穿插于火山岩或早期地层中,主要岩性有流纹质晶屑凝灰熔岩、流纹质岩屑晶屑凝灰熔岩,全岩 Rb-Sr 等时线年龄为 160Ma。正长斑岩呈脉状或岩墙状侵位于火山岩及二叠纪地层中,具有绿泥石化及绿帘石化等蚀变。

矿区构造较为复杂,不仅发育有褶皱构造,而且北东向、北西向、东西向断层均较为发育,并叠加有中生代火山机构。矿区总体为背斜构造,其核部地层为林西组第一岩性段砂泥质板岩,两翼为第二岩性段大理岩。背斜轴线长约 3km,总体走向 45°,向南西向倾伏,两翼倾向为北西向和南东向,倾角 75°~85°。断裂构造较为发育,尤以北东向断裂最多,矿区多达 10 余条,总体走向北东,局部转向北北东向或北东东向,倾向北西向或北东向,倾角较陡立。矿区南缘、北缘断裂规模较大,纵贯全区并延出区外,宽几十米至上百米。南缘断裂向南陡倾,北缘断裂向北陡倾,既是矿区边界又是主要控矿构造。北北东向断裂多被北东向断裂所叠加,晚期又多有继承性活动,如 F_8 断裂位于北矿带 115~119 勘查线南

200m,断裂走向15°,倾向南东东向,倾角80°～85°,延长大于300m,宽1～3m,切断区内泥质板岩、大理岩、闪长玢岩、矽卡岩和矿体。北西—北北西向断裂亦有多条发育,走向多在310°～330°之间,倾向南西向,倾角70°～85°。断裂破碎带中也可见有矽卡岩角砾化和铅锌矿化。东西向断裂亦较发育,在矿区有多条,一般长几十米至几百米,总体走向近东西,倾向或南或北,倾角中等至陡倾,是主要的控岩控矿构造。白音乌拉火山机构以白音乌拉山为中心,面积近30km²,矿区北东部属此火山机构范围内有一个寄生火山通道位于75～9勘查线之间,通道内充填有流纹质熔结凝灰岩和流纹质凝灰岩,通道外围有凝灰质角砾岩、流纹质凝灰岩呈半环状分布,该寄生火山通道东北侧和南侧分布有白音诺尔铅锌矿体。白音乌拉中心式火山机构的主破火山口向北东向至矿区,其蚀变与矿化均具有由高中温元素组合向中低温元素组合的侧向水平分带,垂向上由深至浅亦有锌铜矿化→锌→锌铅矿化的垂向分带。

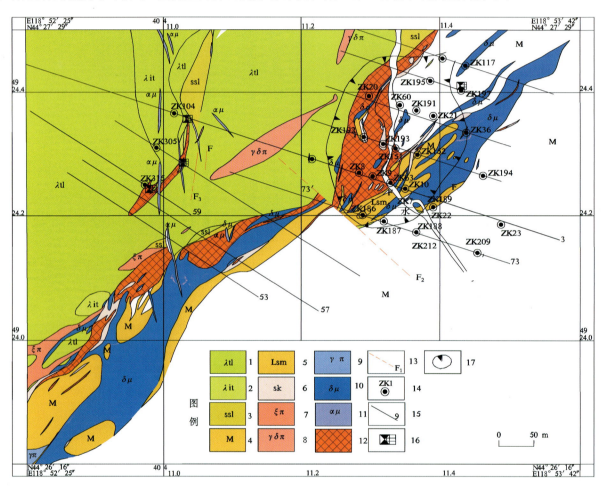

图 10-1 白音诺尔式侵入岩体型铅锌矿典型矿床地质图

1. 流纹质凝灰熔岩;2. 流纹质角砾熔岩;3. 粉砂质板岩;4. 大理岩;5. 结晶灰岩;6. 透辉石绿帘石矽卡岩;7. 正长斑岩;8. 花岗闪长岩;9. 花岗斑岩;10. 闪长玢岩;11. 安山玢岩;12. 铅锌矿体;13. 推测断层;14. 钻孔;15. 勘查线及编号;16. 竖井位置;17. 开采区范围

2. 矿床特征

白音诺尔铅锌矿床共圈定出工业矿体163个,总体特征矿体数量多,形态复杂,厚度、品位及产状变化大,矿体成群、成带分布,规律性较强。区内依控矿因素及矿体的分布特征划分为两个矿带:南矿带长1100余米,宽200～400m,赋存工业矿体55个;北矿带长1300m,宽600m,赋存工业矿体108个(图10-2)。

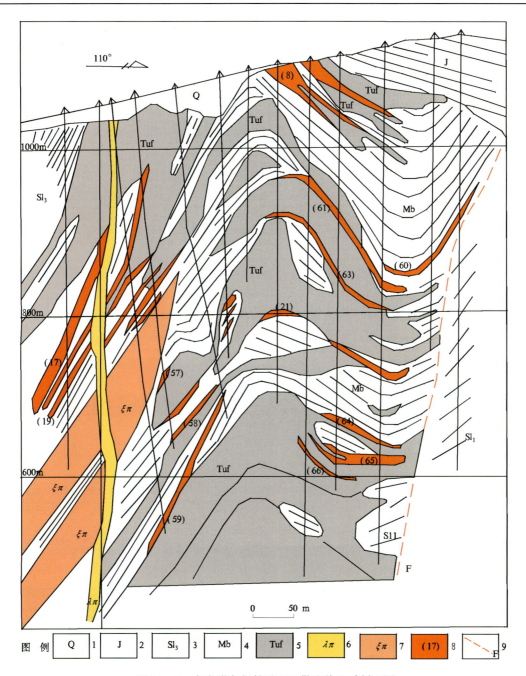

图 10-2　白音诺尔铅锌矿 109 勘查线地质剖面图

1. 第四系坡积物；2. 侏罗纪砾岩、砂岩、火山碎屑岩；3. 二叠系黄岗梁组板岩；4. 二叠系黄岗梁组大理岩、结晶灰岩；5. 岩屑、晶屑凝灰岩；6. 石英斑岩；7. 正长斑岩；8. 铅锌矿体及编号；9. 断裂

(1)南矿带。赋存矿体 55 个。1 号矿体位于 F_2 断层东侧，石英斑岩西北侧。矿体呈上宽下窄的楔形脉体，分布于结晶灰岩（局部为大理岩）与角岩化粉砂质板岩界面的顺层断裂构造中，走向 20°～60°，倾向南东，倾角 60°～80°，平均厚度 35.66m，平均延深 183m，连续性好，Zn 为主要成矿元素在矿体中分布比较均匀。自 73 勘查线向北东向铅含量逐渐增高，递变成铅锌矿体。矿体底板为粉砂质板岩、黑云母长英质角岩，局部为结晶灰岩。矿体在 1100m 标高以上为连续的厚大矿体，向下呈多个分支，其间夹透辉石矽卡岩、硅灰石矽卡岩、结晶灰岩、大理岩。矿体沿走向、倾向均被石英斑岩截切。该矿体大部分为锌矿体，呈不规则分布。矿石矿物以闪锌矿为主，其次为方铅矿。方铅矿多呈稠密状或稀疏浸染状分布于辉石矽卡岩中。

(2)北矿带。矿体走向延长50～298m,最大延深550m,矿体平均厚度在0.70～13.13m之间,铅、锌平均品位分别为3.15%、8.12%。矿体成群、成带分布,同一矿体可因脉岩相互离、合而变位,在同一接触带内,矿体可具尖灭再现的特点。如17号矿(脉)体群受北缘断裂带控制,即沿北缘断裂带侵入脉岩群的上部展布,位于岩体与泥质板岩接触带或其附近,圈定矿体有17号、17-1号～17-6号,其中17号矿体为主矿体,分布于99～115勘查线,呈脉状,长200m,走向10°～65°,总体走向32°左右,倾向北西向,倾角60°～76°。矿体分布于闪长玢岩上接触带及其附近,在脉岩会合处则位于闪长玢岩内。矿体最大斜深520m,最大厚度15.03m,最小厚度0.61m。平均品位：Pb 6.74%、Zn 18.34%、Cd 0.09%、Ag 59.09×10^{-6}。赋矿岩石以透辉石矽卡岩为主,次为石榴子石透辉石矽卡岩。矿石以半自形、他形粒状结构为主,乳滴状、叶片状结构次之；矿石构造为斑杂状、细脉浸染状及团块状构造。非金属矿物以柱状、粒状透辉石为主,次为绿色—淡绿色石榴子石,少量石英、方解石。金属矿物以闪锌矿为主,次为方铅矿、黄铜矿、黄铁矿、毒砂等。闪锌矿为棕色—深棕色及黑色,细—粗粒状,粗粒多为5mm左右。方铅矿呈细—微粒聚合体,不均匀分布。其形成顺序为：闪锌矿(同时代黄铜矿)—黄铁矿、毒砂—黄铜矿—方铅矿。矿石类型以铅锌矿石为主,部分为锌矿石。

3. 矿石特征

金属矿物以闪锌矿、方铅矿为主,次为黄铜矿、磁铁矿,偶见黄铁矿、磁黄铁矿、毒砂、斑铜矿等。非金属矿物以透辉石-钙铁辉石为主,次为石榴子石、硅灰石、绿帘石等。

矿石以半自形、他形粒状结构为主,乳滴状、叶片状结构次之；矿石构造为斑杂状、细脉浸染状及团块状构造。矿石结构以各种粒状结构为主,次为交代结构、包含结构、乳滴状结构、叶片状结构等；矿石构造以浸染状构造为主,少量斑杂状、团块状,偶见脉状和致密块状构造。

4. 矿床成因及成矿时代

李鹤年等(1989)认为铅锌矿化与燕山期花岗闪长岩和闪长岩有关。也有学者认为白音诺尔铅锌矿床矿化主要为受二叠纪褶皱构造控制的层状-浸染状矿化和平行层理的脉状矿化。与中生代岩浆作用有关的铜矿化主要分布于南矿带南西段,小规模的铜矿化仅出露在小岩体附近。矿区内在中生代火山岩中没有发现铅锌矿化。矿体主要赋存于矽卡岩内,应属高—中温热液矽卡岩型矿床。

白音诺尔铅锌矿床发育矽卡岩,因此,早期研究者将其定为矽卡岩型矿床。近期研究者发现热液喷流沉积作用生成层状矽卡岩是地质历史上的一种普遍现象。

硫同位素分析表明,两期矿化矿石具有明显不同的硫同位素组成,可能表明它们具有不同的来源。大多数样品的δ^{34}S值与火山喷气形成硫化物的δ^{34}S值(-7‰～-2‰)相近。样品地质产状呈层状、纹层状产出,矿体与凝灰岩、灰岩、黏土岩互层产出,显示了火山喷流沉积的特点。而后一部分样品的δ^{34}S值则近似于幔源硫的特点,这部分硫可能来自岩浆,而少量样品则采自呈脉状产出的、叠加于层状矿体之上的、具有穿切关系的细脉或网脉状硫化物,具有明显的后生特点。白音诺尔铅锌矿床矿石硫同位素组成明显不同于矽卡岩型矿床硫同位素组成。矽卡岩型矿床矿石硫同位素组成变化小,大多为0‰～5‰,呈塔式分布,峰值近于0,成矿金属物质来源与岩浆侵入活动密切相关。白音诺尔铅锌矿δ^{34}S平均值约为-4.3‰。根据δ^{34}S值组成、分布特点,以及样品野外产状分析推断,白音诺尔铅锌矿硫的最初来源与晚二叠世热水沉积作用有关,成矿热液中的还原态硫主要来自基底地层及海水硫酸盐,来自地层的硫与还原性热液的淋滤作用有关,成矿流体是由还原层海水补给形成的,成矿溶液在海水还原层内排泄成矿,但在燕山期受到岩浆热液活动的影响。两个时期不同作用造成区内目前矿石硫同位素的特点。

(二)典型矿床成矿模式

白音诺尔式侵入岩体型铅锌矿典型矿床的矿床成因具有以下特征。

(1) 区内黄岗梁组碳酸盐岩是本矿床重要的岩性地层条件。石英闪长岩系列岩石、流纹质凝灰熔岩及正长斑岩分别构成不同期次矿化的岩浆岩条件及物源载体。北东—北北东向及部分近东西向断裂为成岩成矿作用提供了构造条件。

据矿物硫同位素、铅同位素、爆裂温度等资料，发现成矿流体有深源特点。硫化物形成温度在170～350℃之间，表明其为高—中温热液阶段的产物。成矿热液的pH值变化范围为3.36～4.59，Eh值变化范围为−0.374～0.565，$\lg fo_2$变化范围−37.96～5.682，还原参数J为0.0036～0.263，证明成矿溶液的性质是高中温、酸性、低氧逸度。包裹体资料还表明是多组分，富含Ca、Cl、K、SO_4^{2-}、CO_2的热流体，成矿作用是在还原环境中进行的。

闪长玢岩与大理岩(结晶灰岩)接触带广泛发育的透辉石-钙铁辉石矽卡岩是区内最重要的赋矿岩石。矿体也可以赋存于凝灰熔岩、正长斑岩中或其接触带上及其附近。

矿体主要赋存于上二叠统林西组中，矿化体沿走向分布稳定，区域延深可达十余千米。矿体沿走向、倾向均与地层产状一致，呈似层状或透镜状产出，具有尖灭再现及尖灭侧现的现象。

(2) 矿物种类较多，非金属矿物以透辉石-钙铁辉石为主，次为石榴子石、硅灰石、绿帘石等；有用金属矿物以闪锌矿、方铅矿为主，次为黄铜矿、磁铁矿，偶见黄铁矿、磁黄铁矿、毒砂、斑铜矿等。按照生成特征和组合类型，可将金属矿物分为3类：①方铅矿闪锌矿组合，主要由方铅矿、闪锌矿组成，间有少量黄铜矿、黄铁矿等，有时铜的含量可达工业要求。该组合是矿区主要金属矿物组合，多分布在矿体中上部。②闪锌矿组合，主要由单一闪锌矿组成，有时含少量方铅矿，微量黄铜矿、黄铁矿、磁黄铁矿等，多分布在矿体的中、下部。17号矿体以此组合为主。③方铅矿组合，主要由单一方铅矿组成，有时含少量闪锌矿，方铅矿多呈脉状沿脉石矿物晶粒裂隙分布，局部聚集成斑点状。方铅矿组合一般较少。矿石的结构以各种粒状结构为主，次为交代结构、包含结构、乳滴状结构、叶片状结构等；矿石构造以浸染状构造为主，少量斑杂状、团块状，偶见脉状和致密块状构造。

(3) 矿床内矿体较多，且形态复杂，厚度、品位及产状变化大，矿体成群、成带分布，规律性较强。区内依地形、地质因素及矿体的分布特征划分为两个矿带：南矿带长1100余米，宽200～400m。赋存工业矿体55个；北矿带长1300m，宽600m，赋存工业矿体108个。总体来看，矿体的倾向延深大于走向延长，倾向上较走向上变化较小。矿体具有成群、成带分布，同一矿体可因脉岩相互离、合而变位，在同一接触带内，矿体可具尖灭再现的特点。

(4) 矿区构造演化及其控岩控矿作用可归纳如下。印支末期，区内二叠系地层在区域北西-南东向主压力作用下，同时受前期北东向断裂的干扰影响下，形成了矿区内轴迹走向北东、倾向南西的不协调背斜构造，伴随褶曲构造的进一步发育及区域北东向断裂的进一步活动，区内形成了北东—北北东向的压扭性断裂。这些断裂与早期东西向断裂(规模较大)及同期东西向断裂(规模较小且多受北东向断裂限制)共同控制了本区石英闪长岩类的岩浆侵入，形成了蚀变岩及铅锌矿化作用，即北东—北北东向及部分东西向断裂是区内主要的控岩控矿构造。继上述背斜与断裂构造形成之后，早期北西向断裂、近东西向断裂、近南北向断裂相继生成，控制了侏罗纪火山盆地。晚侏罗世末期岩浆地质动力减弱伴随流纹质凝灰熔岩及正长斑岩的超浅成侵入，第二期成矿作用在区内再次叠加成矿。成矿后断裂主要是南北向追踪张断裂，现已被石英斑岩充填。北北东向、北北西向张扭-压扭性断裂不仅破坏了闪长玢岩、次火山岩和矿体等，而且控制了安山玢岩的产生。

通过对上述特点的分析与归纳，该矿床成因类型为高—中温热液矽卡岩型矿床。白音诺尔的成矿模式如图10-3所示。

二、典型矿床地球物理特征

据1:5万航磁等值线图显示，磁场总体表现为负磁场，只是在西北部出现团圆状正异常，幅值达250nT。据1:1万电法极化率等值线平面图显示，在矿点所在位置中央，有两个圆形的高极化率异常，极值达4以上，推测很有可能是矿致异常(图10-4)。

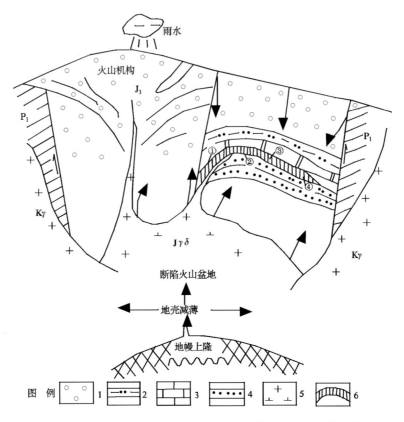

图 10-3 白音诺尔式侵入岩体型铅锌矿典型矿床成矿模式图
1. 砾岩;2. 粉砂质泥岩;3. 灰岩;4. 粉砂岩;5. 花岗闪长斑岩;6. 角岩

三、典型矿床地球化学特征

与预测工作区相比,矿区出现了以 Pb、Zn 为主,伴有 Ag、Cd、As、Sb、W、Mo 等元素组成的综合异常,主成矿元素以 Pb、Zn、Ag、Cd、As、Sb、W、Mo 为主的共(伴)生元素。

在白音诺尔地区,Pb、Zn 呈高背景分布,具明显的浓度分带;Ag、Cd、As、Sb、W、Mo 在白音诺尔地区呈高背景分布,存在明显的异常。

四、典型矿床预测模型

在典型矿床成矿要素研究的基础上,根据矿区大比例尺化探异常、地磁资料及矿床所在区域的航磁重力资料,建立典型矿床的预测要素。在成矿要素图上叠加大比例尺地磁等值线形成预测要素图,同时以典型矿床所在区域的地球化探异常、航磁重力资料做系列图,以角图形式表达,反映其所在位置的物探特征。

在典型矿床研究及典型矿床成矿要素图的基础上,编制典型矿床成矿要素表(表 10-1)。

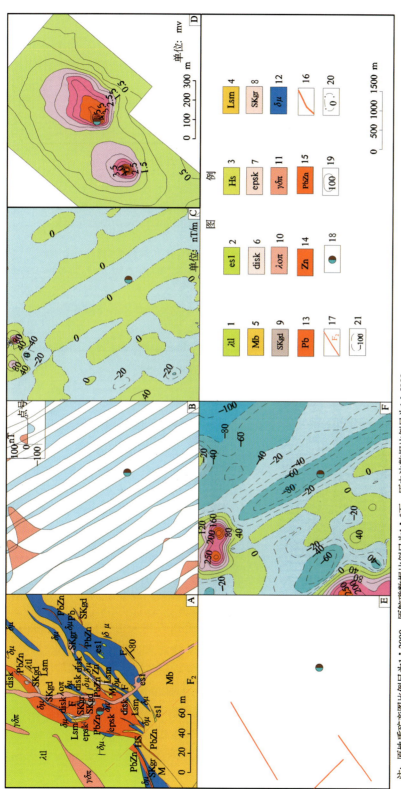

图 10-4 白音诺尔铅锌矿典型矿床所在位置地质矿产及物探剖析图

A. 原地质矿产图;B. 航磁 ΔT 剖面平面图;C. 航磁 ΔT 化极垂向一阶导数等值线平面图;D. 电法视极化率 η_s 平面图;E. 推断地质构造图;F. 航磁 ΔT 化极等值线平面图;
1. 流纹质凝灰熔岩;2. 泥质板岩;3. 角岩;4. 结晶灰岩;5. 大理岩;6. 透辉石砂卡岩;7. 硅灰石砂卡岩;8. 石榴子石砂卡岩;9. 透辉石石榴子石砂卡岩;10. 流纹石英斑岩;
11. 花岗闪长斑岩;12. 闪长玢岩;13. 闪长岩;14. 锌矿体;15. 铅锌矿体;16. 磁法推断三极断裂;17. 断层反编号;18. 矿点位置;19. 航磁正等值线及注记;20. 航磁零值线
及注记;21. 航磁负等值线及注记

注:原地质矿产图比例尺为 1:2000,航磁 ΔT 化极垂向比例尺为 1:5 万,原电法数据比例尺 1:5000。

表 10-1 白音诺尔矽卡岩型铅锌矿典型矿床成矿要素

成矿要素		内容描述			要素类别
资源储量(t)		Pb 248 941.40, Zn 575 186.22	平均品位(%)	Pb 3.51,Zn 8.12	
特征描述		矽卡岩型铅锌矿床			
地质环境	岩石类型	上二叠统林西组结晶灰岩和白色厚层大理岩,与成矿有关的花岗闪长斑岩系			必要
	岩石结构	粒状变晶结构			次要
	成矿时代	燕山早期			必要
	地质背景	矿区出露结晶灰岩和白色厚层大理岩与燕山早期中酸性浅成—超浅成侵入岩。其主要岩性为石英闪长岩、流纹质凝灰熔岩、正长斑岩及部分脉岩。侵入接触带形成矽卡岩			必要
	构造环境	区域地质划分属华北地块北缘增生带,苏尼特右旗海西增生带,哲斯-林西复向斜的北西翼。位于白音诺尔-景峰北东向断裂与白音诺尔-罕庙东西向断裂交会处			必要
矿床特征	矿物组合	矿石矿物以闪锌矿、方铅矿为主,次为黄铜矿、磁铁矿,偶见黄铁矿、磁黄铁矿、毒砂、斑铜矿等。非金属矿物以透辉石-钙铁辉石为主,次为石榴子石、硅灰石、绿帘石等			重要
	结构构造	矿石以半自形、他形粒状结构为主,乳滴状、叶片状结构次之;矿石构造为斑杂状、细脉浸染状及团块状构造等			次要
	蚀变特征	蚀变主要为矽卡岩化和黝帘石化,次为绿帘石化、绿泥石化、碳酸盐化及硅化等,伴随矽卡岩化发生了以铅锌为主、伴有铜银镉等蚀变矿化作用			次要
	控矿条件	矿体主要由灰岩层,角砾岩筒,褶皱构造,燕山期花岗闪长岩和闪长岩控制			重要

第二节 预测工作区研究

一、区域地质特征

1. 成矿地质背景

白音诺尔铅锌矿位于大兴安岭中南段巴林左旗的北部,区域地质划分属天山-内蒙-兴安造山带,苏尼特右旗海西增生带,哲斯-林西复向斜的北西翼。位于白音诺尔-景峰北东向断裂与白音诺尔-罕庙东西向断裂交会处。受区域构造控制,地层、侵入岩、构造形迹均呈北东向展布。

预测工作区内地层主要有上二叠统黄岗梁组,上二叠统林西组;上侏罗统满克头鄂博组。矿区外围尚有部分下二叠统大石寨组分布。黄岗梁组为一套浅变质海相砂泥质-碳酸盐岩沉积建造,地层走向40°~50°,倾向北西向或南东向,倾角70°~90°。按岩性划分为3个岩性段,下段为粉砂质、泥质板岩段;中段为灰色结晶灰岩和白色厚层大理岩;上段为灰黑色斑点板岩夹粉砂质泥质板岩。林西组为湖盆相碎屑岩沉积建造,岩性为泥质板岩、斑点板岩。地层走向40°~50°,倾向北西向,倾角陡。满克头鄂博组为凝灰质砾岩、凝灰质角砾岩夹凝灰岩,上部为流纹质熔结凝灰岩、安山岩。

区内侵入岩分布较广,主要为燕山早期中酸性浅成—超浅成侵入岩。其主要岩性为石英闪长岩、流纹质凝灰熔岩、正长斑岩及部分脉岩。石英闪长岩受岩浆分异作用及围岩岩性影响,其岩性变化较大,可见有石英闪长岩、花岗闪长岩、花岗斑岩、正长斑岩、闪长玢岩等。岩石主要以脉状产出,呈北东—北北东向展布,长几十米至几千米,宽几米至几十米。全岩 Rb-Sr 等时线年龄为 171~17Ma。流纹质凝灰熔岩呈环状分布于火山岩底部,或以指状交互与围岩接触。主要岩性有流纹质晶屑凝灰熔岩、流纹质岩屑晶屑凝灰熔岩。全岩 Rb-Sr 等时线年龄为 160Ma。正长斑岩呈脉状或岩墙状侵位于火山岩及二叠纪地层中,该类岩石具有绿泥石化及绿帘石化。

矿区构造较为复杂,不仅发育有褶皱构造,而且北东向、北西向、东西向断层均较为发育,并叠加有中生代火山机构。矿区总体为背斜构造,其核部地层为黄岗梁组第一岩性段砂泥质板岩,两翼为第二岩性段大理岩。轴线长约 3km,总体走向 45°,向南西倾伏,两翼倾向为北西向和南东向,倾角 75°~85°。断裂构造较为发育,尤以北东向断裂最为发育,矿区多达十余条,局部转向北北东向或北东东向,倾向北西向或北东向,但总体较陡立。矿区南缘、北缘断裂规模较大,纵贯全区并延出区外,宽多几十米至上百米。南缘断裂向南陡倾,北缘断裂向北陡倾,既是矿区边界又是主要控矿构造。北北东向断裂多被北东向断裂所叠加,晚期又多有继承性活动,如 F_8 断裂位于北矿带 115~119 勘查线南 200m,断裂走向 15°,倾向南东东,倾角 80°~85°,延长大于 300m,宽 1~3m,切断区内泥质板岩、大理岩、闪长玢岩、矽卡岩和矿体。北西—北北西向断裂亦有多条发育,走向多在 310°~330°之间,倾向南西向,倾角 70°~85°。断裂破碎带中也可见有矽卡岩角砾化和铅锌矿化。就总体而言,东西向断裂发育相对较早,北东—北北东向断裂与北西—北北西向断裂为准同时断裂,即总体发育于燕山中晚期,它们之间具相互切错。也有部分成矿后断裂,有的切错矿脉,但是其断距一般不大,对矿脉没有造成很大的破坏。在矿区还发育多条总体走向近东西的断裂,一般长几十米至几百米,倾向或南或北,倾角中等至陡倾,是主要的控岩控矿构造。

预测工作区内与白音诺尔矽卡岩型矿床相同的矿床只有白音诺尔矿床。

2. 区域成矿模式图

根据预测工作区研究成矿规律研究,确定预测工作区成矿要素,总结成矿模式(图 10-5)。

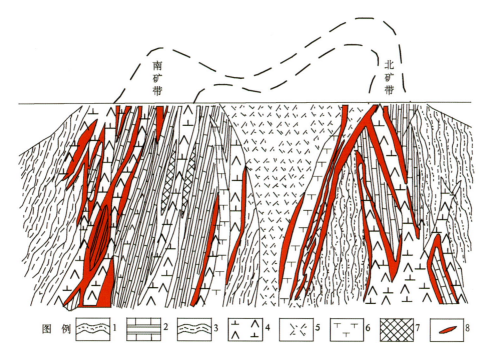

图 10-5 白音诺尔式侵入岩体型铅锌矿白音诺尔预测工作区构造控矿及成矿模式图

1. 粉砂(凝灰)质砂泥质板岩;2. 大理岩;3. 泥质板岩;4. 闪长玢岩;5. 凝灰质流纹熔岩;6. 正长斑岩;7. 角岩;8. 矿体

二、区域地球物理特征

白音诺尔铅锌矿、拜仁达坝银铅锌多金属-复合内生矿预测工作区位于纵贯全国东部地区的大兴安岭-太行山-武陵山北北东向巨型重力梯度带的西侧。该巨型重力梯度带东、西两侧重力场下降幅度达 $80\times 10^{-5}\mathrm{m/s^2}$,下降梯度约 $1\times 10^{-5}(\mathrm{m \cdot s^{-2}})/\mathrm{km}$。由地震和磁大地电流测深资料可知大兴安岭-太行山-武陵山巨型宽条带重力梯度带是一条超地壳深大断裂带的反映。该深大断裂带是环太平洋构造运动的结果。沿深大断裂带侵入了大量的中新生代中酸性岩浆岩和喷发、喷溢了大量的中新生代火山岩。

预测工作区沿克什克腾旗—霍林郭勒市一带布格重力异常总体反映重力低异常带,异常带走向北北东,呈宽条带状。在重力低异常带上叠加着许多局部重力低异常,布格重力异常最小值为$-140\times 10^{-5}\mathrm{m/s^2}$,最大值约为 $40\times 10^{-5}\mathrm{m/s^2}$。地表断断续续出露不同期次的中—新生代花岗岩体,推断该重力低异常带是中—酸性岩浆岩活动区(带)引起。局部重力低异常是花岗岩体和次火山热液活动带所致。从布格重力异常图还可以看出,重力低异常带反映出多期次的特点。

花岗岩体和次火山热液型以及脉状热液型银铅锌铜多金属矿均分布在上述局部重力低异常的边部重力等值线密集带上。如花敖包特中低温岩浆热液型银铅锌矿、白音诺尔铅锌矿、浩不高铅矿、拜仁达坝银铅矿、黄岗梁铁锌矿等。表明这些矿产形成过程中,中—酸性岩浆岩活动区(带)为其提供了充分的热源和热流。上述现象说明,应用重力资料推断的每一个岩浆岩活动区(带)实质上都是一个成矿系统。在空间上,这些岩浆岩活动区(带)控制着内生矿床的分布,在成因上它们存在着内在联系,是成矿最有利地段。

三、区域地球化学特征

区域上分布有 Ag、As、Cd、Cu、Sb、W、Pb、Zn 等元素组成的高背景区带,在高背景区带中有以 Cu、Ag、Cd、Mo、Sb、W、Pb、Zn 为主的多元素局部异常。预测工作区内共有 281 处 Ag 异常,169 处 As 异常,190 处 Au 异常,236 处 Cd 异常,194 处 Cu 异常,139 处 Mo 异常,200 处 Pb 异常,184 处 Sb 异常,214 处 W 异常,192 处 Zn 异常。

Cu、Ag、As、Pb、Zn、Sb、W 元素在全区形成大规模的高背景区带,在高背景区带中分布有明显的局部异常,Cu 元素在预测工作区沿北东向呈高背景带状分布,浓集中心分散且范围较小;Ag、As、Sb、W 元素在预测工作区均具有北东向的浓度分带,且多处浓集中心;Ag 元素在高背景区中存在两处明显的局部异常,主要分布在乌力吉德力格尔—西乌珠穆沁旗一带,呈北东向带状分布,另一处在敖包吐沟门地区;As 元素在达来诺尔镇—乌日都那杰嘎查一带存在规模较大的局部异常,有多处浓集中心,浓集中心明显,强度高,范围广;Sb、W 元素在达来诺尔镇和敖瑙达巴之间存在范围较大的局部异常,浓集中心明显,强度高,Sb 元素在胡斯尔陶勒盖和西乌珠穆沁旗以南有两处明显的局部异常,浓集中心明显,大体呈环状分布;Pb、Zn 元素在预测工作区呈高背景值北东西带状分布,有多处浓集中心,Pb、Zn、Cd 元素在敖包吐沟门地区分布有大范围的局部异常,浓集中心明显,强度高,Pb、Zn 异常套合好;Au 和 Mo 元素在预测区呈背景、低背景分布。

预测工作区上元素异常套合较好的编号为 AS1 和 AS2。AS1 位于拜仁达坝以南,异常元素有 Cu、Pb、Zn、Cd,Pb 元素呈高背景分布,具有明显的浓集中心,浓集中心呈北东向带状分布,Cu、Zn、Cd 分布与 Pb 异常区套合较好;AS2 的异常元素为 Cu、Pb、Zn、Ag、Cd,Pb 元素具有明显的浓度分带和浓集中心,浓集中心呈北东向展布,与其他元素套合良好。

四、区域遥感影像及解译特征

本预测工作区的羟基异常在整图范围内都有分布,西部区域的白音乌拉-乌兰哈达断裂带与锡林浩特北缘断裂带相交部位有大范围片状异常分布,白音乌拉-乌兰哈达断裂带与扎鲁特旗深断裂带之间的区域与构造两侧有平片状及条带状异常分布;中部区域的翁图苏木-沙巴尔诺尔断裂带、新木-奈曼旗断裂带、新林-白音特拉断裂带围成的区域有较密集的异常分布,中部及东部区域的白音乌拉-乌兰哈达断裂带以南、额尔格图-巴林右旗断裂带以北的区域中沿大兴安岭主脊-林西深断裂带走向有较密集的小块状和条带状异常分布。本区的中部及东部铁染异常较密集,西部相对较少,中部区域的翁图苏木-沙巴尔诺尔断裂带、新木-奈曼旗断裂带、新林-白音特拉断裂带围成的区域有较密集异常分布,中部及东部区域的白音乌拉-乌兰哈达断裂带以南、额尔格图-巴林右旗断裂带以北的区域中沿大兴安岭主脊-林西深断裂带走向有较密集的小块状和条带状异常分布,兴隆庄村构造走向两侧有较密集的异常分布。

五、预测工作区预测模型

根据预测工作区区域成矿要素和化探、航磁、重力、遥感及自然重砂等特征,建立了本预测工作区的区域预测要素,编制预测工作区预测要素图和预测模型图。

预测要素图以综合信息预测要素为基础,就是将化探、物探、遥感及自然重砂等值线或区全部叠加在成矿要素图上,在表达时可以导出单独预测要素如航磁的预测要素图。

预测模型图的编制,以地质剖面图为基础,叠加区域化探异常、航磁及重力剖面图而形成。区域预测要素见表10-2。

表10-2 白音诺尔式侵入岩体型铅锌矿白音诺尔预测工作区区域预测要素

成矿要素		内容描述	要素类别
特征描述		矽卡岩型铅锌矿床	
地质环境	岩石类型	上二叠统林西组结晶灰岩和白色厚层大理岩,与成矿有关的花岗闪长斑岩系	必要
	岩石结构	粒状变晶结构	必要
	成矿时代	燕山早期	必要
	地质背景	燕山早期中酸性浅成—超浅成侵入岩结晶灰岩和白色厚层大理岩。侵入接触带形成矽卡岩。火成岩主要岩性为石英闪长岩、流纹质凝灰熔岩、正长斑岩及部分脉岩	必要
	构造环境	区域地质划分属华北地块北缘增生带,苏尼特右旗海西增生带,哲斯-林西复向斜的北西翼。位于白音诺尔-景峰北东向断裂与白音诺尔-罕庙东西向断裂交会处	重要
矿产特征	矿物组合	矿石矿物以闪锌矿、方铅矿为主,次为黄铜矿、磁铁矿,偶见黄铁矿、磁黄铁矿、毒砂、斑铜矿等。非金属矿物以透辉石-钙铁辉石为主,次为石榴子石、硅灰石、绿帘石等	重要
	控矿条件	矿体主要由灰岩层,角砾岩筒,褶皱构造,燕山期花岗闪长岩和闪长岩控制	重要
物探特征	航磁特征	总体较为低缓,矿化区多为低缓正磁异常	必要
	重力特征	预测工作区内总体上呈北东向和近东西向正负相间的条带状异常带,矿化异常主要分布在低缓的负值异常区域或局部的梯度带附近。主要的金属矿床大都产于深—中深重力构造界面的附近,尤其是多组重力异常界面交会的部位。这进一步说明了研究区基底构造在地质演化过程中起到了重要的控岩控矿作用	必要
化探特征		从Ag-Pb-Zn异常总体分布来看,异常总体呈北东向展布,除Ag、Pb、Zn异常吻合程度较高外,还伴随有As、Sb、Sn、W等元素的异常。化探异常各元素套合好,规模较大,强度较高,与地表的矿化和物探异常重合度较高。总体呈北东向带状分布,大致平行于大兴安岭的主峰走向。因此,该区是寻找银多金属矿的有利部位	重要

第三节 矿产预测

一、综合地质信息定位预测

1. 变量提取及优选

根据典型矿床成矿要素及预测要素研究,本次选择不规则地质单元法作为预测单元。结合现所收集的资料,选取以下变量。

(1)地层:主要提取古生界上二叠统林西组结晶灰岩和白色厚层大理岩,并对上覆第四系、新近系等覆盖层,视地质体的具体情况进行了揭盖处理,最大处推不超过1km。

(2)岩体:主要提取燕山早期中酸性浅成—超浅成侵入岩,其主要岩性为石英闪长岩、流纹质凝灰熔岩、正长斑岩及部分脉岩。

(3)航磁异常采用航磁 ΔT 化极等值线。

(4)剩余重力异常等值线。

(5)预测工作区的铅锌化探异常。

(6)已知矿床:目前收集到的有20处,其中,大型2处,中型5处,小型13处。

2. 最小预测区确定及优选

根据圈定的最小预测区范围,选择白音诺尔典型矿床所在的最小预测区为模型区,模型区内出露地层为上二叠统林西组结晶灰岩和白色厚层大理岩,与成矿有关的岩系为花岗闪长斑岩系。

由于预测工作区内只有3个同预测类型的矿床,故采用少模型预测工程进行预测,预测过程中先后采用了数量化理论Ⅲ、特征聚类分析、神经网络分析等方法进行空间评价,并采用人工对比预测要素,比照形成的单元图,最终确定采用特征分析法作为本次工作的预测方法。

3. 最小预测区确定结果

本次工作共圈定各级异常区40个,其中,A级区10个(含已知矿体),总面积318.08km²;B级区13个,总面积238.02km²;C级区17个,总面积456.21km²(表10-3,图10-6)。

表10-3 白音诺尔式侵入岩体型铅锌矿白音诺尔预测工作区各最小预测区一览表

最小预测区编号	最小预测区名称	最小预测区编号	最小预测区名称
A1506207001	白音诺尔镇	B1506207011	巴彦诺尔嘎查南东3.7km
A1506207002	哈达吐沟门	B1506207012	半截子沟门北东12.4km
A1506207003	胡都格绍荣村西	B1506207013	太日牙花嘎查东17km
A1506207004	浩布高嘎查	C1506207001	当中营子东
A1506207005	白音昌沟门北东	C1506207002	白音镐
A1506207006	海力苏嘎查	C1506207003	敖包吐沟门
A1506207007	乃林坝嘎查	C1506207004	王营子
A1506207008	床金嘎查北东5.5km	C1506207005	塔拉图如嘎查东3.1km

续表 10-3

最小预测区编号	最小预测区名称	最小预测区编号	最小预测区名称
A1506207009	大卧牛沟沟里西 9.7km	C1506207006	新浩特嘎查西
A1506207010	毛宝力格村南东 3.5km	C1506207007	双井村
B1506207001	毛宝力格村	C1506207008	猪家营子北西
B1506207002	小东沟东	C1506207009	墨家沟西 3km
B1506207003	白音昌沟门东 2.5km	C1506207010	哈布其拉嘎查北东 15km
B1506207004	东沟营子	C1506207011	敖拉根吐南西 12.3km
B1506207005	二零四东 3km	C1506207012	萨如拉宝拉格嘎查南东 14km
B1506207006	敖包梁	C1506207013	宝尔巨日合嘎查
B1506207007	宝日里格南西	C1506207014	巴彦温都尔苏木东 2km
B1506207008	王爷坟北西 2.5km	C1506207015	敖劳木嘎查
B1506207009	查干勿苏嘎查北东 5.5km	C1506207016	包木绍绕嘎查南东 1.7km
B1506207010	永丰泉东 2.3km	C1506207017	西包特艾勒北西 1.8km

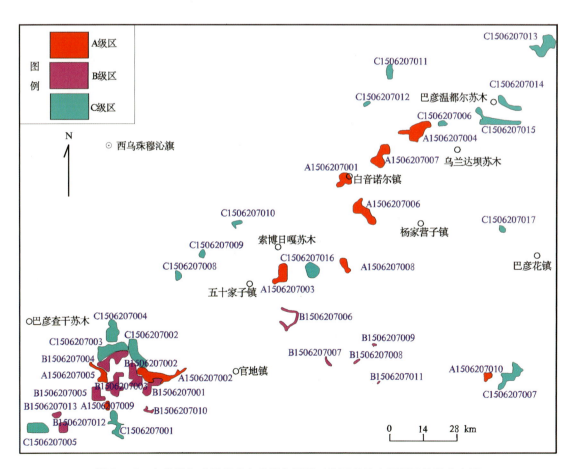

图 10-6 白音诺尔式铅锌矿白音诺尔预测工作区各最小预测区优选分布图

4. 最小预测区地质评价

最小预测区级别划分依据最小预测区地质矿产、物探及遥感异常等综合特征,并结合资源量估算和最小预测区优选结果,将最小预测区划分为 A 级、B 级和 C 级 3 个等级。

依据最小预测区内地质综合信息等对每个最小预测区进行综合地质评价,各最小预测区特征见表 10-4。

表 10-4　白音诺尔式铅锌矿白音诺尔预测工作区各最小预测区综合信息表

最小预测区编号	最小预测区名称	综合信息
A1506207001	白音诺尔镇	该最小预测区处在林西组结晶灰岩、白色厚层大理岩、粉砂质板岩、泥质板岩、变质细砂岩,侏罗纪石英闪长岩、花岗闪长岩、花岗斑岩基岩出露区。区内有白音诺尔、白音诺尔镇坤泰铅锌矿床 2 处,铜、铅、锌、银化探异常 1 处,航磁化极 1 处,重力异常 1 处,具有较大的找矿潜力
A1506207002	哈达吐沟门	该最小预测区处在林西组粉砂质板岩、泥质板岩、斑点板岩,侏罗纪石英闪长岩、花岗闪长岩基岩出露区。区内有白克什克腾旗下地、克什克腾旗宇宙地镇大石山、克什克腾旗二八地、克什克腾旗哈达吐铅锌矿床 4 处,铜、铅、锌、银化探异常 1 处,航磁化极 1 处,具有较大的找矿潜力
A1506207003	胡都格绍荣村西	该最小预测区处在林西组粉砂质板岩、泥质板岩,闪长玢岩脉群出露区。区内有朝阳乡银硐子、朝阳乡马场、朝阳乡银硐子铅锌矿床 3 处,具有较大的找矿潜力
A1506207004	浩布高嘎查	该最小预测区处在结晶灰岩、白色厚层大理岩、粉砂质板岩、泥质板岩、变质细砂岩、石英闪长岩、花岗闪长岩、花岗斑岩基岩出露区。区内有乌兰达坝苏木浩不高、巴林左旗继兴矿区铅锌矿、乌兰达坝苏木乌兰达坝农场铅锌矿床 3 处,铜、铅、锌、银化探异常 1 处,航磁化极 1 处,具有较大的找矿潜力
A1506207005	白音昌沟门北东	该最小预测区处在林西组结晶灰岩、白色厚层大理岩、粉砂质板岩、泥质板岩、变质细砂岩,侏罗纪石英闪长岩、花岗斑岩、花岗闪长岩基岩出露区。区内有木希嘎乡大乃林沟、木希嘎乡苏木沟铅锌矿床 2 处,铜、铅、锌、银化探异常 1 处,航磁化极 1 处,重力异常 1 处,具有较大的找矿潜力
A1506207006	海力苏嘎查	该最小预测区处在林西组结晶灰岩、白色厚层大理岩、粉砂质板岩、泥质板岩、变质细砂岩,白垩纪花岗闪长岩基岩出露区。区内有白音乌拉苏木小井子、白音乌拉苏木小井子铅锌矿床 2 处,铜、铅、锌、银化探异常 1 处,航磁化极 1 处,具有较大的找矿潜力
A1506207007	乃林坝嘎查	该最小预测区内有白音诺尔镇乃林坝铅锌矿床 1 处,铜、铅、锌、银化探异常 1 处,具有较大的找矿潜力
A1506207008	床金嘎查北东 5.5km	该最小预测区处在林西组结晶灰岩、白色厚层大理岩、粉砂质板岩、泥质板岩、变质细砂岩基岩出露区。区内有白音乌拉苏木哈拉白其铅锌矿床 1 处,铜、铅、锌、银化探异常 1 处,具有较大的找矿潜力
A1506207009	大卧牛沟沟里西 9.7km	该最小预测区处在结晶灰岩、白色厚层大理岩、粉砂质板岩、泥质板岩、变质细砂岩、石英闪长岩、花岗闪长岩、花岗斑岩基岩出露区。区内有木希嘎乡红眼沟铅锌矿床 1 处,铜、铅、锌、银化探异常 1 处,重力异常 1 处,具有较大的找矿潜力
A1506207010	毛宝力格村南东 3.5km	该最小预测区处在结晶灰岩、白色厚层大理岩、粉砂质板岩、泥质板岩、变质细砂岩、石英闪长岩、花岗闪长岩、花岗斑岩基岩出露区。区内有毛宝力格乡东升铅锌矿床 1 处,铜、铅、锌、银化探异常 1 处,具有较大的找矿潜力
B1506207001	毛宝力格村	该最小预测区处在结晶灰岩、白色厚层大理岩、粉砂质板岩、泥质板岩、变质细砂岩、石英闪长岩、花岗闪长岩、花岗斑岩基岩出露区。区内有铜、铅、锌、银化探异常 1 处,具有较大的找矿潜力

续表10-4

最小预测区编号	最小预测区名称	综合信息
B1506207002	小东沟东	该最小预测区处在结晶灰岩、白色厚层大理岩、粉砂质板岩、泥质板岩、变质细砂岩、石英闪长岩、花岗闪长岩、花岗斑岩基岩出露区。区内有铜、铅、锌、银化探异常1处,航磁化极1处,具有较大的找矿潜力
B1506207003	白音昌沟门东2.5km	该最小预测区处在结晶灰岩、白色厚层大理岩、粉砂质板岩、泥质板岩、变质细砂岩、石英闪长岩、花岗闪长岩、花岗斑岩基岩出露区。区内有铜、铅、锌、银化探异常1处,航磁化极1处,重力异常1处,具有较大的找矿潜力
B1506207004	东沟营子	该最小预测区处在林西组结晶灰岩、白色厚层大理岩、粉砂质板岩、泥质板岩、变质细砂岩,侏罗纪石英闪长岩、花岗斑岩基岩出露区。区内有铜、铅、锌、银化探异常1处,航磁化极1处,重力异常1处,具有较大的找矿潜力
B1506207005	二零四东3km	该最小预测区处在结晶灰岩、白色厚层大理岩、粉砂质板岩、泥质板岩、变质细砂岩、石英闪长岩、花岗闪长岩、花岗斑岩基岩出露区。区内有铜、铅、锌、银化探异常1处,航磁化极1处,具有较大的找矿潜力
B1506207006	敖包梁	该最小预测区处在林西组结晶灰岩、白色厚层大理岩、粉砂质板岩、泥质板岩、变质细砂岩,侏罗纪石英闪长岩、花岗斑岩基岩出露区。区内有航磁化极1处,重力异常1处,具有较大的找矿潜力
B1506207007	宝日里格南西	该最小预测区处在林西组结晶灰岩、白色厚层大理岩、粉砂质板岩、泥质板岩、变质细砂岩,侏罗纪石英闪长岩、花岗斑岩基岩出露区。区内有航磁化极1处,具有较大的找矿潜力
B1506207008	王爷坟北西2.5km	该最小预测区处在林西组结晶灰岩、白色厚层大理岩、粉砂质板岩、泥质板岩、变质细砂岩,侏罗纪石英闪长岩、花岗斑岩基岩出露区。区内有航磁化极1处,具有较大的找矿潜力
B1506207009	查干勿苏嘎查北东5.5km	该最小预测区处在林西组结晶灰岩、白色厚层大理岩、粉砂质板岩、泥质板岩、变质细砂岩,侏罗纪石英闪长岩、花岗斑岩基岩出露区。区内有航磁化极1处,重力异常1处,具有较大的找矿潜力
B1506207010	永丰泉东2.3km	该最小预测区处在林西组结晶灰岩、白色厚层大理岩、粉砂质板岩、泥质板岩、变质细砂岩,侏罗纪石英闪长岩、花岗斑岩基岩出露区。区内有重力异常1处,具有较大的找矿潜力
B1506207011	巴彦诺尔嘎查南东3.7km	该最小预测区处在林西组结晶灰岩、白色厚层大理岩、粉砂质板岩、泥质板岩、变质细砂岩,侏罗纪石英闪长岩、花岗斑岩基岩出露区。区内有航磁化极1处,重力异常1处,具有较大的找矿潜力
B1506207012	半截子沟门北东12.4km	该最小预测区处在林西组结晶灰岩、白色厚层大理岩、粉砂质板岩、泥质板岩、变质细砂岩,侏罗纪石英闪长岩、花岗斑岩基岩出露区。区内有铜、铅、锌、银化探异常1处
B1506207013	太日牙花嘎查东17km	该最小预测区处在林西组结晶灰岩、白色厚层大理岩、粉砂质板岩、泥质板岩、变质细砂岩,侏罗纪石英闪长岩、花岗斑岩基岩出露区。区内有铜、铅、锌、银化探异常1处
C1506207001	当中营子东	该最小预测区处在结晶灰岩、白色厚层大理岩、粉砂质板岩、泥质板岩、变质细砂岩、石英闪长岩、花岗闪长岩、花岗斑岩基岩出露区。区内有铜、铅、锌、银化探异常1处,航磁化极1处,具有较大的找矿潜力
C1506207002	白音镐	该最小预测区处在结晶灰岩、白色厚层大理岩、粉砂质板岩、泥质板岩、变质细砂岩、石英闪长岩、花岗闪长岩、花岗斑岩基岩出露区。区内有铜、铅、锌、银化探异常1处,航磁化极1处,具有较大的找矿潜力

续表 10-4

最小预测区编号	最小预测区名称	综合信息
C1506207003	敖包吐沟门	该最小预测区处在结晶灰岩、白色厚层大理岩、粉砂质板岩、泥质板岩、变质细砂岩、石英闪长岩、花岗闪长岩、花岗斑岩基岩出露区。区内有铜、铅、锌、银化探异常1处,航磁化极1处,具有较大的找矿潜力
C1506207004	王营子	该最小预测区处在结晶灰岩、白色厚层大理岩、粉砂质板岩、泥质板岩、变质细砂岩、石英闪长岩、花岗闪长岩、花岗斑岩基岩出露区。区内有铜、铅、锌、银化探异常1处,航磁化极1处,具有较大的找矿潜力
C1506207005	塔拉图如嘎查东3.1km	该最小预测区处在结晶灰岩、白色厚层大理岩、粉砂质板岩、泥质板岩、变质细砂岩、石英闪长岩、花岗闪长岩、花岗斑岩基岩出露区。区内有铜、铅、锌、银化探异常1处,重力异常1处,具有较大的找矿潜力
C1506207006	新浩特嘎查西	该最小预测区处在结晶灰岩、白色厚层大理岩、粉砂质板岩、泥质板岩、变质细砂岩、石英闪长岩、花岗闪长岩、花岗斑岩基岩出露区。区内有铜、铅、锌、银化探异常1处,重力异常1处,具有较大的找矿潜力
C1506207007	双井村	该最小预测区处在结晶灰岩、白色厚层大理岩、粉砂质板岩、泥质板岩、变质细砂岩、石英闪长岩、花岗闪长岩、花岗斑岩基岩出露区。区内有铜、铅、锌、银化探异常1处,航磁化极2处,具有较大的找矿潜力
C1506207008	猪家营子北西	该最小预测区处在结晶灰岩、白色厚层大理岩、粉砂质板岩、泥质板岩、变质细砂岩、石英闪长岩、花岗闪长岩、花岗斑岩基岩出露区。区内有铜、铅、锌、银化探异常1处,航磁化极1处,具有较大的找矿潜力
C1506207009	墨家沟西3km	该最小预测区处在结晶灰岩、白色厚层大理岩、粉砂质板岩、泥质板岩、变质细砂岩、石英闪长岩、花岗闪长岩、花岗斑岩基岩出露区。区内有铜、铅、锌、银化探异常2处,航磁化极1处,具有较大的找矿潜力
C1506207010	哈布其拉嘎查北东15km	该最小预测区处在结晶灰岩、白色厚层大理岩、粉砂质板岩、泥质板岩、变质细砂岩、石英闪长岩、花岗闪长岩、花岗斑岩基岩出露区。区内有铜、铅、锌、银化探异常1处,具有较大的找矿潜力
C1506207011	敖拉根吐南西12.3km	该最小预测区处在结晶灰岩、白色厚层大理岩、粉砂质板岩、泥质板岩、变质细砂岩、石英闪长岩、花岗闪长岩、花岗斑岩基岩出露区。区内有铜、铅、锌、银化探异常1处,重力异常1处,具有较大的找矿潜力
C1506207012	萨如拉宝拉格嘎查南东14km	该最小预测区处在结晶灰岩、白色厚层大理岩、粉砂质板岩、泥质板岩、变质细砂岩、石英闪长岩、花岗闪长岩、花岗斑岩基岩出露区。区内有铜、铅、锌、银化探异常1处,重力异常1处,具有较大的找矿潜力
C1506207013	宝尔巨日合嘎查	该最小预测区处在结晶灰岩、白色厚层大理岩、粉砂质板岩、泥质板岩、变质细砂岩、石英闪长岩、花岗闪长岩、花岗斑岩基岩出露区。区内有铜、铅、锌、银化探异常1处,具有较大的找矿潜力
C1506207014	巴彦温都尔苏木东2km	该最小预测区处在结晶灰岩、白色厚层大理岩、粉砂质板岩、泥质板岩、变质细砂岩、石英闪长岩、花岗闪长岩、花岗斑岩基岩出露区。区内有铜、铅、锌、银化探异常1处,航磁化极1处,重力异常1处,具有较大的找矿潜力
C1506207015	敖劳木嘎查	该最小预测区处在结晶灰岩、白色厚层大理岩、粉砂质板岩、泥质板岩、变质细砂岩、石英闪长岩、花岗闪长岩、花岗斑岩基岩出露区。区内有铜、铅、锌、银化探异常1处,重力异常1处,具有较大的找矿潜力
C1506207016	包木绍绕嘎查南东1.7km	该最小预测区处在林西组结晶灰岩、白色厚层大理岩、粉砂质板岩、泥质板岩、变质细砂岩、花岗斑岩、闪长玢岩脉群出露。区内有铜、铅、锌、银化探异常1处,重力异常1处,具有较大的找矿潜力
C1506207017	西包特艾勒北西1.8km	该最小预测区处在结晶灰岩、白色厚层大理岩、粉砂质板岩、泥质板岩、变质细砂岩、石英闪长岩、花岗闪长岩、花岗斑岩基岩出露区。区内有铜、铅、锌、银化探异常1处,重力异常1处,航磁化极1处,具有较大的找矿潜力

二、综合信息地质体积法估算资源量

1. 典型矿床深部及外围资源量估算

白音诺尔铅锌矿已查明资源量、密度及铅锌矿品位数据均来源于内蒙古自治区第三地质矿产勘查开发院1995年3月编写的《内蒙古自治区巴林左旗白音诺尔铅锌矿区北矿带79～125勘查线17号、18号、19号矿脉群勘探地质报告》。矿床面积的确定是根据1∶2000内蒙古自治区巴林左旗白音诺尔式侵入岩体型铅锌矿地形地质图,各个矿体组成的包络面面积105 554.52m²,矿体延深依据主矿体勘查线剖面图确定。已查明矿体的最大延深为568m,结合近期内该矿床勘探情况,向下预测100m。

预测面积分为两个部分,一部分为该矿床各矿体、矿体聚积区边界范围面积105 554.52m²,另一部分为已知矿体附近含矿建造区预测部分面积233 654.60－105 554.52＝128 100.08(m²)。

该典型矿床含矿系数＝已查明资源量/(面积×延深)＝824 127.62÷(105 554.52×568)＝0.013 746(t/m³)。

白音诺尔典型矿床资源总量:典型矿床资源总量＝已查明资源量＋预测资源量＝824 127.62＋(145 095.24＋1 176 257)＝2 145 479.86(t),见表10－5。

典型矿床总面积:典型矿床总面积＝已查明部分矿床面积＋预测外围部分矿床面积＝105 554.52＋128 100.08＝233 654.60(m²)。

总延深:典型矿床总延深＝已查明部分矿床延深＋深部预测部分矿床延深＝568＋100＝668(m)(表10－5)。

表10－5 白音诺尔预测工作区典型矿床深部及外围资源量估算表

典型矿床(Pb+Zn)		深部及外围(Pb+Zn)		
已查明资源量(t)	824 127.62	深部	面积(m²)	105 554.52
面积(m²)	105 554.52		延深(m)	100
延深(m)	568	外围	面积(m²)	128 100.08
品位(%)	11.63		延深(m)	668
密度(g/cm³)	3.4	预测资源量(t)		1 321 352.24
含矿系数(t/m³)	0.013 746	典型矿床资源总量(t)		2 145 479.86

2. 模型区的确定、资源量及估算参数

模型区为典型矿床所在位置的最小预测区,白音诺尔典型矿床已查明资源量824 127.62t,预测资源量1 321 352.24t,典型矿床资源总量2 145 479.86t,模型区资源总量＝典型矿床资源总量＋其他矿床(点)资源量＝2 183 132.86(t)。

模型区面积:模型区面积＝26 568 004(m²)。

延深:模型区延深＝已查明部分矿床延深＋深部预测部分矿床延深＝668(m)。

模型区含矿系数:由于模型区内含矿地质体边界可以确切圈定,且面积与模型区面积一致,故该区含矿地质体面积参数为1.00。模型区含矿地质体总体积＝模型区面积×延深(含矿地质体)＝17 747 426 672m³。含矿地质体含矿系数＝2 183 132.86÷17 747 426 672＝0.000 123(t/m³),见表10－6。

表10－6 白音诺尔预测工作区模型区资源总量及其估算参数

模型区编号	模型区名称	经度	纬度	模型区预测资源量Pb+Zn(t)	模型区总面积(m²)	延深(m)	含矿地质体面积参数	含矿系数(t/m³)
A1506207001	白音诺尔镇	E118°52′52″	N44°26′30″	2 183 132.86	26 568 004	668	1.00	0.000 123

3. 最小预测区预测资源量

白音诺尔式侵入岩体岩型铅锌矿白音诺尔预测工作区最小预测区资源量定量估算采用地质体积法与磁法体积法进行估算。

(1)估算参数的确定。白音诺尔预测工作区最小预测区级别分为 A 级、B 级、C 级 3 个等级,其中,A 级区 10 个,B 级区 13 个,C 级区 17 个。

最小预测区面积在 1.04～57.10km² 之间,其中面积 50km² 以内的最小预测区个数占最小预测区总数的 93%。

最小预测区面积圈定依据:根据 MRAS 所形成的色块区与预测工作区底图重叠区域前,并结合含矿地质体、已知矿床、矿(化)点及磁异常范围进行圈定。

延深是指含矿地质体在倾向上的延长延深,最大延深为 686m。

预测工作区内的最小预测区品位、密度采用典型矿床品位、密度,分别为 Pb 3.51%、Zn 8.12% 和 3.40g/cm³。

最小预测区相似系数的确定,主要依据最小预测区内含矿地质体本身出露的大小、地质构造发育程度不同、化探异常强度、矿化蚀变发育程度及矿(化)点的多少等因素,由专家确定。

(2)最小预测区预测资源量估算成果。本次预测铅锌资源总量为 5 404 643.69t,不包括已查明资源量 Pb+Zn 861 780.62t,详见表 10-7。

表 10-7　白音诺尔式侵入岩体型铅锌矿白音诺尔预测工作区各最小预测区估算成果

最小预测区编号	最小预测区名称	$S_{预}$ (km²)	$H_{预}$ (m)	K_S	K (t/m³)	α	Z(t) Pb	Z(t) Zn	资源量精度级别
A1506207001	白音诺尔镇	26.57	668	1.00	0.000 123	1.00	330 288	990 865	334-1
A1506207002	哈达吐沟门	57.10	668	0.50	0.000 123	0.50	198 951	596 853	334-1
A1506207003	胡都格绍荣村西	33.27	500	0.50	0.000 123	0.50	120 283	360 848	334-1
A1506207004	浩布高嘎查	56.50	500	0.50	0.000 123	0.40	23 388	70 164	334-1
A1506207005	白音昌沟门北东	22.89	500	0.50	0.000 123	0.50	87 983	263 949	334-1
A1506207006	海力苏嘎查	45.22	500	0.50	0.000 123	0.50	173 632	520 897	334-1
A1506207007	乃林坝嘎查	41.84	400	0.50	0.000 123	0.4	849 14	254 742	334-1
A1506207008	床金嘎查北东 5.5km	16.22	300	0.50	0.000 123	0.50	34 953	104 858	334-1
A1506207009	大卧牛沟沟里西 9.7km	8.13	300	0.50	0.000 123	0.30	6750	20 249	334-1
A1506207010	毛宝力格村南东 3.5km	10.35	300	0.50	0.000 123	0.30	8596	25 787	334-1
B1506207001	毛宝力格村	26.32	500	0.10	0.000 123	0.40	16 184	48 553	334-3
B1506207002	小东沟东	38.30	500	0.10	0.000 123	0.30	52 992	158 976	334-3
B1506207003	白音昌沟门东 2.5km	43.09	400	0.10	0.000 123	0.30	15 902	47 706	334-3
B1506207004	东沟营子	44.37	400	0.10	0.000 123	0.30	49 120	147 361	334-3
B1506207005	二零四东 3km	25.38	300	0.10	0.000 123	0.30	7023	21 068	334-3
B1506207006	敖包梁	20.44	300	0.30	0.000 123	0.30	16 969	50 906	334-3
B1506207007	宝日里格南西	4.82	300	0.50	0.000 123	0.30	1335	4005	334-3
B1506207008	王爷坟北西 2.5km	2.79	300	0.50	0.000 123	0.30	3862	11 587	334-3
B1506207009	查干勿苏嘎查北东 5.5km	1.73	300	0.50	0.000 123	0.30	2389	7168	334-3
B1506207010	永丰泉东 2.3km	5.41	300	0.50	0.000 123	0.30	7488	22 463	334-3

续表 10-7

最小预测区编号	最小预测区名称	$S_{预}$ (km²)	$H_{预}$ (m)	K_S	K (t/m³)	α	$Z(t)$ Pb	$Z(t)$ Zn	资源量精度级别
B1506207011	巴彦诺尔嘎查南东3.7km	1.04	300	0.10	0.000 123	0.30	287	860	334-3
B1506207012	半截子沟门北东12.4km	16.19	300	0.10	0.000 123	0.30	4480	13 441	334-3
B1506207013	太日牙花嘎查东17km	8.15	300	0.10	0.000 123	0.30	2 255	6765	334-3
C1506207001	当中营子东	32.18	400	0.50	0.000 123	0.20	39 587	118 762	334-3
C1506207002	白音镐	48.06	500	0.10	0.000 123	0.10	7389	22 167	334-3
C1506207003	敖包吐沟门	53.15	500	0.10	0.000 123	0.10	8171	24 514	334-3
C1506207004	王营子	38.91	400	0.10	0.000 123	0.10	4786	14 357	334-3
C1506207005	塔拉图如嘎查东3.1km	35.38	400	0.10	0.000 123	0.10	4352	13 056	334-3
C1506207006	新浩特嘎查西	7.05	300	0.10	0.000 123	0.10	651	1952	334-3
C1506207007	双井村	43.14	400	0.10	0.000 123	0.10	5306	15 919	334-3
C1506207008	猪家营子北西	8.53	200	0.10	0.000 123	0.10	525	1574	334-3
C1506207009	墨家沟西3km	7.13	200	0.10	0.000 123	0.10	438	1315	334-3
C1506207010	哈布其拉嘎查北东15km	8.06	200	0.10	0.000 123	0.10	496	1487	334-3
C1506207011	敖拉根吐南西12.3km	15.00	200	0.10	0.000 123	0.10	923	2768	334-3
C1506207012	萨如拉宝拉格嘎查南东14km	4.51	200	0.10	0.000 123	0.10	277	832	334-3
C1506207013	宝尔巨日合嘎查	49.57	300	0.10	0.000 123	0.10	4573	13 719	334-3
C1506207014	巴彦温都尔苏木东2km	22.41	300	0.10	0.000 123	0.10	2067	6201	334-3
C1506207015	敖劳木嘎查	47.03	300	0.10	0.000 123	0.10	4338	13 014	334-3
C1506207016	包木绍绕嘎查南东1.7km	29.77	300	0.30	0.000 123	0.20	16 480	49 439	334-3
C1506207017	西包特艾勒北西1.8km	6.33	200	0.10	0.000 123	0.20	778	2335	334-3

4. 预测工作区预测资源量成果汇总表

白音诺尔矽卡岩型铅锌矿预测工作区采用地质体积法和磁法体积法预测资源量,各最小预测区资源量精度级别划分为334-1和334-3。根据各最小预测区含矿地质体、物探、化探异常及相似系数特征,预测延深均在2000m以浅。根据矿产潜力评价预测资源量汇总标准,按预测延深、资源量精度级别、可利用性、可信度统计的结果见表10-8。

表10-8 白音诺尔式侵入岩体型铅锌矿白音诺尔预测工作区预测资源量成果汇总表 （单位:t）

预测延深	资源量精度级别	矿种	可利用性 可利用	可利用性 暂不可利用	可信度 ≥0.75	可信度 ≥0.50	可信度 ≥0.25	合计	
2000m以浅	334-1	Pb	1 069 737		1 069 737	1 069 737	1 069 737	1 069 737	4 278 949
		Zn	3 209 212		3 209 212	3 209 212	3 209 212	3 209 212	
	334-3	Pb		281 424	213 600	281 424	281 424		1 125 695
		Zn		844 271	640 801	844 271	844 271		
合计		Pb						1 351 161	5 404 644
		Zn						4 053 483	

第十一章 余家窝铺式侵入岩体型铅锌矿预测成果

第一节 典型矿床特征

一、典型矿床特征及成矿模式

(一)典型矿床特征

1. 矿区地质

矿区内出露古元古界宝音图岩群上、下两个岩性段。下段分布于矿区南部一带,岩性以角闪斜长片麻岩(hpg)为主夹粗粒厚层状大理岩(Mb),另有少量黑云斜长片麻岩。总体呈近东西向展布,为余家窝铺铅锌矿Ⅰ矿带的主要赋矿地层;上段为厚层状大理岩、条带状大理岩,夹含石墨大理岩,出露于矿区北部(图11-1)。

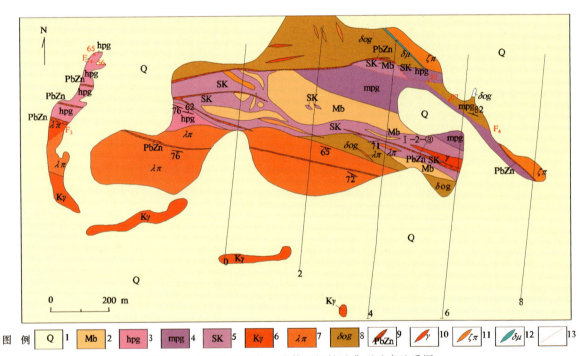

图11-1 余家窝铺式侵入岩体型铅锌矿典型矿床地质图

1.第四系;2.粗粒厚层状大理岩;3.角闪斜长片麻岩;4.黑云斜长片麻岩;5.矽卡岩;6.侏罗纪钾长花岗岩;7.石英斑岩;8.片理化石英闪长岩;9.铅锌矿体;10.花岗岩脉;11.英安斑岩脉;12.闪长玢岩脉;13.地质界线

地层产状总体走向北西,倾向南东,倾角多在 75°以上,只在局部地段受构造影响而发生一定程度变化。

第四系广泛发育于坡麓、沟谷及地形平缓地带,主要为残坡积、洪积砂砾、碎石、黄土等组成,厚度数米至 40m。

本区侵入岩较发育。海西晚期主要有片理化石英闪长岩(δo_4)、闪长岩(δ_4)等,主要呈脉状、岩枝状、岩株状产出,与本区成矿关系不大。

侏罗纪钾长花岗岩($K\gamma$)出露于矿区南部并向西延深至区外,呈岩株状产出。在该岩体的北部边缘,发育有宽 20~100m 的石英斑岩($\lambda\pi$),属晚期分异产物,且与余家窝铺铅锌矿成矿关系密切。同期脉岩主要有闪长玢岩($\delta\mu$)、闪长岩(δ)、正长斑岩($\xi\pi$)、英安斑岩($\zeta\pi$)等。

区内构造以断裂为主,褶皱为次。

断裂构造以北西西—东西向为主,规模较大,具有多(期)次活动特征,有的被后期岩脉或矿脉充填,有的尚可见到断裂形迹,主要有 F_1、F_2、F_3、F_4 四条。

F_1:出露于矿床北部,主要沿片理化石英闪长岩与老地层接触带产出,总体走向呈近东西。由于覆盖,地表仅局部可见,其断面向北倾斜,倾角 56°~65°,宽 1m 至 10 余米,主要为碎裂岩、断层泥等充填,局部可见构造角砾岩,向东、西两端延伸(断续可见)。F_1 所代表的实际上是一个规模很大的断裂带,本区Ⅰ号铅锌矿化带主要受它控制。

F_2:出露于矿床西部,由于覆盖,仅在冲沟中见到,宽 3~5m,主要为碎裂石英斑岩,有少量断层泥。断面走向北东,倾向北西,倾角 65°。

F_3:见于矿床中北部,走向北西西,倾向北北东,倾角 58°~71°。主要为碎裂岩,局部有构造角砾岩。

F_4:走向北西,倾向北东,倾角 67°~73°。主要由碎裂岩、构造角砾岩和断层泥组成,宽 1~3m,多(期)次活动特征较明显,并被 F_3 错断。局部有铅锌矿脉充填。

总之,本区断裂构造格局与区域构造特征相一致,即以近东西向断裂为主,其余均为与其配套的派生断裂,它们共同控制着本区的矿化及其特征。

2. 矿床特征

(1)矿体特征。余家窝铺铅锌矿Ⅰ号矿(化)带长 1530m,最宽处 125m。矿化带总体走向为近东西,以南倾为主,局部北倾,倾角 70°~90°。共圈出 5 条矿体,Ⅰ-1、Ⅰ-2 号矿体已基本采空(图 11-2)。

Ⅰ-2-⑤号矿体赋存于 6~8 勘查线之间,控制矿体长约 90m,倾向延深 115m,走向 300°左右,倾向南西向,倾角 79°~84°,呈脉状产出。围岩为角闪斜长片麻岩(hpg)、片理化石英闪长岩(δo_4)等。

Ⅰ-3-①号矿体位于采区最北部,Ⅰ-3 号矿体上盘。赋存于 4~6 勘查线之间。目前控制其长约 150m,延深 130m,走向 285°左右,倾向南西,倾角 73°~86°,总体呈脉状,在 590m 中段有分支。矿体围岩为角闪斜长片麻岩、矽卡岩。铅、锌品位较高。

Ⅰ-4 号矿体产于 2~4 勘查线之间的石英斑岩内,呈脉状产出,控制长约 150m,深 130m(505~635m 标高),走向 295°,倾向南西向,倾角 76°~87°。

各矿体基本特征列于表 11-1。

(2)矿物成分。较为简单,金属矿物主要有闪锌矿、方铅矿、黄铁矿,次有黄铜矿、磁黄铁矿、白铁矿、穆磁铁矿,还有微量方黄铜矿、针铁矿、胶黄铁矿。脉石矿物主要为石英、绿泥石、绢云母等;产于片麻岩中的矿物除石英以外,主要还有绿帘石、透闪石、透辉石、石榴子石等。同时,都有少量方解石、萤石、石墨等。

(3)矿石化学成分。主要有用组分为 Pb、Zn,伴生有益组分为 Ag、Cu、Cd。

(4)矿石结构、构造。结构有他形粒状结构、定向乳滴状结构、压碎结构、包含结构和反应边结构。构造主要有浸染状构造,其次为脉状构造、块状构造、角砾状构造及条带状构造等。

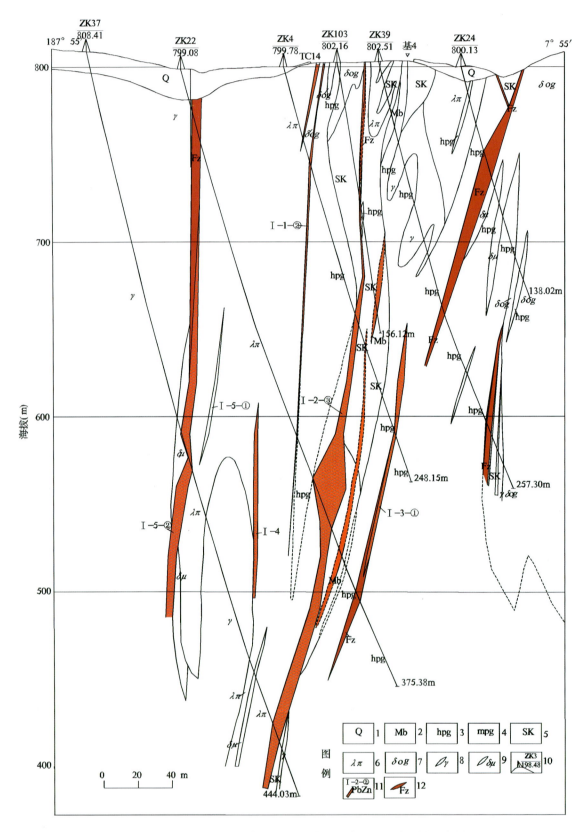

图 11-2 余家窝铺式侵入岩体型铅锌矿典型矿床 I 号矿脉 4 勘查线剖面图

1. 第四纪黄土及残坡积物；2. 粗粒厚层状大理岩；3. 角闪斜长片麻岩；4. 黑云斜长片麻岩；5. 矽卡岩；6. 石英斑岩；7. 片理化石英闪长岩；8. 花岗岩脉；9. 闪长玢岩脉；10. 钻孔及编号；11. 铅锌矿体及矿体编号；12. 矿化破碎带

表 11-1 余家窝铺铅锌矿(0~8勘查线)矿体特征一览表

矿体号	产出部位		矿体规模(m)			产状 (倾向/倾角)	平均品位(%)		矿体形态
	勘查线	标高(m)	长	延深	厚度		Pb	Zn	
Ⅰ-2-⑤	6~8	660~545	90	115	2.07	194°~206°/79°~84°	1.41	2.35	脉状
Ⅰ-3-①	4~6	635~505	150	130	3.30	194°~205°/73°~86°	1.93	3.41	脉状,有分支
Ⅰ-4	2~4	635~505	150	130	2.63	191°~197°/76°~87°	1.59	2.37	脉状
Ⅰ-5-①	2~4	635~545	160	90	2.41	195°~208°/76°~82°	1.42	2.48	脉状
Ⅰ-5-②	0~8	635~505	370	130	4.44	188°~200°/74°~86°	1.31	2.18	脉状,有分支

(5)矿石类型。按矿石结构、构造可分为浸染状矿石、块状构造矿石、角砾状矿石以及条带状矿石等。以浸染状矿石为主,其他类型矿石较少。浸染状矿石中依据硫化物含量的多少可分为稀疏浸染状、中等浸染状和稠密浸染状3种,以稀疏浸染状为主。

矿石工业类型为硫化矿石。按矿石的矿物组成及铅、锌品位又为铅锌矿石。

(6)矿体围岩和夹石。Ⅰ-2-⑤号、Ⅰ-3-①号矿体的直接围岩以角闪斜长片麻岩(hpg)为主,Ⅰ-2-⑤号矿体下盘有片理化石英闪长岩(δo),Ⅰ-3-①号矿体上盘局部有矽卡岩(SK);Ⅰ-5-①号矿体全为石英斑岩($\lambda \pi$);Ⅰ-5-②号矿体下盘为石英斑岩($\lambda \pi$),上盘主要为花岗岩,局部有闪长玢岩($\delta \mu$)。

3. 矿床成因类型

根据本矿床地质特征,初步认为余家窝铺式侵入岩体型铅锌矿的成因类型为燕山晚期接触交代-岩浆热液复合矿床。主要依据有:矿化不仅产于古元古界宝音图岩群变质岩中,而且产于中侏罗世火山岩中(矿区北部)以及岩体(γ_5^3)中,其时代在岩体侵入之后;矿化对围岩无选择性,区内出露的各种岩石(包括片麻岩、大理岩、片理化石英闪长岩、侏罗纪火山岩、火山碎屑岩、花岗岩、石英闪长岩以及矽卡岩)都可作为赋矿围岩;矽卡岩中矿化比较广泛,说明本区存在接触交代成矿作用,但矿化作用不强,一般仅有矿化或低品位矿体;而较好工业矿体主要呈脉状或透镜状产出,与围岩界线比较清楚,具有较明显的充填成矿特征;与此类矿化相伴的围岩蚀变主要是与热液蚀变作用有关的硅化、绿泥石化、绢云母化等。

(二)典型矿床成矿模式

余家窝铺铅锌矿床位于少郎河断裂北侧,北侧的次级断裂及其派生断裂在清泉寺山和余家窝铺—唐家地一带较发育,前者为近东西走向,后者为北西向或北东走向。它们多被后期岩脉充填或表现为蚀变矿化带,是本区重要的控矿或容矿构造。在典型矿床研究及典型矿床成矿要素图的基础上,编制典型矿床成矿要素表(表11-2)。

表 11-2　余家窝铺式侵入岩体型铅锌矿典型矿床成矿要素

成矿要素		内容描述			要素类别
资源储量(t)		Pb 56 787,Zn 108 943	平均品位(%)	Pb 1.34,Zn 1.74	
特征描述		矽卡岩型铅锌矿床			
地质环境	构造背景	天山-兴蒙造山系(Ⅰ级),包尔汉图-温都尔庙弧盆系(Ⅱ级),朝阳地-翁牛特旗弧-陆碰撞带(Ⅲ级)			必要
	成矿环境	该矿的形成与矿区南部九分地花岗岩体的侵入活动有关,与志留系的碳酸盐岩发生接触交代作用形成矽卡岩,并形成铅锌矿化。岩浆演化晚期,由于残余岩浆酸度增加,形成了边缘相石英斑岩,同时残余岩浆中铅、锌等成矿元素进一步富集,并在构造有利部位充填成矿,形成相对较好的工业矿体,因此后者才是本区的主要成矿阶段			必要
	成矿时代	燕山晚期			必要
矿床特征	矿体形态	矿体呈脉状,扁豆状			重要
	岩石类型	厚层状大理岩、条带状大理岩、夹含石墨大理岩			重要
	岩石结构	清晰变质层理构造			次要
	矿物组合	金属矿物主要有闪锌矿、方铅矿、黄铁矿,次有黄铁矿、白铁矿、穆磁铁矿,还有微量方黄铜矿、针铁矿、胶黄铁矿			重要
	结构构造	矿石结构:他形粒状结构、定向乳滴状结构、压碎结构、包含结构。矿石构造:浸染状构造、脉状构造、块状构造			次要
	蚀变特征	矽卡岩化、硅化、绿帘石化、绿泥石化、黄铁矿化、绢云母化和碳酸盐化			次要
	控矿条件	①矿化不仅产于志留系变质岩中,而且产于中侏罗世火山岩中(矿区北部)以及岩体(γ_5^2)中,其时代在岩体侵入之后;②矿化对围岩无选择性,区内出露的各种岩石(包括片麻岩、大理岩、片理化石英闪长岩、侏罗纪火山岩、火山碎屑岩、花岗岩、石英闪长岩以及矽卡岩)都可作为赋矿围岩			必要

二、典型矿床地球物理特征

1. 重力场特征

布格重力异常图上,余家窝铺式侵入岩体型铅锌矿床位于局部重力低异常等值线密集带上;剩余重力异常图上,余家窝铺铅锌矿位于局部剩余重力低异常的边部,局部剩余重力低异常 $\Delta g_{min}=-6.96\times10^{-5}\,m/s^2$,根据物性资料和地质资料分析,推断该局部剩余重力低异常是中—酸性岩体的反映。表明余家窝铺铅锌矿典型矿床在成因上与中—酸性岩体有关。

2. 磁异常特征

从 1:20 万航磁 ΔT 化极等值线平面图可知,余家窝铺式侵入岩体型铅锌矿床位于环状局部正磁异常带上,其西侧反映区域负磁场,结合重力资料推断是中—酸性岩体的反映,表明地质体磁性矿物含量较少;环状局部正磁异常带与地层和中—酸性岩体接触带有关,从物探角度说明该矿床是接触交代型铅锌矿床。

矿床所在位置地球物理特征:据 1:5 万航磁平面等值线图显示,磁场总体表现为正磁场,局部存在正磁异常,极大值达 800nT(图 11-3)。

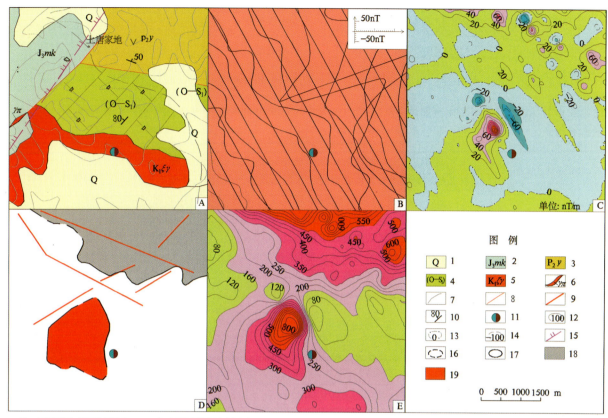

图 11-3　余家窝铺式侵入岩体型铅锌矿典型矿床地质矿产及物探剖析图

A. 地质矿产图；B. 航磁 ΔT 剖面平面图；C. 航磁 ΔT 化极垂向一阶导数等值线平面图；D. 磁法推断地质构造图；E. 航磁 ΔT 化极等值线平面图；1. 第四系黄土及残坡积物；2. 上侏罗统玛尼吐组：浅灰色安山岩；3. 中二叠统余家北沟组：粉砂岩建造；4. 奥陶系—下志留统：硅质团块-条带碳酸盐岩建造；5. 中生代早白垩世正长花岗岩；6. 花岗斑岩脉；7. 地质界线；8. 实测性质不明断层；9. 磁法推断三极断裂；10. 地层产状(°)；11. 接触交代型铅锌矿矿床位置；12. 航磁正等值线及注记；13. 航磁零等值线及注记；14. 航磁负等值线及注记；15. 火山构造隆起或洼地边界；16. 磁法推断隐伏地层或岩体边界；17. 磁法推断出露地层或岩体边界；18. 磁法推断火山岩地层；19. 磁法推断酸性侵入岩体

三、典型矿床地球化学特征

矿区以 Pb、Zn 为主，伴有 Ag、Cu、Cd 等元素组成的综合异常；主成矿元素为 Pb、Zn、Ag、Cu，其次为 Cd。

四、典型矿床预测模型

在典型矿床成矿要素研究的基础上，根据矿区大比例尺化探异常、地磁资料及矿床所在区域的航磁重力资料，建立典型矿床的预测要素表（表 11-3）。

表 11-3 余家窝铺式侵入岩体型铅锌矿余家窝铺典型矿床预测要素表

典型矿床预测要素		内容描述			要素类别
资源储量(t)		Pb 56 787,Zn 108 943	平均品位(%)	Pb 1.34,Zn 1.74	
特征描述		矽卡岩型铅锌矿床			
地质环境	构造背景	天山-兴蒙造山系(Ⅰ级),包尔汉图-温都尔庙弧盆系(Ⅱ级),朝阳地-翁牛特旗弧-陆碰撞带(Ⅲ级)			必要
	成矿环境	认为该矿的形成与矿区南部九分地花岗岩体的侵入活动有关,岩体侵入早期,与志留系的碳酸盐岩发生接触交代作用形成矽卡岩,同时伴随有铅锌矿化。岩浆演化晚期,由于残余岩浆酸度增加,形成了边缘相石英斑岩,同时残余岩浆中铅、锌等成矿元素进一步富集,并在构造有利部位充填成矿,形成相对较好的工业矿体,因此后者才是本区的主要成矿阶段。本区的主要控矿因素为断裂破碎带,包括裂隙密集带,尤其是近东西向和北西向的断裂破碎带。受前者控制的矿体,沿走向和倾向延深一般较大,受后者控制的矿体走向延深不及前者,但常常在局部出现较厚大的矿体			必要
	成矿时代	燕山晚期			必要
矿床特征	矿体形态	矿体呈脉状,扁豆状			重要
	岩石类型	厚层状大理岩、条带状大理岩、夹含石墨大理岩			重要
	岩石结构	清晰变质层理构造			次要
	矿物组合	金属矿物主要有闪锌矿、方铅矿、黄铁矿,次有黄铁矿、白铁矿、穆磁铁矿,还有微量方黄铜矿、针铁矿、胶黄铁矿			重要
	结构构造	结构:他形粒状结构、定向乳滴状结构、压碎结构、包含结构。构造:浸染状构造、脉状构造、块状构造			次要
	蚀变特征	矽卡岩化、硅化、绿帘石化、绿泥石化、黄铁矿化、绢云母化和碳酸盐化			次要
	控矿条件	①矿化不仅产于古元古界宝音图岩群变质岩中,而且产于中侏罗世火山岩中(矿区北部)以及岩体(γ_5^3)中,其时代在岩体侵入之后;②矿化对围岩无选择性,区内出露的各种岩石(包括片麻岩、大理岩、片理化石英闪长岩、侏罗纪火山岩、火山碎屑岩、花岗岩、石英闪长岩及矽卡岩)都可作为赋矿围岩			必要
物探化探特征	地球物理特征	重力	预测工作区北部反映重力低异常带,走向近东西,重力场最低值$-130.00×10^{-5}$ m/s^2。根据物性资料和地质资料,推断该重力低异常带是中—酸性岩浆岩带的反映;在重力低异常带的南侧等值线密集带(过渡带)上,形成许多内生矿床,包括余家窝铺接触交代型铅锌矿、小营子铅锌矿、荷尔乌苏铅锌矿、敖包山铜铅锌矿等,表明这些矿床与中—酸性岩体和前寒武纪地层的接触带有关		重要
		航磁	据1:5万航磁平面等值线图显示,磁场总体表现为正磁场,局部存在正磁异常,极大值达800nT		重要
	地球化学特征		矿区出现以 Pb、Zn 为主,伴有 Ag、Cu、Cd 等元素组成的综合异常;主成矿元素为 Pb、Zn、Ag、Cu,其次为 Cd		必要

第二节 预测工作区研究

一、区域地质特征

(一)成矿地质背景

余家窝铺式侵入岩体型铅锌矿余家窝铺预测工作区所处大地构造位置为天山-兴蒙造山系(Ⅰ级),包尔汉图-温都尔庙弧盆系(Ⅱ级),朝阳地-翁牛特旗弧-陆碰撞带(Ⅲ级)。

(一)区域地层

区内出露地层自老至新有古元古界宝音图岩群、上二叠统、中侏罗统和第四系。

古元古界宝音图岩群为一套浅斜长角闪片麻岩、黑云斜长片麻岩夹薄层大理岩沉积建造,主要出露于余家窝铺及上唐家地—北山一带,按岩性组合可分为上、下两个岩性段。上段为厚层状大理岩和条带状大理岩夹含石墨大理岩,出露于余家窝铺西北部一带;下段为斜长角闪片麻岩、黑云斜长片麻岩夹薄层大理岩或透镜体,主要分布于余家窝铺一带,是余家窝铺铅锌矿的主要围岩。

古元古界宝音图岩群中的碳酸盐岩遭受接触变质作用后常形成矽卡岩,并伴随着铅、锌、铜等矿化作用,是成矿有利地层。

上二叠统主要出露于唐家地—北山一线以北的清泉寺山一带,西南角西水全一带也有出露。为一套陆相火山喷发沉积岩,即由中—酸性火山岩及火山沉积岩组成。

中侏罗统新民组大面积分布在余家窝铺矿区西部和西北部一带,主要由灰紫色块状流纹岩、流纹质熔凝灰岩和酸性岩屑晶屑凝灰岩夹凝灰质砂岩、砾岩组成。

(二)区域岩浆岩

本区岩浆活动较强烈,火山岩和侵入岩均较发育,大致可划分为早、晚两个岩浆旋回。

(1)火山岩。早期旋回火山活动发生在晚二叠世时期,形成了中二叠统额里图组中酸性火山岩;晚期旋回发生在中侏罗世时期,形成了新民组中的一套酸性火山岩。

(2)侵入岩。海西期侵入岩侵入于中志留统、上二叠统中,被中侏罗统覆盖,岩石类型有花岗岩呈岩株状产出,岩性为斜长花岗岩;闪长岩呈岩株、岩枝状产出。安山玢岩呈岩株状、岩枝状产出。

另外,在余家窝铺矿区还见有变质较深的斜长角闪岩(φo)、石英闪长岩(δo)、闪长岩等脉岩,亦应为海西(晚)期的产物。

燕山期侵入岩较发育,主要为花岗岩类,可分为早、晚两期。早期花岗岩(γ_5^{2-2})主要分布在西井筒子沟和东拐棒沟等地;晚期花岗岩(γ_5^{3-1})主要出露于余家窝铺矿区南部一带,称九分地岩体。

除上述几个主要岩体外,还发育有较多难以准确确定其时代的花岗岩(γ_5)、花岗斑岩($\gamma\pi_5$)、安山玢岩($\alpha\mu_5$)小岩体及各种脉岩。

(三)区域构造

本区处于少郎河断裂北侧,敖包梁破火山机构东南缘。褶皱构造表现不明显,而断裂构造则很发育。最主要的断裂为少郎河大断裂及其两侧的次级断裂和派生的配套断裂。少郎河大断裂的主体部分沿少郎河谷分布,地表被掩盖。据有关资料,少郎河断裂为东西走向、断面向北陡倾的右行扭动冲断层。它控制了本区的地层展布、岩浆活动以及矿产的形成和分布。其北侧的次级断裂及其派生断裂,在清泉寺山和余家窝铺—唐家地一带较发育,前者为近东西走向,后者为北西向或北东走向。它们多被后期岩脉充填或表现为蚀变矿化带,是本区重要的控矿或容矿构造。

(四)区域成矿模式图

赋矿地质体为以古元古界宝音图岩群角闪斜长片麻岩(hpg)为主夹粗粒厚层状大理岩(Mb),另有少量黑云斜长片麻岩。

矿床(点):已知矿床(点)6处,其中,中型1处,小型1处,矿点4处。

赋矿地质体与晚侏罗世—早白垩世的侵入岩密切相伴生。控矿构造为近东西向与北东向、北西向断裂构造。余家窝铺铅锌矿预测工作区成矿模式见图11-4。

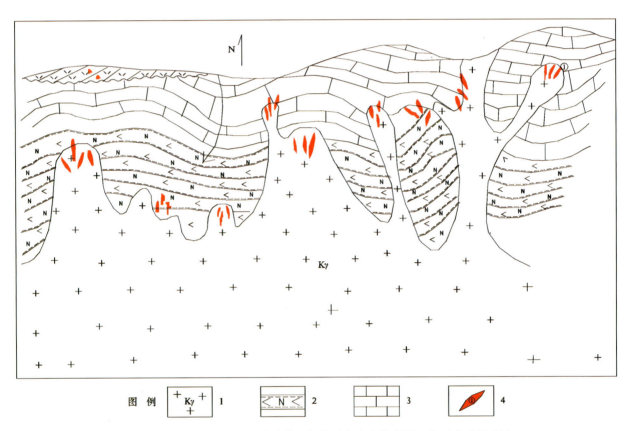

图11-4 余家窝铺式侵入式岩体型铅锌矿余家窝铺预测工作区成矿模式图
1.白垩纪花岗岩;2.角闪斜长片麻岩;3.大理岩;4.铅锌矿体

二、区域地球物理特征

1.重力场特征

从布格重力异常图来看,预测工作区北部反映重力低异常带,走向近东西,重力场最低值$-130.00\times10^{-5}\,\mathrm{m/s^2}$。根据物性资料和地质资料,推断该重力低异常带是中—酸性岩浆岩带的反映;在重力低异常带的南侧等值线密集带(过渡带)上,形成许多内生矿床,包括余家窝铺接触交代型铅锌矿、小营子铅锌矿、荷尔乌苏铅锌矿、敖包山铜铅锌矿等,表明这些矿床与中—酸性岩体和前寒武纪地层的接触带有关。由此认为,重力低异常带的北部重力场过渡带也是成矿的有利地段。

2. 航磁特征

预测工作区西部区域主要以大面积形态不规则、梯度变化较大的正磁异常区为主。预测工作区东部主要正负相间磁异常为主,形态较西部规则,主要以北东向椭圆状和圆状磁异常为主,梯度变化没有西部磁异常大。余家窝铺铅锌矿在预测工作区西部,磁场背景为平缓磁异常区,0~200nT 等值线附近。

三、区域地球化学特征

区域上分布有 Ag、As、Cd、Cu、Mo、Sb、W、Pb、Zn 等元素组成的高背景区带,在高背景区带中有以 Ag、Pb、Zn、Cd、Cu、Mo、Sb、W 为主的多元素局部异常。区内各元素在西北部多异常,东南部多呈背景及低背景分布。预测工作区内共有 38 处 Ag 异常,27 处 As 异常,9 处 Au 异常,51 处 Cd 异常,28 处 Cu 异常,44 处 Mo 异常,41 处 Pb 异常,41 处 Sb 异常,41 处 W 异常,38 处 Zn 异常。

四、区域自然重砂特征

本区铅锌自然重砂异常及化探异常十分发育,不但二者套合,而且与矿体的吻合程度亦较高,共发现自然重砂异常 6 处,化探异常 5 处。异常范围内有许多矿床(点),炮手营子、硐子、西水泉、东水泉、小营子、荷尔乌苏、余家窝铺、黄花沟等矿床就在其中。

五、区域遥感影像及解译特征

本预测工作区的羟基异常主要分布在西部地区,呈小块状、条带状,东部地区在线性构造和环形构造较为密集的区域呈小片分布,中部地区没有异常。铁染异常主要分布在东部地区,呈片状,西部地区异常较为散落,中部地区没有异常分布。

六、预测工作区预测模型

根据预测工作区区域成矿要素和化探、航磁、重力、遥感及自然重砂等特征,建立了本预测工作区的区域预测要素(表 11-5)。编制预测工作区预测要素图和成矿模型图(图 11-5)。

预测要素图以综合信息预测要素为基础,就是将化探、物探、遥感及自然重砂等值线或区全部叠加在成矿要素图上,在表达时可以导出单独预测要素如航磁的预测要素图。

预测模型,以图切剖面为基础,叠加物探、化探资料而成。

表 11-5 余家窝铺式侵入岩体型铅锌矿余家窝铺预测工作区预测要素

区域预测要素		内容描述	要素类别
地质环境	大地构造位置	天山-兴蒙造山系(Ⅰ级),包尔汉图-温都尔庙弧盆系(Ⅱ级),朝阳地-翁牛特旗弧-陆碰撞带(Ⅲ级)	必要
	成矿区(带)	位于Ⅱ-13 大兴安岭成矿省,Ⅲ-50 林西-孙吴铅、锌、铜、钼、金成矿带(Vl,Il,Ym),Ⅳ$_{50}^{4}$ 小东沟-小营子钼、铅、锌、铜成矿亚带(Vm,Y),V$_{50}^{4-2}$ 硐子—小营子铅、锌、铜矿集区(Ye)	必要
	区域成矿类型及成矿期	矽卡岩型,燕山晚期	必要

续表 11-5

区域预测要素			内容描述	要素类别
控矿地质条件	赋矿地质体		晚朱罗世—早白垩世花岗岩、正长花岗岩与宝音图岩群、石炭系碳酸盐岩接触带	必要
	控矿侵入岩		燕山期钾长花岗岩及石英闪长岩体与碳酸盐岩围岩的外接触带	重要
	主要控矿构造		北西—北西西向断裂发育,最主要的断裂为少朗川—沙不吐川断裂及其平行的次级断裂	重要
区内相同类型矿床			矿床(点)6处:中型1处,小型1处,矿点4处	重要
物探、化探特征	地球物理特征	重力	剩余重力起始值多在$(-3\sim5)\times10^{-5}\,\mathrm{m/s^2}$之间	重要
		航磁	航磁ΔT化极异常强度起始值多数在$0\sim300\,\mathrm{nT}$之间	重要
	地球化学特征		采用Pb、Zn元素异常、化探综合异常及一级自然重砂异常	重要
遥感特征			环状要素(推测隐伏岩体)	次要

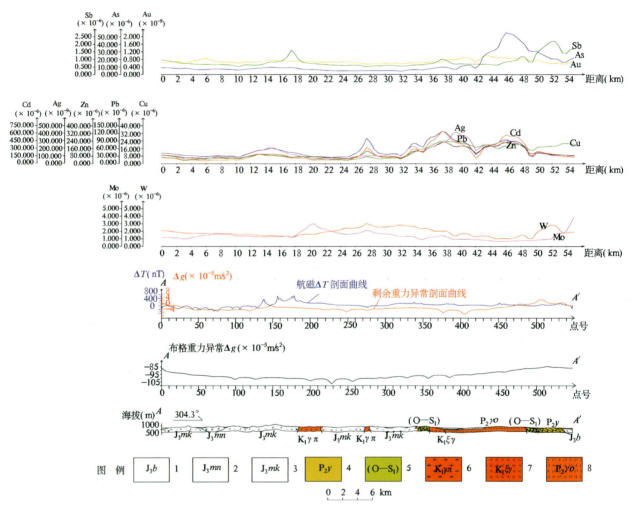

图 11-5 余家窝铺式侵入岩体型铅锌矿余家窝铺预测工作区成矿模型图

1.上侏罗统白音高老组;2.上侏罗统玛尼吐组;3.上侏罗统满克头鄂博组;4.中二叠统余家北沟组;5.奥陶系—志留系;6.花岗斑岩;
7.正长花岗岩;8.斜长花岗岩

第三节 矿产预测

一、综合地质信息定位预测

1. 变量提取及优选

根据典型矿床成矿要素及预测要素研究,本次选择网格单元法作为预测单元。根据预测底图比例尺确定网格间距为1km×1km。选取以下变量。

地层:主要提取宝音图岩群一套浅斜长角闪片麻岩、黑云斜长片麻岩夹薄层大理岩沉积建造综合柱状图和燕山早期钾长花岗岩性岩相图,并对上覆第四系、白垩系等覆盖层,视地质体的具体情况进行了揭盖处理,最大处不超过1km。

断层:提取北西西—东西向、北西向地质断层及遥感推断断裂,并根据断层的规模做500m的缓冲区。航磁异常采用航磁ΔT化极等值线$0\sim300$nT。剩余重力异常等值线$-3\times10^{-5}\sim5\times10^{-5}$m/s^2。化探采用单元素异常及综合异常。

已知矿床(点):目前收集到的有6处,其中,中型1处,小型1处,矿点4处。

自然重砂:一级异常。

遥感:提取遥感异常及环形构造。

2. 最小预测区确定及优选

本次采用综合信息网格单元法进行最小预测区的圈定,即利用MRAS软件中的建模功能,通过成矿必要要素的叠加圈定最小预测区。

3. 最小预测区确定结果

本次工作共圈定最小预测区30个,其中,A级区7个,B级区10个,C级区13个(表11-6,图11-6)。

表11-6 余家窝铺式侵入岩体型铅锌矿余家窝铺预测工作区各最小预测区一览表

序号	最小预测区编号	最小预测区名称	序号	最小预测区编号	最小预测区名称
1	A1506208001	巴嘎塔拉	16	B1506208009	熬音勿苏西
2	A1506208002	余家窝铺	17	B1506208010	熬吉乡北西
3	A1506208003	余家窝铺南	18	C1506208001	山咀子南
4	A1506208004	五分地西南	19	C1506208002	梧桐花旗北
5	A1506208005	西拐棒沟	20	C1506208003	东庄头营子东南
6	A1506208006	白音花苏木北	21	C1506208004	黄家沟南西
7	A1506208007	白音花苏木北东	22	C1506208005	凤水沟村
8	B1506208001	巴嘎塔拉东	23	C1506208006	489高地西
9	B1506208002	板石房子西	24	C1506208007	水泉镇北西
10	B1506208003	余家窝铺东南	25	C1506208008	水泉镇北

续表 11-6

序号	最小预测区编号	最小预测区名称	序号	最小预测区编号	最小预测区名称
11	B1506208004	853高地西	26	C1506208009	先进苏木西
12	B1506208005	梧桐花旗北西	27	C1506208010	下洼镇南东
13	B1506208006	乌兰岗嘎查西	28	C1506208011	熬音勿苏北西
14	B1506208007	奈木哈尔北	29	C1506208012	熬音勿苏北东
15	B1506208008	青龙山镇北西	30	C1506208013	沙日浩来南东

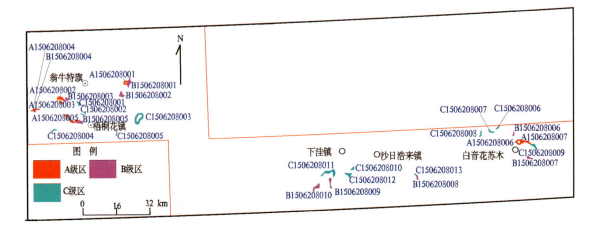

图 11-6 余家窝铺式侵入岩体型铅锌余家窝铺矿预测工作区各最小预测区优选分布图

4. 最小预测区地质评价

依据最小预测区内地质综合信息等对每个最小预测区进行综合地质评价，各最小预测区特征见表 11-7。

表 11-7 余家窝铺式侵入岩体岩型铅锌矿余家窝铺预测工作区各最小预测区综合信息表

最小预测区编号	最小预测区名称	综合信息
A1506208001	巴嘎塔拉	最小预测区找矿潜力较大，出露地层为宝音图岩群结晶灰岩、大理岩，出露岩体为侏罗纪正长花岗岩。地表蚀变主要为硅化
A1506208002	余家窝铺	最小预测区找矿潜力巨大，出露地层为宝音图岩群结晶灰岩、大理岩，出露岩体为侏罗纪正长花岗岩，Pb化探异常起始值大于$121×10^{-6}$，最小预测区位于重力异常北部。余家窝铺铅锌矿床位于模型区内，最小预测区内遥感解译异常明显
A1506208003	余家窝铺南	最小预测区找矿潜力巨大，出露地层为宝音图岩群结晶灰岩、大理岩，出露岩体为侏罗纪正长花岗岩，Pb化探异常起始值大于$121×10^{-6}$，最小预测区位于重力异常北部。余家窝铺铅锌矿床位于模型区内，最小预测区内遥感解译异常明显
A1506208004	五分地西南	最小预测区找矿潜力较大，出露地层为中石炭统酒局子沟组，出露岩体为侏罗纪正长花岗岩，Pb化探异常起始值大于$121×10^{-6}$，最小预测区位于重力异常西部。最小预测区内遥感解译异常明显。最小预测区位于一级自然重砂异常内
A1506208005	西拐棒沟	最小预测区找矿潜力巨大，出露地层为宝音图岩群结晶灰岩、大理岩，出露岩体为侏罗纪正长花岗岩，Pb化探异常起始值大于$121×10^{-6}$，最小预测区位于重力异常南部。最小预测区内遥感解译异常明显。最小预测区位于一级自然重砂异常内

续表 11-7

最小预测区编号	最小预测区名称	综合信息
A1506208006	白音花苏木北	最小预测区找矿潜力较大,出露地层为中石炭统白家店组、石嘴子组,出露岩体为白垩纪石英闪长岩,最小预测区位于重力异常北部。最小预测区附近遥感解译异常明显
A1506208007	白音花苏木北东	最小预测区找矿潜力较大,出露地层为中石炭统白家店组、石嘴子组,出露岩体为白垩纪石英闪长岩,最小预测区位于重力异常北部。最小预测区附近遥感解译异常明显
B1506208001	巴嘎塔拉东	最小预测区找矿潜力较大,出露地层为宝音图岩群结晶灰岩、大理岩,最小预测区西侧出露岩体为侏罗纪正长花岗岩。地表蚀变主要为硅化。最小预测区南东及北东向有重力异常,推测有隐伏岩体
B1506208002	板石房子西	最小预测区找矿潜力较大,出露地层为宝音图岩群结晶灰岩、大理岩。最小预测区南东向有重力异常,推测有隐伏岩体
B1506208003	余家窝铺东南	最小预测区找矿潜力较大,出露地层为宝音图岩群结晶灰岩、大理岩,紧邻余家窝铺矿床,Pb化探异常起始值大于$121×10^{-6}$,最小预测区位于重力异常北部。最小预测区内遥感解译异常明显
B1506208004	853高地西	最小预测区找矿潜力较大,出露地层为中石炭统酒局子沟组,Pb化探异常起始值大于$121×10^{-6}$,最小预测区北侧出露白垩纪正长花岗岩,最小预测区位于重力异常西部。最小预测区内遥感解译异常明显
B1506208005	梧桐花旗北西	找矿潜力巨大,出露地层为宝音图岩群结晶灰岩、大理岩,Pb化探异常起始值大于$121×10^{-6}$,最小预测区位于白垩纪正长花岗岩体南部。最小预测区内遥感解译异常明显
B1506208006	乌兰岗嘎查西	最小预测区找矿潜力较大,出露地层为中石炭统石嘴子组和白家店组,最小预测区位于重力异常中心,推测有隐伏岩体存在。区内断裂较发育,最小预测区内遥感解译异常明显
B1506208007	奈木哈尔北	最小预测区找矿潜力较大,最小预测区位于重力异常中心,推测有隐伏岩体存在。区内断裂较发育,最小预测区内遥感解译异常明显。区内有铅锌矿点
B1506208008	青龙山镇北西	最小预测区找矿潜力较大,出露地层为中石炭统白家店组,出露岩体为白垩纪正长花岗岩,最小预测区位于重力异常北西部,推测有隐伏岩体存在。最小预测区内遥感解译异常明显
B1506208009	熬音勿苏西	最小预测区找矿潜力较大,出露地层为下二叠统三面井组,最小预测区位于重力异常边部,最小预测区内磁异常明显
B1506208010	熬吉乡北西	最小预测区找矿潜力较大,出露地层为下二叠统三面井组,最小预测区位于重力异常边部,最小预测区内磁异常明显
C1506208001	山咀子南	最小预测区找矿潜力一般,出露岩体为白垩纪正长花岗岩,Pb化探异常起始值大于$31×10^{-6}$,最小预测区位于重力异常东北向,最小预测区内推测有隐伏的碳酸盐岩地质体
C1506208002	梧桐花旗北	最小预测区找矿潜力一般,出露岩体为白垩纪正长花岗岩,最小预测区位于重力异常东南向,最小预测区内推测有隐伏的碳酸盐岩地质体
C1506208003	东庄头营子东南	最小预测区找矿潜力一般,出露岩体为侏罗纪正长花岗岩,最小预测区位于重力异常南向,最小预测区内推测有隐伏的碳酸盐岩地质体
C1506208004	黄家沟南西	最小预测区找矿潜力一般,出露地层为中石炭统酒局子沟组,最小预测区位于重力异常东向,最小预测区内推测有隐伏岩体
C1506208005	风水沟村	最小预测区找矿潜力一般,出露岩体为侏罗纪正长花岗岩,最小预测区位于重力异常东向,最小预测区内推测有隐伏的碳酸盐岩地质体

续表 11-7

最小预测区编号	最小预测区名称	综合信息
C1506208006	489高地西	最小预测区找矿潜力一般,出露地层为中石炭统白家店组,最小预测区位于重力异常南向,最小预测区北部推测有隐伏岩体。最小预测区内磁异常与遥感解译异常较明显
C1506208007	水泉镇北西	最小预测区找矿潜力一般,出露地层为中石炭统白家店组与石嘴子组,最小预测区位于重力异常南向,最小预测区北部推测有隐伏岩体。最小预测区内磁异常较明显
C1506208008	水泉镇北	最小预测区找矿潜力一般,出露地层为中石炭统白家店组,最小预测区位于重力异常南向,最小预测区北部推测有隐伏岩体。最小预测区内磁异常较明显
C1506208009	先进苏木西	最小预测区找矿潜力一般,出露地层为中石炭统白家店组与石嘴子组,最小预测区位于重力异常北东向,最小预测区南西推测有隐伏岩体
C1506208010	下洼镇南东	最小预测区找矿潜力一般,出露地层为志留系—泥盆系西别河组,最小预测区位于重力异常中心,最小预测区内推测有隐伏岩体
C1506208011	熬音勿苏北西	最小预测区找矿潜力一般,出露地层为下二叠统三面井组,最小预测区位于重力异常中心南,最小预测区内推测有隐伏岩体
C1506208012	熬音勿苏北东	最小预测区找矿潜力一般,出露地层为下二叠统三面井组,最小预测区位于东西两个重力异常之间,最小预测区内推测有隐伏岩体。最小预测区内磁异常明显
C1506208013	沙日浩来南东	最小预测区找矿潜力一般,出露地层为中石炭统白家店组,最小预测区位于重力异常北西,推测有隐伏岩体存在

二、综合信息地质体积法估算资源量

1. 典型矿床深部及外围资源量估算

余家窝铺典型矿床位于余家窝铺模型区内,该区没有其他矿床、矿(化)点;典型矿床铅资源总量=已查明资源量+预测资源量=56 787.00+14 196.75+25 164.89=96 148.64(t),锌资源总量=已查明资源量+预测资源量=108 943.00+27 235.75+48 277.57=184 456.32(t),模型区延深与典型矿床一致;模型区含矿地质体面积与模型区面积一致,经 MapGIS 软件下读取数据为 5 310 942m²(表 11-8)。

表 11-8　余家窝铺预测工作区典型矿床深部和外围预测资源量估算表

典型矿床			深部及外围		
已查明资源量(t)	Pb 56 787.00	Zn 108 943.00	深部	面积(m²)	5 310 942
面积(m²)	5 310 942			延深(m)	50
延深(m)	550		外围	面积(m²)	
品位(%)	Pb 1.34	Zn 1.74		延深(m)	600
密度(g/cm³)	3.1		预测资源量(t)	Pb 39 361.64	Zn 75 513.32
含矿系数(t/m³)	0.000 033	0.000 063	典型矿床资源总量(t)	Pb 96 148.64	Zn 184 456.32

2. 模型区的确定、资源量及估算参数

模型区总体积=模型区面积×模型区延深=5 310 942m²×550m=2 921 018 100m³。铅含矿系数=资源总量/(模型区总体积×含矿地质体面积参数)=96 148.64÷2 921 018 100=0.000 033(t/m³)。锌含矿系数=184 456.32÷2 921 018 100=0.000 063(t/m³)(表 11-9)。

表 11-9 余家窝铺预测工作区模型区资源总量及其估算参数

模型区编号	模型区名称	经度	纬度	矿种	含矿系数(t/m³)	资源总量(t)	含矿地质体体积(m³)
A1506208002	余家窝铺	E118°51′13″	N42°51′58″	Pb	0.000 033	96 148.64	2 921 018 100
				Zn	0.000 063	184 456.32	

3. 最小预测区预测资源量

(1)估算参数的确定。最小预测区面积圈定采用规则网格单元作为预测单元,网格单元大小为 1km×1km。

预测地质变量,本次利用证据权重法,在 MRAS2.0 下进行最小预测区的圈定与优选。最终圈定 30 个最小预测区,其中,A 级区 7 个,B 级区 10 个,C 级区 13 个。

延深是指含矿地质体在倾向上的延长延深。延深的确定是在研究最小预测区含矿地质体地质特征、岩体的形成延深、矿化蚀变、矿化类型的基础上,再对比典型矿床特征综合确定的,部分由成矿带模型类比或专家估计给出,另根据模型区余家窝铺铅锌矿钻孔控制最大垂深为 440m,以及含矿地质体产状、区域厚度,同时根据含矿地质体的地表是否出露来确定其延深。

矿体平均品位 Pb 1.34%、Zn 1.74%,矿石平均密度 3.1g/cm³。有矿床、矿点者采用其相应资料。

含矿地质体含矿系数与模型区一致。

预测工作区最小预测区相似系数的确定,主要依据最小预测区内含矿地质体本身出露的大小、地质构造发育程度不同、化探异常强度、矿化蚀变发育程度及矿(化)点的多少等因素,由专家确定。

(2)最小预测区预测资源量估算成果。本次预测铅资源总量为 442 371.20t,其中不包括已查明资源量 227 585.00t,锌资源总量为 879 146.12t,其中不包括已查明资源量 400 761.00t,参照前述标准对各最小预测区资源量精度级别进行划分,详见表 11-10。

表 11-10 余家窝铺式侵入岩体型铅锌矿余家窝铺预测工作区各最小预测区估算成果表

最小预测区编号	最小预测区名称	$S_{预}$(m²)	$H_{预}$(m)	K_S	K(t/m³) Pb	K(t/m³) Zn	α	$Z_{预}$(t) Pb	$Z_{预}$(t) Zn	资源量精度级别
A1506208001	巴嘎塔拉	3 673 507	600	1.00	0.000 033	0.000 063	0.40	29 094	55 543	334-3
A1506208002	余家窝铺	5 310 942	550	1.00	0.000 033	0.000 063	1.00	39 362	75 513	334-1
A1506208003	余家窝铺南	2 358 133	500	1.00	0.000 033	0.000 063	0.50	19 455	37 141	334-3
A1506208004	五分地西南	3 390 237	600	1.00	0.000 033	0.000 063	0.50	33 563	64 075	334-2
A1506208005	西拐棒沟	8 668 308	600	1.00	0.000 033	0.000 063	1.00	835	35 844	334-1
A1506208006	白音花苏木北	5 234 111	600	1.00	0.000 033	0.000 063	0.40	41 454	79 140	334-2
A1506208007	白音花苏木北东	4 683 109	600	1.00	0.000 033	0.000 063	0.40	37 090	70 809	334-2
B1506208001	巴嘎塔拉东	4 830 704	600	1.00	0.000 033	0.000 063	0.20	19 130	36 520	334-3
B1506208002	板石房子西	4 335 650	600	1.00	0.000 033	0.000 063	0.20	17 169	32 778	334-3
B1506208003	余家窝铺东南	2 632 071	500	1.00	0.000 033	0.000 063	0.30	13 029	24 873	334-3
B1506208004	853 高地西	1 015 519	500	1.00	0.000 033	0.000 063	0.30	5027	9597	334-3
B1506208005	梧桐花旗北西	3 881 750	600	1.00	0.000 033	0.000 063	0.30	23 058	44 019	334-3
B1506208006	乌兰岗嘎查西	1 190 202	600	1.00	0.000 033	0.000 063	0.30	7070	13 497	334-3
B1506208007	奈木哈尔北	2 518 368	600	1.00	0.000 033	0.000 063	0.20	9973	19 039	334-2

续表 11-10

最小预测区编号	最小预测区名称	$S_{预}(m^2)$	$H_{预}(m)$	K_S	$K(t/m^3)$ Pb	$K(t/m^3)$ Zn	α	$Z_{预}(t)$ Pb	$Z_{预}(t)$ Zn	资源量精度级别
B1506208008	青龙山镇北西	1 378 612	600	1.00	0.000 033	0.000 063	0.20	5459	10 422	334-3
B1506208009	熬音勿苏西	4 292 403	600	1.00	0.000 033	0.000 063	0.20	16 998	32 451	334-3
B1506208010	熬吉乡北西	5 599 850	600	1.00	0.000 033	0.000 063	0.20	22 175	42 335	334-3
C1506208001	山咀子南	2 016 811	500	1.00	0.000 033	0.000 063	0.10	3328	6353	334-3
C1506208002	梧桐花旗北	1 716 317	500	1.00	0.000 033	0.000 063	0.10	2832	5406	334-3
C1506208003	东庄头营子东南	12 588 063	700	1.00	0.000 033	0.000 063	0.10	29 078	55 513	334-3
C1506208004	黄家沟南西	1 984 849	500	1.00	0.000 033	0.000 063	0.10	3275	6252	334-3
C1506208005	风水沟村	1 094 124	400	1.00	0.000 033	0.000 063	0.10	1444	2757	334-3
C1506208006	489 高地西	1 365 210	500	1.00	0.000 033	0.000 063	0.10	1802	3440	334-3
C1506208007	水泉镇北西	2 302 408	500	1.00	0.000 033	0.000 063	0.10	3799	7253	334-3
C1506208008	水泉镇北	1 780 199	500	1.00	0.000 033	0.000 063	0.10	2937	5608	334-3
C1506208009	先进苏木西	4 430 044	600	1.00	0.000 033	0.000 063	0.20	17 543	33 491	334-3
C1506208010	下洼镇南东	1 969 213	500	1.00	0.000 033	0.000 063	0.10	3249	6203	334-3
C1506208011	熬音勿苏北西	9 805 197	700	1.00	0.000 033	0.000 063	0.10	22 650	43 241	334-3
C1506208012	熬音勿苏北东	4 577 160	600	1.00	0.000 033	0.000 063	0.10	9063	17 302	334-3
C1506208013	沙日浩来南东	1 083 933	400	1.00	0.000 033	0.000 063	0.10	1431	2732	334-3

4. 预测工作区预测资源量成果汇总表

余家窝铺式矽卡岩型铅锌矿余家窝铺预测工作区采用地质体积法预测资源量,各最小预测区资源量精度级别划分为 334-1、334-2 和 334-3。根据各最小预测区含矿地质体、物探、化探异常及相似系数特征,预测延深均在 2000m 以浅。根据矿产潜力评价预测资源量汇总标准,余家窝铺预测工作区预测资源量按预测延深、资源量精度级别、可利用性、可信度统计的结果见表 11-11。

表 11-11 余家窝铺式侵入岩体岩型铅锌矿余家窝铺预测工作区预测资源量成果汇总表 (单位:t)

预测延深	资源量精度级别	矿种	可利用性 可利用	可利用性 暂不可利用	可信度 ≥0.75	可信度 ≥0.50	可信度 ≥0.25	合计
2000m 以浅	334-1	Pb	40 196		40 196	40 196	40 196	40 196
		Zn	111 357		111 357	11 357	111 357	111 357
	334-2	Pb	129 150		17 043	129 150	129 150	129 150
		Zn	246 560		32 536	246 560	246 560	246 560
	334-3	Pb	37 510	235 515		60 568	273 025	273 025
		Zn	71 610	449 619		115 629	521 229	521 229
合计		Pb	206 856	235 515	57 239	229 914	442 371	442 371
		Zn	429 527	449 619	143 893	473 546	879 146	879 146

第十二章 比利亚谷式火山岩型铅锌矿预测成果

第一节 典型矿床特征

一、典型矿床地质特征及成矿模式

(一)典型矿床地质特征

1. 矿区地质

根河市比利亚谷矿区铅锌矿严格受得尔布干深大断裂派生的次一级北西向张性断裂和裂隙控制,勘查区中生界中侏罗统塔木兰沟组火山岩地层中的张性断裂构造,是矿体主要控矿构造(图12-1)。

1)地层

矿区内出露地层岩性较为简单。主要为中生界中侏罗统塔木兰沟组英安岩夹角砾凝灰岩和上侏罗统满克头鄂博组安山岩及第四系残坡积和冲洪积物。

(1)中侏罗统塔木兰沟组岩性主要为英安岩、角砾凝灰岩。英安岩岩石呈灰绿色,细粒—隐晶结构,块状构造,矿物成分主要为长英质岩,受构造运动影响,地层产状稍有变化,一般岩层走向260°,倾向北西和倾角在8°~24°之间。岩石多碳酸盐化、硅化、黄铁矿化、绢云母化及次生的褐铁矿化。角砾凝灰岩岩石呈绿色,凝灰角砾结构,块状构造,矿物成分为凝灰质岩,角砾呈半棱角状—棱角状,粒径2~40mm,少量小于2mm,胶结物主要为火山灰。具绿泥石化、绢云母化、碳酸盐化、黄铁矿化、硅化等蚀变。

(2)上侏罗统满克头鄂博组岩性主要为安山岩。岩石灰褐色,细粒—隐晶结构,局部斑状结构,块状构造。斑晶-斜长石含量45%,多呈较自形的板状、宽板状,粒径0.2~1.2mm。角闪石含量30%,半自形板状,粒径0.2~1.2mm。基质—隐晶质,含量25%,岩石多青磐岩化。

2)构造

矿区主要构造有上比利亚谷背斜和呈北西向的含矿构造破碎带。

(1)褶皱为上比利亚谷背斜:轴向北东35°,轴面近直立。在矿区走向长度达2.5km,两翼相对较为开阔,倾角较小,北西翼倾向255°,倾角8°,南东翼倾向125°,倾角9°,两翼地层均为塔木兰沟组英安岩夹角砾凝灰岩。

(2)构造破碎带是矿区中主要含矿构造,由3条规模较大的张性断层及分布在其附近和周围的一些隐伏张性裂隙构组而成。此带宽约650~720m,走向北西,走向长度3.5km。

(3)断层。分布在矿区内的断层共见3条,编号分别为F_{35}、F_{36}、F_{37}。

• F_{35}:走向301°,走向长度大于1554m,宽度变化在1.29~41.78m之间,断层面倾向211°,平均倾角65°,断层向下延深大于573m。断层内充填有硅质脉和方解石脉,断层内角砾大小不等,且多被硫化

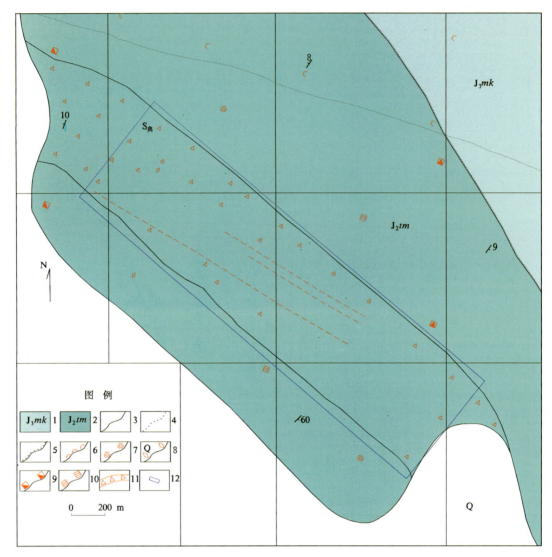

图 12-1　比利亚谷式火山岩型铅锌矿典型矿床地质图

1. 上侏罗统满克头鄂博组安山岩;2. 中侏罗统塔木兰沟组角砾凝灰岩及英安岩;3. 实测整合地质界线;4. 蚀变带界线;5. 实测不整合地质线;6. 青磐岩化;7. 硅化;8. 碳酸盐化;9. 褐铁矿化;10. 黄铁矿化;11. 构造破碎带;12. 资源量估算范围

铅锌矿液胶结。控制着 4 号矿体的产出。

　　·F_{36}：走向 301°,走向长度大于 513m,宽度变化在 1.29～482.28m 之间,断层面倾向 210°,平均倾角 65°,断层向下延深大于 421m。断层内充填有硅质脉和方解石脉,断层内角砾大小不等,且多被硫化铅锌矿液胶结。控制着 34 号矿体的产出。

　　·F_{37}：走向 300°,走向长度大于 713m,宽度变化在 1.29～74.56m 之间,断层面倾向 210°,平均倾角 65°,断层向下延深大于 419m。断层内充填有硅质脉和方解石脉,断层内角砾大小不等,且多被硫化铅锌矿液胶结。控制着 30 号矿体的产出。

3）岩浆岩

矿区内未见有侵入岩出露,脉岩仅在钻孔的岩芯中能够观察到,沿岩芯裂隙分布有石英、方解石细脉。

4）矿区变质作用及围岩蚀变

（1）变质作用类型。矿区内变质作用较为广泛,既有受构造运动影响产生的动力变质又有与成矿作用有关的热液变质。

动力变质：矿区动力变质以韧性应变为主，在构造断裂带两侧多为岩石片理化、构造角砾、断层等，微细脉状、透镜体状铁锰矿化充填于断层破碎带中。

热液变质：矿区热液变质多产生于张性构造部位，主要有硅化、碳酸盐化、绢云母化、黄铁矿化、方铅矿化、闪锌矿化、黄铜矿化等。

(2) 围岩蚀变。矿区的围岩蚀变分为线型和面型两种，面型多为青磐岩化，集中分布于矿区中的角砾凝灰岩、英安岩中。岩石多表现为细粒的钠长石化和绿帘石化。此带走向280°左右，蚀变带宽度3~5km。而线型蚀变主要分布于后期火山热液充填贯入的张性节理裂隙中，并且成组、成群出现，多使裂隙两盘围岩产生硅化、碳酸盐化、绢云母化、黄铁矿化、方铅矿化、闪锌矿化、黄铜矿化等蚀变，蚀变带宽约2.8km。

2. 矿床特征

1) 主要矿体特征

根据断裂构造带的展布特征、矿体分布情况及综合物探资料，对主要矿体特征叙述如下：

(1) 4号矿体。赋矿岩性为角砾凝灰岩和英安岩，矿体走向长度1 554.15m，单工程厚度在1.29~41.78m之间，平均厚度11.91m，控制延深550.00m，总体走向295°~305°，矿体从北西向南东侧伏，侧伏角在10°左右。在75~61勘查线矿体呈脉状，59勘查线膨大，厚约120m。15~9勘查线又突变为细脉状，后至7~3A勘查线膨大，呈似层状、透镜体状产出，在3~1勘查线突变分支成多条细脉而逐渐尖灭。矿体倾向211°，倾角平均为65°，该矿体工业类型主要为硫化矿，矿体总体以铅锌矿石为主，伴生银。矿体平均品位Pb 1.62%、Zn 1.39%、Ag 34.03×10^{-6}，工业类型为硫化矿(图12-2)。

(2) 30号矿体。分布在矿区中西部1A~61勘查线之间，有30个钻孔控制。赋矿岩性为角砾凝灰岩和英安岩，赋矿标高620.00~1 000.00m，走向为300°，与4号矿体基本平行产出。矿体走向长度713.35m，控制延深419.29m，倾向210°，倾角平均65°，呈脉状、细脉状产出，在7~3勘查线膨大，厚约150m。呈似层状、透镜体状产出。在1A勘查线处分支为两条细脉而逐渐尖灭。单工程厚度变化范围在1.29~74.56m之间，矿体平均厚度8.53m，矿体总体以铅锌矿石为主并伴生有银，另在矿体的不同位置沿走向和倾向局部铅富集，局部锌富集，局部为铅、锌复合富集，分布有单硫化铅、硫化锌矿石和复合的硫化铅、锌矿石。该矿体平均品位为Pb 2.41%、Zn 3.23%、Ag 18.15×10^{-6}。铅金属量为45 092.04t，锌金属量为71 957.96t，占全矿床铅金属总量的12.23%，锌金属总量的19.32%。伴生银金属量44 798.02kg。矿体厚度变化系数Pb 96.59%、Zn 100.59%，品位变化系数Pb 173.42%、Zn 155.72%，属厚度变化在稳定和不稳定之间，品位变化为不均匀矿体，工业类型为硫化矿。

(3) 34号矿体分布于矿区东部15~1A勘查线之间。赋矿岩性为英安岩，与4号、30号矿体平行产出。走向沿长513.19m，控制延深419.29m，总体走向301°，在15~9勘查线呈脉状产出，7~5勘查线膨大，呈似层状脉状、产出，局部有分支现象，在3A线呈脉状分支，后至1A勘查线尖灭。矿体倾向210°，倾角65°。单工程厚度变化范围在1.29~82.28m之间，矿体平均厚度8.57m，矿体总体为铅、锌矿石，沿走向和倾向局部铅富集，局部锌富集，局部为铅、锌复合富集，分布有单硫化铅、硫化锌矿石，复合的硫化铅、锌矿石，另伴生有银。该矿体平均品位为Pb 2.77%、Zn 2.55%、Ag 21.50×10^{-6}。工业类型为硫化矿。

2) 矿石质量

(1) 矿石金属矿物主要有方铅矿、闪锌矿，其次为黄铜矿、辉银矿、磁铁矿、褐铁矿和铜蓝等。脉石矿物为绿泥石、碳酸盐、绢云母、斜长石。

(2) 矿石结构主要有变余角砾凝灰结构、半自形—他形粒状结构、交代残余结构、乳滴固熔体分离结构。矿石构造主要有浸染状、似斑杂状、细脉状、稠密浸染状构造。

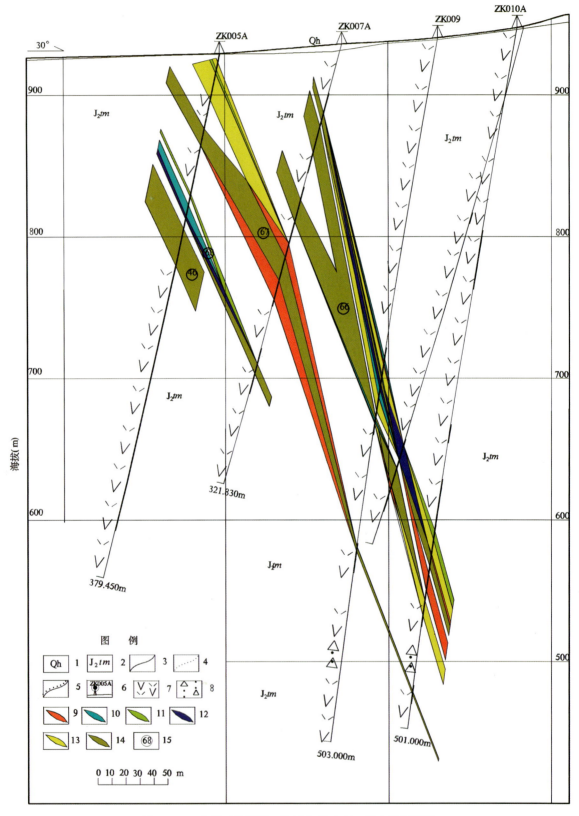

图 12-2　比利亚谷预测工作区典型矿床 1 勘查线剖面图

1. 第四系坡积、河流冲积物；2. 中侏罗统塔木兰沟组角砾凝灰岩及英安岩；3. 实测整合地质界线；4. 蚀变带界线；5. 实测不整合地质线；6. 钻孔位置及编号；7. 英安岩；8. 角砾凝灰岩；9. 铅矿体；10. 低品位铅矿体；11. 低品位铅锌矿体；12. 锌矿体；13. 低品位锌矿体；14. 铅锌矿体；15. 矿体编号

3)矿石类型

矿石类型以原生硫化矿为主。根据矿石矿物蚀变组合特点进一步划分为:①硅化蚀变岩型铅锌矿石;②硅化碳酸盐化蚀变岩型铅锌矿石;③碳酸盐化蚀变岩型铅锌矿石。

根据矿石矿物结构构造可将矿床矿石划分为:①稠密浸染状铅锌矿石;②似斑杂状铅锌矿石;③细脉状铅锌矿石。

根据矿石的工业类型,划分为石英-方铅矿型铅锌矿石、石英闪锌矿-铅锌矿石、解石-少硫化物铅锌矿。

4)围岩与夹石

(1)围岩。矿体顶底板围岩主要为英安岩、角砾凝灰岩。围岩蚀变类型有硅化、碳酸盐化、绿帘石化、绿泥石化、绢云母化、高岭土化和黄铁矿化,顶底板界线较为清晰。

(2)夹石。夹石岩性主要有英安岩、角砾凝灰岩。

3. 矿床成因

比利亚谷式火山岩型铅锌矿典型矿床位于北东向得尔布干深大断裂及其派生的次一级北西向张性构造交会部位,矿体赋存于中侏罗统塔木兰沟组英安岩、角砾凝灰岩北西向张性断裂构造中,受塔木兰沟组英安岩、角砾凝灰岩控制,与该期火山热液活动有关,是典型的火山热液填充脉状矿床。

(二)典型矿床成矿模式

比利亚谷式火山岩型铅锌矿典型矿床的矿床成因具有以下特征:

(1)矿体成矿期共分为碳酸盐化、硅化、次生石英岩化3个阶段。①早期的碳酸盐化阶段,也有少量的方铅矿和闪锌矿分布在岩石中,另可见极少量磁铁矿在电子显微镜下呈粒状分布于岩石中,该阶段黄铁矿化较发育,而方解石则呈细脉状分布于岩石的节理和裂隙中。②中期硅化阶段为主要的成矿阶段,是方铅矿、闪锌矿大量富集成矿的主要阶段,方铅矿呈细脉状、粒状、稠密浸染状产出,并交代早期的黄铁矿和闪锌矿。③晚期的次生石英岩化仅见有少量的黄铜矿、铜蓝及次生褐铁矿在岩石中产出,明显可见沿岩石的裂隙发育有晶形完整的石英颗粒。

(2)比利亚谷式火山岩型铅锌矿典型矿床位于北东向得尔布干深大断裂及其派生的次一级北西向张性构造交会部位,矿体赋存于中侏罗统塔木兰沟组英安岩、角砾凝灰岩北西向张性断裂构造中,是典型的火山热液填充脉状矿床。

通过对上述特点的分析与归纳,总结出比利亚谷式火山岩型铅锌矿典型矿床的成矿模式(图12-3),矿体成矿期共分为碳酸盐化、硅化、次生石英岩化3个阶段,早期的碳酸盐化阶段有少量的方铅矿和闪锌矿、辉银矿分布在岩石中,中期硅化阶段是方铅矿、闪锌矿、辉银矿大量富集成矿的主要阶段,晚期的次生石英岩化明显可见沿岩石的裂隙发育有晶形完整的石英颗粒。

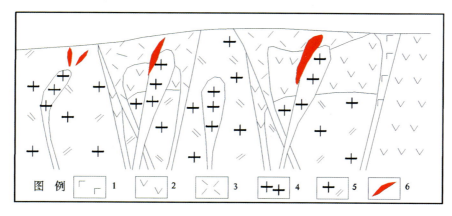

图12-3 比利亚谷式火山岩型铅锌矿典型矿床成矿模式图

1.中侏罗统塔木兰沟组基性火山岩;2.中侏罗统次火山岩;3.中侏罗统塔木兰沟组酸性火山岩;4.燕山期斑状花岗岩;5.燕山期二长花岗岩;6.铅锌矿床

二、典型矿床地球物理特征

1. 矿床所在位置航磁特征

据 1:5 万航磁平面等值线图显示,磁场总体表现为低缓的正磁场,矿点处于磁场变化梯度带上,相对异常呈条带状,走向北东。据 1:50 万航磁化极 ΔT 等值线平面图显示,磁场表现为 3 条近似南北走向的条带形正异常,极值达 300nT。据 1:1 万电法平面等值线图显示,呈现东部低阻,西部高阻(图 12-4)。

从 1:20 万航磁 ΔT 化极等值线平面图可知,该区反映正、负相间的北东向条带磁异常,$\Delta T_{max}=500nT$,$\Delta T_{min}=-100nT$。

2. 矿床所在区域重力特征

据 1:20 万剩余重力异常图显示,曲线形态总体比较凌乱,异常特征不明显。

据布格重力异常图显示,比利亚谷式火山岩型铅锌矿床位于局部重力低异常的边部,$\Delta g_{min}=-106.19\times10^{-5}m/s^2$,异常为不规则状,从异常形态分析,重力低异常由 3 个不同走向的次一级局部重力低异常构成,剩余重力异常图证实了上述的推断。该剩余重力异常编号为 L 蒙-25 号,根据物性资料和地质资料分析,推断该重力低异常带是中—酸性岩体的反映。表明比利亚谷铅锌矿床在成因上不仅与元古宇有关,而且在空间上还与中—酸性岩体关系密切。

根据重力场特征及地质出露情况分析,推断条带状正磁异常带是元古宇的反映,德尔布尔镇一带的负磁异常带是中—酸性岩体的表现,说明该矿床不仅与火山岩有关,而且还与中—酸性岩体关系密切。

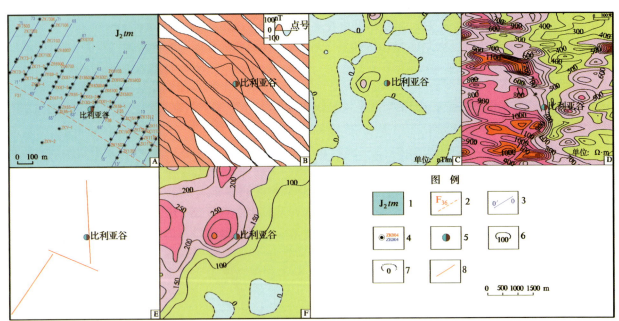

注:原地质矿产图比例尺为1:1万;原航磁数据比例尺为1:5万。原电法数据比例尺为1:1万。

图 12-4 比利亚谷典型矿床地质矿产及物探剖析图

A. 地质矿产图;B. 航磁 ΔT 剖面平面图;C. 航磁 ΔT 化极垂向一阶导数等值线平面图;D. 电法视电阻率 ρ_s 剖面平面图;E. 推断地质构造图;F. 航磁 ΔT 化极等值线平面图;1. 中侏罗统塔木兰沟组角砾凝灰岩及英安岩;2. 断层位置及编号;3. 勘查线位置及编号;4. 完工钻孔位置及编号;5. 矿床位置;6. 正等值线及注记;7. 零等值线及注记;8. 磁法推断三级断裂

三、典型矿床地球化学特征

与预测工作区相比,矿区出现了以 Pb、Zn 为主,伴有 Ag、As、Cu、Cd、W 等元素组成的综合异常;Pb、Zn 为主成矿元素,Ag、As、Cu、Cd、W 为主要的伴生元素。

Pb、Zn 在比利亚谷地区呈高背景分布,浓集中心明显,异常强度高;Ag、W 在比利亚谷地区呈高异常分布,具明显的浓集中心;As、Cu、Cd 在比利亚谷附近呈高背景分布,但浓集中心不明显。

四、典型矿床预测模型

根据典型矿床成矿要素和矿区综合物探普查资料以及区域化探、重力、遥感资料,确定典型矿床预测要素,编制了典型矿床预测要素图。其中高精度磁测、激电中梯资料以等值线形式标在矿区地质图上;化探资料由于只有 1:20 万比例尺的资料,所以编制矿床所在地区 Au、Ag、Cd、Zn、Pb、Cu、W 综合异常剖析图表示;为表达典型矿床所在地区的区域物探特征,根据航磁 ΔT 等值线平面图、航磁 ΔT 化极等值线平面图、航磁 ΔT 化极垂向一阶导数等值线平面图、布格重力异常图、剩余重力异常图及重力推断地质构造图编制了比利亚谷典型矿床所在区域地质矿产及物探剖析图。

以典型矿床成矿要素图为基础,综合研究重力、航磁、化探、遥感等综合致矿信息,总结典型矿床预测要素表(表 12-1)。

预测模型图的编制,由于未收集到高精度磁测、激电异常的剖面资料,故现以物探剖析图代替典型矿床预测模型图(图 12-5)。

表 12-1 比利亚谷式火山岩型铅锌矿典型矿床预测要素

预测要素		内容描述		要素类别
资源储量(t)		Pb 368 575.65,Zn 372 474.78	平均品位(%) 加权平均:Pb 2.06,Zn 2.35	
特征描述		比利亚谷次火山热液型铅锌矿		
地质环境	构造背景	额尔古纳褶皱系,额尔古纳基底隆起区		必要
	成矿环境	以得尔布干断裂为界的额尔古纳钼、铅、锌成矿带和大兴安岭多金属矿带		必要
	成矿时代	晚侏罗世		必要
矿床特征	矿体形态	矿体多呈脉状、透镜体状产出,矿体走向 295°~305°,矿体走向长度在 0.053~1.55km 之间,延深在 280.00~601.26m 之间,厚度一般在 4.54~14.65m 之间		次要
	岩石类型	中侏罗统塔木兰沟组火山岩		重要
	岩石结构	凝灰结构		次要
	矿物组合	主要为闪锌矿、铁闪锌矿、方铅矿、黄铁矿,次为毒砂、黄铜矿、磁铁矿、褐铁矿、磁黄铁矿等		重要
	结构构造	结构:半自形—他形粒状结构,自形粒状结构为主,其次有包含结构、充填结构、溶蚀结构、斑状变晶结构、固溶体分离结构、反应边结构、压碎结构等。构造:条纹—条带状构造、块状构造、浸染状构造等		次要
	蚀变特征	硅化、绿泥石化、黄铁矿化、绢云母化、青磐岩化		重要
	控矿条件	侏罗系塔木兰沟组火山岩发育地段找铅锌及多金属矿有利。环形构造与北西西向构造发育地段,尤其是构造交会处是成矿有利场所。本区火山作用成矿显著,因而成矿类型以次火山热液型为主		必要

续表 12-1

预测要素			内容描述				要素类别
资源储量（t）			Pb 368 575.65, Zn 372 474.78	平均品位（%）		加权平均：Pb 2.06, Zn 2.35	
特征描述			比利亚谷次火山热液型铅锌矿				
物探、化探特征	地球物理特征	重力	据 1:20 万剩余重力异常图显示：曲线形态总体比较凌乱，异常特征不明显。据 1:50 万航磁化极等值线平面图显示，磁场表现为 3 条近似南北走向的条带形正异常，极值达 300nT。布格重力异常图上，比利亚谷式火山岩型铅锌矿床位于局部重力低异常的边部，$\Delta g_{min} = -106.19 \times 10^{-5} \, m/s^2$				次要
		航磁	据 1:5 万航磁平面等值线图显示，磁场总体表现为低缓的正磁场，矿点处于磁场变化梯度带上，相对异常呈条带状，走向北东。从 1:20 万航磁 ΔT 化极等值线平面图可知，该区反映正、负相间的北东向条带磁异常，$\Delta T_{max} = 500nT$, $\Delta T_{min} = -100nT$				次要
	地球化学特征		矿区出现了以 Pb、Zn 为主，伴有 Ag、As、Cu、Cd、W 等元素组成的综合异常；Pb、Zn 为主成矿元素，Ag、As、Cu、Cd、W 为主要的共（伴）生元素。Pb、Zn 在比利亚谷地区呈高背景分布，浓集中心明显，异常强度高；Ag、W 在比利亚谷地区呈高异常分布，具明显的浓集中心；As、Cu、Cd 在比利亚谷附近呈高背景分布，但浓集中心不明显				必要

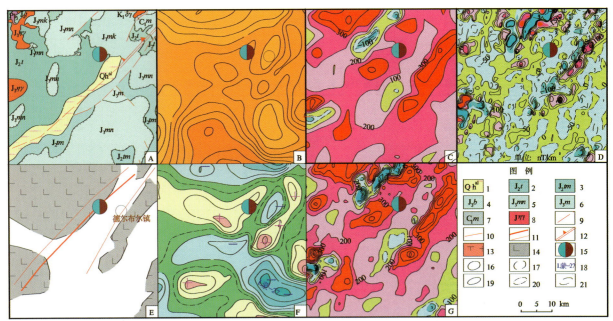

注：原地质矿产图比例尺 1:25 万原航磁数据为航遥中心提供的内蒙古自治区 2km×2km 网格数据，原重力数据比例尺为 1:20 万。

图 12-5　比利亚谷式火山岩型铅锌矿典型矿床预测模型图

A. 地质矿产图；B. 布格重力异常图；C. 航磁 ΔT 等值线平面图；D. 航磁 ΔT 化极垂向一阶导数等值线平面图；E. 磁法推断地质构造图；F. 剩余重力异常图；G. 航磁 ΔT 化极等值线平面图；1. 第四系冲积层、砂砾石；2. 土城子组；3. 塔木沟组；4. 白音高老组；5. 玛尼吐组；6. 满克头鄂博组；7. 莫尔根河组安山玢岩；8. 侏罗纪二长花岗岩；9. 隐伏或物探推测断裂；10. 磁法推断三级断裂构造；11. 磁法推断一级断裂构造；12. 地壳拼接断裂带；13. 磁法推断中酸性侵入岩；14. 火山岩地层；15. 铅锌矿点；16. 磁法推断地质构造边界线（出露）；17. 磁法推断地质构造边界线（隐伏）；18. 剩余异常编号；19. 航磁等值线；20. 零等值线；21. 航磁负等值线

第二节 预测工作区研究

一、区域地质特征

1. 地层

本区地层区划属滨太平洋地层区(V_5)、大兴安岭-燕山地层分区(V_1)、博克图-二连浩特地层小区(V_1^2)。所出露的地层主要以中生界侏罗系火山岩为主,其次在太平梁和石灰窑附近,零星分布有古生界寒武系和石炭系少量陆源碎屑沉积岩。现就各时代地层简述如下。

寒武系额尔古纳河组第四岩段:在本区主要分布于大黑山以南和东北一带,岩性主要为变质中细粒长石石英砂岩、变质砂岩和浅粒岩为主,另夹有少量的云母石英片岩和结晶灰岩,出露面积较小,厚度约673m。

石炭系莫尔根河组:分布于本区石灰窑附近,岩性主要以生物碎屑灰岩为主,另夹有少量泥质粗粉砂岩和长石岩屑砂岩。地层出露面积较小,厚度为140m,与寒武系额尔古纳河组呈断层接触。

侏罗系万宝组:该组出露于上护林以西一带,出露面积较小,岩性为变质长石、石英砂岩,出露厚度约195m,与上覆地层塔木兰沟组呈角度不整合接触,与下伏石炭系莫尔根河组呈断层接触。

塔木兰沟组:英安岩、英安质流纹质角砾晶屑岩屑凝灰岩,出露面积较大,出露厚度约600m,与上覆地层满克头鄂博组呈不整合接触。

满克头鄂博组:该组在本区中分布范围广,出露面积较大,岩性主要为辉石角闪石安山岩、安山质角砾岩屑晶屑凝灰岩,出露厚度约615m,与上覆地层白音高老组呈整合接触。

白音高老组:酸性火山碎屑岩、酸性熔岩,该组出露面积较大,厚度300~500m。

2. 岩浆岩

区内岩浆岩主要分布在得尔布干深大断裂的北西侧,出露面积较大,岩浆深成侵入活动与构造密切相关。从地表岩石、地层单元的接触关系及构造形迹来看,本区主要经历了海西期和燕山期二次岩浆侵入旋回活动。其中海西期构造岩浆旋回侵入岩最为发育,所出露的岩体主要分布于自兴屯—大黑山—太平梁一线。岩石类型为斑状黑云母花岗岩、闪长岩及黑云母二长花岗岩。其次为燕山期构造岩浆旋回侵入岩,主要岩石类型为中细粒钾长花岗岩、中粗粒钾长花岗岩、二长花岗岩、斜长花岗岩、花岗闪长岩、正长斑岩和花岗斑岩。其中燕山早期侵入岩主要分布于莫尔道嘎一带,分布范围较广,出露面积大。而晚期侵入岩则零星出露于本区北部及南西一带。

3. 构造

本区位于额尔古纳兴凯地槽褶皱带与喜桂图旗中海西地槽褶皱带交会部位,构造轮廓极为复杂。主要经历了加里东中晚期、海西期、燕山期及喜马拉雅期多次大规模构造运动。其中海西中期强烈的构造运动使得本区地层发生褶皱形成额尔古纳复背斜和山河复向斜,燕山期突出的再造运动使得尔布干深大断裂及其派生的次一级北西向平移断裂将上述褶皱带隆起和坳陷部位切割成北东向排列展布的多个地块。

二、区域地球物理特征

1. 预测工作区航磁特征

在1:10万航磁 ΔT 等值线平面图上预测工作区磁异常幅值范围为$-500\sim1200$nT,背景值为$-100\sim100$nT,其间磁异常形态杂乱,正负相间,多为不规则带状、片状或团状,纵观预测工作区磁异

常轴向及 ΔT 等值线延深方向,以北东向为主,磁场特征显示预测工作区构造方向以北东向为主。比利亚谷式火山岩型铅锌矿位于预测工作区中部,磁异常背景为低缓负磁异常区,100nT 等值线附近。

预测工作区内推断断裂走向与磁异常轴向相同,主要为北东向,以不同磁场区的分界线和磁异常梯度带为标志。结合预测工作区地质出露情况分析,预测工作区东南部磁异常多为火山岩地层引起,预测工作区西北部磁异常多为中酸性岩体引起。

根据磁异常特征,比利亚谷式火山岩型铅锌矿预测工作区磁法推断断裂构造 10 条,侵入岩体 22 个,火山构造 50 个。

2. 预测工作区重力特征

从布格重力异常图来看,预测工作区区域重力场总体反映南高、北低的特点,布格重力异常最低值 $-106.19\times10^{-5}\mathrm{m/s^2}$,最高值 $-55.84\times10^{-5}\mathrm{m/s^2}$。根据地质资料及物性资料,推断南部重力高背景是前寒武系所致。北部许多重力低局部异常是中—酸性岩体的反映,剩余重力低异常编号分别为:L蒙-25、L蒙-14、L蒙-27、L蒙-37。

预测工作区内断裂构造以北东向和北西向为主;地层单元呈带状和不规则状沿北东东向分布;中—新生代盆地呈条带状和等轴状;中—酸性岩体呈宽条带和团块状展布。在该预测工作区推断解译断裂构造 56 条,中—酸性岩体 6 个,中—新生代盆地 9 个,地层单元 21 个。

该预测工作区的典型矿床比利亚谷式火山岩型铅锌矿和三河铅锌矿就位于莫尔道嘎局部重力低异常的南部;二河热液型铅锌银矿和下护林热液型铅锌矿也分别处于恩和哈达重力低局部异常的东部和西南部,由物性资料的地质资料分析,上述两个局部重力低异常是中—酸性岩体的反映。表明比利亚谷式火山岩型铅锌等矿床不仅与元古宇有关,而且还与中—酸性岩体有关。

三、区域地球化学特征

区域上分布有 Ag、As、Cd、Cu、Mo、Sb、W、Pb、Zn 等元素组成的高背景区带,在高背景区带中有以 Ag、Pb、Zn、Cd、Cu、Mo、Sb、W 为主的多元素局部异常。预测工作区内共有 38 处 Ag 异常,27 处 As 异常,9 处 Au 异常,51 处 Cd 异常,28 处 Cu 异常,44 处 Mo 异常,41 处 Pb 异常,41 处 Sb 异常,41 处 W 异常,38 处 Zn 异常。

Ag 元素在预测工作区上呈背景、高背景分布,在三河地区浓集中心明显,异常强度高,呈连续分布;As、Sb 元素在预测工作区呈背景、高背景分布,在太平林场地区存在较强的浓集中心;Au 元素在预测工作区北部呈高背景分布,在太平林场和牛尔河镇附近存在两处范围较大的浓集中心;Cu 在预测工作区南部存在范围较大的异常区,浓集中心明显,异常强度高;Cd、W、Mo 元素在预测工作区呈高背景分布,存在明显的浓度分带和浓集中心,在预测工作区西部浓集中心呈北东向展布;Pb、Zn 元素在预测工作区呈背景、高背景分布,存在明显的浓度分带和浓集中心。

预测工作区上元素异常套合特征较明显的编号为 AS1、AS2 和 AS3;AS1 位于三河—比利亚谷一带,异常元素有 Cu、Pb、Zn、Ag,Pb 元素浓集中心明显,异常强度高,与 Cu、Zn、Ag 异常套合较好;AS2 和 AS3 的异常元素有 Pb、Zn、Ag、Cd,Pb 元素浓集中心明显,异常强度高,与 Cu、Zn、Ag 异常套合较好,Cd 异常范围较大。

四、区域遥感影像及解译特征

本预测工作区内共解译出大型构造 22 条,由北向南依次为西牛尔河构造、丁字河构造、潘家店-金河镇农场构造、额尔古纳断裂带、大新屯构造、七卡以北构造、五卡东北构造、新城村构造、觉苟荀东北构造、小孤山-卧都河乡构造、库都汗林场构造、三河回族乡东构造、新城村构造、梁东以南构造等,其走向基本为近北东向和近北西向,两种方向的大型构造在区域内相互错断,构造格架清晰。

解译出中小型构造 446 条,其中中型构造走向与大型构造基本一致,为北东向与北西向,其与大型构造相互作用明显,形成相互关联的构造群。小型构造在图中的分布规律不明显。

共解译出环形构造 115 个,按其成因可分为中生代花岗岩类引起的环形构造、与隐伏岩体有关的环形构造、构造穹隆或构造盆地。

本预测工作区的羟基、铁染异常分布较为零散,基本没有集中分布,在南部地区有小片状异常,其余地区零星分布。

五、预测工作区预测模型

根据预测工作区区域成矿要素和航磁、重力、化探及遥感等特征,建立了本预测工作区的区域预测要素,并编制预测工作区预测要素图和预测模型图。

区域预测要素图以区域成矿要素图为基础,综合研究重力、航磁、化探、遥感等综合致矿信息,总结区域预测要素表(表 12-2),并将综合信息(如各专题异常曲线或区)全部叠加在成矿要素图上,在表达时可以导出单独预测要素如航磁的预测要素图。

表 12-2 比利亚谷式火山岩型铅锌矿比利亚谷预测工作区预测要素表

区域成矿(预测)要素		内容描述	要素类别
地质环境	大地构造位置	Ⅰ天山-兴蒙造山系,Ⅰ-1 大兴安岭弧盆系,Ⅰ-1-2 额尔古纳岛弧(Pz_1),Ⅰ-1-3 海拉尔-呼玛弧后盆地(Pz)	必要
	成矿区(带)	Ⅰ-4 滨太平洋成矿域;Ⅱ-13 大兴安岭成矿省;Ⅲ-47 新巴尔虎右旗(拉张区)钼、铜、铅、锌、金萤石煤(铀)成矿带;$Ⅳ_{47}^4$ 莫尔道嘎金、铁、铅、锌成矿亚带(Y、Q);$Ⅴ_{47}^1$ 小伊诺盖-吉关沟金矿集区(Ye、Q);$Ⅴ_{47}^2$ 下护林-三河铅、锌矿集区(Ym—Y1);$Ⅳ_{47}^3$ 陈巴尔虎旗-根河金矿亚带(Y);$Ⅴ_{47}^{3-1}$ 四五牧场金矿集区(Y);$Ⅳ_{47}^4$ 谢尔塔拉-甘河铁锌成矿亚带(V)	必要
	区域成矿类型及成矿期	燕山期火山岩型	必要
控矿地质条件	赋矿地质体	侏罗系塔木兰沟组火山岩发育地段有利寻找铅锌多金属矿	必要
	围岩蚀变	硅化、绿泥石化、黄铁矿化、绢云母化、青磐岩化与矿化关系密切	重要
	主要控矿构造	环形构造与北西西向构造发育地段,尤其是构造交会处是成矿有利场所	必要
区内相同类型矿床		矿床 4 处(大型 1 处,中型 1 处,小型 2 处),矿点 4 处	重要
物探、化探特征	地球物理特征 重力	从布格重力异常图来看,预测工作区区域重力场总体反映南高、北低的特点,布格重力异常最低值 $-106.19×10^{-5}$ m/s^2,最高值 $-55.84×10^{-5}$ m/s^2	次要
	地球物理特征 航磁	在 1:10 万航磁 ΔT 等值线平面图上预测工作区磁异常幅值范围为 $-500\sim1200$nT,背景值为 $-100\sim100$nT,其间磁异常形态杂乱,正负相间,多为不规则带状、片状或团状,磁场特征显示预测工作区构造方向以北东向为主。预测工作区内推断断裂走向与磁异常轴向相同,主要为北东向,以不同磁场区的分界线和磁异常梯度带为标志	次要
	地球化学特征	Pb、Zn 在预测工作区呈背景、高背景分布,存在明显的浓度分带和浓集中心。AS1 异常元素有 Cu、Pb、Zn、Ag,Pb 元素浓集中心明显,异常强度高,与 Cu、Zn、Ag 异常套合较好;AS2 和 AS3 的异常元素为 Pb、Zn、Ag、Cd,Pb 元素浓集中心明显,异常强度高,与 Cu、Zn、Ag 异常套合较好	重要
遥感特征		北西向断裂构造及遥感羟基铁染异常区	次要

预测模型图的编制以地质剖面图为基础,叠加区域航磁及重力剖面图而形成,简要表示预测要素内容及其相互关系,以及时空展布特征(图 12-6)。

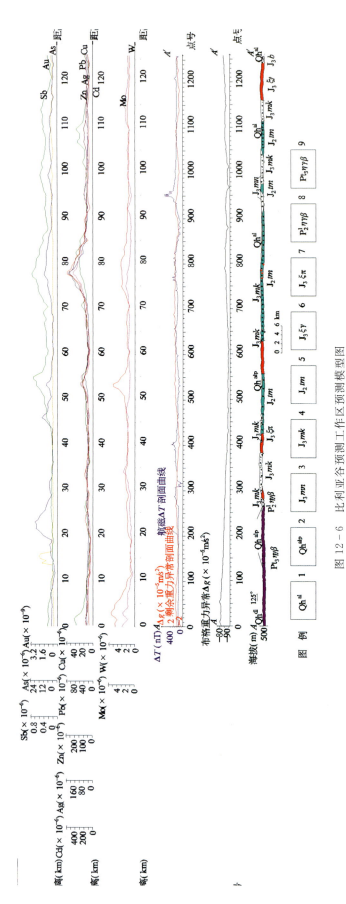

图 12-6 比利亚谷预测工作区预测模型图

1. 洪积层；2. 冲洪积层；3. 玛尼吐组；4. 满克头鄂博组；5. 塔木兰沟组；6. 晚侏罗世正长花岗斑岩；7. 晚侏罗世二长花岗斑岩；8. 中二叠世黑云母二长花岗岩；9. 新元古代黑云母二长花岗岩

第三节 矿产预测

一、综合地质信息定位预测

1. 变量提取及优选

根据典型矿床成矿要素及预测要素研究,结合预测工作区提取的要素特征,本次选择网格单元法作为预测单元,根据预测底图比例尺确定网格间距为 2km×2km,图面为 20mm×20mm。

(1)地质体:侏罗系塔木兰沟组火山岩,共提取地质体 201 块,总面积为 4 578.59km²。

(2)断层:提取北西向地质断层及遥感推断断裂,并根据断层的规模作 500m×50m 的缓冲区。

(3)化探:Pb 化探异常 $17×10^{-9} \sim 1293.1×10^{-9}$ 的范围,Zn 化探异常 $40×10^{-9} \sim 3007.8×10^{-9}$ 的范围,总面积为 10 037.87km²。

(4)重力:提取剩余重力 $-94×10^{-5} \sim 64×10^{-5}$ m/s² 的范围,总面积为 31 932.01km²。

(5)航磁:提取航磁化极值 0~350nT 的范围,总面积为 11 592.20km²。

(6)遥感:提取遥感北西向断裂构造要素及羟基铁染异常区,提取羟基铁染异常区要素 248 块,总面积为 621.44km²。

地质体、断层、遥感环状要素进行单元赋值时采用区的存在标志;化探、剩余重力、航磁化极则求起始值的加权平均值,在变量二值化时利用异常范围值人工输入变化区间。

在上述提取的变量中,提取航磁化极异常范围对预测无明显意义,故在优选过程中剔除。

2. 最小预测区确定及优选

(1)模型区选择依据:根据圈定的最小预测区范围,选择比利亚谷铅锌矿典型矿床所在的最小预测区为模型区,模型区内出露地层为侏罗系塔木兰沟组火山岩,Pb 元素化探异常值范围在 $90×10^{-9} \sim 1\ 293.1×10^{-9}$ 之间,Zn 元素化探异常值范围在 $138×10^{-9} \sim 3007×10^{-9}$ 之间,成矿受北西向断层控制,典型矿床位于北西向断层之间,并处在椭圆形遥感羟基异常区中心。

(2)预测方法的确定:由于预测工作区内有 8 个同预测类型的矿床,故采用有模型预测工程进行预测,预测过程中先后采用了数量化理论Ⅲ、聚类分析、神经网络分析等方法进行空间评价,并采用人工对比预测要素,比照形成的色块图,最终确定采用聚类分析法作为本次工作的预测方法。

3. 最小预测区确定结果

本次工作共圈定最小预测区 34 个,其中,A 级区 6 个,B 级区 10 个,C 级区 18 个。最小预测区面积在 2.655~47.753km² 之间,平均为 19.806km²,总面积为 673.41km²(表 12-3,图 12-7)。

表 12-3 比利亚谷式火山岩型铅锌矿比利亚谷预测工作区各最小预测区一览表

序号	最小预测区编号	最小预测区名称
1	A1506401001	比利亚谷铅锌矿
2	A1506401002	尔布尔北西 1228 高地
3	A1506401003	二道河子
4	A1506401004	上护林北西

续表 12-3

序号	最小预测区编号	最小预测区名称
5	A1506401005	苏沁回民乡北西西 817 高地北西
6	A1506401006	黑山头镇东
7	B1506401001	达赖沟北
8	B1506401002	上央格气北
9	B1506401003	尔布尔北西
10	B1506401004	潮源
11	B1506401005	潮中
12	B1506401006	石灰窑
13	B1506401007	二道河子东
14	B1506401008	上护林北
15	B1506401009	苏沁回民乡北西 840 高地北东
16	B1506401010	黑山头镇南东南 715 高地北东
17	C1506401001	金林南东 1151 高地
18	C1506401002	丁字河北东 930 高地
19	C1506401003	三道桥北
20	C1506401004	德尔布尔镇西
21	C1506401005	潮查北
22	C1506401006	石灰窑东 1145 高地北东
23	C1506401007	三道桥南东
24	C1506401008	十八里桥西
25	C1506401009	俄罗斯民族乡南西 949 高地南
26	C1506401010	俄罗斯民族乡南西 814 高地南
27	C1506401011	下护林西 972 高地北
28	C1506401012	大其拉哈南
29	C1506401013	苏沁回民乡北西西 860 高地北
30	C1506401014	古城北西
31	C1506401015	小库力北
32	C1506401016	上库力乡南西
33	C1506401017	上库力乡南东 998 高地
34	C1506401018	上库力乡南东 1007 高地北

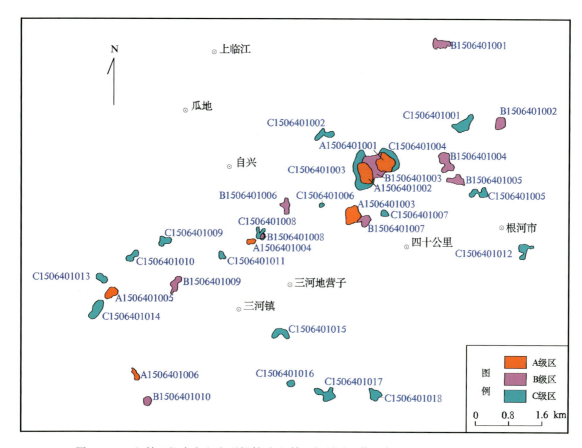

图 12-7　比利亚谷式火山岩型铅锌矿比利亚谷预测工作区各最小预测区优选分布图

二、综合信息地质体积法估算资源量

1. 典型矿床深部及外围资源量估算

比利亚谷典型矿床资源量估算结果来源于 2010 年 8 月内蒙古自治区大兴安岭森工矿业有限责任公司编写的《内蒙古自治区根河市比利亚谷矿区铅锌矿勘探报告》及内蒙古自治区国土资源信息院于 2010 年提交的《截至二〇〇九年底的内蒙古自治区矿产资源储量表》。典型矿床面积（$S_{总}$）是根据 1∶1 万矿区成矿要素图圈定，在 MapGIS 软件下读取面积数据换算得出。矿床最大延深（即勘探延深）依据 1 线钻孔 ZK110 资料确定，具体数据见表 12-4。

根据上述数据，由典型矿床含矿系数 $K_{典}$＝已查明资源量（$Z_{典}$）/[面积（$S_{典}$）×延深（$H_{典}$）]，计算结果见表 12-4。

根据比利亚谷铅锌矿区勘查线剖面图，成矿类型为火山岩型，最深钻孔为 565.2m，矿区内铅、锌富集部位多在钻孔 80～300m 之间，往深部矿体变窄，品位降低，但钻孔深部尚未完全控制含矿地质体，故尚可向深部适当预测，本次向下预测 100m。矿区深部预测资源量（$Z_{深}$）计算结果见表 12-6，资源量精度级别为 334-1。

根据比利亚谷铅锌矿床地质特征及矿区 1∶1 万成矿要素图成矿地质体分布情况及勘探控制情况，模型区内已知矿体基本上已经由勘查线控制并圈出，故本次不再向模型区内典型矿床外围进行预测。

预测面积分两个部分：一部分为该矿床各矿体、矿脉聚积区边界范围的的下延面积；另一部分为已知矿体附近含矿建造区预测部分面积。

典型矿床含矿系数=典型矿床资源总量($Z_{典总}$)/[典型矿床总面积($S_{典总}$)×典型矿床总延深($H_{典总}$)],含矿系数采用上表典型矿床已查明资源量的含矿系数(Pb 0.000 351 26t/m³,Zn 0.000 354 98t/m³)。典型矿床资源总量见表 12-4。

表 12-4 比利亚谷预测工作区典型矿床深部及外围资源量估算表

典型矿床			深部及外围		
已查明资源量(t)	Pb 368 576	Zn 372 475	深部	面积(m²)	1 856 500
面积(m²)	1 856 500			延深(m)	100
延深(m)	590		外围	—	—
品位(%)	2.36			—	—
密度(g/cm³)	3.8		预测资源量(t)	Pb 65 212	Zn 65 901
含矿系数(t/m³)	0.000 351 26	0.000 354 98	典型矿床资源总量(t)	Pb 433 787	Zn 438 376

2. 模型区的确定、资源量及估算参数

比利亚谷典型矿床位于比利亚谷铅锌矿模型区内,已查明资源量(金属量)Pb 368 576t,Zn 372 475t,按本次预测技术要求计算模型区资源总量为 Pb 433 787t,Zn 438 376t;模型区延深与典型矿床一致;模型区含矿地质体面积与模型区面积一致,含矿地质体面积参数为 1.00。模型区面积等详见表 12-5。

表 12-5 比利亚谷预测工作区模型区资源总量及其估算参数

模型区编号	模型区名称	经度	纬度	矿种	已查明资源量(t)	预测资源量(t)	模型区资源总量(t)	模型区面积(km²)	延深(m)	含矿地质体面积(km²)
A1506401001	比利亚谷铅锌矿	E120°58′18″	N50°59′17″	Pb	368 576	652 112	438 376	43.037 137	665.2	43.037 137
				Zn	372 475	65 901				

3. 最小预测区预测资源量

比利亚谷式火山岩型铅锌矿预测工作区最小预测区资源量定量估算采用地质体积法进行估算。

(1)估算参数的确定。最小预测区的圈定与优选采用数学地质方法中的特征分析法。

比利亚谷预测工作区预测底图精度为 1:10 万,并根据成矿有利度[含矿地质体、控矿构造、矿(化)点、找矿线索及物探、化探异常]、地理交通及开发条件和其他相关条件,将工作区内最小预测区级别分为 A 级、B 级、C 级 3 个等级。

本次工作共圈定最小预测区 34 个,其中,A 级区 6 个,B 级区 10 个,C 级区 18 个。最小预测区面积在 2.655~47.753km² 之间,平均为 19.806km²。

延深的确定是在研究最小预测区含矿地质体地质特征、含矿地质体的延深、矿化蚀变、矿化类型的基础上,再对比典型矿床特征综合确定的,主要由成矿带模型类比估计给出。

由于预测类型为火山岩型铅锌矿,面积圈定时主要依据含矿地质体的分布情况及物探、化探异常情况,因此,预测工作区内所有最小预测区含矿地质体面积均采用最小预测区面积,即面积参数为 1.00。预测工作区内所有最小预测区的品位和密度均采用典型矿床的品位和密度。

含矿地质体含矿系数=资源总量/含矿地质体总体积。

(2)最小预测区预测资源量估算成果。根据前述公式,求得最小预测区资源量。本次预测资源总量为 Pb 1 067 772t,Zn 1 079 068t,其中不包括预测工作区已查明资源量 Pb 687 984.65t,Zn 592 552.78t,最小预测区预测资源量估算结果详见表 12-6。

表 12-6 比利亚谷式火山岩型铅锌矿比利亚谷预测工作区最小预测区估算成果

最小预测区编号	最小预测区名称	$S_{预}$ (km²)	$H_{预}$ (m)	K_S	K (t/m³) Pb	K (t/m³) Zn	$Z_{预}$ (t) Pb	$Z_{预}$ (t) Zn	资源量精度级别
A1506401001	比利亚谷铅锌矿	43.037	100	1.00	0.000 015 15	0.000 015 31	65 212	65 901	334-1
A1506401002	尔布尔北西 1228 高地	41.975	100	1.00	0.000 015 15	0.000 015 31	54 062	54 634	334-1
A1506401003	二道河子	35.894	400	1.00	0.000 015 15	0.000 015 31	174 042	175 883	334-1
A1506401004	上护林北西	6.987	220	1.00	0.000 015 15	0.000 015 31	17 467	17 652	334-1
A1506401005	苏沁回民乡北西西 817 高地北西	17.494	450	1.00	0.000 015 15	0.000 015 31	83 500	84 383	334-3
A1506401006	黑山头镇东	8.505	400	1.00	0.000 015 15	0.000 015 31	36 086	36 467	334-3
B1506401001	达赖沟北	21.262	350	1.00	0.000 015 15	0.000 015 31	62 017	62 673	334-3
B1506401002	上央格气北	17.272	330	1.00	0.000 015 15	0.000 015 31	47 500	48 003	334-3
B1506401003	尔布尔北西	43.889	300	1.00	0.000 015 15	0.000 015 31	129 679	131 051	334-3
B1506401004	潮源	31.882	340	1.00	0.000 015 15	0.000 015 31	98 549	99 591	334-3
B1506401005	潮中	18.561	300	1.00	0.000 015 15	0.000 015 31	46 404	46 895	334-3
B1506401006	石灰窑	14.836	280	1.00	0.000 015 15	0.000 015 31	28 326	28 625	334-2
B1506401007	二道河子东	16.390	320	1.00	0.000 015 15	0.000 015 31	47 683	48 187	334-3
B1506401008	上护林北	2.655	300	1.00	0.000 015 15	0.000 015 31	6035	6099	334-3
B1506401009	苏沁回民乡北西 840 高地北东	17.182	220	1.00	0.000 015 15	0.000 015 31	20 047	20 259	334-2
B1506401010	黑山头镇南东南 715 高地北东	9.907	280	1.00	0.000 015 15	0.000 015 31	16 812	16 990	334-3
C1506401001	金林南东 1151 高地	31.518	200	1.00	0.000 015 15	0.000 015 31	28 654	28 957	334-3
C1506401002	丁字河北东 930 高地	18.135	150	1.00	0.000 015 15	0.000 015 31	8244	8331	334-3
C1506401003	三道桥北	47.753	100	1.00	0.000 015 15	0.000 015 31	21 707	21 937	334-3
C1506401004	德尔布尔镇西	24.663	100	1.00	0.000 015 15	0.000 015 31	9342	9441	334-3
C1506401005	潮查北	18.943	120	1.00	0.000 015 15	0.000 015 31	5167	5221	334-3
C1506401006	石灰窑东 1145 高地北东	2.942	120	1.00	0.000 015 15	0.000 015 31	1070	1081	334-2
C1506401007	三道桥南东	6.735	220	1.00	0.000 015 15	0.000 015 31	6735	6807	334-3
C1506401008	十八里桥西	11.361	200	1.00	0.000 015 15	0.000 015 31	6886	6959	334-3
C1506401009	俄罗斯民族乡南西 949 高地南	14.634	100	1.00	0.000 015 15	0.000 015 31	3326	3361	334-3

续表 12-6

最小预测区编号	最小预测区名称	$S_{预}$ (km²)	$H_{预}$ (m)	K_S	K (t/m³) Pb	K (t/m³) Zn	$Z_{预}$ (t) Pb	$Z_{预}$ (t) Zn	资源量精度级别
C1506401010	俄罗斯民族乡南西 814 高地南	12.914	100	1.00	0.000 015 15	0.000 015 31	1957	1978	334-2
C1506401011	下护林西 972 高地北	6.564	100	1.00	0.000 015 15	0.000 015 31	1492	1508	334-3
C1506401012	大其拉哈南	18.814	120	1.00	0.000 015 15	0.000 015 31	3421	3457	334-3
C1506401013	苏沁回民乡北西西 860 高地北	12.498	150	1.00	0.000 015 15	0.000 015 31	4261	4306	334-2
C1506401014	古城北西	27.847	120	1.00	0.000 015 15	0.000 015 31	7595	7675	334-2
C1506401015	小库力北	19.297	130	1.00	0.000 015 15	0.000 015 31	9503	9603	334-2
C1506401016	上库力乡南西	7.096	120	1.00	0.000 015 15	0.000 015 31	2581	2608	334-3
C1506401017	上库力乡南东 998 高地	26.239	100	1.00	0.000 015 15	0.000 015 31	5964	6027	334-3
C1506401018	上库力乡南东 1007 高地北	17.730	120	1.00	0.000 015 15	0.000 015 31	6448	6516	334-3

4. 预测工作区预测资源量成果汇总表

比利亚谷式火山岩型铅锌矿预测工作区采用地质体积法预测资源量，各最小预测区资源量精度级别划分为 334-1、334-2 和 334-3。根据各最小预测区含矿地质体、物探、化探异常及相似系数特征，预测延深均在 2000m 以浅。根据矿产潜力评价预测资源量汇总标准，比利亚谷预测工作区预测资源量按预测延深、资源量精度级别、可利用性、可信度统计的结果见表 12-7。

表 12-7 比利亚谷式火山岩型铅锌矿比利亚谷预测工作区预测资源量成果汇总表　　（单位：t）

预测延深	资源量精度级别	矿种	可利用性 可利用	可利用性 暂不可利用	可信度 ≥0.75	可信度 ≥0.50	可信度 ≥0.25	合计	
2000m 以浅	334-1	Pb	215 401	95 382	191 509	310 783	310 783	310 783	624 853
		Zn	222 801	91 269	193 535	314 070	314 070	314 070	
	334-2	Pb	50 429	22 330		48 373	72 759	72 759	146 286
		Zn	52 160	21 367		48 884	73 527	73 527	
	334-3	Pb	474 234	209 998		605 314	684 232	684 232	1 375 701
		Zn	490 527	200 942		611 717	691 469	691 469	
合计		Pb	740 064	327 710	191 509	964 470	1 067 774	1 067 774	2 146 840
		Zn	765 488	313 578	193 535	974 671	1 079 066	1 079 066	

第十三章 扎木钦式火山岩型铅锌矿预测成果

第一节 典型矿床特征

一、典型矿床地质特征及成矿模式

（一）典型矿床地质特征

1. 矿区地质

矿区出露地层较单一，为中生界上侏罗统白音高老组火山岩系及第四系（图13-1）。

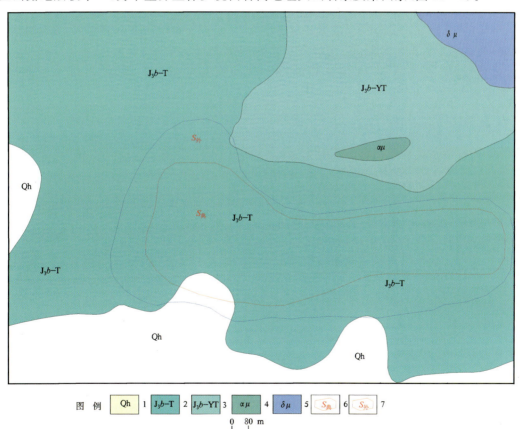

图 13-1 扎木钦式火山岩型铅锌矿典型矿床地质图

1. 第四系腐殖土及坡积物；2. 白音高老组凝灰岩、含矿凝灰质角砾岩；3. 白音高老组含矿凝灰质角砾；4. 安山玢岩；5. 闪长玢岩；6. 典型矿床预测范围；7. 典型矿床外围预测范围

白音高老组岩性特点及含矿性为：

(1)下部凝灰岩、含矿凝灰质角砾岩段(J_3b-T)，岩石由凝灰质角砾岩和铅、锌硫化物组成含矿层。厚度大于50.00m。凝灰质角砾岩，深灰世—灰黑色，角砾状结构，块状构造。角砾成分为凝灰岩，角砾大小为2~10mm，最大者达50mm。基质为长英质凝灰成分，一般皆具有铅、锌矿化现象。在该岩段内含5个矿体，即所谓下部凝灰质角砾岩矿组。

(2)斑屑凝灰岩段(J_3b-BT)成分单一，无矿化现象。在两个凝灰质角砾岩矿之间起标志层作用，厚度大于40m。

(3)上部含矿凝灰质角砾岩段(J_3b-YT)，由凝灰质角砾岩及铅、锌硫化物组成含矿层。厚度大于10m。凝灰质角砾岩，白色，角砾状结构，块状构造。角砾成分单一，为浅黄色凝灰岩，大小为2~10mm，局部呈定向分布，基质为火山灰及隐晶物质。该段赋存铅、锌矿体5个，划为上部凝灰质角砾岩矿组。

(4)上部凝灰岩段(J_3b-T_2)，该岩段由凝灰岩、熔结凝灰岩组成，厚度大于130m。凝灰岩，灰白色，含少量晶屑，成分为长石及石英。一般为凝灰结构，局部呈斑状结构，块状构造。主要成分为火山灰。熔结凝灰岩，灰白色，岩石中见有长英质岩屑，晶屑为斜长石，玻屑为塑性，呈舌状、椭圆状。岩屑、晶屑、玻屑含量占40%~50%。该段亦为含矿岩段。

2. 矿床特征

矿床位于兴安盟科右前旗西南部，属大兴安岭中生代火山岩分布区。矿体呈层状或似层状赋存于上侏罗统白音高老组火山岩系中，埋深300m以下(图13-2)。

隐伏状矿床，地表见矿化，未能圈出工业矿体。深部圈定多层似层状、产状平缓的隐状铅锌矿体。控制含矿带长度约1500m，分布在2~24勘查线。矿体呈层状或似层状，赋存于地表以下300~500m之间，均为隐伏矿体。矿体延伸较长，最大长度525m，沿走向及倾向均显舒缓波状，总体走向近东西，倾角较缓，一般0~25°。单矿体厚度2.21~22.85m，控制长度为75~525m，宽度57~270m。控制延深710m。矿体赋存于凝灰岩及凝灰质角砾岩中，矿体与围岩界线不清，围岩亦有弱矿化现象，矿体多依据采样实验确定。

3. 矿石特征

矿石类型主要为角砾岩型铅锌矿石。

矿石矿物主要为方铅矿、闪锌矿、黄铁矿、辉银矿，偶见黄铜矿。脉石矿物为长英凝灰物质、玻屑、晶屑、凝灰质角砾以及方解石、石英等。

矿石具角砾状、浸染状、团块状及细脉状构造。

矿区围岩蚀变有硅化、黄铁矿化、碳酸盐化。硅化以石英颗粒和细脉状分布于方铅矿、闪锌矿边部及小裂隙中。黄铁矿化呈星点状或微细脉状分布于其他硫化矿物岩石中。碳酸盐化以方解石细脉充填在小裂隙中。

矿床品位：Pb+Zn 2.5%，Ag 26×10^{-6}，属低品位矿。

矿床规模：大型。

4. 矿床成因及成矿时代

初步认为该区矿床成因与火山喷发相的爆发亚相上喷作用而形成的火山碎屑岩及凝灰岩相关。由于在火山侵入活动中，火山喷发时火山岩携带了成矿物质，因此在凝灰质角砾岩与凝灰岩中形成了矿(矿化)体。成矿物质的喷发同火山成矿热液同时上升(喷)，经搬运，在重力作用下聚集成矿。而硫化物如PbS、ZnS的生成，除与温度有关外，尚有两个因素起决定作用，其一是金属元素相对的溶解度；其二是金属元素对硫(S)的亲合力。

矿物生成顺序为黄铁矿—闪锌矿—黄铜矿—方铅矿。硫来源于火山作用，以 H_2S 形式在火山喷发

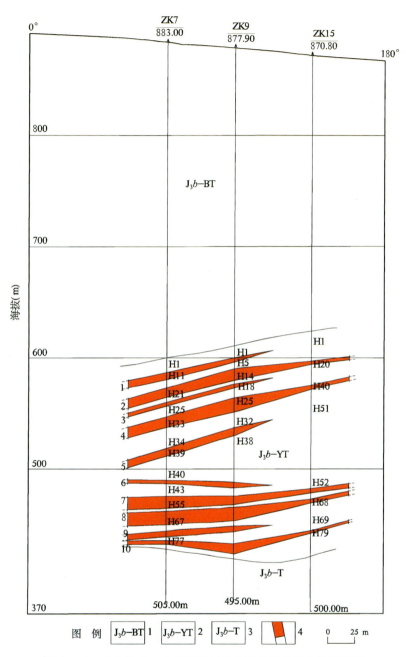

图 13-2 扎木钦式火山岩型铅锌矿典型矿床 8 勘查线剖面图

1. 斑屑凝灰岩段上部凝灰岩段；2. 含矿凝灰质角砾岩段；3. 下部凝灰岩、含矿凝灰质角砾岩段；4. 铅锌矿体

时遇到氧化环境，形成 $H_2S—2H+S, 3S=\rightarrow[S^{2-}]$，$[S^{2-}]$ 与金属元素化合，形成了金属硫化物矿。所以金属硫化物在火山口附近与火山岩或火山碎屑岩共生。这就是在火山碎屑岩中常见到黄铜矿、方铅矿、闪锌矿等的原因。

扎木钦矿区铅锌矿在凝灰质角砾岩中见矿情况较凝灰岩好，而且矿体赋存部位也较凝灰岩深，可能由于其更接近火山口。上述即说明了本矿区矿床的成因地质过程。

两件辉钼矿 Re-Os 同位素等时线年龄为 137.6 ± 1.9Ma 和 146.1 ± 2Ma，成矿时代属于晚中生代燕山期。

(二)典型矿床成矿模式

根据扎木钦火山岩型铅锌矿床的成矿特征和各类要素分析,初步建立了该矿床的成矿模式(图 13-3)。

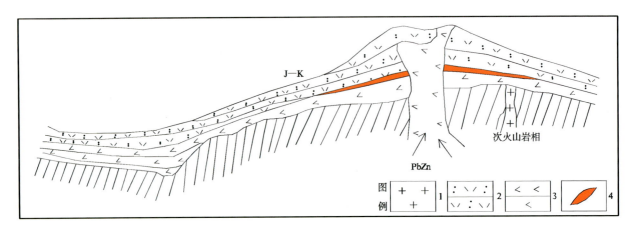

图 13-3　扎木钦式火山岩型铅锌矿典型矿床成矿模式图
1. 花岗岩;2. 流纹质沉凝灰岩;3. 角闪片岩;4. 铅锌矿体

二、典型矿床地球物理特征

1. 航磁特征

据 1:5 万航磁平面等值线图显示,磁场东北部为负磁异常,极值达 -320nT;东南部为正磁异常,极值达 650nT。据 1:50 万航磁化极等值线平面图显示,磁场总体表现为负磁场,区域中央存在有团圆状正异常,规模不大。

2. 重力特征

据 1:20 万剩余重力异常图显示,曲线形态比较凌乱,异常特征不明显。

三、典型矿床地球化学特征

矿区存在以 Pb、Zn 为主,伴有 Ag、Cd 等元素组成的综合异常,Pb、Zn 为主成矿元素,Ag、Cd 为主要的伴生元素。

四、典型矿床预测模型

根据典型矿床成矿要素和化探资料以及区域重力资料,建立典型矿床预测要素,编制了典型矿床预测要素图。收集整理典型矿床已有大比例尺重力、航磁、化探资料,分别编制了 1:50 万区域地质矿产及剖析图(图 13-4)、综合异常剖析图(图 13-5),从而进行典型矿床预测要素研究并编制典型矿床预测要素图及要素表(表 13-1)。

大青山金银多金属成矿带东段,基底主要出露太古宇集宁岩群中深变质岩系,中生代叠加强烈的火山-岩浆作用,是多期叠加复合成矿作用地区,也是成矿有利地段,矿产资源丰富,上侏罗统白音高老组

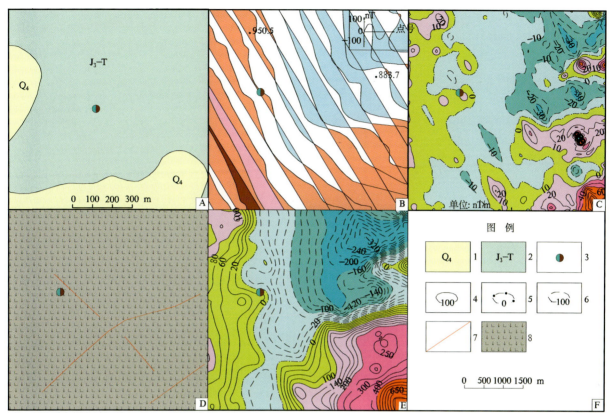

注：原地质矿产图比例尺为1:5000，原航磁数据比例尺为1:5万。

图 13-4 扎木钦式火山岩型铅锌矿典型矿床地质矿产及物探剖析图

A. 地质矿产图；B. 航磁 ΔT 剖面平面图；C. 航磁 ΔT 化极垂向一阶导数等值线平面图；D. 地质推断构造图；E. 航磁 ΔT 化极等值线平面图；1. 腐殖土及坡积物；2. 上侏罗统凝灰岩；3. 矿点位置；4. 航磁正等值线及注记；5. 航磁零等值线及注记；6. 航磁负等值线及注记；7. 磁法推断三极断裂；8. 磁法推断火山岩地层

陆相火山岩是铅锌多金属矿的赋矿层位。

地球物理特征：区内剩余重力异常显示明显的北东东向带状异常，显示出火山盆地与隆起相间分布，扎木钦铅锌矿位于正负重力转化部位（火山盆地与隆起的转化部位）；1:10 万航磁显示预测工作区环形磁异常非常明显，扎木钦铅锌矿位于环形磁异常中心部位，由此表明该区火山机构与成矿关系密切。预测工作区内有相似特征的环形异常的工作区是本次工作的重点预测工作区；地球化学特征：该区位于朝不楞-阿尔山 Mn、Pb、Zn、Ag、Bi、Au 地球化学带、大石寨-洼提 Cu、Pb、Zn、Ag、Mo 地球化学带及哈日根台-梅勒图 Cu、Pb、Zn、Ag、As、Sb 地球化学带交会带附近。1:20 万区域化探异常检查时，在花岗岩脉与火山岩的接触带上发现有硅化、褐铁矿化蚀变岩，该蚀变岩石的最高含量 $Pb>500\times10^{-6}$，$Zn>500\times10^{-6}$，$Ag\ 2.44\times10^{-6}$，$Mo\ 21.4\times10^{-6}$，$As\ 76\times10^{-6}$，$Bi\ 1.49\times10^{-6}$。该异常特征明显，元素组合、异常强度和规模优于区内已知的扎木钦硫铅锌矿床，有利于寻找铅、锌、银等多金属矿床；遥感影像特征显示，依据线性影像，环形影像有利于寻找矿床。

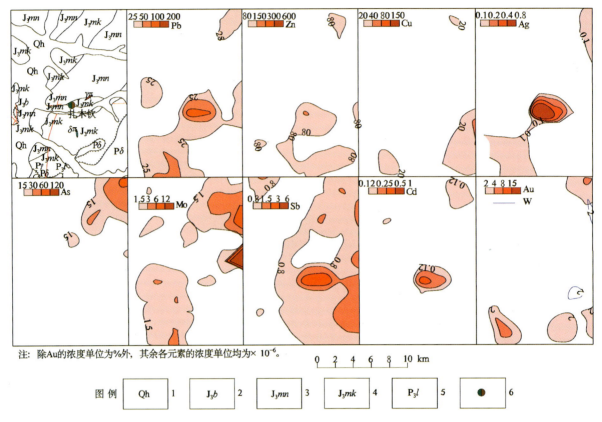

注:除Au的浓度单位为%外,其余各元素的浓度单位均为×10⁻⁶。

图例 | Qh | 1 | J₃b | 2 | J₃mn | 3 | J₃mk | 4 | P₃l | 5 | ● | 6

图 13-5 扎木钦式火山岩型铅锌矿典型矿床所在区域地质-化探剖析图

1.第四系;2.侏罗系白音高老组;3.侏罗系玛尼吐组;4.侏罗系满克头鄂博组;5.二叠系林西组;6.铅锌矿点

表 13-1 扎木钦式火山岩型铅锌矿典型矿床预测要素表

预测要素		内容描述				要素类别
		资源储量(t)	铅+锌 356 769	平均品位(%)	铅+锌 2.83	
		特征描述	同成火山岩型			
地质环境	构造背景	属华北地块北缘晚古生代造山带(Ⅲ级)和华北地块华北北部大陆边缘宝音图-锡林浩特火山型被动陆缘(Ⅲ级),本区位于该构造单元的中东部				必要
	成矿环境	工作区属额济纳旗-大兴安岭元古宙、海西期、燕山期铜、铅、锌、金、银、铬、铌成矿区(Ⅱ₂),内蒙古-大兴安岭成矿省,突泉-林西海西期、燕山期铁(锡)、铜、铅、锌、银、铌(钽)成矿带(Ⅲ₆)				必要
	成矿时代	燕山期				必要
控矿地质条件	控矿构造	近东西向断裂构造,地表规模大的硅化破碎带,火山机构				必要
	赋矿地层	矿体呈层状或似层状赋存于上侏罗统白音高老组火山岩系中并隐伏于地表以下300m				必要
	控矿侵入岩	矿区内侵入岩分布零星,主要有燕山期次火山岩-安山玢岩、石英闪长玢岩等呈岩株和脉状产出,与成矿热液的形成及运移有着密切的关系				必要
成矿类型及成矿期		同成火山岩型燕山期				必要
区内同类型矿点		1处矿点				必要

续表 13-1

预测要素		内容描述				要素类别
		资源储量(t)	铅+锌 356 769	平均品位(%)	铅+锌 2.83	
		特征描述	同成火山岩型			
区域物探异常特征	重力异常特征	区内剩余重力异常显示明显的北东东向带状异常,显示出火山盆地与隆起相间分布,扎木钦铅锌矿位于正负重力转化部位(火山盆地与隆起的转换部位)				必要
	高磁异常特征	1:10万航磁显示工作区环形磁异常非常明显,扎木钦铅锌矿位于环形磁异常中心部位,由此表明该区火山机构与成矿关系密切。区内有相似特征的环形异常的是预测工作区是本次工作的重点预测工作区				必要
区域化探特征	化探异常特征	该区位于朝不楞-阿尔山 Mn、Pb、Zn、Ag、Bi、Au 地球化学带、大石寨-洼提 Cu、Pb、Zn、Ag、Mo 地球化学带及哈日根台-梅勒图 Cu、Pb、Zn、Ag、As、Sb 地球化学带交会带附近。1:20万区域化探异常检查时,在花岗岩脉与火山岩的接触带上发现有硅化、褐铁矿化蚀变岩,该蚀变岩石的最高含量 $Pb>500\times10^{-6}$,$Zn>500\times10^{-6}$,$Ag\ 2.44\times10^{-6}$,$Mo\ 21.4\times10^{-6}$,$As\ 76\times10^{-6}$,$Bi\ 1.49\times10^{-6}$。该异常特征明显,元素组合、异常强度和规模优于区内已知的扎木钦硫铅锌矿床,有利于寻找铅、锌、银等多金属矿床				必要
遥感异常特征	遥感影像特征	依据线性影像,环形影像				必要
	异常信息特征	局部有一级铁染和羟基异常				必要

第二节 预测工作区研究

一、区域地质特征

(一)成矿地质背景特征

预测工作区大地构造位置处于天山-兴安地槽褶皱区,内蒙-大兴安岭褶皱系,内蒙晚海西褶皱带五岔沟复向斜南翼近核部,相当于西伯利亚板块与中朝板块拼接带-弧盆体系的西北侧。中生代则处于滨太平洋构造域中的大兴安岭中生代火山-岩浆岩带的东部边缘。

1. 区域地层

古生代为华北地层大区,内蒙古草原地层区,锡林浩特-磐石地层分区,属华北地块。中新生代属滨太平洋地层区,大兴安岭-燕山地层分区,博克图-二连浩特地层小区。出露最老的地层为上二叠统林西组,主要为陆相沉积体系,在其沉积初期为海陆交互环境,夹有火山碎屑沉积。中生代火山地层是区内的主体地层,广泛分布于预测工作区,分为满克头鄂博组、玛尼吐组、白音高老组、梅勒图组4个岩石地层单位,为一套陆相沉积-火山岩系。第四系分布较广泛,为上更新统新黄土层及全新统风积层和冲洪积层等。

2. 区域岩浆岩

预测工作区侵入岩出露较少,岩浆侵入活动有晚二叠世、晚侏罗世和早白垩世3个时代,岩石类型主要为正长花岗岩、二长斑岩、闪长岩和闪长玢岩。二叠纪和侏罗纪—白垩纪中性岩类与区内矿产的形成关系较为密切。受滨西太平洋构造活动的影响,侏罗纪火山岩、潜火山岩及少量侏罗纪—白垩纪闪长斑岩发育,与大兴安岭其他成矿带一样,铅锌多金属矿具有成矿潜力。

晚侏罗世强烈的火山作用不仅形成了本区大面积分布的晚侏罗世火山岩,而且对区内矿产的形成起着一定的控制作用,特别是铅、锌、银及非金属矿,显示了火山作用与成矿作用的密切关系。

3. 区域构造

本区位于华北地块北缘晚古生代造山带（Ⅲ级）和华北地块华北北部大陆边缘宝音图-锡林浩特火山型被动陆缘（Ⅲ级）（邵积东,1998）的中东部。向东以嫩江-八里罕深断裂为界,和松辽地块毗邻。中生代火山岩受基底断裂（北东向、北西向断裂）继承性活动控制,由于基底控制作用和后期构造变动影响,形成一些宽缓的北东向褶皱构造及近等轴状的断陷盆地。

（二）区域成矿模式图

矿区内侵入岩零星分布,主要有燕山期次火山岩-安山玢岩、石英闪长玢岩等呈岩株和岩脉产出,与成矿热液的形成及运移有着密切的关系。根据预测工作区的成矿规律研究,确定预测区成矿要素（表13-2）。

表 13-2 扎木钦式火山岩型铅锌矿预测工作区成矿要素表

成矿要素		内容描述	要素类别
地质环境	大地构造位置	属华北地块北缘晚古生代造山带（Ⅲ级）和华北地块华北北部大陆边缘宝音图-锡林浩特火山型被动陆缘（Ⅲ级）,本区位于该构造单元的中东部	必要
	成矿区（带）	大兴安岭成矿省（Ⅱ-12）,突泉-翁牛特铅、锌、铜、钼、金成矿带（Ⅲ-6）	必要
	区域成矿类型及成矿期	火山岩型,燕山期	必要
控矿地质条件	赋矿地质体	上侏罗统白音高老组火山岩系	重要
	控矿侵入岩	燕山期次火山岩-安山玢岩、石英闪长玢岩等呈岩株和岩脉产出,与成矿热液的形成及运移有着密切的关系	重要
	主要控矿构造	近东西向断裂构造,地表规模大的硅化破碎带,火山机构	重要
区域同类型矿床		1处	次要
地球物理特征	地磁特征	据1:5万航磁平面等值线图显示,磁场东北部为负磁异常,极值达-320nT;东南部为正磁异常,极值达650nT	重要
	重力特征	扎木钦火山热液型铅锌矿床位于局部重力低异常的边部,$\Delta g_{min}=-98.00\times10^{-5}$ m/s^2,该局部重力低异常走向近南北;根据物性资料和地质资料分析,推断该重力低异常是中—酸性岩体的反映	重要
地球化学特征		矿区存在以Pb、Zn为主,伴有Ag、Cd等元素组成的综合异常,Pb、Zn为主成矿元素,Ag、Cd为主要的伴生元素	必要

本区铅锌矿成因类型主要为同成火山岩型矿,成矿时代为燕山期。上侏罗统火山杂岩发育,构造以断裂为主,矿体主要赋存于白音高老组火山角砾岩及凝灰岩中,其中以火山角砾岩为主,矿体呈层状。通过成矿规律的总结、找矿标志的建立,在成矿模式上有新认识,为今后找矿指明了方向。区域成矿模式见图13-6。

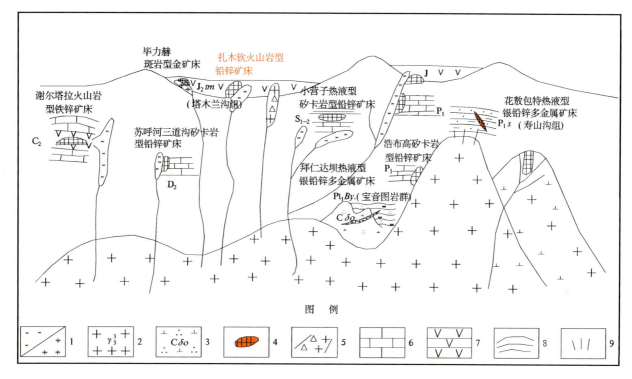

图 13-6 扎木钦式火山岩型铅锌矿扎木钦预测工作区成矿模式图

1. 次火山岩花岗斑岩；2. 花岗岩类；3. 石炭纪石英闪长岩；4. 矿床；5. 隐爆角砾岩筒；6. 大理岩；7. 火山岩；8. 绿片岩；9. 热液型矿化

二、区域地球物理特征

从布格重力异常图上看，预测工作区处于巨型重力梯度带上，区域重力场总体反映东南部重力高、西北部重力低的特点，重力场最低值 $-90.60\times10^{-5}\,\mathrm{m/s^2}$，最高值 $7.89\times10^{-5}\,\mathrm{m/s^2}$。从剩余重力异常图上可以看出，在巨型重力梯度带上叠加着许多重力低局部异常，这些异常主要是中—酸性岩体、次火山岩和火山岩盆地所致。

预测工作区内断裂构造以北东向和北西向为主；地层单元呈带状沿近东西向分布；中—新生代盆地呈带状；岩浆岩带呈面状沿北东向延伸，中—酸性岩体呈带状和椭圆状展布，在该预测工作区推断解释断裂构造 59 条，中—酸性岩体 11 个，中—新生代盆地 24 个，地层单元 22 个。

该预测工作区的扎木钦式火山岩型铅锌银矿位于反映中—酸性岩体（出露或隐伏）的重力低异常边部，表明该预测工作区的矿床与中—酸性岩体（出露或隐伏）关系密切。

预测工作区磁异常幅值范围为 $-600\sim2400\,\mathrm{nT}$，背景值为 $-100\sim100\,\mathrm{nT}$，其间分布着许多磁异常，磁异常形态杂乱，多为不规则带状、片状或团状，预测工作区西北部、西部及中部磁异常较多且异常值较大，纵观预测工作区磁异常轴向及 ΔT 等值线延深方向，以北东向为主。孟恩陶勒盖式侵入岩体型铅锌矿位于预测工作区东部，磁异常背景为低缓负磁异常区，$-100\,\mathrm{nT}$ 等值线附近；长春岭式侵入岩体型铅锌矿位于预测工作区东部，磁异常背景为低缓负磁异常区，$-100\,\mathrm{nT}$ 等值线附近；扎木钦式火山岩型铅锌矿位于预测工作区西北部，磁异常背景为低缓磁异常区，$150\,\mathrm{nT}$ 等值线附近。

三、区域地球化学特征

区域上分布有 Cu、Ag、As、Mo、Pb、Zn、Sb、W 等元素组成的高背景区带,在高背景区带中有以 Ag、As、Cu、Sb、Pb、Zn、W 为主的多元素局部异常。预测工作区内共有 112 处 Ag 异常,76 处 As 异常,76 处 Au 异常,74 处 Cd 异常,49 处 Cu 异常,77 处 Mo 异常,96 处 Pb 异常,83 处 Sb 异常,76 处 W 异常,67 处 Zn 异常。

As、Sb 元素在预测工作区北东部呈高背景分布,有明显的浓度分带和浓集中心,浓集中心沿突泉县—杜尔基镇—九龙乡后新立屯一带呈北东向带状分布,As 元素在预测工作区南部也呈高背景分布,有明显的浓度分带和浓集中心;Pb 元素在预测工作区呈高背景分布,浓集中心明显,强度高,浓集中心主要位于巴彦杜尔基苏木—代钦塔拉苏木之间的巴雅尔图胡硕镇、嘎亥图镇和布敦花地区;Ag、Zn 元素在预测工作区中部呈高背景分布,有多处浓集中心,浓集中心明显,强度高,与 Pb 的浓集中心套合较好;Ag 元素从乌兰哈达苏木伊罗斯以西到嘎亥图镇有一条明显的浓度分带,浓集中心明显,强度高;Au 元素在预测工作区多呈低背景分布;Cd 元素在预测工作区呈背景、低背景分布,有几处明显的浓集中心,位于代钦塔拉苏木、乌兰哈达苏木、嘎亥图镇和布敦花地区;W 元素在预测工作区中部呈高背景分布,有明显的浓度分带和浓集中心。

四、区域遥感影像及解译特征

本预测工作区内共解译出大型构造 20 条,由北到南依次为胡尔勒-巴彦花苏木断裂带、大兴安岭主脊-林西深断裂带、巴仁哲里木-高力板断裂带、锡林浩特北缘断裂带、毛斯戈-准太本苏木断裂带、额尔格图-巴林右旗断裂带、嫩江-青龙河断裂带、宝日格斯台苏木-宝力召断裂带等,除巴仁哲里木-高力板断裂带、宝日格斯台苏木-宝力召断裂带沿北西向分布外,其他大型构造走向基本为北东向,两种方向的大型构造在区域内相互错断,部分构造带交会处成为错断密集区,总体构造格架清晰。

本区域内共解译出中小型构造 456 条,其中,中型构造走向基本为北东向,与大型构造格架相同,与大型构造相互作用明显,其分布位置在北东向大型构造附近,形成较为有力的构造群;小型构造在图中的分布规律不明显。

本预测工作区内的环形构造非常密集,共解译出环形构造 140 个,按其成因可分为中生代花岗岩类引起的环形构造、古生代花岗岩类引起的环形构造、与隐伏岩体有关的环形构造、断裂构造圈闭的环形构造、构造穹隆或构造盆地、成因不明的环形构造。环形构造主要分布在该区域的北部及中部,南部基本没有分布。北部及中部与隐伏岩体有关的环形构造在相对集中的几个区域中集合分布,且大型构造带的交会断裂处及大中型构造形成的构造群附近多有环状要素出现。

五、预测工作区预测模型

根据预测工作区区域成矿要素和化探、重力及航磁等特征,建立了本预测工作区的区域预测要素,编制预测工作区预测要素图和预测模型图。

预测要素图以综合信息预测要素为基础,即把物探、化探等值线的线(面)文件全部叠加在成矿要素图上,在表达时可以导出单独的预测要素图。预测模型见图 13-7,预测要素见表 13-3。

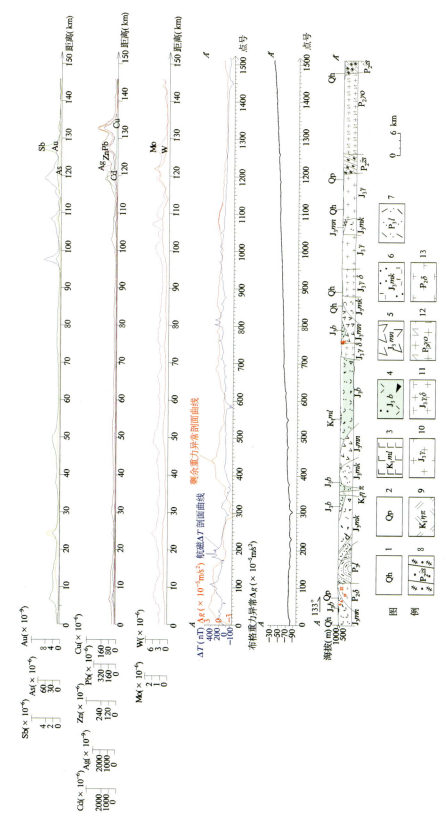

图 13-7 扎木钦式火山岩型铅锌矿扎木钦预测工作区预测模型图

1. 第四系全新统；2. 第四系更新统；3. 下白垩统梅勒图组；4. 上侏罗统白音高老组；5. 上侏罗统玛尼吐组；6. 上侏罗统满克头鄂博组；7. 上二叠统林西组；8. 中二叠统哲斯组；9. 早白垩世二长斑岩；10. 晚侏罗世花岗岩；11. 晚侏罗世花岗闪长岩；12. 中二叠世花岗闪长岩；13. 中二叠世闪长岩

表 13-3　扎木钦式火山岩型铅锌矿扎木钦预测工作区预测要素表

预测要素		内容描述	要素类别
地质环境	大地构造位置	属华北地块北缘晚古生代造山带(Ⅲ级)和华北地块华北北部大陆边缘宝音图-锡林浩特火山型被动陆缘(Ⅲ级),本区位于该构造单元的中东部	必要
	成矿区（带）	大兴安岭成矿省(Ⅱ-12),突泉-翁牛特铅、锌、铜、钼、金成矿带(Ⅲ-6)	必要
	区域成矿类型及成矿期	火山岩型,燕山期	必要
控矿地质条件	赋矿地质体	上侏罗统白音高老组火山岩系	重要
	控矿侵入岩	燕山期次火山岩-安山玢岩、石英闪长玢岩等呈岩株和岩脉产出,与成矿热液的形成及运移有着密切的关系	重要
	主要控矿构造	近东西向断裂构造,地表规模大的硅化破碎带,火山机构	重要
区域同类型矿床		1 处	次要
地球物理特征	磁法特征	据 1∶50 万航磁化极等值线平面图显示,磁场总体表现为负磁场,区域中央存在有团圆状正异常,规模不大。选取范围 0～250nT	重要
	重力特征	预测工作区处于巨型重力梯度带上,区域重力场总体反映东南部重力高、西北部重力低的特点,重力场最低值 -90.60×10^{-5} m/s^2,最高值 7.89×10^{-5} m/s^2。从剩余重力异常图来看,在巨型重力梯度带上叠加着许多重力低局部异常,这些异常主要是中—酸性岩体、次火山岩和火山岩盆地所致	重要
地球化学特征		矿区存在以 Pb、Zn 为主,伴有 Ag、Cd 等元素组成的综合异常,Pb、Zn 为主成矿元素,Ag、Cd 为主要的伴生元素	必要

第三节　矿产预测

一、综合地质信息定位预测

1. 变量提取及优选

根据圈定的最小预测区范围,选择扎木钦铅锌矿典型矿床所在的最小预测区为模型区,模型区内出露地层为上侏罗统白音高老组火山岩系,Pb 化探异常起始值大于 7.3×10^{-6},剩余重力异常大于 -90.60×10^{-5} m/s^2,航磁化极异常大于 100nT,模型区内有一条规模较大、与成矿有关的东西向断层,燕山期次火山岩-安山玢岩、石英闪长玢岩等呈岩株和岩脉产出,与成矿热液的形成及运移有着密切的关系。

2. 最小预测区确定及优选

由于预测工作区内只有 1 个同预测类型的矿床,故采用无模型预测工程进行预测,预测过程中先后采用了数量化理论Ⅲ、聚类分析、特征分析神经网络分析等方法进行空间评价,并采用人工对比预测要素,比照形成的色块图,最终确定采用特征分析法作为本次工作的预测方法。

3. 最小预测区确定结果

本次工作共圈定各类最小预测区 23 个(图 13-8,表 13-4),其中 A 级区 5 个(含已知矿体),总面积 231.26km²;B 级区 8 个,总面积 439.52km²;C 级区 10 个,总面积 465.85km²。各级别面积分布合理,且已知矿床均分布在 A 级区内,说明最小预测区优选分级原则较为合理;最小预测区圈定结果表明,预测工作区总体与区域成矿地质背景和高化探异常、剩余重力异常吻合程度较好。

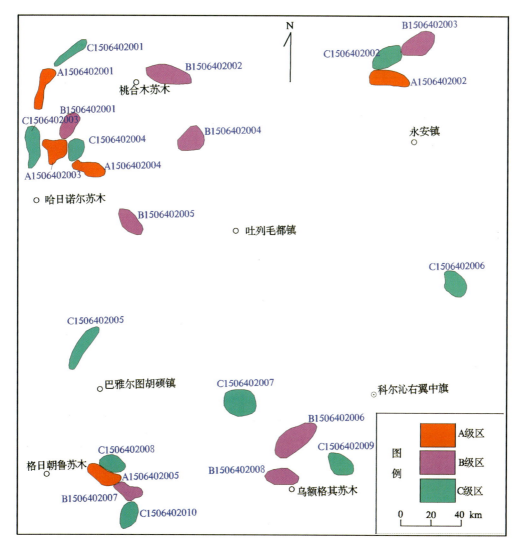

图 13-8　扎木钦式火山岩型铅锌矿扎木钦预测工作区各最小预测区优选分布图

表 13-4　扎木钦式火山岩型铅锌矿扎木钦预测工作区各最小预测区一览表

最小预测区编号	最小预测区名称	最小预测区编号	最小预测区名称
A1506402001	西巴彦珠日和嘎查	B1506402008	华杰大队牛铺
A1506402002	宝家店	C1506402001	格日哈达嘎查北东
A1506402003	霍林河矿区农牧场八连西	C1506402002	孙麻子沟地铺北
A1506402004	破马场	C1506402003	上马场北
A1506402005	胜利村	C1506402004	霍林河矿区农牧场八连

续表 13-4

最小预测区编号	最小预测区名称	最小预测区编号	最小预测区名称
B1506402001	和日木扎拉西	C1506402005	巴彦乌拉嘎查
B1506402002	阿其郎图嘎查	C1506402006	北兴隆山屯
B1506402003	三合屯北	C1506402007	查干哈达嘎查
B1506402004	张旅窑	C1506402008	后堡村
B1506402005	宝日根嘎查	C1506402009	扎鲁特原种场第二农业大队
B1506402006	呼和哈达嘎查	C1506402010	三益庄村
B1506402007	太平川村		

4. 最小预测区地质评价

各最小预测区根据地质特征、成矿特征和资源潜力等进行了综合评述，最小预测区综合信息见表 13-5。

表 13-5　扎木钦式火山岩型铅锌矿扎木钦预测工作区各最小预测区综合信息表

最小预测区编号	最小预测区名称	综合信息	评价
A1506402001	西巴彦珠日和嘎查	矿体赋存于上侏罗统白音高老组火山岩系中。呈层状或似层状，赋存于地表下 300～500m 之间，均为隐伏矿体。矿体最大长度 525m，沿走向及倾向均呈舒缓波状，总体走向近东西，倾角较缓，一般 0°～25°。单矿体厚度 2.21～22.85m，控制长度约 75～525m，宽度 57～270m。控制延深 710m。矿石类型主要为角砾岩型铅锌矿石。矿石具角砾状、浸染状、团块状及细脉状构造。矿床品位：Pb+Zn 2.5%，Ag 26×10^{-6}，属低品位矿。航磁显示环形异常，重力为正负转折处，化探主要显示为银铅锌异常	有成型矿床，物探、化探异常套合良好，找矿潜力大
A1506402002	宝家店	最小预测区以上侏罗统玛尼吐组为主，其次为中二叠统哲斯组、上侏罗统满克头鄂博组，南部见白垩纪花岗斑岩及侏罗纪花岗岩，该区岩浆活动强烈，对成矿有利。近东西向、北东向断裂构造发育。该区含铜铅锌异常 2 处，铅锌矿点 1 处，航磁化极异常 1 处，范围 $-100\sim300nT$；重力为低值区的局部高值异常，为 $-1\times10^{-5}\sim1.08\times10^{-5}m/s^{2}$。其他各异常与铜铅锌综合异常区套合好	找矿潜力较大
A1506402003	霍林河矿区农牧场八连西	出露的地层主要为上侏罗统白音高老组、上侏罗统玛尼吐组，分布于模型区的中部；岩体为白垩纪二长斑岩、闪长玢岩脉，主要分布在中部及南部；化探异常铜铅锌等元素套合好，航磁低缓、重力为高值区，为 $2\times10^{-5}\sim3\times10^{-5}m/s^{2}$，有进一步寻找盲矿的价值	是进一步寻找盲矿的有利地区
A1506402004	破马场	出露的地层主要为上侏罗统白音高老组、上侏罗统玛尼吐组、上侏罗统满克头鄂博组和白垩系梅勒图组，分布于模型区的中部；岩体为侏罗纪闪长岩，主要分布在南部；化探异常铅锌等元素套合好，但规模较小，航磁低缓、重力为高值区，为 $2\times10^{-5}\sim3\times10^{-5}m/s^{2}$，有进一步寻找盲矿的价值	矿点较多，是进一步寻找盲矿的有利地区
A1506402005	胜利村	出露的主要地层为上侏罗统白音高老组、上侏罗统玛尼吐组、上侏罗统满克头鄂博组，分布于模型区的中部；岩体为白垩纪正长花岗岩，主要分布在北部；化探异常铜铅锌等元素套合好，规模较大，航磁低缓、重力为低值区，为 $-1\times10^{-5}\sim-4.8\times10^{-5}m/s^{2}$，有 1 处铅锌矿点，有进一步寻找盲矿的价值	是进一步寻找盲矿的有利地区

续表 13-5

最小预测区编号	最小预测区名称	综合信息	评价
B1506402001	和日木扎拉西	出露的地层主要为上侏罗统白音高老组,分布在南部,上侏罗统满克头鄂博组分布在北部;局部见闪长玢岩;化探异常弱,航磁低缓,重力为低值区,为$-1\times10^{-5}\sim-4\times10^{-5}$ m/s^2,可以作为找矿线索	可以作为找矿线索
B1506402002	阿其郎图嘎查	出露的地层为上侏罗统白音高老组、上侏罗统玛吐组、上侏罗统满克头鄂博组,上侏罗统玛尼吐组分布于模型区的中部;岩体为白垩纪二长斑岩、花岗斑岩,主要分布在中部;化探异常铜铅锌等元素套合较好,但规模较小,强度低,航磁低缓的环形磁异常,重力为低值区,为$1\times10^{-5}\sim3.5\times10^{-5}$ m/s^2,有进一步寻找盲矿的价值	有一定的找矿潜力
B1506402003	三合屯北	出露的地层主要为上二叠统大石寨组,分布于模型区北部,上侏罗统白音高老组分布在中部。侏罗纪花岗闪长岩分布在西南侧。地表可见硅化等蚀变。化探异常规模大,强度较高,各元素套合好,含1处铜异常,重力表现为北西高南东低,航磁为北东向展布的低缓正磁异常,有一定的找矿潜力	有一定的找矿潜力
B1506402004	张旅窑	出露的地层主要为上侏罗统白音高老组、上侏罗统玛尼吐组、上侏罗统满克头鄂博组,且依次由南东向北西分布;岩体为白垩纪花岗斑岩,主要分布在中部;化探异常铜铅锌等元素套合较好,规模较大、强度高,航磁低缓,重力为正负值过渡区,为$-1\times10^{-5}\sim3\times10^{-5}$ m/s^2,有进一步寻找盲矿的价值	是进一步寻找盲矿的有利地区
B1506402005	宝日根嘎查	出露的地层主要为上侏罗统白音高老组;岩体为白垩纪花岗斑岩,主要分布在南东部;在西半部有化探异常铜铅锌等元素套合较好,规模较较小,强度较低,航磁低缓,重力为高值区,为$1\times10^{-5}\sim3\times10^{-5}$ m/s^2,有进一步寻找盲矿的价值	有一定的找矿潜力
B1506402006	呼和哈达嘎查	出露地层有中二叠统哲斯组、上侏罗统满克头鄂博组。岩体为侏罗纪黑云母花岗岩、白垩纪花岗闪长岩等,断裂构造发育,北西向、近东西向均有出露,脉岩发育。地表发育硅化、矽卡岩化等蚀变。航磁表现为北东向展布的线状低缓正磁异常;重力表现为南北低,中间高;化探异常明显,各元素套合好,规模较大,强度较高。有一定的找矿潜力	有一定的找矿潜力
B1506402007	太平川村	出露的地层主要为上侏罗统白音高老组、上侏罗统满克头鄂博组,且依次由南东向北西分布;白垩纪花岗斑岩零星分布,主要分布在中部;化探异常弱,航磁低缓,重力为负值区,为$-1\times10^{-5}\sim-3\times10^{-5}$ m/s^2,可作为找矿线索	可作为找矿线索
B1506402008	华杰大队牛铺	模型区出露地层有中二叠统哲斯组,分布在东西两端。上侏罗统白音高老组,分布在中部,梅勒图组分布在东侧。白垩纪花岗斑岩分布在北西角,断裂构造发育,北西向、近东西向均有发育,脉岩发育。地表发育硅化等蚀变。航磁低缓;重力表现为北高南低;化探异常较为明显,各元素套合好,规模中等,强度较高。有一定的找矿潜力	有一定的找矿潜力
C1506402001	格日哈达嘎查北东	出露的地层主要为上侏罗统白音高老组,总体为一向斜的核部。北东向展布。北西向、北东向断裂发育,重力表现低缓,航磁为正磁异常,一般为100~1000nT平缓的正异常,化探异常不明显,有一定的找矿潜力	有一定的找矿潜力
C1506402002	孙麻子沟地铺北	最小预测区以上侏罗统玛尼吐组为主,其次为中二叠统哲斯组,南部见白垩纪花岗闪长岩及三叠纪辉绿岩。近东西向,北东向断裂构造发育。航磁低缓;重力为低值区,为$-1\times10^{-5}\sim4\times10^{-5}$ m/s^2。化探为铜铅锌综合异常区套合好,规模较大,但强度较低	有一定的找矿潜力

续表 13-5

最小预测区编号	最小预测区名称	综合信息	评价
C1506402003	上马场北	出露的地层主要为上侏罗统白音高老组、上侏罗统玛尼吐组,且依次由南东向北西分布,下白垩统梅勒图组分布在北侧;化探异常弱,航磁低缓,重力为高值区,为 $1\times10^{-5}\sim5\times10^{-5}\mathrm{m/s^2}$,可作为找矿线索	可作为找矿线索
C1506402004	霍林河矿区农牧场八连	出露的地层主要为上侏罗统白音高老组、上侏罗统玛尼吐组,且依次由东南向北西分布,下白垩统梅勒图组分布在北东侧;化探异常弱,航磁低缓,异常值为 $100\sim150\mathrm{nT}$,重力南西低、北东高,为正负转换的梯度带区	找矿潜力差
C1506402005	巴彦乌拉嘎查	出露的地层主要为下二叠统大石寨组、上侏罗统满克头鄂博组、上侏罗统玛尼吐组,且依次由南东向北西分布;岩体主要为二叠纪闪长岩、侏罗纪花岗岩等;化探异常弱,航磁低缓,异常值为 $100\sim150\mathrm{nT}$,重力南西低、北东高,重力值为 $-3\times10^{-5}\sim6\times10^{-5}\mathrm{m/s^2}$,为正负转换的梯度带区,可作为找矿线索	可作为找矿线索
C1506402006	北兴隆山屯	出露的地层主要为下白垩统梅勒图组,其次为上侏罗统白音高老组、上侏罗统玛尼吐组;岩体主要为二叠纪闪长岩、侏罗纪花岗岩等;化探异常弱,航磁低缓,重力为高值区,重力值为 $3\times10^{-5}\sim6\times10^{-5}\mathrm{m/s^2}$,可作为找矿线索	可作为找矿线索
C1506402007	查干哈达嘎查	出露的地层主要为下白垩统梅勒图组,其次为上侏罗统白音高老组;化探异常弱,航磁低缓,重力为正值区,重力值为 $1\times10^{-5}\sim3\times10^{-5}\mathrm{m/s^2}$,可作为找矿线索	可作为找矿线索
C1506402008	后堡村	出露的地层主要为西南侧的上侏罗统玛尼吐组、北侧的白垩纪正长花岗岩体,化探异常为两个综合异常之间过渡部位,重力为负值区、航磁均为低缓的负值区域,找矿潜力差	找矿潜力差
C1506402009	扎鲁特原种场第二农业大队	出露地层主要为下白垩统梅勒图组,中部为上侏罗统白音高老组,化探异常弱,重力为正值区,找矿潜力差	找矿潜力差
C1506402010	三益庄村	出露地层南部为上二叠统林西组,北部为上侏罗统满克头鄂博组;化探异常较弱,规模较小;重力南西高、北东低,航磁为低缓负磁异常区,找矿潜力差	找矿潜力差

二、综合信息地质体积法估算资源量

1. 典型矿床深部及外围资源量估算

已查明资源总量、延深、品位、密度等数据来源于 2006 年 8 月辽宁省第十地质大队编写的《内蒙古自治区科尔沁右翼中旗扎木钦矿区 14~22 线铅锌矿详查报告》;面积为该矿点各矿体、矿脉聚积区边界范围的面积,采用 2006 年 8 月辽宁省第十地质大队编写的《内蒙古自治区科尔沁右翼中旗扎木钦矿区 14~22 线铅锌矿详查报告》。

延深分两个部分:一部分是已查明矿体的下延部分,已查明矿体的最大延深为 470m,结合磁异常,向下预测 130m;另一部分是已知矿体附近含矿建造区预测部分,用已查明延深+预测延深确定该延深为 (470+130=)600m,其中,矿体倾角近水平,矿体延深约等于垂深。

预测面积分两个部分:一部分为该矿点各矿体、矿脉聚积区边界范围的下延面积,2006 年 8 月辽宁省第十地质大队编写的《内蒙古自治区科尔沁右翼中旗扎木钦矿区 14~22 线铅锌矿详查报告》附图《内蒙古自治区科尔沁右翼中旗扎木钦矿区地形地质图》(比例尺 1:2000)在 MapGIS 软件下读取数据,然后依据比例尺计算出实际面积 520 241m²（按上下面积基本一致）；另一部分为已知矿体附近含矿建造区预测部分，在 MapGIS 软件下读取数据，然后依据比例尺计算出实际面积：908 582－520 241＝388 341(m²)。

含矿系数采用上表典型矿床已查明资源量的含矿系数（0.001 5t/m³）。

扎木钦铅锌矿外围预测资源量＝已知矿体周围外推部分（Q_{1-1}）＋已知矿体的下延部分（Q_{1-2}）＝101 447＋349 506.9＝450 953.9(t)，全矿区铅矿占 38.20%，Zn 锌矿占 61.80%，资源量精度级别为 334－1，见表 13－6。

表 13－6　扎木钦预测工作区典型矿床深部及外围资源量估算表

典型矿床		深部及外围		
已查明资源量(t)	Pb 136 286　　Zn 220 483	深部	面积(m²)	520 241
面积(m²)	520 241		延深(m)	130
延深(m)	470	外围	面积(m²)	388 341
品位(%)	2.62		延深(m)	600
密度(g/cm³)	2.8	预测资源量(t)	Pb 172 264.4	Zn 278 689.5
含矿系数(t/m³)	0.001 5	典型矿床资源总量(t)	Pb 308 550	Zn 499 173

2. 模型区的确定、资源量及估算参数

模型区是指典型矿床所在位置的最小预测区，扎木钦模型区系 MRAS 定位预测后，经手工优化圈定的。模型区含矿地质体面积与模型区面积一致，因此含矿地质体面积参数（K）取 1.00。依托 MRAS（矿产资源评价系统）平台，通过提取诸要素，生成最终预测工作区预测单元图，经人工圈定后，于 MapGIS 软件下读取数据。由于扎木钦铅锌矿位于扎木钦模型区内，本区除扎木钦铅锌矿，无铅锌矿（化）点。因此，该模型区资源总量等于典型矿床资源总量，为 807 722.9t。模型区延深与典型矿床延深一致。模型区面积（$S_{模}$）：经 MRAS 处理后所得含典型矿床的模型区面积，经 MapGIS 软件读取数据后，按比例尺换算得 41 680 000m²。

模型区含矿地质体总体积（$V_{模}$）＝模型区面积（$S_{模}$）×模型区延深（$H_{模}$）×含矿地质体面积参数（K）41 680 000m²×600m×1.00＝25 008 000 000m³。模型区铅含矿系数（K_S）＝资源总量/模型区总体积＝308 550.4÷25 008 000 000＝0.000 012(t/m³)，模型区锌含矿系数（K_S）＝资源总量/模型区总体积＝499 172.5÷25 008 000 000＝0.000 019(t/m³)（表 13－7）。

表 13－7　扎木钦预测工作区典型矿床资源总量及其估算参数

编号	名称	经度	纬度	矿种	含矿系数(t/m³)	模型区资源总量(t)	总体积(m³)
A1506402001	扎木钦铅锌矿	E120°04′18″	N45°56′50″	Pb	0.000 012	308 550.4	25 008 000 000
				Zn	0.000 019	499 172.5	

3. 最小预测区预测资源量

扎木钦式火山岩型铅锌矿扎木钦预测工作区最小预测区预测资源量定量估算采用地质体积法进行估算。

1）估算参数的确定

（1）最小预测区面积圈定方法及圈定结果。预测工作区预测底图精度为 1∶10 万，并根据成矿有利度(含矿层位、矿(化)点)、找矿线索及化探异常等)、地理交通及开发条件和其他相关条件,将工作区内最小预测区级别分为 A 级、B 级、C 级 3 个等级,其中,A 级区 5 个,B 级区 8 个,C 级区 10 个。

由于扎木钦铅锌矿所在的"扎木钦铅锌矿"最小预测区已作为模型区进行了资源量估算,仅对其余 22 个最小预测区进行估算。

最小预测区面积在 30~94km² 之间,其中 50km² 以内最小预测区占最小预测区总数的 65.22%。

最小预测区面积圈定是根据 MRAS 所形成的色块区与预测工作区底图重叠区域,并结合含矿地质体、已知矿床、矿(化)点及化探等异常范围进行圈定。由于扎木钦铅锌矿为同成火山岩型铅锌矿,其形成与上侏罗统白音高老组火山岩系及火山机构构造有关。

(2)延深参数的确定及结果。延深的确定是在研究最小预测区含矿地质体地质特征、岩体的形成延深、矿化蚀变、矿化类型的基础上,再对比典型矿床特征综合确定的,部分由成矿带模型类比或专家估计给出。目前所掌握资料扎木钦矿钻孔控制最大垂深为 470m,同时根据含矿地质体的地表出露面积大小来确定其延深。

(3)品位和密度的确定。预测工作区内最小预测区品位和密度采用典型矿床品位和密度,分别为 2.62% 和 2.8g/cm³。

(4)相似系数的确定。预测工作区最小预测区相似系数的确定,主要依据最小预测区内含矿地质体本身出露的大小、地质构造发育程度不同、化探异常强度、矿化蚀变发育程度及矿(化)点的多少等因素,由专家确定。

2)最小预测区预测资源量估算成果

根据前述方法,求得最小预测区资源量,并划分资源量精度级别。扎木钦铅锌矿,铅矿占 38.20%,锌矿占 61.80%,各最小预测区分别统计了铅、锌和铅+锌的预测资源量,详见表 13-8。

表 13-8 扎木钦式火山岩型铅锌矿扎木钦预测工作区各最小预测区预测资源量估算成果

最小预测区编号	最小预测区名称	$S_{预}$ (km²)	$H_{预}$ (m)	K_S	K (t/m³)	α	$Z_{预}$(t) Pb+Zn	Pb	Zn	资源量精度级别
A1506402001	西巴彦珠日和嘎查	41.68	600	1.00	0.000 032	0.70	450 954	172 264	278 690	334-1
A1506402002	宝家店	57.47	600	0.50	0.000 032	0.50	275 856	105 377	170 479	334-3
A1506402003	霍林河矿区农牧场八连西	46.04	600	0.40	0.000 032	0.40	141 435	54 028	87 407	334-2
A1506402004	破马场	39.59	600	0.30	0.000 032	0.30	68 412	26 133	42 278	334-3
A1506402005	胜利村	46.48	600	0.30	0.000 032	0.30	80 317	30 681	49 636	334-3
B1506402001	和日木扎拉西	36.52	500	0.30	0.000 032	0.30	52 589	20 089	32 500	334-3
B1506402002	阿其郎图嘎查	71.46	600	0.30	0.000 032	0.30	123 483	47 170	76 312	334-3
B1506402003	三合屯北	62.38	600	0.30	0.000 032	0.30	71 862	27 451	44 411	334-3
B1506402004	张旅窑	52.35	600	0.30	0.000 032	0.20	60 307	23 037	37 270	334-3
B1506402005	宝日根嘎查	42.98	600	0.30	0.000 032	0.20	49 513	18 914	30 599	334-3
B1506402006	呼和哈达嘎查	93.38	600	0.10	0.000 032	0.20	35 858	13 698	22 160	334-3
B1506402007	太平川村	33.69	500	0.20	0.000 032	0.20	21 562	8237	13 325	334-3
B1506402008	华杰大队牛铺	46.76	600	0.30	0.000 032	0.20	53 868	20 577	33 290	334-3

续表 13-8

最小预测区编号	最小预测区名称	$S_{预}$ (km²)	$H_{预}$ (m)	K_S	K (t/m³)	α	$Z_{预}$(t) Pb+Zn	Pb	Zn	资源量精度级别
C1506402001	格日哈达嘎查北东	30.80	500	0.10	0.000 032	0.10	4928	1883	3046	334-3
C1506402002	孙麻子沟地铺北	53.32	600	0.10	0.000 032	0.20	20 475	7821	12 653	334-3
C1506402003	上马场北	50.35	600	0.10	0.000 032	0.10	9667	3693	5974	334-3
C1506402004	霍林河矿区农牧场八连	30.99	500	0.10	0.000 032	0.10	4958	1894	3064	334-3
C1506402005	巴彦乌拉嘎查	52.68	600	0.10	0.000 032	0.20	20 229	7728	12 502	334-3
C1506402006	北兴隆山屯	49.60	600	0.10	0.000 032	0.20	19 046	7276	11 771	334-3
C1506402007	查干哈达嘎查	76.47	600	0.10	0.000 032	0.10	14 682	5609	9074	334-3
C1506402008	后堡村	36.14	500	0.10	0.000 032	0.10	5782	2209	3574	334-3
C1506402009	扎鲁特原种场第二农业大队	45.74	600	0.10	0.000 032	0.20	17 564	6710	10 855	334-3
C1506402010	三益庄村	39.76	500	0.10	0.000 032	0.10	6 362	2430	3931	334-3

4. 预测工作区预测资源量成果汇总表

本预测工作区地质体积法预测资源量,依据资源量精度级别划分标准,可划分为 334-1、334-2 和 334-3。根据各最小预测区含矿地质体、物探、化探异常及相似系数特征,预测延深均在 1000m 以浅。根据矿产潜力评价预测资源量汇总标准,扎木钦预测工作区预测资源量按预测延深、资源量精度级别、可利用性、可信度统计的结果见表 13-9。

表 13-9 扎木钦式火山岩型铅锌矿扎木钦预测工作区预测资源量成果汇总表 (单位:t)

预测延深	资源量精度级别	矿种	可利用性 可利用	暂不可利用	可信度 ≥0.75	≥0.50	≥0.25	合计	
1000m 以浅	334-1	Pb	172 264		172 264	172 264	172 264	172 264	450 954
		Zn	278 690		278 690	278 690	278 690	278 690	
	334-2	Pb	54 028		54 028	54 028	54 028	54 028	141 435
		Zn	87 407		87 407	87 407	87 407	87 407	
	334-3	Pb		388 616	341 365	388 616	388 616	388 616	1 017 320
		Zn		628 704	552 261	628 704	628 704	628 704	
合计		Pb						614 909	1 609 709
		Zn						994 800	

第十四章 李清地式复合内生型铅锌矿预测成果

第一节 典型矿床特征

一、典型矿地质床特征及成矿模式

(一)典型矿床地质特征

1. 矿区地质

矿区内基底岩系主要为太古宇集宁岩群的中深变质岩系。在此之上,晚侏罗世火山-岩浆作用叠加,形成了该矿(图 14-1)。

区内出露的地层主要有集宁岩群片麻岩组与大理岩组,白音高老组陆相酸性火山-次火山岩,其他地层单元呈零星分布;断裂构造与褶皱构造较发育;岩浆活动在北部表现的比较强烈。

矿区与矿化有关的围岩蚀变以中低温蚀变为主,蚀变类型有以下几种:

(1)硅化。最主要的蚀变类型,主要发育在矿化带靠近矿化体两侧,蚀变范围随矿化体规模变化,矿化体规模越大,则硅化蚀变带越宽,此蚀变是一种重要的蚀变类型,为本区找矿标志之一。

(2)铁锰矿化。主要发育在矿体及其两侧围岩中,地表形成黑色的铁锰帽,有一定的铅、锌、银、锰品位,是直接找矿标志。

(3)碳酸盐化。与矿化有关的蚀变,在整个成矿过程中都不同程度地伴随着碳酸盐化,所以其延续时间较长,早期表现为菱锰矿、菱铁矿、铁白云石等,晚期表现为以细脉或网脉状产出的方解石脉。

(4)绢云母化。矿区内岩石普遍存在绢云母化,为气成热液阶段的一种蚀变,在破碎带及近矿围岩中较发育。

(5)蛇纹石化。含矿带中的宏观蚀变,范围较大,与矿化关系似乎不太明显,但蚀变强时,附近常有矿化体存在。

2. 矿床特征

矿体及矿化蚀变带主要分布在中生代钾长花岗岩与集宁岩群大理岩的外接触带上。岩浆沿断裂侵位,热液沿裂隙向围岩扩散,与围岩发生交代作用,导致铅锌等成矿物质沿断裂破碎带富集成有工业意义的矿体。矿体产于大理岩内,地表发现了 3 个带状矿(化)体(图 14-2)。

Ⅰ号北矿体:走向 50°~65°,呈透镜状、囊状等,倾向南东向,倾角 70°,厚度 1.2~2.3m,延深一般 11~102m。品位:Ag 13.4×10^{-6};Mn 5.38%。

Ⅱ号中矿体:呈脉状、透镜状,矿体走向 330°,倾向南西向,倾角 75°~80°,矿体厚度 2~3m,延深 15~157m。品位:Ag 21.2×10^{-6};Pb 1.57%;Zn 1.14%。

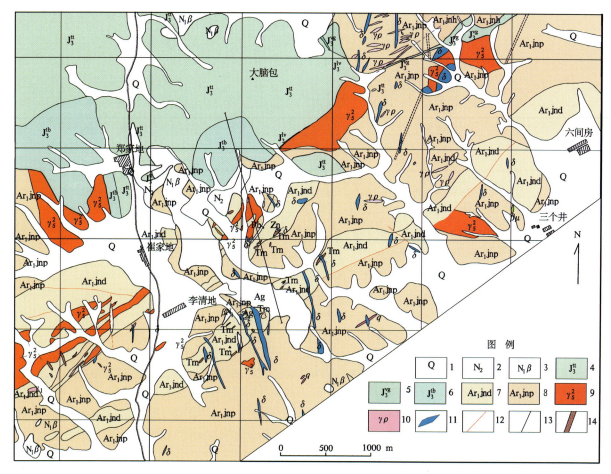

图 14-1 李清地式复合内生型铅锌矿典型矿床地质图

1.第四系;2.新近系红层;3.玄武岩;4.侏罗纪紫红色流纹质熔结凝灰岩;5.侏罗纪英安质火山碎屑岩;6.侏罗纪灰色凝灰角砾岩;7.太古宇集宁岩群片麻岩;8.太古宇集宁岩群混合岩;9.燕山期花岗岩;10.伟晶岩脉;11.闪长岩脉;12.断层;13.地质界线;14.矿体

Ⅲ号南矿体:走向70°~80°,呈透镜状,倾向南东向,倾角80°,矿体厚度1~1.7m,延深8~77m。品位:Ag $39.8×10^{-6}$;Pb 1.37%;Zn 0.47%。

矿体形态较为复杂,主要呈不规则脉状、透镜状、楔形、囊状等。矿体规模大小不等,具有膨胀收缩分支现象。

3. 矿石特征

矿石矿物主要有黄铁矿、闪锌矿、方铅矿、白铅矿、菱锌矿、褐铁矿、菱锰矿、菱铁矿、赤铁矿、白铁矿、针铁矿、黄铜矿、辉银矿、角银矿、辉锑银矿;脉石矿物主要有白云石、方解石、石英、铁白云石、锰白云石等。

矿石结构主要有自形—半自形粒状结构,他形粒状结构,隐晶质(铁锰质)结构,交代残余结构,包含结构,发射状、文象结构,反应边结构。矿石构造主要有块状构造,蜂窝状构造,胶状构造,角砾状构造,浸染状构造,脉状-网状构造。

4. 矿床成因与成矿时代

李清地矿床所处的构造部位位于临河-集宁-尚义深大断裂带的边部,其与燕山期的岩浆岩及中生

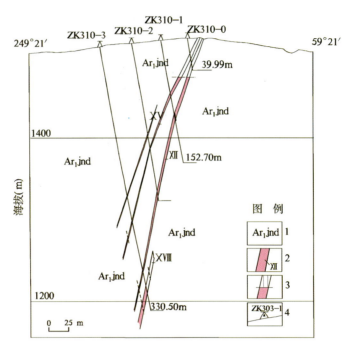

图 14-2 李清地式复合内生型铅锌矿勘查线剖面图

1. 中太古界集宁岩群片麻岩；2. 铅锌矿体界线及矿体编号；3. 采空区及界线；4. 钻孔位置及钻孔编号

代大脑包火山岩密切相关。矿区内共圈定出 3 个矿化带，即北矿带、中矿带、南矿带，其赋矿围岩主要为大理岩，亦有片麻岩，矿体主要受构造的控制，为充填交代式。其构造格局以大脑包中生代火山岩体为核心分布。

李清地矿区的矿化与火山机构有着密切的关系，不仅脉岩的分布与放射状、环状火山机构有关，而且矿（化）体的分布也直接与这些火山机构有关，区内部分北西向矿体正赋存于火山机构的放射状构造中，而北东向矿（化）体则与火山机构的环形构造相吻合。

3 个矿（化）带随着与大脑包火山岩相距的距离不同，金属元素出现了较为明显的水平分带现象，远离火山岩体的南矿带，矿体中以高银、低铅锌、低金为特征，靠近火山岩体中心的北矿带以高铅锌，低银，金增高含铜富硫为特征。

（1）硫同位素特征。经对不同的硫化物方铅矿、闪锌矿、黄铁矿进行的硫同位素测定，硫源来自深部，与岩浆和火山活动有关。

（2）包体测温。从包体测温所得结果来看，黄铁矿爆裂温度为平均 260℃，方铅矿爆裂温度为平均 243℃，闪锌矿爆裂平均温度为 215℃，3 种矿物平均爆裂温度为 243℃。

（3）Co/Ni 比值。矿体中的 Co/Ni 比值与花岗岩及中生代火山岩的比值相近，花岗岩比值为 0.25，火山岩比值为 0.3，矿体中的 Co/Ni 比值为 0.28，说明矿床的形成与岩浆和火山活动有一定内在的联系。

据以上分析测试资料，李清地典型矿床成因类型为与火山活动有关的中低温热液裂隙充填交代矿床，其成矿时代为燕山期。

（二）典型矿床成矿模式

矿床受地层、侵入岩、断裂构造、火山构造等多种因素控制。分述如下。

1. 地层

矿区铅锌矿体的赋矿岩系为中太古代集宁岩群大理岩组;铅锌多金属矿化主要与上侏罗统白音高老组沉积时期形成的流纹质火山-次火山岩有关。

2. 岩体控矿

矿区内主要侵入体以燕山期花岗岩为主,呈北东向带状展布,围绕大脑包火山岩呈环状产出。其岩性为浅肉红色中粒或中粗粒似斑状花岗岩及黑云母钾长花岗岩,呈岩脉或岩株产出。该花岗岩,与同类岩石相比,SiO_2含量偏低,碱度偏高。地表的铁锰帽分布集中在岩体与大理岩的外接触带上,也反映了燕山期岩体与成矿关系的密切。

3. 构造控矿

区内控矿构造主要为次级北东向断裂(以压性断裂为主)与北西向断裂(张扭性)。其形成与北西-南东向挤压应力作用及燕山期火山活动有关。

北东向压性断裂:层间断裂,发育在大理岩中,构成大致平行的断裂带,为主要储矿构造。

北西向张扭性断裂:大致呈等距平行排列,切穿大理岩和片麻岩,常构成北西向矿体,局部被闪长岩脉充填。北西向断裂与北东向构造交会部位常出现富矿体。

近东西向断裂:在矿区内不太发育,被石英斑岩脉与少量矿液所充填。

火山机构:李清地矿区的矿化与火山机构有着密切的关系,不仅脉岩的分布与放射状、环状火山机构有关,而且矿(化)体的分布也直接与火山机构有关,区内部分北西向矿体正赋存于火山机构的放射状构造中,而北东向矿(化)体则与火山机构的环形构造相吻合。

李清地式复合内生型铅锌矿典型矿床成矿模式见图14-3。

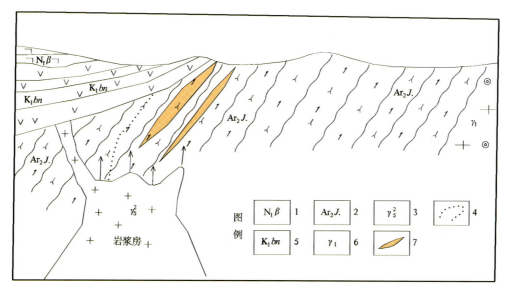

图14-3 李清地式复合内生型铅锌矿典型矿床成矿模式图

1. 中新世汉诺坝玄武岩;2. 中太古界集宁岩群;3. 燕山期花岗岩;4. 蚀变界线;5. 下白垩统白女羊盘组;6. 中太古界含榴石花岗岩;7. 矿体

二、典型矿床地球物理特征

1. 矿床所在位置航磁特征

据1∶5万航磁平面等值线图,磁场表现低缓的梯度变化带,走向南东。据1∶2000电法平面等值线图显示,充电率异常不明显,局部有极值为2的异常(图14-4)。

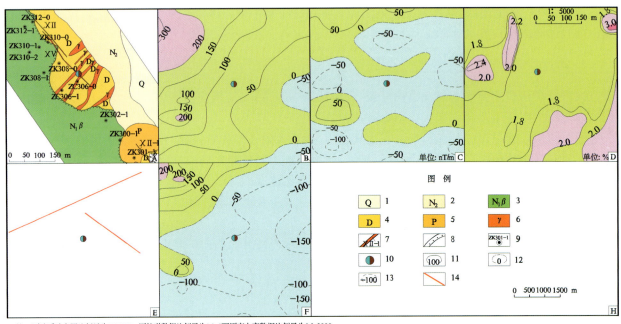

图14-4 李清地式复合内生型铅锌矿典型矿床航磁特征

A. 地质矿产图;B. 航磁ΔT等值线平面图(未收集到剖平图);C. 航磁ΔT化极垂向一阶导数等值线平面图;D. 充电率M2等值线平面图;E. 推断地质构造图;F. 航磁ΔT化极等值线平面图;1. 第四系;2. 新近系黏土;3. 玄武岩;4. 大理岩;5. 片麻岩;6. 花岗岩;7. 矿体位置及编号;8. 整合、侵入地质界线及角度不整合地质界线;9. 钻孔位置及编号;10. 矿点位置;11. 正等值线及注记;12. 零等值线及注记;13. 负等值线及注记;14. 磁法推断三级断裂

2. 矿床所在区域重力特征

布格重力异常图显示,李清地铅锌矿床位于局部重力低异常的边界,$\Delta g_{min}=-162.50\times10^{-5}\,\mathrm{m/s^2}$;剩余重力异常图亦反映李清地铅锌矿位于局部剩余重力低的边部,$\Delta g_{min}=-6.51\times10^{-5}\,\mathrm{m/s^2}$,推断该局部重力低异常是隐伏的中生代花岗岩体的反映。表明李清地铅锌矿与隐伏的中生代花岗岩体有关。

三、典型矿床地球化学特征

李清地铅锌矿矿区出现了以Pb、Zn为主,伴有Ag、Cd等元素组成的综合异常;主成矿元素为Pb、Zn,Ag、Cd为主要的伴生元素。Pb、Zn元素呈高背景分布,浓集中心明显,异常强度高;Ag元素呈高背景分布,存在明显的浓集中心;Cd元素呈高背景分布,浓集中心不明显。

四、典型矿床预测模型

以典型矿床成矿要素图为基础,综合研究重力、航磁、化探、遥感等致矿信息,总结典型矿床预测要素表(表14-1)。根据典型矿床成矿要素图和区域化探、重力、遥感等资料,确定典型矿床预测要素,编制了典型矿床预测要素图。

表14-1 李清地式复合内生型铅锌矿典型矿床预测要素

预矿要素			内容描述		要素类别
资源储量(t)			小型:Zn 26 534,Pb 27 088	平均品位(%)　　Zn 0.89/5.55,Pb 7.384	
特征描述			复合内生型中—低温热液裂隙充填型铅锌矿床		
地质环境	构造背景		华北陆块区,狼山-阴山陆块(大陆边缘岩浆弧Pz_2),固阳-兴和陆核(Ar_3),色尔腾山-太仆寺旗古岩浆弧(Ar_3)		必要
	成矿环境		矿体主要产于大理岩组内北东向层间破碎带及其派生的北西向断裂内,与铅锌成矿关系密切的岩浆岩主要是燕山期花岗岩及其火山-次火山岩,该矿床为与中生代陆相火山作用有关的浅成低温热液型		必要
	成矿时代		燕山期		必要
矿床特征	矿体形态		主要呈不规则脉状、透镜状、楔形囊状等		重要
	岩石类型		大理岩、硅化大理岩、铁白云石大理岩、中粒或中粗粒似斑状花岗岩、黑云母钾长花岗岩、石英斑岩、流纹质集块岩、流纹质火山角砾岩、流纹质熔结凝灰岩、流纹岩		重要
	岩石结构		中粒粒状变晶结构、斑状结构、集块结构、火山角砾结构、熔结凝灰结构中—中粗粒似斑状结构、花岗结构		次要
	矿物组合		矿石矿物:黄铁矿、闪锌矿、方铅矿、白铅矿、菱锌矿、褐铁矿、菱锰矿、菱铁矿、赤铁矿、白铁矿、针铁矿、黄铜矿、辉银矿、角银矿、辉锑银矿。脉石矿物:白云石、方解石、石英、铁白云石、锰白云石等		重要
	结构构造		结构:自形—半自形粒状结构,他形粒状结构,隐晶质(铁锰质)结构,交代残余结构,包含结构,发射状、文象结构,反应边结构。构造:块状构造,蜂窝状构造,胶状构造,角砾状构造,浸染状构造,脉状-网状构造		次要
	蚀变特征		硅化、铁锰矿化、碳酸盐化、绢云母化、蛇纹石化		次要
	控矿条件		①中太古界集宁岩群大理岩;②集宁岩群大理岩组内北东向层间破碎带及其派生的北西向断裂;③燕山期花岗岩及火山-次火山岩,其不仅提供了成矿物质,也是引起矿区内岩石发生蚀变的主要原因		必要
物探、化探特征	地球物理特征	重力	布格重力异常图显示,李清地铅锌银矿床位于局部重力低异常的边界,$\Delta g_{min}=-162.50\times10^{-5}$ m/s^2;剩余重力异常图亦反映李清地式复合内生型铅锌矿典型矿床位于局部剩余重力低的边部,$\Delta g_{min}=-6.51\times10^{-5}$ m/s^2,推断该局部重力低异常是隐伏的中生代花岗岩体的反映。表明李清地式复合内生型铅锌矿典型矿床与隐伏的中生代花岗岩体有关		次要
		航磁	据1:5万航磁平面等值线图,磁场表现低缓的梯度变化带,走向南东。据1:2000电法平面等值线图显示,充电率异常不明显,局部有极值为2的异常		次要
	地球化学特征		矿区出现了以Pb、Zn为主,伴有Ag、Cd等元素组成的综合异常;主成矿元素为Pb、Zn、Ag、Cd为主要的伴生元素		必要

第二节 预测工作区研究

一、区域地质特征

1. 成矿地质背景特征

区内主要发育有褶皱与断裂构造,此外,在太古宙变质基底岩系内局部还叠加有糜棱岩带。褶皱构造主要发育于太古宙变质基底岩系内,本区总体处于走向北东的紧密线型褶皱带上;断裂构造以北西向与北东向为主,次为近南北向与近东西向,其发育于中生代及其以前地质体内,控制了区内中生代以来断陷盆地与火山喷发盆地的发育。此外,由于晚侏罗世与上新世的火山活动,局部还发育有与火山活动有关的环状与放射状断裂。区内北东向与北西向断裂及由晚侏罗世火山活动形成的断裂构造为李清地式铅锌多金属矿的主要控矿构造。

本区太古宙褶皱基底岩系位于阴山陆块变质岩区;新元古界至古生界区划位于华北地层大区晋冀鲁豫地层区,阴山地层分区中的大青山地层小区;中新生代地层区划分别位于山西地层区凉城地层分区与滨太平洋地层区,大兴安岭-燕山地层分区中的乌兰浩特-赤峰地层小区。

区内地层从老至新出露有古太古界兴和岩群($Ar_1X.$)、中太古界集宁岩群($Ar_2J.$)、中太古界乌拉山岩群($Ar_2Wl.$)、新元古界震旦系什那干岩群($ZS.$)、上石炭统拴马庄组(C_2sm)、上侏罗统大青山组(J_3d)、上侏罗统满克头鄂博组(J_3mk)、上侏罗统白音高老组(J_3b)、下白垩统李三沟组(K_1ls)、下白垩统左云组(K_1z)、下白垩统固阳组(K_1g)、古近系渐新统呼尔井组(E_3h)、中新统汉诺坝组(N_1h)、上新统宝格达乌拉组(N_2b)与第四系(Q)。其中集宁岩群大理岩组为李清地式复合内生型铅锌多金属矿成矿的赋矿岩石;白音高老组沉积时期的火山活动形成的火山-次火山岩与李清地铅锌矿成矿关系密切。

本区岩浆活动较频繁,形成的侵入岩主要有中元古代片麻状花岗岩,燕山期钾长花岗岩,多呈岩株或岩脉产出,呈北东向与北西向分布;形成的脉岩主要为闪长岩脉、辉绿岩脉、花岗岩脉、花岗伟晶岩脉与石英斑岩脉,区内脉岩相对发育。其中与铅锌多金属成矿关系密切的岩浆岩主要为燕山期呈岩脉或岩株状产出的中粒或粗粒似斑状花岗岩与黑云母钾长花岗岩。

区内中生代以来总体上处于拉张裂陷的构造环境,伴随拉张裂陷作用,使前中生代基底断裂复活,形成了集宁等断陷盆地,并诱发了区内岩浆活动,李清地式铅锌矿就是在这样的构造背景下形成的。

2. 区域成矿模式图

根据预测工作区成矿规律,确定预测工作区成矿要素(表14-2)。总结李清地式复合内生型铅锌矿预测工作区区域成矿模式图(图14-5)。

表14-2 李清地式复合内生型铅锌矿预测工作区成矿要素

区域成矿要素		内容描述	要素类别
地质环境	大地构造位置	华北陆块区,狼山-阴山陆块(大陆边缘岩浆弧 Pz_2),固阳-兴和陆核(Ar_3),色尔腾山-太仆寺旗古岩浆弧(Ar_3)	必要
	成矿区(带)	华北成矿省,山西断隆铁、铝土矿、石膏、煤、煤层气成矿带,旗下营-土贵乌拉金、银、白云母成矿亚带(Pt,Y,Q),李清地-土贵乌拉银、白云母矿集区(Pt,Ye)	必要
	区域成矿类型及成矿期	复合内生型中—低温热液裂隙充填型铅锌矿床,成矿期为燕山期	必要

续表14-2

区域成矿要素		内容描述	要素类别
控矿地质条件	赋矿地质体	集宁岩群大理岩组	必要
	控矿侵入岩	燕山期中粒、中粗粒似斑状花岗岩、黑云母钾长花岗岩,白音高老组流纹质次火山岩,呈脉状与岩株状产出	重要
	主要控矿构造	集宁岩群大理岩组内北东向与北西向断裂、大理岩组与燕山期花岗岩体接触带,燕山期火山机构环状、放射状断裂及上述断裂交会处	重要
区内相同类型矿床		小型铅锌矿床1处	重要

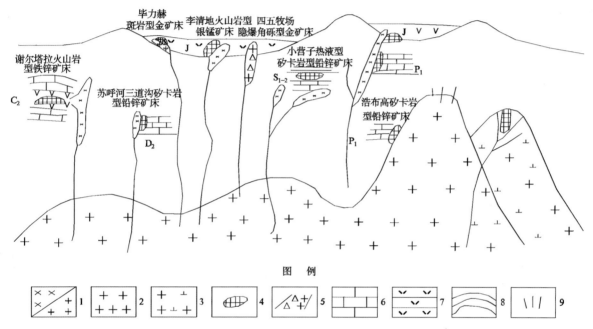

图14-5 李清地预测工作区成矿模式图

1.次火山岩、花岗斑岩;2.γ_5^2花岗岩类;3.γ_5^3花岗岩类;4.矿床;5.隐爆角砾岩筒;6.大理岩;7.酸性火山岩;8.绿片岩;9.热液型矿化

二、区域地球物理特征

1. 预测工作区航磁特征

李清地预测工作区,在1:10万航磁 ΔT 等值线平面图上显示,磁异常幅值范围为 $-800 \sim 2000 \mathrm{nT}$,背景值为 $-100 \sim 100 \mathrm{nT}$,预测工作区磁异常形态杂乱,正负相间,变化梯度大,多为不规则带状或椭圆状,预测工作区东部异常轴向以北东向为主,中西部异常轴向以东西向为主。李清地铅锌矿在预测工作区中西部,磁场背景为平缓磁异常区,$0 \sim 100 \mathrm{nT}$ 等值线附近。

预测工作区磁法推断断裂在磁场上主要表现为不同磁场区分界线和磁异常梯度带。预测工作区除东北部磁异常推断主要由火山岩地层引起外,预测工作区大部分杂乱磁异常主要由变质岩地层引起。

李清地预测工作区磁法共推断断裂6条,侵入岩体8个,火山岩地层3个,变质岩地层15个。

2. 预测工作区重力特征

在区域布格重力异常图上，预测工作区重力场总体反映东南部重力高、西北部重力低的特点，重力场最低值为 -187.52×10^{-5} m/s^2，最高值为 -118.78×10^{-5} m/s^2。由物性资料可知，全区太古宇密度值较高，平均密度值为 2.73×10^3 kg/m^3，该区地表主要出露太古宇兴和岩群，推断该区是太古宇的反映。集宁市—察右前旗以西一带以及集宁市以北反映重力低值区，其中在集宁市北部的重力低异常走向北北东，由两个异常中心组成，是中—新生代盆地的反映；集宁市—察右前旗以西地区，重力低异常为北西向，也由两个异常中心组成，在干牛沟一带地表出露侏罗纪早期花岗斑岩，故推断该重力低异常是隐伏的侏罗纪早期花岗斑岩所致。李清地式复合内生型铅锌矿位于中部重力低异常的边部，表明该类矿床与隐伏的中—酸性花岗岩体有关。

预测工作区经重力共推断解释断裂构造36条，中—酸性岩体3个，中—新生代盆地7个，地层单元6个。

三、区域地球化学特征

区域上分布有 Ag、As、Cd、Cu、Mo、Sb、W、Pb、Zn 等元素组成的高背景区带，在高背景区带中有以 Ag、Pb、Zn、Cd、Cu、Mo、Sb、W 为主的多元素局部异常。区内各元素在西北部多异常，东南部多呈背景及低背景分布。预测工作区内共有38处Ag异常，27处As异常，9处Au异常，51处Cd异常，28处Cu异常，44处Mo异常，41处Pb异常，41处Sb异常，41处W异常，38处Zn异常。

Ag在预测工作区西部呈高背景分布，存在明显的浓度分带和浓集中心；Au在预测工作区呈高背景分布，存在明显的浓度分带和浓集中心；As、Sb、Cd在预测工作区多呈背景分布，无明显异常；Cu在预测工作区呈高背景分布，有多处浓集中心，浓集中心主要分布于小淖尔乡和察汗贲贲村，浓集中心明显，异常强度高，范围较大；Mo在预测工作区多呈背景分布，存在局部异常；Pb、W在预测工作区多呈背景、低背景分布，在预测工作区西部存在局部异常；Zn在预测工作区多呈高背景分布，在预测工作区西部存在明显的浓度分带和浓集中心，在九花岭村以北存在明显的浓集中心，浓集中心呈南北向条带状分布。

预测工作区内元素异常组合套合较好的编号为AS1和AS2，AS1的异常元素为Cu、Pb、Zn、Ag、Cd，Pb元素浓集中心明显，异常强度高，存在明显的浓度分带，Cu、Zn、Ag、Cd分布于Pb异常的周围；AS2的异常元素为Cu、Pb、Zn、Ag、Cd，Pb元素浓集中心明显，强度高，呈环状分布，Cu、Zn、Ag、Cd分布于Pb异常周围。

四、区域自然重砂特征

预测工作区内仅在南东部圈定3处自然重砂异常，异常均套合在Cu、Pb、Zn、Ag综合化探异常上。

五、区域遥感影像及解译特征

预测工作区内共解译出大型构造8条，由北到南依次为胜利村-李家村构造、二盆地村-北水泉村构造、小庙沟-脑门沟口张型构造、哈朗-公忽洞构造、水泉村-贾家湾山前断裂、十八号-东山村大型构造基本为近北东向分布，总体构造格架清晰。

本区域内共解译出中小型构造363条，其中，中型构造走向基本为近北东向与近东西向，与大型构造走向相似，之间相互作用明显，形成较为有力的构造群；小型构造在图中的分布规律不明显。

本预测工作区内的环形构造比较少，共解译出环形构造19个，按其成因可分为新生代花岗岩类引起的环形构造、古生代花岗岩类引起的环形构造、与隐伏岩体有关的环形构造、构造穹隆或构造盆地、火山机构或通道。环形构造主要分布在该区域的东南角,其余地区零散分布。

本预测工作区含矿地层即遥感带状要素主要为中太古界集宁岩群,该地层主要分布在预测工作区的西部地区,集中在北东向的胜利村-李家村大型构造以南至北东向的丁水泉村-贾家湾山前大型断裂带之间的区域中,该区域中小型构造作用情况复杂,其与大型构造相交错断,形成多边形构造区间,有利于该地层含矿物质的富集。该区含矿地层的形成与构造运动有很大的关系,尤其是深断裂活动为成矿物质从深部向浅部运移和富集提供了可能的通道。

六、预测工作区预测模型

根据预测工作区区域成矿要素和航磁、重力、遥感及化探等特征,建立了本预测工作区的区域预测要素,并编制预测工作区预测要素图和预测模型图。

区域预测要素图以区域成矿要素图为基础,综合研究重力、航磁、化探、遥感等综合信息,总结区域预测要素表(表14-3),并将综合信息有关异常曲线、区全部叠加在成矿要素图上。

预测模型图的编制,根据典型矿床成矿要素与区域成矿资料对比,经过综合研究而形成,图上简要表示预测要素内容及其相互关系,以及时空展布特征(图14-6)。

表14-3 李清地式复合内生型铅锌矿李清地预测工作区预测要素

区域成矿要素		内容描述	要素类别
地质环境	大地构造位置	Ⅱ华北陆块区,Ⅱ-4狼山-阴山陆块(大陆边缘岩浆弧),Ⅱ-4-1固阳-兴和陆核 Ⅱ-4-2色尔腾山-太仆寺旗古岩浆弧	必要
	成矿区(带)	Ⅱ-14华北成矿省,Ⅲ-61山西断隆铁、铝土矿、石膏、煤、煤层气成矿带,旗下营-土贵乌拉金、银、白云母矿亚带(Pt、Y、Q),李清地-土贵乌拉银、白云母矿集区(Pt、Ye)	必要
	区域成矿类型及成矿期	复合内生型中-低温热液裂隙充填型铅锌矿床,成矿期为燕山期	必要
控矿地质条件	赋矿地质体	集宁岩群大理岩组、白音高老组流纹质火山-次火山岩	必要
	控矿侵入岩	燕山期中粒—中粗粒似斑状花岗岩、黑云母钾长花岗岩与白音高老期流纹质次火山岩,呈脉状与岩株状产出	重要
	主要控矿构造	集宁岩群大理岩组内北东向与北西向断裂、大理岩组与燕山期花岗岩体接触带、燕山期火山机构有关的环状、放射状断裂及上述断裂交会处	重要
区内相同类型矿产		成矿区(带)内仅有1个小型铅锌矿床	重要
地球物理特征	重力异常	布格重力异常图上总体反映预测工作区东南部为重力高、西北部为重力低,重力场最低值为$-187.52\times10^{-5}\mathrm{m/s^2}$,最高值为$-118.78\times10^{-5}\mathrm{m/s^2}$	次要
	磁法异常	航磁ΔT等值线幅值范围为$-800\sim2000\mathrm{nT}$,背景值为$-100\sim100\mathrm{nT}$,磁异常正负相间,多为不规则带状或椭圆状。李清地铅锌矿区等值线值$0\sim100\mathrm{nT}$	必要
地球化学特征		区域上Ag、As、Cd、Cu、Mo、Sb、W、Pb、Zn等元素组成高背景区带,在该带上有Ag、Pb、Zn、Cd、Cu、Mo、Sb、W为主的多元素局部异常。区内西北部多异常,东南部多呈背景—低背景分布	必要
遥感特征		预测工作区线性构造发育,环形构造比较少。羟基异常主要呈条带状分布在图幅的东南角,在构造要素和环状要素较密集地区、铁染异常主要分布在图幅的东边靠近边框,其他地区零星分布	次要

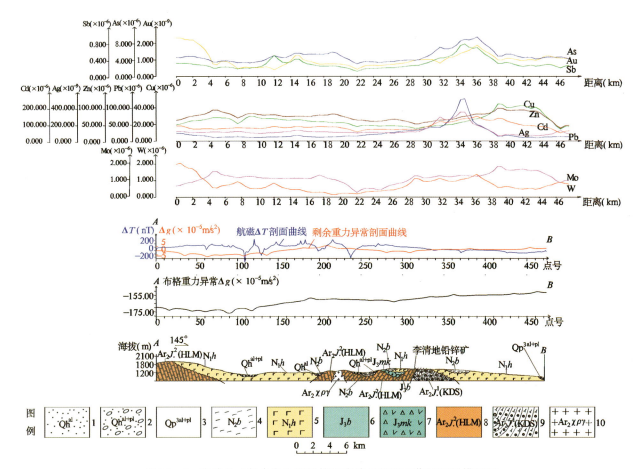

图 14-6　李清地式复合内生型铅锌矿李清地预测工作区预测模型图

1. 冲积层；2. 冲洪积层；3. 上更新统冲洪积层；4. 宝格达乌拉组；5. 汉诺坝组；6. 白音高老组；7. 满克头鄂博组；8. 集宁岩群大理岩组厚层大理岩变质岩；9. 集宁岩群片麻岩组富铝片麻岩变质带；10. 淡黄色中粒榴石碱长花岗岩

第三节　矿产预测

一、综合地质信息定位预测

1. 变量提取及优选

根据典型矿床成矿要素及预测要素研究，结合预测工作区提取的要素特征，本次选择网格单元法作为预测单元，根据预测底图比例尺确定网格间距为 1km×1km，图面为 10mm×10mm。

典型矿床矿点+缓冲区、断层（与控矿有关的断裂，包括实测与遥感解译断裂）+缓冲区、侵入岩（包括与成矿有关的燕山期次火山岩、花岗岩、重力推断隐伏岩体与遥感解译岩体）+缓冲区、地层（包括赋矿地层与成矿成因有关的火山岩层）+缓冲区、铅锌综合化探异常与遥感羟基等要素进行单元赋值时采用区的存在标志；铅单元素异常、锌单元素异常、航磁化极、剩余重力则求起始值的加权平均值。

2. 最小预测区确定及优选

(1) 模型区选择根据圈定的最小预测区范围,选择李清地典型矿床所在的最小预测区为模型区,模型区内出露的地层为中太古界集宁岩群大理岩组与晚侏罗世白音高老期流纹质火山岩,Pb元素化探异常起始值大于$23×10^{-6}$,Zn元素化探异常起始值大于$40×10^{-6}$。此外大部分具羟基异常,并处于Cu、Zn、Zr、La、Nb、Th、U、Y乙级综合异常上。

(2) 预测方法的确定。由于预测工作区内只有一个同预测类型的矿床,故采用少模型预测工程进行预测,并确定采用神经网络空间评价分析方法作为本次工作的预测方法。

3. 最小预测区确定结果

本次工作共圈定最小预测区36个,其中,A级区1个,总面积35.92km²;B级区14个,总面积142km²;C级区21个,总面积218km²(表14-4,图14-7)。

表14-4 李清地式复合内生型铅锌矿李清地预测工作区各最小预测区一览表

序号	最小预测区编号	最小预测区名称
1	A1506603001	李清地
2	B1506603001	西壕堑沟村
3	B1506603002	南壕堑
4	B1506603003	石壕村
5	B1506603005	二啦嘛营子
6	B1506603006	大五号村
7	B1506603007	大梁村
8	B1506603004	二道洼村
9	B1506603013	羊场沟村
10	B1506603012	转经召村
11	B1506603011	白音不浪村
12	B1506603009	大西沟
13	B1506603010	永丰村
14	B1506603014	益元兴村
15	B1506603008	胜利乡
16	C1506603005	快乐村
17	C1506603021	张家村
18	C1506603006	王喇嘛村
19	C1506603007	梁二虎沟
20	C1506603008	合井村
21	C1506603009	北夭村
22	C1506603011	羊圈沟
23	C1506603010	鄂卜坪乡
24	C1506603012	长胜夭

续表 14-4

序号	最小预测区编号	最小预测区名称
25	C1506603013	柏宝庄乡
26	C1506603014	察汗贲贲村
27	C1506603015	大泉村
28	C1506603016	小东沟
29	C1506603017	脑包洼村
30	C1506603019	忽力进图村
31	C1506603018	厂汉梁村
32	C1506603020	驼盘村
33	C1506603002	东马家沟村
34	C1506603003	常四房
35	C1506603001	西海子村
36	C1506603004	西房子村

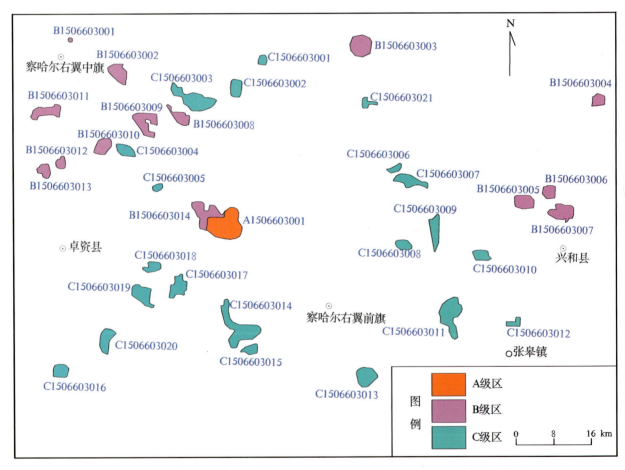

图 14-7 李清地式复合内生型铅锌矿李清地预测工作区各最小预测区优选分布图

4. 最小预测区地质评价

各最小预测区根据地质特征、成矿特征和资源潜力等进行了综合评述,最小预测区综合信息见表 14-5。

表 14-5 李清地式复合内生型铅锌矿李清地预测工作区各最小预测区综合信息表

最小预测区编号	最小预测区名称	综合信息
A1506603001	李清地	找矿潜力巨大,出露铅锌矿赋矿岩石大理岩,晚侏罗世白音高老组流纹质火山岩与成矿关系密切,大部分具有羟基异常,位于 Cu、Zn、Zr、La、Nb、Th、U、Y 乙级综合异常上,Pb 元素化探异常起始值大于 $23×10^{-6}$,Zn 元素化探异常起始值大于 $40×10^{-6}$
B1506603001	西壕堑沟村	具有较好的找矿潜力,被上新统宝格达乌拉组覆盖,Pb 元素化探异常起始值大于 $23×10^{-6}$,Zn 元素化探异常起始值大于 $30×10^{-6}$,该区紧邻 Cu、Pb、Ag、Nb 乙级综合异常
B1506603002	南壕堑	具有较好的找矿潜力,见北东向糜棱岩带与断裂,普遍具羟基异常,位于 Cu、Pb、Au、W、Ag、Zn、La、Nb、Th、Y 甲级综合异常上,Pb 元素化探异常起始值大于 $23×10^{-6}$,Zn 元素化探异常起始值大于 $40×10^{-6}$
B1506603003	石壕村	具有较好的找矿潜力,被中新世玄武岩覆盖,有遥感解译岩体,位于 Cu、Au、W、Zn、Ag、Zr、La、Nb 乙级综合异常上。Pb 元素化探异常起始值大于 $14×10^{-6}$,Zn 元素化探异常起始值大于 $40×10^{-6}$
B1506603004	二道洼村	具有较好的找矿潜力,被中新世玄武岩与上新统宝格达乌拉组覆盖,Pb 元素化探异常起始值大于 $14×10^{-6}$,Zn 元素化探异常起始值大于 $193×10^{-6}$
B1506603005	二啦嘛营子	具有较好的找矿潜力,主要被第四系全新统覆盖,少部分被渐新世含煤岩系覆盖,有遥感解译岩体,Pb 元素化探异常起始值大于 $12×10^{-6}$,Zn 元素化探异常起始值大于 $138×10^{-6}$
B1506603006	大五号村	具有较好的找矿潜力,主要被第四系全新统覆盖,Pb 元素化探异常起始值大于 $14×10^{-6}$,Zn 元素化探异常起始值大于 $121×10^{-6}$
B1506603007	大梁村	具有较好的找矿潜力,被第四系全新统覆盖,Pb 元素化探异常起始值大于 $12×10^{-6}$,Zn 元素化探异常起始值大于 $121×10^{-6}$
B1506603008	胜利乡	具有较好的找矿潜力,被中新世玄武岩与第四系全新统覆盖,位于 Cu、Pb、Au、W、Ag、Zn、La、Nb、Y 甲级综合异常上,Pb 元素化探异常起始值大于 $14×10^{-6}$,Zn 元素化探异常起始值大于 $76×10^{-6}$
B1506603009	大西沟	具有较好的找矿潜力,主要被中新世玄武岩覆盖,位于 Cu、Pb、Au、W、Ag、Zn、La、Nb、Th、Y 甲级综合异常上,Pb 元素化探异常起始值大于 $9.5×10^{-6}$,Zn 元素化探异常起始值大于 $89×10^{-6}$
B1506603010	永丰村	具有较好的找矿潜力,主要被中新世玄武岩覆盖,有遥感解译岩体,位于 Cu、Pb、Au、W、Ag、Zn、La、Nb、Th、Y 甲级综合异常上,Pb 元素化探异常起始值大于 $20×10^{-6}$,Zn 元素化探异常起始值大于 $76×10^{-6}$
B1506603011	白音不浪村	具有较好的找矿潜力,见大理岩,主要被中新世玄武岩覆盖,位于 Cu、Pb、Au、W、Ag、Zn、La、Nb、Th、Y 甲级综合异常上,Pb 元素化探异常起始值大于 $27×10^{-6}$,Zn 元素化探异常起始值大于 $40×10^{-6}$
B1506603012	转经召村	具有较好的找矿潜力,主要出露中太古代变质岩系,具绿泥石蚀变,位于 Cu、Pb、Au、W、Ag、Zn、La、Nb、Th、Y 甲级综合异常上,Pb 元素化探异常起始值大于 $43×10^{-6}$,Zn 元素化探异常起始值大于 $53×10^{-6}$

续表 14-5

最小预测区编号	最小预测区名称	综合信息
B1506603013	羊场沟村	具有较好的找矿潜力，出露中太古代变质岩系与早白垩世含煤岩系，位于 Cu、Pb、Au、W、Ag、Zn、La、Nb、Th、Y 甲级综合异常上，Pb 元素化探异常起始值大于 37×10^{-6}，Zn 元素化探异常起始值大于 40×10^{-6}
B1506603014	益元兴村	具有较好的找矿潜力，出露与成矿关系密切的大理岩与晚侏罗世流纹质火山岩，局部有羟基异常，位于 Cu、Zn、Zr、La、Nb、Th、U、Y 乙级综合异常上，Pb 元素化探异常起始值大于 23×10^{-6}，Zn 元素化探异常起始值大于 40×10^{-6}
C1506603001	西海子村	具有一定的找矿潜力，被中新世玄武岩覆盖，位于 Cu、Pb、Au、W、Ag、Zn、La、Nb、Th、Y 甲级综合异常上，Pb 元素化探异常起始值大于 7.1×10^{-6}，Zn 元素化探异常起始值大于 89×10^{-6}
C1506603002	东马家沟村	具有一定的找矿潜力，被中新世玄武岩覆盖，位于 Cu、Pb、Au、W、Ag、Zn、La、Nb、Th、Y 甲级综合异常上，Pb 元素化探异常起始值大于 0.8×10^{-6}，Zn 元素化探异常起始值大于 102×10^{-6}
C1506603003	常四房	具有一定的找矿潜力，见大理岩，主要被中新世玄武岩覆盖，位于 Cu、Pb、Au、W、Ag、Zn、La、Nb、Th、Y 甲级综合异常上，Pb 元素化探异常起始值大于 8.7×10^{-6}，Zn 元素化探异常起始值大于 102×10^{-6}
C1506603004	西房子村	具有一定的找矿潜力，被中新世玄武岩覆盖，位于 Cu、Pb、Au、W、Ag、Zn、La、Nb、Th、Y 甲级综合异常上，Pb 元素化探异常起始值大于 12×10^{-6}，Zn 元素化探异常起始值大于 89×10^{-6}
C1506603005	快乐村	具有一定的找矿潜力，出露铅锌矿赋矿岩石大理岩，大部分被中新世玄武岩覆盖，普遍具羟基异常，位于 Cu、Pb、Au、W、Ag、Zn、La、Nb、Th、Y 甲级综合异常上，Pb 元素化探异常起始值大于 14×10^{-6}，Zn 元素化探异常起始值大于 40×10^{-6}
C1506603006	王喇嘛村	具有一定的找矿潜力，大部分被中新世玄武岩覆盖，局部被上新统宝格达乌拉组覆盖，位于 Cu、Au、W、Zn、Ag、Zr、La、Nb 乙级综合异常上，Pb 元素化探异常起始值大于 0.8×10^{-6}，Zn 元素化探异常起始值大于 111×10^{-6}
C1506603007	梁二虎沟	具有一定的找矿潜力，被中新世玄武岩覆盖，位于 Cu、Au、W、Zn、Ag、Zr、La、Nb 乙级综合异常上。Pb 元素化探异常起始值大于 5.7×10^{-6}，Zn 元素化探异常起始值大于 111×10^{-6}
C1506603008	合井村	具有一定的找矿潜力，被中新世玄武岩覆盖，位于 Cu、Au、W、Zn、Ag、Zr、La、Nb 乙级综合异常上，Pb 元素化探异常起始值大于 0.8×10^{-6}，Zn 元素化探异常起始值大于 111×10^{-6}
C1506603009	北夭村	具有一定的找矿潜力，大部被中新世玄武岩覆盖，局部被上新统宝格达乌拉组覆盖，位于 Cu、Au、W、Zn、Ag、Zr、La、Nb 乙级综合异常上。Pb 元素化探异常起始值大于 0.8×10^{-6}，Zn 元素化探异常起始值大于 102×10^{-6}
C1506603010	鄂卜坪乡	具有一定的找矿潜力，被中新世玄武岩覆盖，见一条北北东向断裂，Pb 元素化探异常起始值大于 12×10^{-6}，Zn 元素化探异常起始值大于 102×10^{-6}。该区部分位于 Cu、Au、W、Zn、Ag、Zr、La、Nb 乙级综合异常上
C1506603011	羊圈沟	具有一定的找矿潜力，被中新世玄武岩与上新统宝格达乌拉组覆盖，位于 Cu、Au、W、Zn、Ag、Zr、La、Nb 乙级综合异常上，Pb 元素化探异常起始值大于 5.7×10^{-6}，Zn 元素化探异常起始值大于 102×10^{-6}
C1506603012	长胜夭	具有一定的找矿潜力，被中新世玄武岩覆盖，Pb 元素化探异常起始值大于 89×10^{-6}，Zn 元素化探异常起始值大于 89×10^{-6}
C1506603013	柏宝庄乡	具有一定的找矿潜力，大部分被中新世玄武岩覆盖，见有中新世玄武岩火山口，见有北西向断裂，部分具羟基异常，位于 Cu、Pb、Zn、Au、Zr、Nb、Ag 乙级综合异常上，Pb 元素化探异常起始值大于 90×10^{-6}，Zn 元素化探异常起始值大于 89×10^{-6}

续表 14-5

最小预测区编号	最小预测区名称	综合信息
C1506603014	察汗贲贲村	具有一定的找矿潜力,被中新世玄武岩覆盖,位于 Cu、Zn、Zr、La、Nb、Th、U、Y 乙级综合异常上,Pb 元素化探异常起始值大于 7.1×10^{-6},Zn 元素化探异常起始值大于 102×10^{-6}
C1506603015	大泉村	具有一定的找矿潜力,被中新世玄武岩覆盖,位于 Cu、Zn、Zr、La、Nb、Th、U、Y 乙级综合异常上,Pb 元素化探异常起始值大于 5.7×10^{-6},Zn 元素化探异常起始值大于 102×10^{-6}
C1506603016	小东沟	具有一定的找矿潜力,被片麻岩覆盖,内见两条北西向产出的闪长岩脉,有遥感解译岩体,Pb 元素化探异常起始值大于 90×10^{-6},Zn 元素化探异常起始值大于 65×10^{-6}
C1506603017	脑包洼村	具有一定的找矿潜力,被中新世玄武岩覆盖,Pb 元素化探异常起始值大于 12×10^{-6},Zn 元素化探异常起始值大于 89×10^{-6},位于 Cu、Zn、Zr、La、Nb、Th、U、Y 乙级综合异常上
C1506603018	厂汉梁村	具有一定的找矿潜力,大部被片麻岩覆盖,位于 Cu、Zn、Zr、La、Nb、Th、U、Y 乙级综合异常上,Pb 元素化探异常起始值大于 10×10^{-6},Zn 元素化探异常起始值大于 102×10^{-6}
C1506603019	忽力进图村	具有一定的找矿潜力,出露中太古代侵入岩,位于 Cu、Zn、Zr、La、Nb、Th、U、Y 乙级综合异常上。Pb 元素化探异常起始值大于 17×10^{-6},Zn 元素化探异常起始值大于 102×10^{-6}
C1506603020	驼盘村	具有一定的找矿潜力,大部分被片麻岩覆盖,大部分有羟基异常,位于 Cu、Zn、Zr、La、Nb、Th、U、Y 乙级综合异常上,Pb 元素化探异常起始值大于 23×10^{-6},Zn 元素化探异常起始值大于 111×10^{-6}
C1506603021	张家村	具有一定的找矿潜力,大部被中新世玄武岩覆盖,少部分被渐新世含煤岩系覆盖,位于 Cu、Au、W、Zn、Ag、Zr、La、Nb 乙级综合异常上,Pb 元素化探异常起始值大于 8.7×10^{-6},Zn 元素化探异常起始值大于 89×10^{-6}

二、综合信息地质体积法估算资源量

1. 典型矿床深部及外围资源量估算

李清地典型矿床资源量来源于内蒙古自治区国土资源信息院于 2010 年提交的《截至二○○九年底的内蒙古自治区矿产资源储量表》。典型矿床面积($S_{总}$)根据《内蒙古自治区察右前旗李清地矿区北矿带XII、XV 号矿体银铅锌多金属矿详查报告》《内蒙古自治区察右前旗李清地矿区南矿带 I-4 号线勘查报告》与 1:1 万矿区地形地质图圈定,在 MapGIS 软件下读取面积数据换算得出;典型矿床延深根据矿区最深见矿钻孔北矿带 310 勘查线剖面,ZK310-3 钻孔(终孔深为 330.50m),经有限外推确定垂深为 340m。则铅、锌含矿系数分别为典型矿床含矿系数(铅)=已查明资源量/面积($S_{典}$)×延深($H_{典}$)=27 088/(18 3193×340)=0.000 434 90(t/m³);典型矿床含矿系数(锌)=已查明资源量/面积($S_{典}$)×延深($H_{典}$)=20 360/(183 193×340)=0.000 326 88(t/m³)。具体数据见表 14-6。

表 14-6 李清地预测工作区典型矿床深部及外围预测资源量估算表

典型矿床			深部及外围		
已查明资源量(t)	Pb 27 088	Zn 20 360	深部	面积(m²)	183 193
面积(m²)	183 193			延深(m)	340
延深(m)	400		外围	面积(m²)	49 115
品位(%)	Pb 7.384	Zn 5.55		延深(m)	400
密度(g/cm³)	3.93		预测资源量(t)	Pb 12 043	Zn 9052
含矿系数(t/m³)	Pb 0.000 434 90	Zn 0.000 326 88	典型矿床资源总量(t)	Pb 43 115	Zn 38 580

2. 模型区的确定、资源量及估算参数

模型区是指典型矿床所在位置的最小预测区,李清地模型区系 MRAS 定位预测后,经手工优化圈定的。

李清地典型矿床位于李清地模型区内,模型区延深与典型矿床一致;模型区含矿地质体面积与模型区面积一致,经 MapGIS 软件下读取数据为 35 915 926m²,该区没有其他矿床、矿(化)点,模型区资源总量 Pb=43 115t;Zn=38 580t,见表 14-7。

表 14-7 李清地预测工作区模型区预测资源总量及其估算参数

模型区编号	模型区名称	矿种	经度	纬度	模型区资源总量(t)	模型区面积(m²)	延深(m)	含矿地质体面积(m²)	含矿地质体面积参数
A1506603001	李清地	Pb	E113°00′40″	N40°56′38″	43 115	35 915 926	400	35 915 926	1.00
		Zn			38 580				

3. 最小预测区预测资源量

(1)最小预测区面积圈定方法及圈定结果。最小预测区的圈定与优选采用少模型法中的神经网络法。采用 1.0km×1.0km 规则网格单元,在 MRAS 2.0 下进行最小预测区的圈定与优选。最小预测区面积在 0.73~35.92km² 之间。

(2)延深参数的确定及结果。延深的确定是在研究最小预测区含矿地质体特征、矿体的形成延深、矿化蚀变、矿化类型的基础上,再对比典型矿床特征综合确定的。据模型区李清地铅锌矿钻孔平均见矿垂深为 190m(据典型矿床 6 条勘查线钻孔见矿延深确定),最大见矿垂深为 340m,最浅见矿控制垂深为 120m,将 C 级区延深采深控制在 100~120m;B 级区延深采深控制在 170~190m。

(3)品位和密度的确定。预测工作区内无其他矿床及样品资料,品位和密度均采用查明矿床的品位与密度,Pb 平均品位为 7.384%,密度为 3.93g/cm³;Zn 平均品位为 5.55%,密度为 3.93g/cm³。

本次预测资源总量为铅 78 129t,锌 69 911t。最小预测区已查明资源量为铅 31 072t,锌 29 528t,详见表 14-8。

表 14-8 李清地式复合内生型铅锌矿李清地预测工作区各最小预测区估算成果

最小预测区编号	最小预测区名称	最小预测区面积(m²)	预测延深(m)	K_S	K(t/m³) Pb	K(t/m³) Zn	$Z_预$(t) Pb	$Z_预$(t) Zn	资源量精度级别
A1506603001	李清地	35 915 926	120	1.00	0.000 003	0.000 002 69	12 934	11 574	334-1
B1506603001	西壕堑沟村	728 219	170	1.00	0.000 003	0.000 002 69	186	166	334-3

续表 14-8

最小预测区编号	最小预测区名称	最小预测区面积(m²)	预测延深度(m)	K_s	$K(t/m^3)$		$Z_{预}(t)$		资源量精度级别
					Pb	Zn	Pb	Zn	
B1506603002	南壕堑	11 701 792	190	1.00	0.000 003	0.000 002 69	4003	3582	334-3
B1506603003	石壕村	17 082 444	190	1.00	0.000 003	0.000 002 69	5844	5230	334-3
B1506603004	二道洼村	5 889 863	170	1.00	0.000 003	0.000 002 69	1502	1344	334-3
B1506603005	二啦嘛营子	10 481 880	170	1.00	0.000 003	0.000 002 69	2674	2393	334-3
B1506603006	大五号村	6 593 258	170	1.00	0.000 003	0.000 002 69	1682	1505	334-3
B1506603007	大梁村	14 002 008	170	1.00	0.000 003	0.000 002 69	3572	3196	334-3
B1506603008	胜利乡	8 730 398	190	1.00	0.000 003	0.000 002 69	2987	2673	334-2
B1506603009	大西沟	16 018 263	170	1.00	0.000 003	0.000 002 69	4086	3656	334-2
B1506603010	永丰村	9 595 857	170	1.00	0.000 003	0.000 002 69	2448	2190	334-3
B1506603011	白音不浪村	11 990 755	190	1.00	0.000 003	0.000 002 69	4102	3671	334-3
B1506603012	转经召村	4 271 033	170	1.00	0.000 003	0.000 002 69	1089	975	334-3
B1506603013	羊场沟村	6 215 803	190	1.00	0.000 003	0.000 002 69	2127	1903	334-3
B1506603014	益元兴村	18 478 312	190	1.00	0.000 003	0.000 002 69	6322	5657	334-2
C1506603001	西海子村	3383944	120	1.00	0.000 003	0.000 002 69	427	382	334-3
C1506603002	东马家沟村	8 378 471	100	1.00	0.000 003	0.000 002 69	629	562	334-3
C1506603003	常四房	24 856 919	120	1.00	0.000 003	0.000 002 69	3133	2804	334-2
C1506603004	西房子村	7 825 576	100	1.00	0.000 003	0.000 002 69	587	525	334-2
C1506603005	快乐村	2 756 385	120	1.00	0.000 003	0.000 002 69	347	311	334-2
C1506603006	王喇嘛村	3 374 373	100	1.00	0.000 003	0.000 002 69	253	227	334-3
C1506603007	梁二虎沟	11 773 821	120	1.00	0.000 003	0.000 002 69	1484	1328	334-3
C1506603008	合井村	5 945 075	100	1.00	0.000 003	0.000 002 69	446	399	334-3
C1506603009	北禾村	11 254 807	100	1.00	0.000 003	0.000 002 69	844	756	334-3
C1506603011	羊圈沟	24 213 103	120	1.00	0.000 003	0.000 002 69	3052	2731	334-3
C1506603010	鄂卜坪乡	6 804 462	120	1.00	0.000 003	0.000 002 69	858	767	334-3
C1506603012	长胜禾	3 745 240	120	1.00	0.000 003	0.000 002 69	472	422	334-3
C1506603013	柏宝庄乡	13 824 774	100	1.00	0.000 003	0.000 002 69	1037	928	334-3
C1506603014	察汗贲贲村	30 020 135	120	1.00	0.000 003	0.000 002 69	3784	3386	334-3
C1506603015	大泉村	5 374 210	100	1.00	0.000 003	0.000 002 69	403	361	334-3
C1506603016	小东沟	8 057 672	100	1.00	0.000 003	0.000 002 69	605	541	334-3
C1506603017	脑包洼村	12 295 834	100	1.00	0.000 003	0.000 002 69	923	825	334-3
C1506603019	忽力进图村	13 610 832	120	1.00	0.000 003	0.000 002 69	1716	1535	334-3
C1506603018	厂汉梁村	6 163 610	100	1.00	0.000 003	0.000 002 69	462	414	334-2
C1506603020	驼盘村	10 899 691	100	1.00	0.000 003	0.000 002 69	818	732	334-3
C1506603021	张家村	3 877 721	100	1.00	0.000 003	0.000 002 69	291	260	334-3
已查明资源量合计(包括上部采空区 Pb 3984t,Zn 2994t)					预测资源量合计		78 129	69 911	

4. 预测工作区预测资源量成果汇总表

李清地式复合内生型铅锌矿预测工作区用地质体积法预测资源量,各最小预测区资源量精度级别划分为 334-1、334-2 和 334-3。根据各最小预测区含矿地质体、物探、化探异常及相似系数特征,预测延深均在 500m 以浅。根据矿产潜力评价预测资源量汇总标准,按预测延深、资源量精度级别、可利用性、可信度统计的结果见表 14-9。

表 14-9 李清地式复合内生型铅锌矿李清地预测工作区预测资源量成果汇总表 （单位:t）

预测延深	资源量精度级别	矿种	可利用性		可信度			合计	
			可利用	暂不可利用	≥0.75	≥0.50	≥0.25		
500m 以浅	334-1	Pb	12 934		12 934	17 123	17 470	17 470	33 103
		Zn	11 574		11 574	15 322	15 633	15 633	
	334-2	Pb	17 923		17 923	14 207	19 196	19 196	36 372
		Zn	16 040		16 040	12 713	17 176	17 176	
	334-3	Pb		47 272			41 463	41 463	78 565
		Zn		42 297			37 102	37 102	
合计		Pb						78 129	148 040
		Zn						69 911	

第十五章　甲乌拉式火山岩型铅锌矿预测成果

第一节　典型矿床特征

一、典型矿床特征及成矿模式

(一)典型矿床特征

甲乌拉铅锌矿床隶属内蒙古自治区呼伦贝尔市新巴尔虎右旗管辖。地理坐标：E116°16′28″，N48°47′27″。

1. 矿区地层

矿区出露地层主要有中生界中侏罗统塔木兰沟组中基性火山岩夹少量火山碎屑岩，上侏罗统满克头鄂博组中酸性火山岩和碎屑熔岩(图15-1、图15-2)，现由老至新分述如下。

1)中侏罗统塔木兰沟组(J_2tm)

该地层根据矿区实测剖面可分6层。

(1)砾岩及含砾砂岩层：砾岩成分复杂，由安山岩、安山玄武岩、流纹岩、花岗岩、砂岩等组成，由硅质胶结。该层与下伏安山岩层为整合接触，有时呈交叉横向变化关系，厚度85m。

(2)粗砂岩、细砂岩、粉砂岩层：分布在矿区中段②号矿体上盘，厚182m。

(3)含砾砂岩及砂砾岩层：在与次火山斑岩体接触处常有变质及蚀变现象。主要有绿泥石化、白云母化、石英化等。甲乌拉③号矿体即产于该层与砂岩层的层间构造带中，④号矿体产于本层含矿石英脉中，厚度498m。

(4)碳质板岩、泥质板岩、硅质板岩及砂岩互层带。

(5)砾岩层：为顶部砾岩层，成分复杂，在甲乌拉矿区南部出露。

(6)主要为青磐岩化玄武岩、安山玄武岩和安山岩。该组是重要的含矿围岩，厚度大于600m。

2)上侏罗统

(1)白音高老组(J_3b)：岩性为流纹岩、流纹质碎屑熔岩、流纹质火山碎屑岩等，厚度约300m。

(2)玛尼吐组(J_3mn)：以杏仁状安山岩、多斑安山岩、粗面岩、粗安岩、石英粗面岩、玄武安山岩、英安岩为主，常出露于山顶及山坡处，厚度约250m。多分布于矿区北部及东南部。

(3)满克头鄂博组(J_3mk)：以流纹岩、流纹斑岩及其碎屑岩类为主。多分布于矿区北部及西部。岩性为灰白色具较多垂直节理的流纹岩。其分布多占据山头，具侵出相的特点并与火山通道有一定联系，矿区北部ZK144号钻孔深部见流纹岩与次火山斑岩体呈相变关系。

上述上侏罗统火山岩在火山发育区有构造断裂发育时可见含矿硅化带(如㉙号矿体)及石英脉体。中生代侏罗纪火山岩基本上无变质作用。岩石外貌新鲜而极易辨认，但在遭受强烈热液蚀变后需要认真分辨。

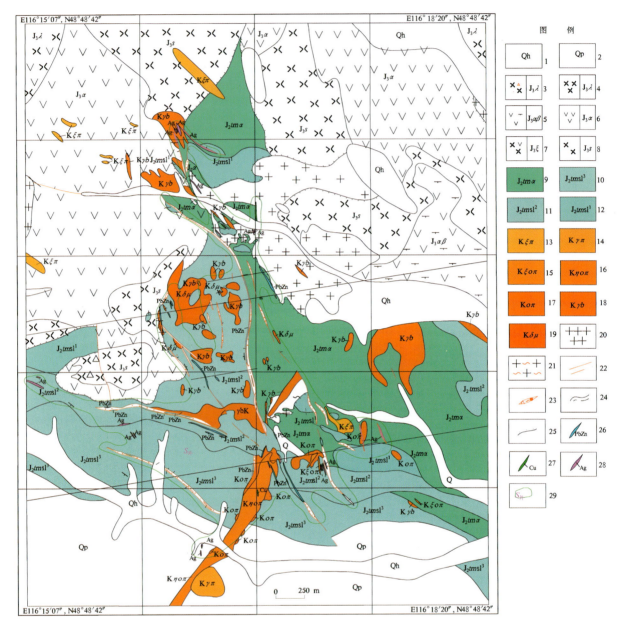

图15-1 甲乌拉式火山岩型铅锌金矿典型矿床地质图

1.全新统松散沉积物;2.更新统冲洪积物;3.流纹质角砾熔岩;4.流纹岩;5.安山玄武岩;6.安山岩;7.英安岩;8.酸性熔岩、凝灰熔岩、流纹岩;9.塔木兰沟组安山岩、安山玄武岩夹流纹质凝灰岩;10.塔木兰沟组砾岩及含砾砂岩;11.粗砂岩、细砂岩、粉砂岩;12.塔木兰沟组含砾砂岩粗砂岩;13.白垩纪正长斑岩;14.白垩纪花岗斑岩;15.白垩纪石英正长斑岩;16.白垩纪石英二长斑岩;17.白垩纪石英斑岩;18.白垩纪石英长石斑岩;19.白垩纪闪长玢岩;20.花岗岩;21.片麻状花岗岩;22.实测、推测断层及编号;23.构造破碎带;24.实测、推测地质界线;25.实测不整合地质界线;26.铅锌矿体;27.铜矿体;28.银矿体;29.典型矿床外围预测边界

3）新生界第四系

新生界第四系分布于沟谷之松散堆积,厚度0～10m。

从成矿地质因素来看,甲乌拉矿区主要控矿因素是断裂及成矿次火山斑岩体,地层岩性仅起次要作用。矿体沿构造断裂分布,对岩性无选择性,但一些层间构造与两侧岩层岩性差异较大时易于成矿。如安山岩与砂岩层间构造,花岗岩与安山岩接触带就形成矿区主要矿体。

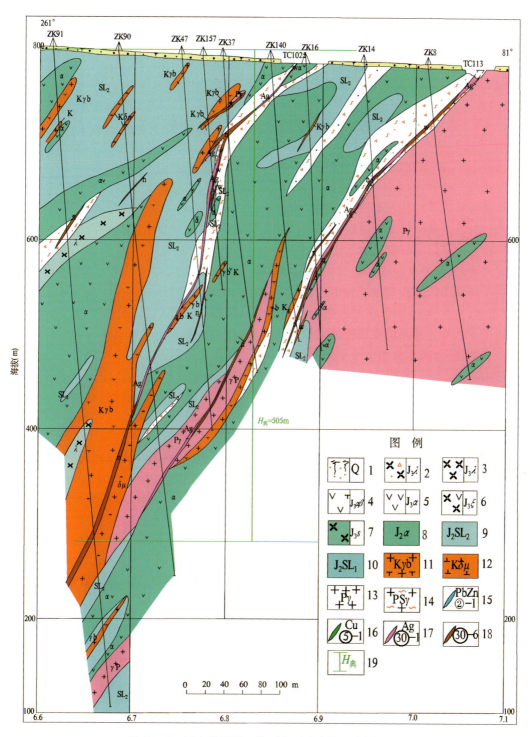

图 15-2 甲乌拉预测工作区典型矿床勘查线剖面图

1. 风积、冲积、湖积沼泽沉积物；2. 流纹质角砾熔岩；3. 流纹岩；4. 安山玄武岩；5. 安山岩；6. 英安岩；7. 酸性熔岩、凝灰熔岩、流纹岩；8. 安山岩、安山玄武岩夹流纹质凝灰岩；9. 粗砂岩、细砂岩、灰泥质粉砂岩并含植物化石；10. 含砾砂岩、粗砂岩；11. 石英长石斑岩；12. 闪长玢岩；13. 花岗岩、斜长花岗岩、花岗闪长岩；14. 片麻状花岗岩；15. 铅锌矿体及编号；16. 铜矿体及编号；17. 银矿体及编号；18. 银铜铅锌矿体及编号；19. 典型矿床钻孔控制延深

2. 矿区构造

甲乌拉矿区构造特征既有古生代褶皱又有较发育的断裂构造,同时还有受构造控制的火山与次火山斑岩的活动中心。但这些构造现象多数明显地受控于北西向木哈尔断裂带。该组断裂带由若干北西向断裂大致平行排列组成。矿体产在构造带内,均受断裂破碎带控制。

1) 断裂构造

(1) 北北西(北西)向张扭性断裂构造方向 320°~350°,个别近南北向,其成因主要是区域性北西向横向断裂——木哈尔断裂带右旋错动产生的次级构造,如 F_1、F_2、F_{10}、F_{14}、F_{15}、F_{12}、F_{13}、F_4、F_5 等。矿区①号、②号、⑫号等主矿体及众多小矿体均受此种断裂控制。

(2) 放射状裂隙系统:甲乌拉矿区南部出现以石英斑岩体为收敛而大致成扇形排列的放射状裂隙系统,控制了矿脉的分布。这是石英斑岩体由北西向南东斜向上强行侵入所致,而所处部位正是古生代褶皱轴向的转折端(由北西向折向北西西向),是褶皱翼部虚脱部位,故岩浆能乘虚而入。由该构造控制的矿脉有②号、⑫号、③号、④号矿体。

(3) 层间构造带:侏罗系组成的褶皱构造是由不同岩性层组成,其中安山岩与砂砾岩、板岩力学性质差异较大,其层间成为构造软弱面。古生代的褶皱构造在区域上均为北东向,但由于本区因木哈尔断裂带发生右旋错动,使其轴向扭转,由北北西向向北西西向转折,其枢纽部位附近地层出现层间构造错动带和虚脱带,又正好与北北西向张扭性断裂叠加吻合,成为很好的次火山斑岩体侵入与热液上升活动的通道和成岩、成矿场所,因此控制了本矿区一些主要矿体的形成,如②号、③号矿体。

(4) 环形构造带:环形构造是火山作用或潜火山作用产生的一种构造,它在甲乌拉矿区有所表现。这主要表现在石英斑岩体边缘破碎角砾岩带,控制了⑤号、⑧号矿体的形成,此外类似于火山、潜火山通道形成的环形断裂在②号矿体北部也有所表现,如②号矿体向北出现弧形延长有可能是受环状断裂控制。

(5) 北西西向剪切构造破碎带:位于甲乌拉山北侧,甲乌拉南矿段,呈北西西向展布。该带长达 20km,宽 100~300m,是由于强烈右旋错动所造成。构造走向 280°~290°,具张扭性,为近平行状分布的破碎带、片理化带、劈理带及碎裂岩带构成,具韧-脆性剪切特征。此构造导致燕山早期花岗岩的充填,至燕山晚期构造作用向南迁移,在花岗岩南部软弱地段断续充填了长石斑岩、花岗斑岩、石英斑岩、安山玢岩等岩枝和岩脉。随着构造的继续发展,剪切错动破碎带在力学性质较软弱的流纹岩、砂板岩中切割了各种岩性,在构造带范围内可见到其构造形迹的表现。

2) 褶皱构造

甲乌拉矿区褶皱构造以中生代地层发育组成的甲乌拉背斜最为明显。该背斜为不对称短轴背斜。核部由侏罗系塔木兰沟组安山岩层组成,两翼不对称,南西翼保留完整,为总体向南西倾斜的砂砾岩、砂岩、板岩层,北东翼部分为海西晚期花岗岩占据,部分为侏罗纪火山岩覆盖而出露不全。轴向为北北西向 350°折转向近东西向 280°,并继续向北东东向折转。

3. 矿区岩浆岩

本区岩浆活动强烈而频繁,时代分布包括海西晚期及燕山晚期。海西晚期以花岗岩类侵入活动为主,燕山晚期以强烈的火山喷发作用和浅成—超浅成岩类侵入为主,岩石类型复杂,分异作用明显,特别是岩浆演化较晚期的次火山侵入体,常伴有金属矿产出现。

1) 海西晚期黑云母斜长花岗岩

该岩体分布于矿区东侧,侵入侏罗系中,呈不规则岩基状,以黑云母斜长花岗岩为代表,局部具混合岩化及同化混染现象,因受燕山期构造岩浆活化作用影响,K-Ar 同位素年龄值为 178Ma,Rb-Sr 等时线法测得 172.8Ma,偏低的年龄与其普遍碎裂及蚀变有关。其岩石化学成分 SiO_2 含量为 64.77%~66.24%,Q 值较一般花岗岩低,属中酸性岩石。

2) 燕山晚期侵入岩

本区表现出构造-岩浆活化特征,火山-次火山活动强烈。发育有中酸性、中碱性火山岩,同源次火山岩以石英二长斑岩为代表。按与成矿的关系可分为成矿前期(闪长玢岩)岩体和成矿期(长石斑岩、石英斑岩、石英二长斑岩、二长斑岩)岩体。

现将各岩体主要特征分述如下。

(1)闪长玢岩:分布于1~20勘查线之间,呈岩株状零星出露,轴向北西向。岩体侵入于侏罗系中,是矿区规模较大的次火山斑岩体,同位素年龄值为144~132.8Ma。为钙碱性系列岩石,并显示中性偏碱性的特点。与区域火山-岩浆旋回形成时间对比相当于玛尼吐组,应为成矿前期侵入体,与成矿关系不大。

(2)长石斑岩:成矿期第一阶段的岩体,有时可相变为石英长石斑岩或花岗斑岩。该类岩体受北北西向、北西向、北西西向构造控制,并沿上述方向分布,呈岩株、岩枝、岩脉产出。在矿区范围均可见到。总体上属钙碱性中酸性岩类岩石,因其为侵入岩产状,故定名为长石斑岩或石英长石斑岩。该岩体与成矿关系密切,在空间上矿体常产于长石斑岩外侧构造带或接触带构造内,岩枝产状与矿体一致,而且位于岩体下盘的矿体矿化较好。有时岩体破碎而成为矿化围岩,这时岩石往往产生较强烈的蚀变,如绿泥石化、高岭土化、硅化、碳酸盐化等,并有明显的退色现象,在蚀变岩体中常出现浸染状、细脉状矿化特征。

(3)石英斑岩:是成矿期第二阶段岩体。集中分布于矿区南部,为面积很小的不规则岩体,该岩体同位素年龄(K-Ar)为117~115Ma,与成矿年龄基本一致。岩体有时可相变为花岗斑岩,这时斑晶增多,具有较多的石英、钾长石斑晶及黑云母斑晶,岩基为显微晶质结构。石英斑岩体与铜、锌、银(金)矿化关系密切,如⑤号、⑦号、⑧号矿体均产于其中或边缘破碎带中。在深部岩体底盘部位3个钻孔中见到铜、锌较好的富矿体。

(4)石英二长斑岩及二长斑岩,二者为同种岩体的相变产物。该岩体沿北东向侵入,呈岩墙、岩枝状出露于矿区南部,并切穿石英斑岩体和其他岩体,属演化晚期岩体特征。同位素年龄值为109Ma。该岩体目前来看,仅出露于矿区南部36~50勘查线。勘探区内未见此类岩体。岩体内部因构造活动影响发育了北西向横向构造节理及断裂,其中也有铜、锌、银矿化出现。说明该岩体形成后仍有矿化活动,但已属成矿期第三阶段的产物。

3)火山岩、次火山岩与成矿的关系矿区所在位置

该区属中生代燕山期构造-岩浆活化区,甲乌拉-阿敦楚鲁断隆区范围。该区构造-岩浆活化作用强烈,火山岩与次火山岩、中深成相花岗岩均有密切的亲缘关系。矿区火山岩与次火山岩共生,次火山岩一般稍晚于火山岩而侵入。次火山岩是按岩浆分异演化顺序侵入的斑杂岩体,其顺序为闪长玢岩—长石斑岩(石英长石斑岩)→石英斑岩(花岗斑岩)→石英二长斑岩。其相应的与之有一定成因联系的火山岩为碱性安山岩-英安岩-流纹岩类。甲乌拉的一系列斑杂岩体受同一北西向构造系统控制、按演化顺序相伴产出。根据岩体侵入时间和分布范围,可知火山岩浆活动具由北向南迁移的特点。大致具有两个侵入(或喷发)中心:一是矿区南部,以石英斑岩体为主体并有石英二长斑岩侵入;二是矿区中部,以闪长玢岩和长石斑岩为主体。这两个中心在深部可能合二为一成为一种潜火山通道,同时也是成矿的热源中心。

4. 矿床地质特征及成因

1)矿床地质特征

(1)矿体赋存位置和形态产状。甲乌拉矿床位于满洲里-新巴尔虎右旗铜多金属成矿带内木哈尔成矿亚带西段,距离额尔古纳-呼伦深断裂(以下简称额-呼深断裂)约60km。

按矿体分布情况可分为4个含矿区段。甲乌拉本区包括1号、2号、3号、4号、12号等主要矿体。西山区包括30号、29号矿体群;南区包括20号、14号、9号等矿体;北山区包括29号、34号、40号矿体群。

其中,甲乌拉本区矿床工业储量所占比例为85%左右。1990年底矿床总体规模已发展为大型,矿石量为2000万t,铅+锌金属工业储量,B+C+D级接近98.0万t;银金属工业储量约为1280t,其中独立银储量1000t左右,②号矿体(包括分支,平行附属矿体)是银储量最为集中的矿体。该矿区现已圈出40余条矿体,矿体主要为稳定的脉状,总体走向330°～350°,局部稍有摆动。主矿体旁侧发育分支及平行小矿体。矿体均赋存于北北西向及北西向或北西西向张扭性破碎带中,与构造关系密切。主要矿体与放射状排列裂隙有关;①号、②号、③号矿体均赋存其中,其中以②号矿体最大,约占已查明资源量的80%。

(2)矿体规模和品位。区内已圈出40余条矿体,银品位变化系数为131%,②号矿体是全区最大的矿体,以②号矿体为例可以较全面的说明矿体特征。其他主要矿体特征见表15-1。

②号矿体长1700m,平均厚度约5.18m,最厚达20m,形态呈脉状,局部延深大于600m。②号矿体位于北西向次火山岩体群的东侧,侏罗系塔木兰沟组安山岩与砂砾岩层间构造大致吻合的北西向破碎蚀变带中,走向320°～350°,倾向南西向,倾角50°～70°,地表断续分布,深部相连。主矿体旁侧有平行矿脉和分支矿体,品位、厚度变化大,近岩体区段矿体厚且富,远离岩体的矿体变薄、变贫。矿体受F_2断裂控制,为破碎带石英脉含矿,因受构造控制,矿体为脉状形态的板状体具呈尖灭再现、分支复合、膨缩变化等特点。厚大矿脉往往中间出现硫化块状矿石,且银较富集;边部为细脉浸染状矿石。附近平行的小构造、引裂构造又控制一些附属小矿体,组成②号矿体群。②号矿体基本上为脉状形态的板状体。

②号矿体沿走向及倾斜方向其厚度与品位均有明显变化,品位变化系数为88%～127%,厚度变化系数为81%。总的来说②号矿体成矿元素分带有一定规律:10勘查线以北以Pb、Zn、Ag元素为主,10～16勘查线Pb、Zn、Ag、Cu元素均较多,18～26勘查线以Cu、Zn、Ag元素为主。

(3)矿石特征。矿石矿物主要有方铅矿、闪锌矿、黄铁矿、白铁矿、磁黄铁矿、黄铜矿,其次还有磁铁矿、赤铁矿、斑铜矿、毒砂等,此外,有少量的铜蓝、白铅矿、菱锌矿、褐铁矿等,含银矿物有硫锑银矿、含银辉铋铅矿、含银铅铋矿、银黝铜矿、自然银、辉银矿、碲银矿、含硫铋铅银矿等和极少量的自然金微粒。

脉石矿物主要有石英、绿泥石、伊利石、水白云母、绢云母、辉石角闪石、绿帘石、斜长石、方解石、白云石,个别处还有纤维闪石、重晶石、玻璃质等。

(4)矿石化学成分及相互关系。矿床具多元素组合成矿的特点,主要成矿元素为Pb、Zn、Ag、Cu,伴生组分有Au、Cd、In、Ga、Bi、S等。主要成矿元素均可单独圈出矿体,又总是相伴出现。伴生元素与主金属元素有一定的相关性,如Ag与Pb、Cu呈消长关系,Cd、In、Ga与Pb、Zn、Cu元素关系密切。

(5)矿石结构、构造。矿石结构主要有自形—半自形—他形粒状结构、包含结构、共生结构、交代结构、乳浊状结构-固溶体分离结构、镶边结构。矿石构造有块状构造,团块状构造,角砾状构造,浸染状构造,脉状,细脉状构造等。一般富含厚矿段以块状和团块状矿石为主,如②号矿体多见块状及团块状矿石。

(6)近矿围岩蚀变特征。甲乌拉银铅锌矿床以脉状矿体为主,围岩蚀变一般局限于构造破碎带和2～5m的近矿围岩内,蚀变一般以含脉状矿的断裂破碎带最强,向两侧逐渐减弱,直至消失。蚀变有硅化(石英脉)、绿泥石化、碳酸盐化、水白云母化、伊利石化、绢云母化、萤石化。

2)矿床成因

(1)成矿物质来源。甲乌拉银铅锌矿床的形成从地质特征来看与次火山斑岩体有着密切的联系,而且形成于北西向(个别有北西西向)张扭性断裂破碎带及邻近围岩中,呈脉状产出,矿化蚀变局限于断裂破碎带及邻近围岩。成矿物质应包括可供工业利用的金属和与成矿密切相关的气液流体。本矿床成矿物质具多来源特征,Ag、Pb、Zn、Cu及矿化剂元素来源于燕山晚期次火山斑岩体(深源岩浆),一部分Ag从围岩塔木兰沟组中萃取。区域上,塔木兰沟组Ag的平均含量很高,分别达$0.38×10^{-6}$和$0.58×10^{-6}$,远高于同类岩石的平均含量。

A. 同位素特征。

(a)硫同位素特征。全区共采集硫同位素样品71件,其中黄铜矿7件,方铅矿11件,闪锌矿18件、黄铁矿32件,毒砂2件,磁黄铁矿1件。测得该矿床中各种金属硫化物(黄铁矿、黄铜矿、方铅矿、闪锌矿、毒砂、磁黄铁矿等)硫同位素值变化范围为-2.86‰~4.01‰,变化范围较小,总的变化区间在3‰左右。发现成矿热液活动中硫的来源与深部岩浆活动有关,岩浆来自地壳深部和上地幔,说明矿质来源于地壳深部或上地幔。

(b)铅同位素特征。全区采集23件铅同位素样品(主要测试矿物为:方铅矿、黄铁矿、闪锌矿、黄铜矿、长石等)。同位素组成绝大多数较稳定,$^{206}Pb/^{204}Pb$为18.229~18.758,$^{207}Pb/^{204}Pb$为15.457~15.880;$^{208}Pb/^{204}Pb$为37.841~39.049。其同位素组成较均匀,比值变化范围小,具单一演化模式特征。单一演化模式Φ值计算的年龄,均落入拉斑玄武岩铅范围内,样品年龄值多数在135~89Ma之间,平均为119.47Ma,其他几个样品年龄值偏高,平均为236Ma,相当于古生代末期。以上情况说明本区成矿物质大部分来源于上地幔,少部分来自于地壳围岩中的金属组分。矿区成矿的次火山斑岩体、长石斑岩体、长石斑岩、石英长石斑岩、石英斑岩、石英二长斑岩等的年龄值在122~109Ma之间,说明岩体与成矿的同源性和密切关系。其成矿年龄在燕山晚期,而且说明矿体的形成与斑岩的形成具同源性。

(c)氢氧同位素特征。甲乌拉矿区共测试10件样品,其中9件是脉石英,1件是石英斑岩全岩样品,δDH_2O值变化范围在-160‰~-109.58‰之间,$\delta^{18}O$为-11.8‰~13.09‰,表明矿物包体水为岩浆水同时也渗进少量雨水。

上述资料表明,甲乌拉矿区的成矿热液主要来源于岩浆水,但在运移过程中也加入了相当数量的地下热雨水和岩石封存水。

B. 包体测定特征。

(a)包体测温。从采自矿区矿体和石英斑岩体附近不同延深样品测试结果来看,甲乌拉成矿温度大致在276.9~289.6℃之间,压力为77.93~100Pa。

(b)包体成分分析。据14件多相包体统计,其盐度达32.6%~44.75%,密度达8.13~10.57g/cm³。这些石英可能是稍早于或同时与金属矿物晶出的,代表了含矿热液的原始性质,即高盐度、高密度的热液携有大量金属元素。原始热液以液态搬运为主,具高盐度、高密度、富含Cl^-、Na^+、SO_4^{2-}、CO_3^{2-}、F^-等离子的硅碱溶液,且富含大量Pb、Zn、Ag、Cu等金属元素,成矿金属元素的搬运方式以硅碱络合离子为主,沿断裂裂隙带以紊流方式运移为主,向两侧渗滤为次,矿物是在适当的温度、压力、浓度变化条件下迅速沉淀的。

(2)成矿阶段及成矿时代。

A. 成矿阶段。

甲乌拉矿床的成矿以充填作用为主,交代作用弱,矿液与围岩没有明显物质交换,具典型热液矿物组合,金属矿物有毒砂、黄铁矿、闪锌矿、白铁矿、黄铜矿、方铅矿等;脉石矿物有石英、碳酸盐等,个别矿脉中出现穆磁铁矿(假象磁铁矿),反映热液中氧浓度增高。部分毒砂有粒径大、晶形好,也有部分呈细粒浸染状,毒砂中大晶体的裂纹常有晚期方铅矿、黄铜矿充填。黄铁矿有3个世代:早期与闪锌矿共生,中期与白铁矿共生,晚期与穆磁铁矿共生。闪锌矿分两个世代:早期为黑色铁闪锌矿,晚期与方铅矿、黄铜矿共生,黄铜矿呈脉状穿插到毒砂、黄铁矿、闪锌矿等早结晶的矿物中,或闪锌矿成固溶体。

B. 成矿时代。

矿石铅模式年龄值集中在133.05~102.39Ma之间,石英二长斑岩K-Ar年龄为121.02Ma,推断其成矿时间为早白垩世晚期。

(3)成矿规律及成矿机制。

A. 成矿规律。

根据多年勘查成果和研究工作,对甲乌拉银多金属矿床成矿基本规律总结归纳如下几点。

(a)矿床位于额尔古纳成矿带南段木哈尔成矿亚带甲乌拉断凸上,区域上额尔古钠-呼伦深断裂控制着火山-岩浆岩带沿北东向展布,是额尔古纳多金属成矿带的控制构造,其次级北西向木哈尔断裂控制着成矿亚带的展布,甲乌拉矿床则受控于甲乌拉断凸,在不同方向构造交会处产生的火山、次火山活动中心决定了甲乌拉矿床的形成,北西西向甲乌拉-查干敖包剪切构造带是重要的导矿和容矿构造,北北西向、北西向张扭性断裂是良好的容矿空间。

(b)次火山斑岩体多期次序列式演化侵入对成矿起到了重要的作用,并且是成矿多阶段的主导因素。与成矿关系最为密切的次火山岩体主要是中酸性钙碱系列岩石类型,包括英安斑岩、花岗斑岩、石英斑岩、石英二长斑岩等,是主要的载矿岩体,在深部可能同源。

(c)成矿主要受断裂构造控制,与地层层位关系不大,但主要矿体均产于塔木兰沟组安山玄武岩中。

(d)成矿物质主要来自地壳深部或上地幔,少部分成矿物质从围岩中萃取,含矿热水溶液为岩浆水和地下热雨水混合类型(包体中含有 CO_2、NH_4^+ 及黑色有机质,表明成矿中有地表水加入)。

(e)矿床成矿期为燕山晚期(130~100Ma),与区域构造岩浆活化作用相对应。

(f)矿床成因类型属与火山、次火山活动有关的中低温热液脉状银多金属矿床。

B. 成矿机制。

(a)矿床成矿物质具多来源特征,成矿元素 Ag、Pb、Zn、Cu 等及矿化剂元素主要来自燕山期火山岩、次火山岩深源岩浆,侏罗系补给部分矿质。成矿流体也主要来源于深部岩浆,天水(包括地下渗入水)随演化进程所占比例越来越大,成矿晚期天水比例大于岩浆水。

(b)对成矿物理化学条件的研究未做有关模拟实验和过多理论推导,仅以矿物包体和矿物共生组合等资料予以讨论。

(二)成矿模式

根据甲乌拉矿床成矿地质背景、矿床地质特征、矿床成因、成矿机理等大量实际材料,研究编制出甲乌拉银铅锌矿床的成矿模式图(图15-3)。在燕山晚期第三亚旋回末期上库力旋回与地壳深部有联系的浅部岩浆房不断产生酸性岩浆,岩浆沿断裂或断裂交会部位侵位至近地表的浅成环境中。由于次火山岩侵入活动,在塔木兰沟组基性、中基性火山岩分布区形成广泛的地热活动,被加热的地下水环绕着热活动中心形成对流循环系统。早期热活动的地下水在围岩中渗流交代,使基性、中基性火山岩中形成大面积的青磐岩化蚀变,围岩中的成矿物质组分 Ag^+、Pb^{2+}、Zn^{2+}、S 等汲取带出,形成与青磐岩化蚀变相对应的成矿元素降低场。燕山晚期第三亚旋回第一阶段塔木兰沟旋回晚期形成的火山地堑断裂系、横向北西向的张扭性断裂破碎带以及火山塌陷构造中的放射状、环状断裂和断裂交会构造是形成热液对流循环的通道,破碎岩石的高渗透性有利于渗流交代蚀变作用的发生,同时塌陷构造环境中丰富的地下水是流体的主要来源。溶解部分矿质的地下水热流体向深部环流过程中,不断有深部岩浆热流体中的挥发分和成矿物质加入,形成混合热液流体,并向浅部或侧向运移,是成矿的主要阶段。混合热液流体富硅质、富碱质和富挥发组分(SiO_2、H_2S、F^-、Cl^-、CO_2 等)及 Ag、Pb、Zn 等成矿物质。Ag^+、Pb^{2+}、Zn^{2+} 以硫的络合物形式被搬运,Ag^+ 部分以氯的络合物形式被搬运。成矿温度在 150~350℃之间,压力在 $50×10^5$~$400×10^5$Pa 之间。热液混合对流循环成矿过程发生的岩体侵位之后很长时间内(可能是成岩后 15~1Ma 之间)。矿脉中的矿物生成顺序由于叠加、周而复始的矿化、早期矿物被溶解交代而呈现复杂现象。矿石的分层条带状构造,角砾状构造、矿脉的反复穿切现象都表明成矿过程是复杂的多期性变化过程。成矿阶段的含矿混合热流体主要沿断裂破碎带迁移,在成矿构造反复自封闭之后发生的周期性破碎和角砾岩化,使压力降低引起热液流体沸腾,温度降低挥发分逸失,从而使 Ag、Pb、Zn 矿石沉淀下来。另一种与之共存的矿石沉淀机制是含矿热液迁移到更浅的部位沿断裂破碎带发生的与地下水混合作用,使温度等物理条件改变,伴随着对围岩更强烈的交代作用,使含银矿物和黄铁矿沉淀。成矿热液迁移沉淀过程中强烈的硅化、碳酸盐化、绢云母化、冰长石化、绿帘石化、高岭土化、伊利石水白云母化蚀变交代了早期青磐岩化中基性火山岩,形成明显的退色蚀变带,近地表处出现以隐晶质硅化为主的硅化、黏土化蚀变。蚀变交代作用也是对围岩矿质成分的再聚集过程。矿化分带在垂向上部以 Ag 为主,下部 Pb、Zn 增多,矿体的就位空间可以是远离热中心(岩体)很远(大于 3km)的断裂破碎带,沿其走向上向外侧以银矿化为主。成矿后的地表氧化作用对银有进一步的富集作用。氧化富集带中,可出

现银品位大于 $1000×10^{-6}$ 的富矿段。甲乌拉银铅矿床与成矿有关的次火山岩体出露地表,矿化以银、铅、锌为主,主要在致密块状构造的脉状银、铅、锌矿体,远离热活动中心的矿体,逐渐过渡为浸染状银矿体,蚀变硅化以结晶好的石英脉带为主,成矿位于较深的部位,成矿后剥蚀程度较大。

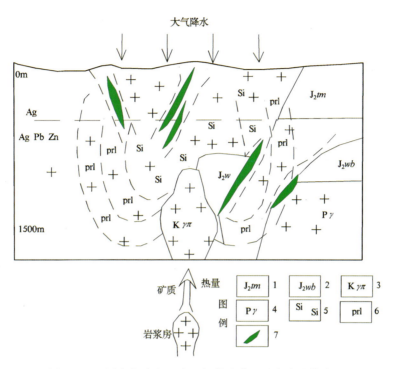

图 15-3　甲乌拉式火山岩型铅锌矿典型矿床成矿模式图
1. 塔木兰沟组中基性火山岩;2. 万宝组碎屑岩;3. 白垩纪侵入岩;4. 二叠纪花岗岩;5. 硅化;6. 青磐岩化;7. 矿体及退色蚀变带

二、典型矿床地球物理特征

1. 重力场特征

据 1:20 万剩余重力异常图显示,区域总体表现很凌乱,只有南部出现条带状正异常,走向东西,极值达 $10×10^{-5}\,\mathrm{m/s^2}$。布格重力异常图及剩余重力异常图显示(图 15-4),甲乌拉式火山岩型铅锌银矿床位于局部重力高、低等值线密集带上,其东北侧为局部重力高异常,西南侧为局部重力低异常,$\Delta g_{min}=-102.22×10^{-5}\,\mathrm{m/s^2}$,重力低异常幅值约 $10×10^{-5}\,\mathrm{m/s^2}$,根据物性资料和地质资料分析,推断该重力等值线密集带是元古宇与中—酸性岩体接触带的表现,表明甲乌拉铅锌银矿床不仅与元古宇有关,而且与中—酸性岩体关系密切。

2. 航磁

从 1:20 万航磁 ΔT 化极等值线平面图可知,该矿床处于区域正、负磁场过渡带上,其东北侧为负磁场,西南侧反映正磁场,磁场强度一般小于 100nT,反映出本区地质体含磁铁矿物较少的特点。

据 1:50 万航磁化极等值线平面图显示,磁场总体表现为低缓的负磁场,没有异常出现。

据 1:2000 电法平面等值线图显示,矿床所在位置中部表现为相对低阻高极化异常,呈条带状,走向近南北。

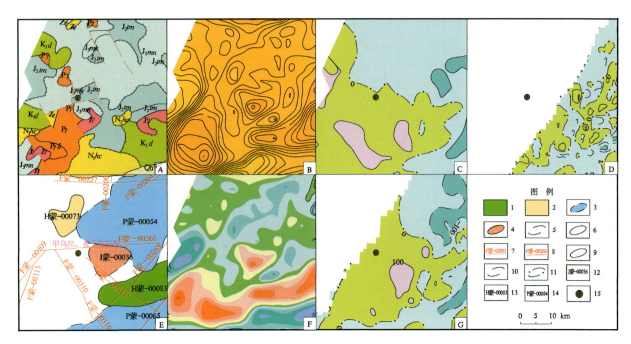

图 15-4 甲乌拉式火山岩型铅锌矿典型矿床所在区域综合剖析图

A. 地质矿产图；B. 布格重力异常图；C. 航磁 ΔT 等值线平面图；D. 航磁 ΔT 化极垂向一阶导数等值线平面图；E. 重力推断地质构造图；F. 剩余重力异常图；G. 航磁 ΔT 化极等值线平面图；1. 古生代地层；2. 元古宙地层；3. 盆地及边界；4. 酸性—中酸性岩体；5. 隐伏岩体边界；6. 出露岩体边界；7. 重力推断二级断裂构造及编号；8. 重力推断三级断裂构造及编号；9. 航磁正等值线；10. 航磁负等值线；11. 零等值线；12. 基性—超基性岩体编号；13. 地层编号；14. 盆地编号；15. 铅锌矿点

三、典型矿床地球化学特征

矿区出现了以 Pb、Zn、Ag 为主，伴有 Cu、Au、Cd、In、Bi、S 等元素组成的综合异常；主元素可单独圈出矿体且相互共生，伴生元素与主元素有一定相关性，如 Ag 与 Pb、Cu 呈消长关系（图 15-5）。

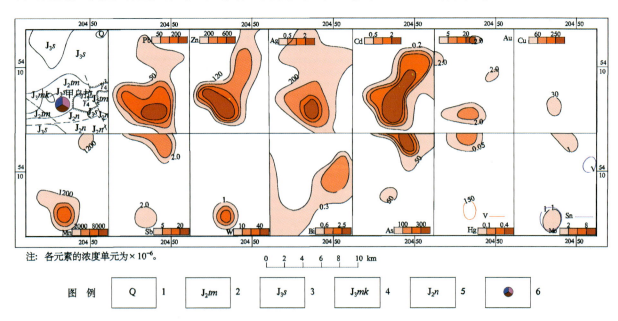

图 15-5 甲乌拉式火山岩型铅锌矿典型矿床地质-化探剖析图

1. 第四系；2. 侏罗系塔木兰沟组；3. 侏罗系上库力组；4. 侏罗系满克头鄂博组；5. 侏罗系南平组；6. 铅锌矿点

四、典型矿床预测模型

根据典型矿床成矿要素和矿区地磁资料以及区域重力资料，确定典型矿床预测要素，编制典型矿床预测要素图。由于没有收集到矿区大比例尺地磁资料，只能以 1∶20 万航磁资料代替；而重力及化探只有 1∶20 万比例尺的资料，总结典型矿床综合信息特征，编制典型矿床预测要素表（表 15-1）。

表 15-1 甲乌拉式火山岩型铅锌矿典型矿床预测要素

预测要素		内容描述			要素类别
资源储量(t)		134.88	平均品位(%)	Pb+Zn 6.88	
特征描述		与火山、次火山活动有关的中低温热液脉状铅锌多金属矿床			
地质环境	岩石类型	中生界中侏罗统塔木兰沟组砾岩，灰黑色、黄褐色凝灰质砾岩，含砾粗砂岩，凝灰质砂岩，长英质杂砂岩，粗砂岩，细砂岩，粉砂岩夹泥岩薄层等			必要
	岩石结构	粒状变晶结构			次要
	成矿时代	燕山晚期，130～100Ma			必要
	地质背景	位于西伯利亚地台东南外缘，额-呼深断裂西侧，贝加尔褶皱系与大兴安岭褶皱系的衔接地带。属西伯利亚地台与中朝地台之间的过渡型地壳构造区			必要
	构造环境	位于西伯利亚地台东南外缘，额-呼深断裂西侧			必要
矿床特征	矿物组合	矿石矿物主要有方铅矿、闪锌矿、黄铁矿、白铁矿、磁黄铁矿、黄铜矿，其次还有磁铁矿、赤铁矿、斑铜矿、毒砂等，少量的铜蓝、白铅矿、菱锌矿、褐铁矿等，含银矿物有硫锑银矿、含银辉铋铅矿、含银铅铋矿、银黝铜矿、自然银、辉银矿、碲银矿、含硫铋铅银矿等和极少量的自然金微粒。脉石矿物主要有石英、绿泥石、伊利石、水白云母、绢云母、辉石角闪石、绿帘石、斜长石、方解石、白云石、个别处还有纤维闪石、重晶石、玻璃质等			重要
	结构构造	结构：自形—半自形—他形粒状结构、包含结构、共生结构、交代结构、乳浊状结构-固溶体分离结构、镶边结构。构造：块状构造，团块状构造，角砾状构造，浸染状构造，脉状、细脉状构造等。一般富含厚矿段以块状和团块状矿石为主			次要
	蚀变	蚀变有硅化(石英脉)、绿泥石化、碳酸盐化、水白云母、化伊利石化、绢云母化、萤石化。与成矿有关的蚀变主要有硅化、碳酸盐化、绿泥石化、水白云母化、绢云母化及萤石化			次要
	控矿条件	主要矿体均产于塔木兰沟组安山玄武岩中。甲乌拉矿床则受控于甲乌拉断凸，在不同方向构造交会处产生的火山、次火山活动中心决定了甲乌拉矿床的形成，北西西向甲乌拉-查干敖包剪切构造带是重要的导矿和容矿构造，北北西向、北西向张扭性断裂是良好的容矿空间；循环通道、破碎岩石的高渗透性有利于渗流。次火山斑岩体多期次序列式演化侵入对成矿起到了重要的作用			重要
地球物理特征	重力特征	甲乌拉式火山岩型铅锌银矿床位于局部重力高、低等值线密集带上，其东北侧为局部重力高异常，南西侧为局部重力低异常，$\Delta g_{min} = -102.22 \times 10^{-5}$ m/s^2，重力低异常幅值约 10×10^{-5} m/s^2，根据物性资料和地质资料分析，推断该重力等值线密集带是元古宇与中—酸性岩体接触带的表现，表明甲乌拉铅锌银矿床不仅与元古宇有关，而且与中—酸性岩体关系密切			必要
	航磁特征	从 1∶20 万航磁 ΔT 化极等值线平面图可知，该矿床处于区域正、负磁场过渡带上，其东北侧为负磁场，南西侧反映正磁场，磁场强度一般小于 100nT，反映出本区地质体含磁铁矿物较少的特点			必要
地球化学特征		矿区出现了以 Pb、Zn、Ag 为主，伴有 Cu、Au、Cd、In、Bi、S 等元素组成的综合异常；主元素可单独圈出矿体且相互共生，伴生元素与主元素有一定相关性，如 Ag 与 Pb、Cu 呈消长关系			重要

第二节 预测工作区研究

一、区域地质特征

1. 成矿地质背景特征

大地构造位置位于西伯利亚地台东南外缘,额-呼深断裂西侧,贝加尔褶皱系与大兴安岭褶皱系的衔接地带。属西伯利亚地台与中朝地台之间的过渡型地壳构造区(图15-6)。

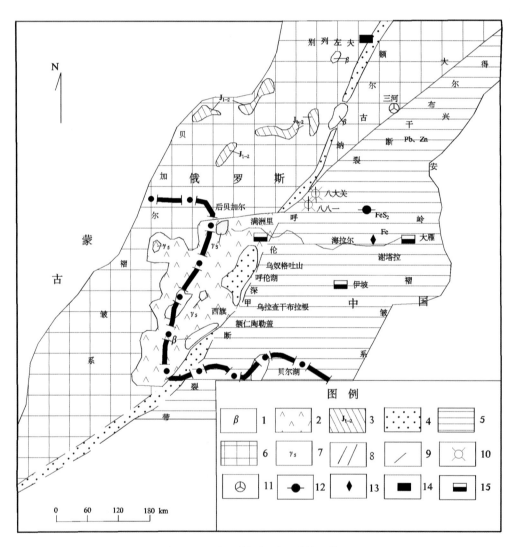

图15-6 额-呼深断裂地质构造简图

1.玄武岩;2.上侏罗统火山岩;3.中下侏罗统;4.现代地堑沉积;5.相对坳陷区;6.相对隆起区;7.燕山期花岗岩;8.地堑构造;9.断裂构造;10.斑岩型铜(钼)矿床;11.银多金属矿床;12.六一硫化铁矿床;13.热液型铁矿床;14.沉积型铁矿床;15.煤矿床

成矿区(带)划分归属:新巴尔虎右旗(拉张区)铜、钼、铅、锌、金、萤石、煤(铀)成矿带(Ⅲ),八大关-新巴尔虎右旗铜(钼)、银、铅、锌成矿亚带(Ⅳ),甲乌拉-额仁陶勒盖银、铅、锌矿集区(Ⅴ)。

区域岩浆活动频繁,可划分为燕山早期和燕山晚期两期。岩石类型复杂多样,分异作用明显,与成矿关系密切,特别是岩浆演化到晚期的火山-次火山活动,常常导致有色多金属及贵金属矿化,形成中—低温热液型矿床。

区域上北东向和北西向构造发育,表现为北东向主干断裂构造被北西向横向断裂相切,区带上呈现为线形构造网格状分布的断块构造格局。即北东向断隆带与断陷带相间展布,断隆带及断陷带内又被次级断裂分割出断凸区与断凹区等。褶皱构造在下部构造层中较发育,褶皱紧密,岩层陡倾甚至倒转,轴部多有岩浆岩占据,走向主要为北东向。

由于区域上火山岩浆作用强烈,相应产生一些火山构造,是本区构造的又一特征,也是控矿的良好构造。

区域变质作用明显,万宝组有不同程度的变质,尤其在甲乌拉-查干布拉根含矿断裂带附近更为普遍,砂岩成为变质砂岩,粉砂岩和泥质、含碳质岩石变成板岩。

围岩蚀变一般局限于含矿构造带内及附近围岩,呈带状分布,蚀变类型有石英化、碳酸盐化、伊利石化、水白云母化、绿泥石化、高岭土化、绢云母化、萤石化、青磐岩化及退色蚀变等。与成矿有关的蚀变主要有石英化、碳酸盐化、伊利石化、水白云母化。

区域矿产丰富,目前已发现有色、贵金属矿床及煤矿、石油、天然气等能源矿产。

2. 区域成矿模式图

根据预测工作区的成矿规律研究,确定了预测工作区的成矿要素(表15-2),总结了预测工作区的成矿模式(图15-7)。

表15-2 内蒙古自治区新巴尔虎右旗甲乌拉式火山岩型铅锌矿区域成矿要素

区域成矿要素		内容描述	要素类别
地质环境	大地构造位置	位于西伯利亚地台东南外缘,额-呼深断裂西侧,贝加尔褶皱系与大兴安岭褶皱系的衔接地带。属西伯利亚地台与中朝地台之间的过渡型地壳构造区	必要
	成矿区(带)	新巴尔虎右旗(拉张区)铜、钼、铅、锌、金、萤石、煤(铀)成矿带(Ⅲ),八大关-新巴尔虎右旗铜(钼)、银、铅、锌成矿亚带(Ⅳ),甲乌拉-额仁陶勒盖银、铅、锌矿集区(Ⅴ)	必要
	区域成矿类型及成矿期	侵入岩体型,燕山晚期(130~100Ma)	必要
控矿地质条件	赋矿地质体	塔木兰沟组安山玄武岩	重要
	控矿侵入岩	正长斑岩、花岗斑岩、石英二长斑岩、二长花岗岩、石英正长斑岩、流纹斑岩	重要
	主要控矿构造	北西西向甲乌拉-查干敖包剪切构造带是重要的导矿和容矿构造,北北西向、北西向张扭性断裂是良好的容矿空间	重要
区内相同类型矿床		2处	必要

二、区域地球物理特征

1. 重力场特征

从布格重力异常图来看,区域重力场总体为北北东向展布,沿嵯岗—黑头山一线反映完整的区域重力高异常带,重力场最低值为$-116.78 \times 10^{-5} m/s^2$,最高值为$-61.14 \times 10^{-5} m/s^2$。在上述重力高异常

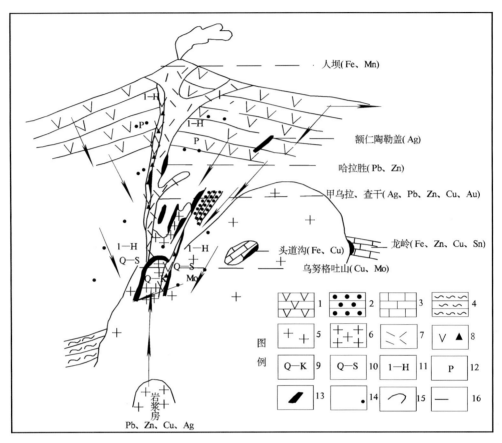

图 15-7 甲乌拉式火山岩型铅锌矿甲乌拉预测工作区成矿模式图

1. 侏罗系火山岩；2. 二叠系砂砾岩、安山岩；3. 泥盆系碳酸盐岩夹砂岩；4. 新元古界—下寒武统结晶片岩；5. 燕山早期花岗岩；6. 燕山晚期中酸性斑岩；7. 酸性斑岩；8. 含角砾安山岩；9. 石英-钾长石化；10. 石英-绢云母化；11. 伊利石-水白云母化；12. 青磐岩化；13. 矿体；14. 蚀变界线；15. 地质界线；16. 剥蚀界线

带的西北侧，反映重力低异常带，重力场强度一般为 $-112\times10^{-5}\sim-75\times10^{-5}\,\mathrm{m/s^2}$。并且该重力低异常带是由北北西向的正负相间的局部重力异常组成，最低重力值为 $-112\times10^{-5}\,\mathrm{m/s^2}$。结合地质资料推断，无论是区域重力高异常带还是局部重力高异常，均与元古宇有关；具有一定走向的局部重力低异常是中—新生代盆地（包括火山岩盆地）的反映，等轴状的局部重力低异常是中—酸性岩体的表现。

2. 航磁异常特征

在 1∶10 万航磁 ΔT 等值线平面图上预测工作区磁异常幅值范围为 $-200\sim400\mathrm{nT}$，背景值为 $-100\sim100\mathrm{nT}$，其间分布着许多磁异常，磁异常形态杂乱，正负相间，变化梯度大，多为不规则带状或团状，纵观预测工作区磁异常轴向及航磁 ΔT 等值线延深方向，以北东向为主。甲乌拉式铅锌矿位于预测工作区西部，磁异常背景为低缓磁异常区，$-100\mathrm{nT}$ 等值线附近。

本预测工作区断裂构造与磁异常轴相同，多为北东向，磁场标志多为不同磁场区分界线。预测工作区东部推断有1处北西向的断裂，以异常错动带为标志，预测工作区东部的正磁异常推断为火山岩地层，其他磁异常推断解释为侵入岩体。

三、区域地球化学特征

区域上分布有 Ag、As、Pb、Zn、Au、Cu 等元素组成的高背景区带，在高背景区带中有以 Ag、As、Pb、Zn、Au、Cu 为主的多元素局部异常。预测工作区内共有 52 处 Ag 异常，44 处 As 异常，104 处 Au

异常,68 处 Cd 异常,59 处 Cu 异常,71 处 Mo 异常,66 处 Pb 异常,55 处 Sb 异常,81 处 W 异常,66 处 Zn 异常。

Ag 在预测工作区呈高背景分布,存在明显的浓度分带和浓集中心;As、Pb、Zn 在预测工作区东北部呈高背景分布,存在多处浓集中心,浓集中心呈北东向展布;Cd 在预测工作区多呈背景、低背景分布,在预测工作区北部存在局部异常;Au 在预测工作区呈背景、高背景分布,在达石莫格以北地区存在一条高背景区,呈近东西向带状分布;Cu 在预测工作区多呈背景、高背景分布,存在零星的局部异常;Mo、W 在预测工作区呈背景、高背景分布,在预测工作区北部和中部有明显的浓集中心;Sb 在预测工作区北部呈高背景分布,在中部和南部呈背景、低背景分布。

预测工作区上元素异常套合较好的编号为 AS1、AS2 和 AS3,Cu、Pb、Zn、Ag、Cd、Pb 异常明显,存在明显的浓度分带和浓集中心,AS1 异常呈东西向展布,AS2 和 AS3 异常均呈北东向展布,Cu 异常范围较小,与 Pb 浓集中心套合好,Zn、Ag、Cd 分布于 Pb 异常区。

四、区域遥感影像及解译特征

1. 预测工作区遥感地质特征解译

预测工作区内解译出巨型断裂带,即额尔齐斯-得尔布干断裂带,共 2 段。该断裂带在预测工作区南部呈北东向展布,跨过图幅的南部区域,并于该断裂带中部被小型构造错断,构造两侧地层较复杂。

本预测工作区内共解译出大型构造 5 条,由北到南依次为尚迪好来以东构造、额尔古纳断裂带、新巴尔虎右旗构造、阿日音达斯以南构造、包格德乌拉嘎查以南构造,其中尚迪好来以东构造为北西走向分布,其余 4 条大型构造走向为北东向,额尔古纳断裂带和新巴尔虎右旗构造被尚迪好来以东构造错断,构造格架比较清晰。

本区域内共解译出中小型构造 237 条,主要分布于北部地区、中部偏西地区、南部地区,北部的构造集中在尚迪好来以东构造和额尔古纳断裂带形成的夹角以北;中部偏西地区的构造集中在尚迪好来以东构造和新巴尔虎右旗构造以西,构造的总体走向基本为北东向。

本预测工作区内的环形构造比较发育,共解译出环形构造 26 个,按其成因可分为中生代花岗岩类引起的环形构造、古生代花岗岩类引起的环形构造。环形构造分布相对比较集中,基本分布在构造线性要素比较密集的区域,而其空间分布特点上没有明显的规律。

2. 预测工作区遥感异常分布特征

本预测工作区的羟基异常信息较少且主要成片分布在北部及西部地区,其余地区零星分布。铁染异常主要呈带状和小片状分布在南部地区,其余地区有零星分布。

3. 遥感矿产预测分析

综合上述遥感特征,甲乌拉式火山岩型铅锌矿预测工作区共圈定出 10 个预测区。

(1)乌力吉图嘎查预测区:若干小型构造在该区内相交错断,该区域处于含矿地层,海力敏呼都格铅锌矿位于该区内。

(2)阿拉坦额莫勒镇以南预测区:位于新巴尔虎右旗构造与额尔齐斯-得尔布干断裂带之间的区域,位于含矿地层。

(3)那日图嘎查预测区:若干小型构造相交于该区南部边缘,异常信息呈小片状位于该区南部,查干敖包多金属矿位于该区。

(4)查干巴勒嘎预测区:区内若干小型构造相交错断,中生代花岗岩引起的环状构造、古生代花岗岩引起的环状构造在区域内有明显印迹,甲乌拉铅锌矿位于该区内。

(5)额尔敦乌拉苏木预测区:尚迪好来以东构造由南部通过该区,位于含矿地层。

(6)敖包乌拉预测区:若干小型构造通过该区,位于含矿地层。

(7)乌讷格图预测区:该区域内达赉东苏木中型构造与若干小型构造相交错断,形成四边形构造块,该区位于含矿地层与其他地层接触部位。

(8)哈力敏塔林呼都格预测区:若干小型构造通过该区,同时该区位于达赉东苏木以北中型构造与图古日根呼都格以东中型构造形成的夹角区,异常信息较密集,哈拉胜格拉陶勒盖铅锌矿位于该区。

(9)哈力敏塔林呼都格西北预测区:达赉东苏木以北中型构造和与之平行的小型构造通过该区,位于含矿地层与其他地层接触部位。

(10)呼伦种羊站预测区:若干小型构造通过该区,位于含矿地层。

五、预测工作区预测模型

预测工作区区域预测要素图以区域成矿要素图为基础,综合研究化探、重力、航磁、遥感、自然重砂等综合致矿信息,总结区域预测要素表(表15-3),并将综合信息(如各专题异常曲线)全部叠加在成矿要素图上,并将物探及遥感解译或解释的线性环形构造及隐伏地质体表示于预测底图上,形成预测工作区预测模型图(图15-8)。

根据典型矿床研究,在1:10万航磁ΔT等值线平面图上预测工作区磁异常幅值范围为$-200 \sim 400 \mathrm{nT}$,背景值为$-100 \sim 100 \mathrm{nT}$,其间分布着许多磁异常,磁异常形态杂乱,正负相间,变化梯度大,多为不规则带状或团状,纵观预测工作区磁异常轴向及航磁ΔT等值线延深方向,以北东向为主。甲乌拉式火山岩型铅锌矿位于预测工作区西部,磁异常背景为低缓磁异常区,$-100 \mathrm{nT}$等值线附近。

表15-3 甲乌拉式火山岩型铅锌矿甲乌拉预测工作区预测要素

预测要素		内容描述	要素类别
地质环境	大地构造位置	位于西伯利亚地台东南外缘,额-呼深断裂西侧,贝加尔褶皱系与大兴安岭褶皱系的衔接地带。属西伯利亚地台与中朝地台之间的过渡型地壳构造区	必要
	成矿区(带)	新巴尔虎右旗(拉张区)铜、钼、铅、锌、金、萤石、煤(铀)成矿带(Ⅲ),八大关-新巴尔虎右旗铜(钼)、银、铅、锌成矿亚带(Ⅳ),甲乌拉-额仁陶勒盖银、铅、锌矿集区(Ⅴ)	必要
	区域成矿类型及成矿期	侵入岩体型,燕山晚期(130~100Ma)	必要
控矿地质条件	赋矿地质体	塔木兰沟组安山玄武岩	重要
	控矿侵入岩	正长斑岩、花岗斑岩、石英二长斑岩、二长花岗岩、石英正长斑岩、流纹斑岩	重要
	主要控矿构造	北西西向甲乌拉-查干敖包剪切构造带是重要的导矿和容矿构造,北北西向、北西向张扭性断裂是良好的容矿空间	必要
区内相同类型矿床		成矿区(带)内2处矿点、矿化点	必要
地球物理特征	重力异常	从布格重力异常图来看,区域重力场总体是北北东向展布,沿嵯岗—黑头山一线反映完整的区域重力高异常带,重力场最低值为$-116.78 \times 10^{-5} \mathrm{m/s^2}$,最高值为$-61.14 \times 10^{-5} \mathrm{m/s^2}$。在上述重力高异常带的西北侧,反映重力低异常带,重力场强度一般为$-112 \times 10^{-5} \sim -75 \times 10^{-5} \mathrm{m/s^2}$。并且该重力低异常带是由北北西向的正负相间的局部重力异常组成,最低重力值为$-112 \times 10^{-5} \mathrm{m/s^2}$。结合地质资料推断,无论是区域重力高异常带还是局部重力高异常,均与元古宇有关;具有一定走向的局部重力低异常是中—新生代盆地(包括火山岩盆地)的反映,等轴状的局部重力低异常是中—酸性岩体的表现	必要

续表 15-3

区域成矿要素		内容描述	要素类别
地球物理特征	磁法异常	在 1:10 万航磁 ΔT 等值线平面图上预测工作区磁异常幅值范围为 $-200\sim400$nT，背景值为 $-100\sim100$nT，其间分布着许多磁异常，磁异常形态杂乱，正负相间，变化梯度大，多为不规则带状或团状，纵观预测工作区磁异常轴向及航磁 ΔT 等值线延深方向，以北东向为主。甲乌拉式火山岩型铅锌银矿位于预测工作区西部，磁异常背景为低缓磁异常区，-100nT 等值线附近	必要
地球化学特征		区域上分布有 Ag、As、Pb、Zn、Au、Cu 等元素组成的高背景区带，在高背景区带中有以 Ag、As、Pb、Zn、Au、Cu 为主的多元素局部异常。预测工作区内共有 52 处 Ag 异常，44 处 As 异常，104 处 Au 异常，68 处 Cd 异常，59 处 Cu 异常，71 处 Mo 异常，66 处 Pb 异常，55 处 Sb 异常，81 处 W 异常，66 处 Zn 异常	重要
遥感特征		区域内共解译出中小型构造 237 条，主要分布于北部地区、中部偏西地区、南部地区。北部的构造集中在尚迪好来以东构造和额尔古纳断裂带形成的夹角以北；中部偏西地区的构造集中在尚迪好来以东构造和新巴尔虎右旗构造以西，构造的总体走向基本为北东向。 本预测工作区内的环形构造比较发育，共解译出环形构造 26 个，按其成因可分为中生代花岗岩类引起的环形构造、古生代花岗岩类引起的环形构造。环形构造分布相对比较集中，基本分布在构造线性要素比较密集的区域，而其空间分布特点上没有明显的规律	次要

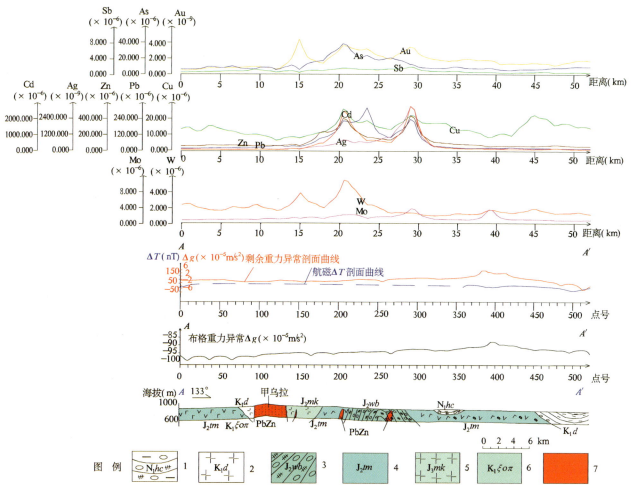

图 15-8 甲乌拉预测工作区预测模型图

1. 呼查山组；2. 大磨拐河组；3. 万宝组；4. 塔木兰沟组；5. 满克头鄂博组；6. 石英正长斑岩；7. 铅锌矿体

第三节 矿产预测

一、综合地质信息定位预测

1. 变量提取及优选

本次系用综合信息网格法进行预测,通过成矿必要要素的叠加圈定最小预测区,使用网格单元法,根据预测底图比例尺确定网格间距为 2km×2km,图面网格间距为 20mm×20mm。

根据典型矿床成矿要素及预测要素研究,选取以下变量。

(1)地质体:提取塔木兰沟组,求其存在标志。

(2)航磁异常:依据区内航磁磁异常与已知矿床或矿点的关系,选择航磁化极异常作为本次预测资料。异常值选 0~450nT。

(3)重力:预测工作区北部已知矿床或矿点处于剩余重力场低背景区附近,异常值在 $-3.21\times10^{-5}\sim0\text{m/s}^2$ 之间,而已知敖瑙达巴铜矿床位于北东向重力梯级带上剩余重力低背景区,异常值在 $-8.14\times10^{-5}\sim1\times10^{-5}\text{m/s}^2$ 之间。

(4)化探:本区 Cu、Pb、Zn 单元素异常、组合异常及综合异常与已知矿床及矿点吻合程度高,特别是 Cu 单元素异常图吻合程度更高,因此,选用 Cu 单元素异常图作为本次预测资料,提取三级浓度分带,异常值在 $(27\sim6125)\times10^{-6}$。

(5)已知矿点:有 2 处同类型矿床,均对它们进行缓冲区处理,缓冲值为 1km。

(6)遥感异常:对圈定的遥感铁染及羟基异常线处理,形成区文件。

2. 最小预测区确定及优选

首先,将 MRAS 程序形成的定位预测专题区文件叠加于预测工作区预测要素图上;其次,根据预测要素变量数值特征范围及位置,结合含矿建造出露情况,大致定位,确定预测单元;最后,最小预测区边界的确定以地质+化探异常为主,地质+航磁(遥感)异常为辅。

(1)采用 MRAS 矿产资源 GIS 评价系统中有预测模型工程,添加地质体、断层、Cu 元素化探、剩余重力、航磁化极、遥感环状要素等专题图层。

(2)采用网格单元法设置预测单元,网格单元范围为预测工作区范围,单元大小为 20mm×20mm。

(3)地质体、断层、遥感环状要素进行单元赋值时采用区的存在标志;化探、剩余重力、航磁化极则求起始值的加权平均值,进行原始变量构置。

(4)对化探、剩余重力、航磁化极进行二值化处理,人工输入变化区间,并根据形成的定位数据转换专题构造预测模型。

(5)采用特征分析法进行空间评价,使用回归方程计算结果,然后生成成矿概率图。

3. 最小预测区确定结果

甲乌拉预测工作区预测根据成矿有利度[含矿层位、矿(化)点、找矿线索及化探异常]、地理交通及开发条件和其他相关条件,将工作区内最小预测区级别分为 A 级、B 级、C 级 3 个等级,其中,A 级区 7 个,B 级区 19 个,C 级区 26 个(图 15-9)。

最小预测区面积在 6.09~70.12km² 之间,其中 50km² 以内的最小预测区个数占最小预测区总数的 90%。

最小预测区面积圈定是根据 MRAS 所形成的色块区与预测工作区底图重叠区域,并结合含矿地质体、已知矿床、矿(化)点及磁异常范围进行圈定(图 15-9,表 15-4)。

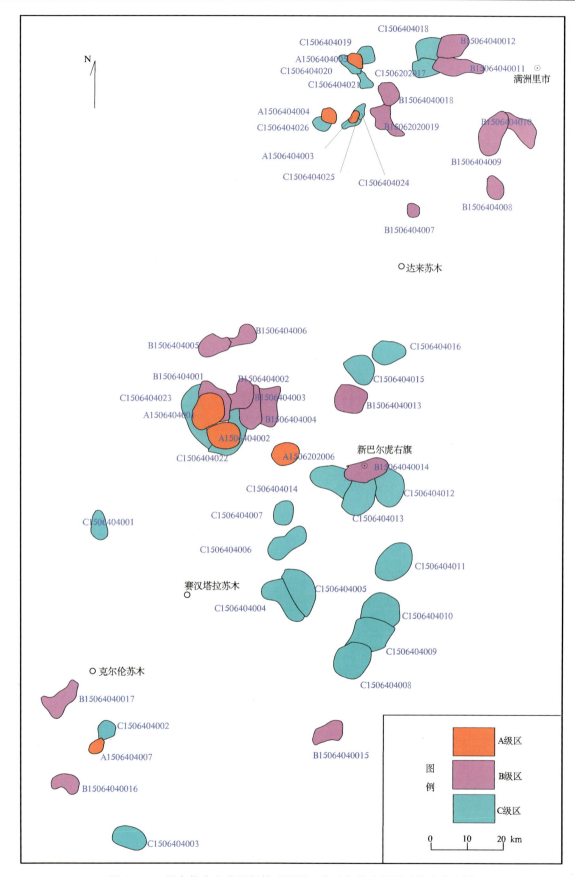

图15-9 甲乌拉火山岩型铅锌矿预测工作区各最小预测区优选分布图

表 15-4 甲乌拉式火山岩型铅锌矿甲乌拉预测工作区各最小预测区面积圈定大小及方法依据

序号	最小预测区编号	最小预测区名称	面积（km²）	经度	纬度
1	A1506404001	甲乌拉	60.16	E116°16′36″	N48°47′21″
2	A1506404002	查干布拉根	46.79	E116°19′52″	N48°44′01″
3	A1506404003	达来苏木哈拉胜陶勒盖	6.09	E116°46′47″	N49°28′09″
4	A1506404004	哈拉胜格拉陶勒盖	12.68	E116°41′24″	N49°28′17″
5	A1506404005	达尔准苏木龙岭	11.84	E116°46′50″	N49°35′52″
6	A1506404006	查干敖包	32.62	E116°32′46″	N48°41′34″
7	A1506404007	克尔伦苏木海力敏呼都格	11.54	E115°54′16″	N48°01′02″
8	B1506404001	哈希日根呼都格	27.82	E116°20′31″	N48°48′44″
9	B1506404002	哈希日根呼都格东	35.73	E116°23′20″	N48°49′41″
10	B1506404003	赛罕勒达格	37.78	E116°26′13″	N48°47′60″
11	B1506404004	木呼尔	43.25	E116°29′13″	N48°48′05″
12	B1506404005	敖包乌拉南西 10km	34.00	E116°17′42″	N48°56′29″
13	B1506404006	敖包乌拉南东 6.8km	24.57	E116°24′31″	N48°57′50″
14	B1506404007	达巴西 2.6km	9.83	E116°59′28″	N49°15′16″
15	B1506404008	都乌拉呼都格北东 7.1km	21.17	E117°17′07″	N49°18′26″
16	B1506404009	乌讷格图	59.15	E117°16′21″	N49°25′54″
17	B1506404010	头道沟	38.07	E117°23′23″	N49°26′20″
18	B1506404011	呼伦种羊站	45.38	E117°09′06″	N49°35′05″
19	B1506404012	呼伦种羊站 4.4km	40.38	E117°07′58″	N49°37′55″
20	B1506404013	和热木	48.82	E116°46′21″	N48°49′13″
21	B1506404014	新巴尔虎右旗	50.14	E116°49′42″	N48°39′24″
22	B1506404015	固日班乃阿尔善南东 14.2km	32.76	E116°42′10″	N48°03′11″
23	B1506404016	克尔伦苏木海力敏呼都格 13.9km	26.87	E115°47′50″	N47°55′41″
24	B1506404017	克尔伦嘎查北东 5.2km	44.67	E115°46′01″	N48°07′23″
25	B1506404018	哈力敏塔林呼都格北 3.5km	24.39	E116°54′20″	N49°31′18″
26	B1506404019	哈力敏塔林呼都格	34.45	E116°53′01″	N49°27′44″
27	C1506404001	阿尔哈沙特南 6.3km	24.97	E115°54′03″	N48°31′29″
28	C1506404002	乌力吉图嘎查	17.65	E115°56′18″	N48°03′12″
29	C1506404003	哈帜书呼都格南西 5.6km	40.85	E116°01′12″	N47°48′23″
30	C1506404004	莫若格索格东	54.37	E116°32′22″	N48°21′25″
31	C1506404005	莫若格索格南东 11.5km	65.36	E116°36′35″	N48°22′25″
32	C1506404006	芒来嘎查	48.68	E116°33′18″	N48°29′17″
33	C1506404007	巴尔切克北东 4.0km	26.53	E116°32′29″	N48°33′26″
34	C1506404008	鄂勒斯乃·呼都格西 5.8km	68.86	E116°46′56″	N48°13′08″
35	C1506404009	鄂勒斯乃·呼都格北 8.5km	67.26	E116°51′02″	N48°16′43″

续表 15-4

序号	最小预测区编号	最小预测区名称	面积(km²)	经度	纬度
36	C1506404010	勃迪·木呼都格	60.61	E116°52′49″	N48°20′09″
37	C1506404011	都鲁吐	70.12	E116°55′39″	N48°26′46″
38	C1506404012	巴彦德日斯嘎查	56.27	E116°54′45″	N48°37′03″
39	C1506404013	其其格勒嘎查	58.93	E116°48′15″	N48°35′42″
40	C1506404014	浩亚日敖包北东 6.1km	55.28	E116°42′32″	N48°37′43″
41	C1506404015	黄花里	42.82	E116°48′19″	N48°53′13″
42	C1506404016	哈日努敦南西 4.7km	40.38	E116°54′22″	N48°55′35″
43	C1506404017	呼伦种羊站西 9.1km	25.25	E117°01′23″	N49°34′55″
44	C1506404018	呼伦种羊站北西 8.5km	29.95	E117°02′21″	N49°37′32″
45	C1506404019	龙山令	15.17	E116°49′32″	N49°36′41″
46	C1506404020	达尔准苏木龙岭西 2.7km	11.53	E116°45′08″	N49°35′22″
47	C1506404021	达尔准苏木龙岭	10.76	E116°48′54″	N49°33′18″
48	C1506404022	查干巴勒嘎	28.91	E116°23′53″	N48°44′33″
49	C1506404023	甲乌拉西 4.5km	44.74	E116°12′21″	N48°46′37″
50	C1506404024	达来苏木哈拉胜陶勒盖南西 2.9km	6.24	E116°46′00″	N49°27′12″
51	C1506404025	达来苏木哈拉胜陶勒盖北 2.2km	6.36	E116°48′17″	N49°28′49″
52	C1506404026	哈拉胜格拉陶勒盖南 2.4km	11.2	E116°39′59″	N49°27′08″

4. 最小预测区地质评价

依据本区成矿地质背景并结合资源量估算和最小预测区优选结果，各级别面积分布合理，且已知矿床均分布在 A 级区内，说明最小预测区优选分级原则较为合理；最小预测区圈定结果表明，最小预测区总体与区域成矿地质背景、化探异常、航磁异常、剩余重力异常、遥感铁染异常吻合程度较好。因此，所圈定的最小预测区，特别是 A 级区具有较好的找矿潜力。

依据预测工作区内地质综合信息等对每个最小预测区进行综合地质评价，各最小预测区特征见表 15-5。

表 15-5 甲乌拉式火山岩型铅锌矿甲乌拉预测工作区各最小预测区综合信息表

序号	最小预测区编号	最小预测区名称	综合信息
1	A1506404001	甲乌拉	该最小预测区处在塔木兰沟组安山岩、安山玄武岩、含砾砂岩、砂砾岩及砂岩、粉砂岩，白垩纪石英正长斑岩基岩出露区。区内有甲乌拉铅锌矿床 1 处，铜、铅、锌、银化探异常 1 处，航磁化极异常 1 处，具有较大的找矿潜力
2	A1506404002	查干布拉根	该最小预测区处在塔木兰沟组安山岩、安山玄武岩、含砾砂岩、砂砾岩及砂岩、粉砂岩，白垩纪石英正长斑岩基岩出露区。区内有查干布拉根铅锌矿床 1 处，铜、铅、锌、银化探异常 1 处，航磁化极异常 1 处，具有较大的找矿潜力
3	A1506404003	达来苏木哈拉胜陶勒盖	该最小预测区处在塔木兰沟组安山岩、安山玄武岩、含砾砂岩、砂砾岩及砂岩、粉砂岩，白垩纪石英二长斑岩基岩出露区。区内有达来苏木哈拉胜陶勒盖铅锌小型矿床 1 处，铜、铅、锌、银化探异常 1 处，航磁化极异常 1 处，具有较大的找矿潜力

续表 15-5

序号	最小预测区编号	最小预测区名称	综合信息
4	A1506404004	哈拉胜格拉陶勒盖	该最小预测区处在白垩纪花岗斑岩基岩出露区。区内有哈拉胜格拉陶勒盖铅锌小型矿床1处,铜、铅、锌、银化探异常1处,航磁化极异常1处,具有较大的找矿潜力
5	A1506404005	达尔维苏木龙岭	该最小预测区处在塔木兰沟组安山岩、安山玄武岩、含砾砂岩、砂砾岩及砂岩、粉砂岩出露区。区内有龙山令小型铅锌矿床1处,航磁化极异常1处,具有较大的找矿潜力
6	A1506404006	查干敖包	该最小预测区处在塔木兰沟组安山岩、安山玄武岩、含砾砂岩、砂砾岩及砂岩、粉砂岩出露区。区内有查干敖包小型铅锌矿床1处,航磁化极异常1处,具有较大的找矿潜力
7	A1506404007	克尔伦苏木海力敏呼都格	该最小预测区处在塔木兰沟组安山岩、安山玄武岩、含砾砂岩、砂砾岩及砂岩、粉砂岩出露区。区内有克尔伦苏木海力敏呼都格铅锌矿点1处,航磁化极异常1处,具有较大的找矿潜力
8	B1506404001	哈希日根呼都格	该最小预测区处在塔木兰沟组安山岩、安山玄武岩、含砾砂岩、砂砾岩及砂岩、粉砂岩出露区。铜、铅、锌、银化探异常1处,航磁化极异常1处,具有较大的找矿潜力
9	B1506404002	哈希日根呼都格东	该最小预测区处在塔木兰沟组安山岩、安山玄武岩、含砾砂岩、砂砾岩及砂岩、粉砂岩出露区。铜、铅、锌、银化探异常1处,航磁化极异常1处,具有较大的找矿潜力
10	B1506404003	赛罕勒达格	该最小预测区处在塔木兰沟组安山岩、安山玄武岩、含砾砂岩、砂砾岩及砂岩、粉砂岩出露区。铜、铅、锌、银化探异常1处,航磁化极异常1处,具有较大的找矿潜力
11	B1506404004	木呼尔	该最小预测区处在塔木兰沟组安山岩、安山玄武岩、含砾砂岩、砂砾岩及砂岩、粉砂岩出露区。铜、铅、锌、银化探异常1处,航磁化极异常1处,具有较大的找矿潜力
12	B1506404005	敖包乌拉南西10km	该最小预测区处在塔木兰沟组安山岩、安山玄武岩、含砾砂岩、砂砾岩及砂岩、粉砂岩出露区。铜、铅、锌、银化探异常1处,航磁化极异常1处,具有较大的找矿潜力
13	B1506404006	敖包乌拉南西6.8km	该最小预测区处在塔木兰沟组安山岩、安山玄武岩、含砾砂岩、砂砾岩及砂岩、粉砂岩出露区。铜、铅、锌、银化探异常1处,航磁化极异常1处,具有较大的找矿潜力
14	B1506404007	达巴西2.6km	该最小预测区处在塔木兰沟组安山岩、安山玄武岩、含砾砂岩、砂砾岩及砂岩、粉砂岩出露区。铜、铅、锌、银化探异常1处,航磁化极异常1处,具有较大的找矿潜力
15	B1506404008	都乌拉呼都格北东7.1km	该最小预测区处在塔木兰沟组安山岩、安山玄武岩、含砾砂岩、砂砾岩及砂岩、粉砂岩,白垩纪二长花岗岩出露区。铜、铅、锌、银化探异常1处,航磁化极异常1处,具有较大的找矿潜力
16	B1506404009	乌讷格图	该最小预测区处在塔木兰沟组安山岩、安山玄武岩、含砾砂岩、砂砾岩及砂岩、粉砂岩,白垩纪二长花岗岩出露区。铜、铅、锌、银化探异常1处,航磁化极异常1处,具有较大的找矿潜力
17	B1506404010	头道沟	该最小预测区处在塔木兰沟组安山岩、安山玄武岩、含砾砂岩、砂砾岩及砂岩、粉砂岩,白垩纪二长花岗岩出露区。铜、铅、锌、银化探异常1处,航磁化极异常1处,具有较大的找矿潜力
18	B1506404011	呼伦种羊站	该最小预测区处在塔木兰沟组安山岩、安山玄武岩、含砾砂岩、砂砾岩及砂岩、粉砂岩出露区。铜、铅、锌、银化探异常1处,航磁化极异常1处,具有较大的找矿潜力

续表 15-5

序号	最小预测区编号	最小预测区名称	综合信息
19	B1506404012	呼伦种羊站 4.4km	该最小预测处在塔木兰沟组安山岩、安山玄武岩、含砾砂岩、砂砾岩及砂岩、粉砂岩出露区。铜、铅、锌、银化探异常1处,航磁化极异常1处,具有较大的找矿潜力
20	B1506404013	和热木	该最小预测处在塔木兰沟组安山岩、安山玄武岩、含砾砂岩、砂砾岩及砂岩、粉砂岩出露区。铜、铅、锌、银化探异常1处,航磁化极异常1处,具有较大的找矿潜力
21	B1506404014	新巴尔虎右旗	该最小预测处在塔木兰沟组安山岩、安山玄武岩、含砾砂岩、砂砾岩及砂岩、粉砂岩出露区。铜、铅、锌、银化探异常1处,航磁化极异常1处,具有较大的找矿潜力
22	B1506404015	固日班乃阿尔善南东 14.2km	该最小预测处在塔木兰沟组安山岩、安山玄武岩、含砾砂岩、砂砾岩及砂岩、粉砂岩出露区。铜、铅、锌、银化探异常1处,航磁化极异常1处,具有较大的找矿潜力
23	B1506404016	克尔伦苏木海力敏呼都格 13.9km	该最小预测处在塔木兰沟组安山岩、安山玄武岩、含砾砂岩、砂砾岩及砂岩、粉砂岩出露区。铜、铅、锌、银化探异常1处,航磁化极异常1处,具有较大的找矿潜力
24	B1506404017	克尔伦嘎查北东 5.2km	该最小预测处在塔木兰沟组安山岩、安山玄武岩、含砾砂岩、砂砾岩及砂岩、粉砂岩出露区。铜、铅、锌、银化探异常1处,航磁化极异常1处,具有较大的找矿潜力
25	B1506404018	哈力敏塔林呼都格北 3.5km	该最小预测处在塔木兰沟组安山岩、安山玄武岩、含砾砂岩、砂砾岩及砂岩、粉砂岩出露区。铜、铅、锌、银化探异常1处,航磁化极异常1处,具有较大的找矿潜力
26	B1506404019	哈力敏塔林呼都格	该最小预测处在塔木兰沟组安山岩、安山玄武岩、含砾砂岩、砂砾岩及砂岩、粉砂岩出露区。铜、铅、锌、银化探异常1处,航磁化极异常1处,具有较大的找矿潜力
27	C1506404001	阿尔哈沙特南 6.3km	该最小预测处在塔木兰沟组安山岩、安山玄武岩、含砾砂岩、砂砾岩及砂岩、粉砂岩出露区。金、砷、锑、汞化探异常1处,航磁化极异常1处,具有较大的找矿潜力
28	C1506404002	乌力吉图嘎查	该最小预测处在塔木兰沟组安山岩、安山玄武岩、含砾砂岩、砂砾岩及砂岩、粉砂岩出露区。金、砷、锑、汞化探异常1处,航磁化极异常1处,具有较大的找矿潜力
29	C1506404003	哈帜书呼都格南西 5.6km	该最小预测处在塔木兰沟组安山岩、安山玄武岩、含砾砂岩、砂砾岩及砂岩、粉砂岩出露区。金、砷、锑、汞化探异常1处,航磁化极异常1处,具有较大的找矿潜力
30	C1506404004	莫若格索格东	该最小预测处在塔木兰沟组安山岩、安山玄武岩、含砾砂岩、砂砾岩及砂岩、粉砂岩出露区。金、砷、锑、汞化探异常1处,航磁化极异常1处,具有较大的找矿潜力
31	C1506404005	莫若格索格南东 11.5km	该最小预测处在塔木兰沟组安山岩、安山玄武岩、含砾砂岩、砂砾岩及砂岩、粉砂岩出露区。金、砷、锑、汞化探异常1处,航磁化极异常1处,具有较大的找矿潜力
32	C1506404006	芒来嘎查	该最小预测处在塔木兰沟组安山岩、安山玄武岩、含砾砂岩、砂砾岩及砂岩、粉砂岩出露区。金、砷、锑、汞化探异常1处,航磁化极异常1处,具有较大的找矿潜力
33	C1506404007	巴尔切克北东 4.0km	该最小预测处在塔木兰沟组安山岩、安山玄武岩、含砾砂岩、砂砾岩及砂岩、粉砂岩出露区。金、砷、锑、汞化探异常1处,航磁化极异常1处,具有较大的找矿潜力

续表 15-5

序号	最小预测区编号	最小预测区名称	综合信息
34	C1506404008	鄂勒斯乃·呼都格西 5.8km	该最小预测区处在塔木兰沟组安山岩、安山玄武岩、含砾砂岩、砂砾岩及砂岩、粉砂岩出露区。金、砷、锑、汞化探异常1处,航磁化极异常1处,具有较大的找矿潜力
35	C1506404009	鄂勒斯乃·呼都格北 8.5km	该最小预测区处在塔木兰沟组安山岩、安山玄武岩、含砾砂岩、砂砾岩及砂岩、粉砂岩出露区。金、砷、锑、汞化探异常1处,航磁化极异常1处,具有较大的找矿潜力
36	C1506404010	勃迪·木呼都格	该最小预测区处在塔木兰沟组安山岩、安山玄武岩、含砾砂岩、砂砾岩及砂岩、粉砂岩出露区。金、砷、锑、汞化探异常1处,航磁化极异常1处,具有较大的找矿潜力
37	C1506404011	都鲁吐	该最小预测区处在塔木兰沟组安山岩、安山玄武岩、含砾砂岩、砂砾岩及砂岩、粉砂岩出露区。金、砷、锑、汞化探异常1处,航磁化极异常1处,具有较大的找矿潜力
38	C1506404012	巴彦德日斯嘎查	该最小预测区处在塔木兰沟组安山岩、安山玄武岩、含砾砂岩、砂砾岩及砂岩、粉砂岩出露区。金、砷、锑、汞化探异常1处,航磁化极异常1处,具有较大的找矿潜力。
39	C1506404013	其其格勒嘎查	该最小预测区处在塔木兰沟组安山岩、安山玄武岩、含砾砂岩、砂砾岩及砂岩、粉砂岩出露区。金、砷、锑、汞化探异常1处,航磁化极异常1处,具有较大的找矿潜力
40	C1506404014	浩亚日敖包北东 6.1km	该最小预测区处在塔木兰沟组安山岩、安山玄武岩、含砾砂岩、砂砾岩及砂岩、粉砂岩出露区。金、砷、锑、汞化探异常1处,航磁化极异常1处,具有较大的找矿潜力
41	C1506404015	黄花里	该最小预测区处在塔木兰沟组安山岩、安山玄武岩、含砾砂岩、砂砾岩及砂岩、粉砂岩出露区。金、砷、锑、汞化探异常1处,航磁化极异常1处,具有较大的找矿潜力
42	C1506404016	哈日努敦南西 4.7km	该最小预测区处在塔木兰沟组安山岩、安山玄武岩、含砾砂岩、砂砾岩及砂岩、粉砂岩出露区。金、砷、锑、汞化探异常1处,航磁化极异常1处,具有较大的找矿潜力
43	C1506404017	呼伦种羊站西 9.1km	该最小预测区处在塔木兰沟组安山岩、安山玄武岩、含砾砂岩、砂砾岩及砂岩、粉砂岩出露区。金、砷、锑、汞化探异常1处,航磁化极异常1处,具有较大的找矿潜力
44	C1506404018	呼伦种羊站北西 8.5km	该最小预测区处在塔木兰沟组安山岩、安山玄武岩、含砾砂岩、砂砾岩及砂岩、粉砂岩出露区。金、砷、锑、汞化探异常1处,航磁化极异常1处,具有较大的找矿潜力
45	C1506404019	龙山令	该最小预测区处在塔木兰沟组安山岩、安山玄武岩、含砾砂岩、砂砾岩及砂岩、粉砂岩出露区。金、砷、锑、汞化探异常1处,航磁化极异常1处,具有较大的找矿潜力
46	C1506404020	达尔准苏木龙岭西 2.7km	该最小预测区处在塔木兰沟组安山岩、安山玄武岩、含砾砂岩、砂砾岩及砂岩、粉砂岩出露区。金、砷、锑、汞化探异常1处,航磁化极异常1处,具有较大的找矿潜力
47	C1506404021	达尔准苏木龙岭	该最小预测区处在塔木兰沟组安山岩、安山玄武岩、含砾砂岩、砂砾岩及砂岩、粉砂岩出露区。金、砷、锑、汞化探异常1处,航磁化极异常1处,具有较大的找矿潜力
48	C1506404022	查干巴勒嘎	该最小预测区处在塔木兰沟组安山岩、安山玄武岩、含砾砂岩、砂砾岩及砂岩、粉砂岩,白垩纪石英正长斑岩基岩出露区。金、砷、锑、汞化探异常1处,航磁化极异常1处,具有较大的找矿潜力
49	C1506404023	甲乌拉西 4.5km	该最小预测区处在塔木兰沟组安山岩、安山玄武岩、含砾砂岩、砂砾岩及砂岩、粉砂岩,白垩纪石英正长斑岩基岩出露区。金、砷、锑、汞化探异常1处,航磁化极异常1处,具有较大的找矿潜力

续表 15-5

序号	最小预测区编号	最小预测区名称	综合信息
50	C1506404024	达来苏木哈拉胜陶勒盖南西 2.9km	该最小预测区处在塔木兰沟组安山岩、安山玄武岩、含砾砂岩、砂砾岩及砂岩、粉砂岩出露区。金、砷、锑、汞化探异常1处,航磁化极异常1处,具有较大的找矿潜力
51	C1506404025	达来苏木哈拉胜陶勒盖北 2.2km	该最小预测区处在塔木兰沟组安山岩、安山玄武岩、含砾砂岩、砂砾岩及砂岩、粉砂岩出露区。金、砷、锑、汞化探异常1处,航磁化极异常1处,具有较大的找矿潜力
52	C1506404026	哈拉胜格拉陶勒盖南 2.4km	该最小预测区处在塔木兰沟组安山岩、安山玄武岩、含砾砂岩、砂砾岩及砂岩、粉砂岩出露区。金、砷、锑、汞化探异常1处,航磁化极异常1处,具有较大的找矿潜力

二、综合信息地质体积法估算资源量

1. 典型矿床深部及外围资源量估算

查明资源量、密度及铅锌矿品位依据均来源于黑龙江有色地质勘查局706队1991年5月编写的《内蒙古自治区新巴尔虎右旗甲乌拉银铅锌矿床6～20线查探报告》和1992年11月编写的《内蒙古自治区新巴尔虎右旗甲乌拉银铅锌矿床5～6、20～26线查探报告》。矿床面积的确定是根据《1∶1万甲乌拉矿区地形地质图》,各个矿体组成的包络面面积,其深部面积为已查明资源量矿床面积($641\,075.60\,m^2$)。矿体延深依据主矿体勘查线剖面图确定,延深为505m。已查明资源量:铜$1\,348\,821t$,伴生金$1\,021kg$。

甲乌拉铅锌矿深部预测资源量=预测矿体面积×预测延深×矿脉频数相似系数×含矿系数=$641\,075.6 \times 240 \times 1.0 \times 0.004\,166 = 640\,973(t)$,类别为334-1。

甲乌拉铅锌矿外围预测资源量=预测矿体面积×预测延深×矿脉频数相似系数×含矿系数=$1\,175\,182 \times 745 \times 0.3 \times 0.004\,166 = 1\,094\,213(t)$,类别为334-1。

甲乌拉典型矿床资源总量:典型矿床资源总量=已查明资源量+预测资源量=$1\,348\,821+(640\,973+1\,094\,213)=3\,084\,007(t)$,见表15-6。

典型矿床总面积:典型矿床总面积=已查明部分矿床面积+预测外围部分矿床面积=$641\,075.60+1\,175\,181.68=1\,816\,257.28(m^2)$。

总延深:典型矿床总延深=已查明部分矿床延深+深部预测部分矿床延深=$505+240=745(m)$。

表 15-6 甲乌拉预测工作区典型矿床深部及外围资源量估算表

典型矿床		深部及外围		
已查明资源量(t)	Pb+Zn 1 348 821	深部	面积(m²)	641 075.60
面积(m²)	641 075.60		延深(m)	240
延深(m)	505	外围	面积(m²)	1 175 181.68
品位(%)	Pb+Zn 2.64+4.24		延深(m)	745
密度(g/cm³)	3.82	预测资源量(t)		Pb+Zn 1 735 186
含矿系数(t/m³)	0.004 166	典型矿床资源总量(t)		Pb+Zn 3 084 007

2. 模型区的确定、资源量及估算参数

甲乌拉铅锌矿位于阿敦楚鲁苏木甲乌拉模型区内,因此,该模型区资源总量等于典型矿床资源总量[本区除甲乌拉铅锌矿,无其他同类型矿(化)点],模型区含矿地质体延深与典型矿床一致,依据钻孔资料和塔木兰沟组出露厚度,并结合模型区含矿地质体的剥蚀程度,确定其延深为745m(表15-7)。

由于模型区内含矿地质体边界可以确切圈定,且其面积与模型区面积一致,故该区含矿地质体面积参数为1.00。

模型区含矿地质体总体积=模型区面积×延深(含矿地质体)=60 160 000m^2×745m=44 819 200 000m^3。含矿地质体含矿系数=资源总量÷含矿地质体总体积(模型区总体积×含矿地质体面积参数)=3 084 007÷44 819 200 000=0.000 068 8(t/m^3)。

表15-7 甲乌拉预测工作区模型区资源总量及其估算参数

模型区编号	模型区名称	经度	纬度	已查明资源量(t)	预测资源量(t)	模型区资源总量(t)	总面积(m^2)	总延深(m)	含矿系数(t/m^3)
A1506404001	甲乌拉	E116°16′36″	N48°47′21″	1 348 821	1 735 186	3 084 007	60 160 000	745	0.000 068 8

3. 最小预测区预测资源量

最小预测区预测资源量定量估算采用地质体积法进行估算(表15-8)。

表15-8 甲乌拉式火山岩型铅锌矿甲乌拉预测工作区各最小预测区预测资源量估算成果表

最小预测区编号	最小预测区名称	面积(km^2)	预测延深(m)	铅锌预测资源量(t)	伴生金含矿率(×10^{-3})	伴生金预测资源量(kg)	资源量精度级别
A1506404001	甲乌拉	60.16	745	192 980			334-1
A1506404002	查干布拉根	46.79	745	271 107	0.000 757	146.08	334-1
A1506404003	达来苏木哈拉胜陶勒盖	6.09	100	8380	0.000 757	205.22	334-1
A1506404004	哈拉胜格拉陶勒盖	12.68	100	17 448	0.000 757	6.34	334-1
A1506404005	达尔准苏木龙岭	11.84	100	16 292	0.000 757	13.21	334-1
A1506404006	查干敖包	32.62	300	134 655	0.000 757	12.33	334-1
A1506404007	克尔伦苏木海力敏呼都格	11.54	100	15 879	0.000 757	101.93	334-1
B1506404001	哈希日根呼都格	27.82	200	38 280	0.000 757	12.02	334-3
B1506404002	哈希日根呼都格东	35.73	200	49 164	0.000 757	28.98	334-3
B1506404003	赛罕勒达格	37.78	200	51 985	0.000 757	37.22	334-3
B1506404004	木呼尔	43.25	200	59 512	0.000 757	39.35	334-3
B1506404005	敖包乌拉南西10km	34.00	200	46 784	0.000 757	45.05	334-3
B1506404006	敖包乌拉南东6.8km	24.57	200	33 808	0.000 757	35.41	334-3

续表 15-8

最小预测区编号	最小预测区名称	面积（km²）	预测延深（m）	铅锌预测资源量（t）	伴生金含矿率（×10⁻³）	伴生金预测资源量（kg）	资源量精度级别
B1506404007	达巴西 2.6km	9.83	100	6763	0.000 757	25.59	334-3
B1506404008	都乌拉呼都格北东 7.1km	21.17	200	29 130	0.000 757	5.12	334-3
B1506404009	乌讷格图	59.15	300	122 086	0.000 757	22.05	334-3
B1506404010	头道沟	38.07	300	78 576	0.000 757	92.41	334-3
B1506404011	呼伦种羊站	45.38	300	93 664	0.000 757	59.48	334-3
B1506404012	呼伦种羊站 4.4km	40.38	300	83 344	0.000 757	70.9	334-3
B1506404013	和热木	48.82	300	100 764	0.000 757	63.09	334-3
B1506404014	新巴尔虎右旗	50.14	300	103 489	0.000 757	76.27	334-3
B1506404015	固日班乃阿尔善南东 14.2km	32.76	200	45 078	0.000 757	78.34	334-3
B1506404016	克尔伦苏木海力敏呼都格 13.9km	26.87	200	36 973	0.000 757	34.12	334-3
B1506404017	克尔伦嘎查北东 5.2km	44.67	300	92 199	0.000 757	27.99	334-3
B1506404018	哈力敏塔林呼都格北 3.5km	24.39	300	50 341	0.000 757	69.79	334-3
B1506404019	哈力敏塔林呼都格	34.45	300	71 105	0.000 757	38.11	334-3
C1506404001	阿尔哈沙特南 6.3km	24.97	300	51 538	0.000 757	53.82	334-3
C1506404002	乌力吉图嘎查	17.65	100	12 143	0.000 757	39.01	334-3
C1506404003	哈帜書呼都格南西 5.6km	40.85	200	56 210	0.000 757	9.19	334-3
C1506404004	莫若格索格东	54.37	200	74 813	0.000 757	42.55	334-3
C1506404005	莫若格索格南东 11.5km	65.36	200	89 935	0.000 757	56.63	334-3
C1506404006	芒来嘎查	48.68	200	66 984	0.000 757	68.08	334-3
C1506404007	巴尔切克北东 4.0km	26.53	200	36 505	0.000 757	50.70	334-3
C1506404008	鄂勒斯乃·呼都格西 5.8km	68.86	200	94 751	0.000 757	27.63	334-3
C1506404009	鄂勒斯乃·呼都格北 8.5km	67.26	200	92 550	0.000 757	71.72	334-3
C1506404010	勃迪·木呼都格	60.61	200	83 399	0.000 757	70.06	334-3
C1506404011	都鲁吐	70.12	200	96 485	0.000 757	63.13	334-3
C1506404012	巴彦德日斯嘎查	56.27	200	77 428	0.000 757	73.04	334-3
C1506404013	其其格勒嘎查	58.93	200	81 088	0.000 757	58.61	334-3
C1506404014	浩亚日敖包北东 6.1km	55.28	200	76 065	0.000 757	61.38	334-3
C1506404015	黄花里	42.82	200	58 920	0.000 757	57.58	334-3
C1506404016	哈日努敦南西 4.7km	40.38	200	55 563	0.000 757	44.60	334-3

续表 15-8

最小预测区编号	最小预测区名称	面积（km²）	预测延深（m）	铅锌预测资源量（t）	伴生金含矿率（×10⁻³）	伴生金预测资源量（kg）	资源量精度级别
C1506404017	呼伦种羊站西9.1km	25.25	200	34 744	0.000 757	42.06	334-3
C1506404018	呼伦种羊站北西8.5km	29.95	200	41 211	0.000 757	26.30	334-3
C1506404019	龙山令	15.17	100	10 437	0.000 757	31.19	334-3
C1506404020	达尔准苏木龙岭西2.7km	11.53	100	7933	0.000 757	7.90	334-3
C1506404021	达尔准苏木龙岭	10.76	100	7403	0.000 757	6.00	334-3
C1506404022	查干巴勒嘎	28.91	200	39 780	0.000 757	5.60	334-3
C1506404023	甲乌拉西4.5km	44.74	200	61 562	0.000 757	30.11	334-3
C1506404024	达来苏木哈拉胜陶勒盖南西2.9km	6.24	100	4293	0.000 757	46.60	334-3
C1506404025	达来苏木哈拉胜陶勒盖北2.2km	6.36	100	4376	0.000 757	3.25	334-3
C1506404026	哈拉胜格拉陶勒盖南2.4km	11.20	100	7706	0.000 757	3.31	334-3
合计				656 741		2 396.45	

最小预测区面积圈定是根据 MRAS 所形成的色块区与预测工作区底图重叠区域，并结合含矿地质体、已知矿床、矿（化）点及磁异常范围进行圈定。

延深的确定是在研究最小预测区含矿地质体地质特征、岩体的形成延深、矿化蚀变、矿化类型的基础上，再对比典型矿床特征综合确定的，部分由成矿带模型类比或专家估计给出，同时根据含矿地质体的地表出露面积大小来确定其延深，确定为 745m。

品位和密度的确定，预测工作区内有已知矿床（矿点或矿化点）的最小预测区，采用矿床（矿点或矿化点）品位和密度；没有已知矿床（矿点或矿化点）的最小预测区品位和密度采用典型矿床品位和密度，为 Pb 2.64%，Zn 4.24%，密度均为 3.82g/cm³。

甲乌拉预测工作区最小预测区相似系数的确定，主要依据最小预测区内含矿地质体本身出露的大小、地质构造发育程度不同、化探异常强度、矿化蚀变发育程度及矿（化）点的多少等因素，由专家确定。相似系数在 0.10～0.50 之间。

4. 预测工作区预测资源量成果汇总表

（1）铅锌矿资源总量成果汇总。甲乌拉铅锌矿预测工作区采用地质体积法预测资源量，各最小预测区资源量精度级别划分为 334-1、334-2 和 334-3。根据各最小预测区含矿地质体、物探、化探异常及相似系数特征，预测延深均在 2000m 以浅。根据矿产潜力评价预测资源量汇总标准，按预测延深、资源量精度级别、可利用性、可信度统计的结果见表 15-9。

表 15-9 甲乌拉式火山岩型铅锌矿甲乌拉预测工作区预测资源量成果汇总表　　（单位：t）

预测延深	资源量精度级别	矿种	可利用性		可信度			合计	
			可利用	暂不可利用	≥0.75	≥0.50	≥0.25		
2000m以浅	334-1	Pb	262 697		262 697	262 697	262 697	262 697	656 741
		Zn	394 044		394 044	394 044	394 044	394 044	
	334-3	Pb		1 006 747	208 684	1 006 747	1 006 747	1 006 747	2 516 870
		Zn		1 510 123	313 026	1 510 123	1 510 123	1 510 123	
合计		Pb						1 269 444	3 173 611
		Zn						1 904 167	

(2) 伴生金矿资源总量成果汇总。据截至 2006 年初的《内蒙古自治区矿产资源储量表》，甲乌拉铅锌矿铅锌金属量为 1 348 821t，伴生金资源量为 1021kg，伴生金含矿率＝伴生金/铜＝1021kg/1 348 821t＝$0.000\ 757\times10^{-3}$。

伴生金预测资源量＝预测铜资源量×伴生金含矿率。本次伴生金预测资源量为 2 396.45kg，不含已查明的 1021kg。预测工作区伴生金预测资源量见表 15-10。

表 15-10 甲乌拉式火山岩型铅锌矿甲乌拉预测工作区伴生金预测资源量成果汇总表

预测延深	资源量精度级别	矿种	可利用性（kg）		合计（kg）
			可利用	暂不可利用	
2000m以浅	334-1	Au	485.11		485.11
	334-3			1 911.34	1 911.34
合计					2 396.45

第十六章　花敖包特式复合内生型铅锌矿预测成果

第一节　典型矿床特征

一、典型矿床地质特征及成矿模式

(一)典型矿床地质特征

1. 矿区地质

花敖包特典型矿床位于梅劳特断裂北东段,出露地层为下二叠统寿山沟组、上侏罗统满克头鄂博组、新近系上新统五岔沟组及第四系(图 16-1)。

下二叠统寿山沟组:岩性主要为砂岩、含砾砂岩、细砂岩、粉砂岩,少量泥岩及蚀变的含角砾火山碎屑岩。岩石较破碎,部分岩石具糜棱岩化、绿泥石化及褐铁矿化。地层与海西晚期超基性岩为断层接触,局部为侵入接触,主要矿体均赋存于该组内。

上侏罗统满克头鄂博组:与寿山沟组呈不整合接触,其岩性为酸性含角砾岩屑、晶屑凝灰岩,酸性含集块角砾凝灰岩及含砾凝灰岩和沉凝灰岩。

第四系:广泛分布,主要岩性为冲洪积、冲坡积物及残坡积碎石,风成砂及亚砂土。

矿区内火山及次火山岩多次活动,致使早期形成的梅劳特断裂再次复活,在断裂带及两侧宽约 500m、长度 1000m 的范围内形成一系列的北西向、北东向及近南北向断裂,为矿液的运移和赋存提供了空间。在矿区内形成以北西向为主、南北向与北东向为辅的矿脉或矿化蚀变带达 40 余条。北东向 F_1 断裂沿走向呈波状,显压扭性特征,长度 80km、宽度约 600m,走向北东东,倾向南东,倾角 70°左右,为花敖包特矿区及其外围银多金属矿主要的控矿断裂。北西向 F_8 断裂带北西端已发现了编号为 F_{8-1}、F_{8-2}、F_{8-3}、F_{8-4} 四条成群成组分布的裂隙群,控制长度 500m、宽度 600m,走向 320°,倾向 50°,倾角 60°,控制 II_1、II_2、II_3 及 II_4 等北西向矿脉。南北向断裂带 F_{13} 为隐伏断裂带,南北向分布,长度约 1500m,为容矿构造,控制了二采区南北向分布的 VII 号等 17 条矿体,控制长度 150m、宽度 100m,倾向西,倾角 60°~80°,南北向断裂带 F_{14} 为隐伏断裂带,控制长度 300m、宽度 150m,倾向西,倾角 60°~80°,控制三采区南北向分布的 III_5、III_6 号等 13 条矿体。矿区内岩浆岩主要为海西晚期的超基性岩体和燕山期岩株、岩墙和岩脉。海西晚期超基性岩受 F_1 断裂控制,呈北东东向带状展布,岩性主要为蛇纹岩,恢复原岩属斜辉辉橄岩,脉岩主要有次流纹岩、花岗斑岩及闪长玢岩脉。

2. 矿体特征

花敖包特矿区圈定银铅锌多金属矿体 45 条,其中最大矿体为 I_1 号和 II_2 号矿体。I_1 号矿体走向 59°,倾向南东,倾角 58°~68°,倾向延深 330m。矿体呈板柱状、囊状,厚 7.47~55.16m,平均厚

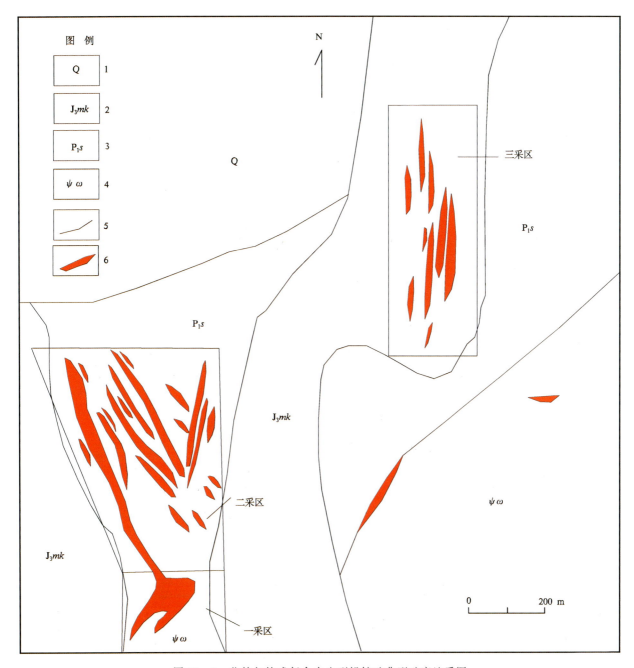

图 16-1 花敖包特式复合内生型铅锌矿典型矿床地质图
1. 第四系;2. 上侏罗统满克头鄂博组;3. 下二叠统寿山沟组;4. 海西晚期蛇纹岩;5. 地质界线;6. 矿体

25.56m。矿体无论走向还是倾向上多呈锯齿状,分支矿脉发育。矿体上富下贫,上部以铅锌为主,下部以硫、砷为主,由浅部向深部厚度变薄。矿体平均品位:Ag $296×10^{-6}$,Pb 6.21%,Zn 12.06%。该矿体形成于海西晚期蛇纹岩与下二叠统寿山沟组变质砂岩的接触带上,矿体以填充方式赋存于外接触带内。Ⅱ₂号矿体呈脉状,严格受北西 325°方向的构造控制,赋存于下二叠统寿山沟组变质砂岩中,南端下部与Ⅰ₁号矿体相连。长 450m,倾向深 530m(图 16-2),厚 0.69~60.09m,平均 13.78m。由浅部向深部厚度变薄。平均品位:Ag $143×10^{-6}$,Pb 2.09%,Zn 2.65%。矿体在走向上成群、成束分布,平面上为左行雁行状,倾向上呈单斜叠瓦状排列。矿体经常与不同性质的构造角砾岩或隐爆角砾岩以及次流纹岩体相伴出现。主要矿体以块状、细脉浸染状矿石居多,其他小矿体以浸染状及条带状矿石为主。矿体总体走向以北东向、北西向和近南北向3组方向为主,倾向以北东向、东向及南东向3组为主,倾角45°～70°。

矿体厚度一般为10m至数十米,延长40～450m、延深15～530m。矿体形态简单,呈半隐伏—隐伏的透镜状、脉状产出,但沿走向和倾向上均有尖灭再现、局部有分支复合现象。矿(化)体主要赋存于下二叠统寿山沟组裂隙破碎带中,受逆冲断裂及近侧的低序次张性断裂构造联合控制。

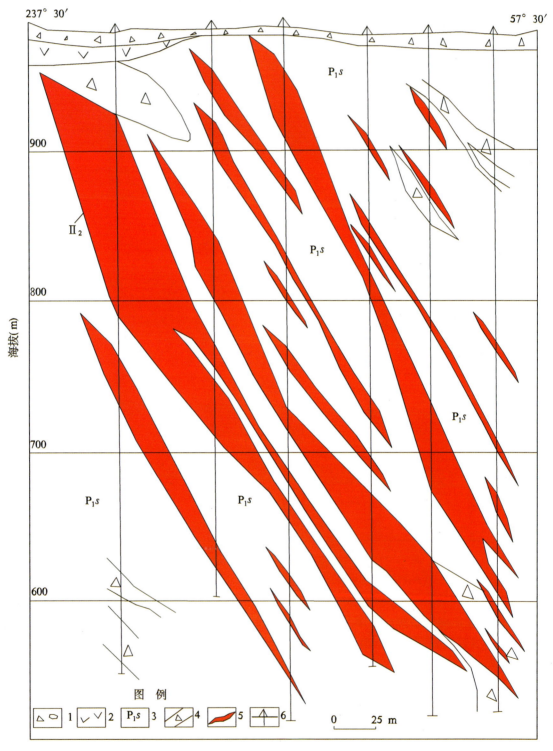

图 16-2 花敖包特铅锌矿床 5 勘查线剖面图

1.第四系;2.上侏罗统满克头鄂博组;3.下二叠统寿山沟组;4.构造角砾岩(隐爆角砾岩);5.矿体;6.钻孔

3. 矿石特征

（1）矿石结构、构造。矿石结构为他形晶粒状、自形、半自形、交代溶蚀、残余、包含及乳浊状等结构。矿石构造为块状、致密块状、脉状、细脉浸染状、团块状、斑杂状、角砾状及条带状等构造。

（2）矿石矿物成分。矿石矿物主要为黄铁矿、方铅矿、闪锌矿、毒砂及黄铜矿，次为银黝铜矿、磁黄铁矿、辉锑矿、辉铁锑矿、硫铜锑矿、辉铜矿、砷黝铜矿、深红银矿、硫锑铅矿、金红石及铜蓝等。主要矿物共生组合有方铅矿-闪锌矿-黄铁矿、方铅矿-闪锌矿、方铅矿-深红银矿、方铅矿-闪锌矿-银黝铜矿、方铅矿-闪锌矿-黄铁矿-毒砂及黄铁矿-毒砂组合等。脉石矿物主要为石英、长石及绢云母，其次为绿泥石、方解石、角闪石、蛇纹石、萤石等。

（3）矿石化学成分。银铅锌矿石主要有用元素为 Pb、Zn、Ag；银铅矿石主要有用元素为 Pb、Ag；银矿石、锌矿石主要有用元素分别为 Ag 和 Zn。伴生元素有 Sb、Au、As、S、Hg、Ga、Cd、In 等，在原矿中均达到综合利用指标。S 在尾矿中进行二次选矿回收，稀有分散元素 Ga、Cd、In 等可富集在铅、锌精矿中综合回收。

（4）矿石类型。矿床可划分为氧化带、混合带和原生带，氧化带延深（垂深）20m 左右，混合带深度为 20～50m，50m 以下为原生带。矿石自然类型为氧化矿石、混合矿石和硫化矿石；按有用元素成分可分为银铅锌矿石、银铅矿石、银锌矿石、铅锌矿石、锌矿石和银矿石；按矿石构造可分为致密块状矿石、细脉浸染状矿石、浸染状矿石、条带状矿石和角砾状矿石。矿石工业类型为致密块状富铅矿石、致密块状富锌矿石、致密块状富铅锌矿石、细脉浸染状富铅锌矿石、致密块状富银矿石、浸染状贫银矿石、致密块状富毒砂矿石、浸染状贫铅锌矿石、致密块状富黄铁矿矿石及致密块状富毒砂黄铁矿矿石等。

4. 成矿阶段

成矿作用具有多阶段、多期性和复杂性的特点。初步将成矿作用划分为高温热液、中—低温热液及表生氧化 3 个成矿作用阶段。

高温热液成矿阶段（300～450℃）：成矿流体以富含 S、F、Si、Sn、Sb 为主，蚀变为硅化、绢云母化、黄铁矿化。矿物组合为黄铁矿、磁黄铁矿、毒砂。脉石矿物为石英、绢云母。

中—低温热液阶段（100～300℃）：成矿流体富含 S、Ca、CO_2、Ag、Pb、Zn、F。蚀变为硅化、绢云母化、萤石化、绿泥石化、黄铁矿化及碳酸盐化。矿物组合为方铅矿、闪锌矿、黄铁矿、毒砂、黄铜矿、银黝铜矿、磁黄铁矿、辉锑矿、辉铁锑矿、硫铜锑矿、辉铜矿、砷黝铜矿、深红银矿等，该阶段为本矿床的主要成矿阶段。

表生氧化阶段：矿区表生氧化作用不甚发育，仅在 I$_1$ 号矿体地表见有铅华、铜蓝及褐铁矿化蚀变。矿体赋存于下二叠统寿山沟组和海西晚期蛇纹岩中，矿体与围岩界线基本清楚。

根据蚀变矿物空间分布以及它们之间的穿插关系，将围岩蚀变划分为 3 期：早期伴随岩浆侵入活动形成面状蚀变，表现为斜辉橄榄岩体普遍蚀变形成蛇纹岩；中期蚀变伴随成矿作用形成与矿体联系密切的带状蚀变，在蛇纹岩与砂岩接触带附近，局部形成硅化赤铁矿化带、硅化黄铁矿化带、硅化碳酸盐化带；晚期蚀变主要沿控矿构造发育，形成线性蚀变，主要蚀变有硅化、黄铁矿化、碳酸盐化、高岭土化、绢云母化，硅化表现为伴随碳酸盐化形成沿构造发育的石英细脉。硅化是本矿床主要蚀变类型，与块状硫化物矿化关系极为密切。矿化强度与蚀变强度成正比。围岩蚀变具有明显的分带性，从内到外，依次为绿泥石化带→绢云母化、硅化、黄铁矿化带→碳酸盐化带。由于受多种成矿类型和火山喷气-热液脉动性的影响，蚀变分带出现纷繁交错现象。

（二）典型矿床成矿模式

本矿床银、铅、锌多金属矿化主要产于下二叠统寿山沟组中，其次产于次流纹岩及蛇纹岩中。燕山晚期，经受近东西向挤压应力作用形成近南北向断层泥化带，在早期形成的北东向和北西向断裂基础上又叠加了新的断裂，为燕山晚期火山活动和矿液充填提供了通道，形成各类杂岩体（花岗岩、花岗斑岩、斜长玢岩、闪长岩、次流纹岩、石英脉等）和隐爆火山角砾岩。与成矿关系密切的次流纹岩大多分布在近南北向的次一级的张剪性断裂带中。矿化次流纹岩侵入之后，该区发生近南北向隐爆火山作用形成隐爆火山角砾岩体。随后火山期后含矿热液则充填在次流纹岩体附近的裂隙中形成银铅锌矿体。成矿期后断裂活动较强烈，一方面表现为矿体顶底板断层擦痕发育，矿石被挤压破碎成角砾状或土状；另一方面矿区南部抬升，发生风化剥蚀，导致深部岩体硫化物脉体出露地表，形成褐铁矿化带。综上所述，矿区长期以来受地应力场沿顺时针方向周而复始地作用，形成频繁活动、规模较大的断裂带，为地壳深部岩浆侵入、火山活动、矿液储存提供了通道和空间。矿区地层本身聚集了一定的成矿元素，经区域变质升温作用后，促进了元素的活化、迁移。晚侏罗世本区火山活动频繁，形成以花敖包特山为中心的火山盆地，此时矿区内的次火山也相继发生多次活动，形成围绕二采区分布的火山碎屑岩及火山熔岩；同时火山活动致使早期形成的梅劳特断裂再次活动，在该带上形成一系列不同方向的断裂，为成矿热液提供了通道，并为矿体赋存提供了空间。酸性次火山岩（主要是次流纹岩）的侵入为含矿热液进一步提供了矿源和热源，并为成矿元素提供了载体。由于酸性次火山岩（主要是次流纹岩）的侵入而发生的隐爆作用形成了比较典型的隐爆构造，隐爆使岩石孔隙度加大，更有利于矿液的沉淀与富集。在构造交会处，往往会形成规模巨大的囊状矿体。总之该矿区经历了大陆基底、古亚洲洋陆缘增生、滨西太平洋大陆边缘活动陆块内断、升、降三大发展阶段，使区内的成矿物质具备充足的来源和多种富集的有利条件，构成有色、贵金属成矿构造最佳环境（图16-3）。

矿床工业类型为脉状银铅锌多金属矿床，矿床成因类型为中低温次火山岩热液型矿床，主成矿期为晚侏罗世。

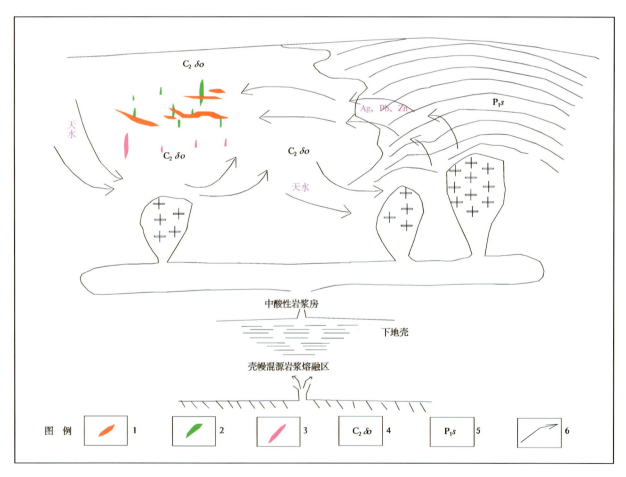

图16-3 花敖包特式复合内生型铅锌矿典型矿床成矿模式图

1. 矿体；2. 基性岩脉；3. 霏细岩脉；4. 石英闪长岩；5. 下二叠统寿山沟组；6. 流体移动方向

二、典型矿床地球物理特征

1. 重力场特征

预测工作区沿克什克腾旗—霍林郭勒市一带布格重力异常总体反映重力低异常带，异常带走向北北东，呈宽条带状。在重力低异常带上叠加着许多局部重力低异常，布格重力异常最小值为 -140×10^{-5} m/s²，最大值约 40×10^{-5} m/s²。地表断断续续出露不同期次的中—新生代花岗岩体，推断该重力低异常带是中—酸性岩浆岩活动区（带）引起。局部重力低异常是花岗岩体和次火山热液活动带所致。西乌珠穆沁旗花敖包特中低温热液型银铅锌矿就位于该重力低异常带的北侧，表明西乌珠穆沁旗花敖包特中低温热液型银铅锌矿在成因上与重力推断的花岗岩体和次火山热液活动有关。

2. 激电特征

1∶5000 激电中梯测量，共圈定激电异常 7 个，异常下限 3%，异常背景值 2%。$D\eta s1$ 号异常：异常长 580m，宽 120m，最高值为 5.7%，异常下限为 3%，视电阻率小于 100Ω·m，走向北东，工程验证为金属硫化物富集引起。$D\eta s4$ 号异常：异常长 200m，宽 60m，异常最高值为 5.0%，背景值为 2%，视电阻率小于 100Ω·m，走向北北东，工程验证为金属硫化物富集引起。$D\eta s2$ 号和 $D\eta s6$ 号异常经钻孔验证已发现银铅锌矿体。

三、典型矿床地球化学特征

通过 1∶1 万土壤地球化学测量工作，共圈出 Cu、Pb、Zn、Ag 综合异常 1 处，Cu、Ag 综合异常 2 处，Cu、Pb、Ag 综合异常 1 处。编号分别为Ⅰ、Ⅲ、Ⅳ、Ⅱ号异常。Ⅰ号异常位于花敖包特矿区中西部，呈近北东向分布，形态规整，受构造断裂控制，具明显清晰的条带状特征，主要元素组合为 Cu、Pb、Zn、Ag。异常强度高（Pb 高值可大于 300×10^{-6}、Zn 高值可大于 500×10^{-6}、Ag 高值可达 5000×10^{-9}），浓集中心清晰，梯度变化大，面积达 0.56km²。为矿区内最大的异常，并与该区的激电异常吻合较好。

在Ⅰ号异常的西南段已发现Ⅰ号矿体和Ⅱ号矿体，并且是沿北东向 30°和北西向 315°的断裂裂隙充填的，另外在北东向 50°的构造破碎带内也见有较好的多金属矿化。因此可以断定该地区异常为矿致异常。

四、典型矿床预测模型

在典型矿床成矿要素研究的基础上，根据矿区大比例尺化探异常、地磁资料及矿床所在区域的航磁与重力资料，建立典型矿床的预测要素。在成矿要素图上叠加大比例尺地磁等值线形成预测要素图，同时与以典型矿床所在区域的地球化探异常、航磁与重力资料作系列图，以角图形式表达，反映其所在位置的物探特征。

以典型矿床成矿要素图为基础，综合研究重力、航磁、化探、遥感、自然重砂等综合致矿信息，总结典型矿床预测要素表（表 16-1）。

表 16-1 花敖包特式复合内生型铅锌矿典型矿床预测要素

预测要素		内容描述				要素类别
		资源储量	银 937.96t,铅 16.88 万 t,锌 25.94 万 t	平均品位	银 414.00×10^{-6},铅 7.46%,锌 11.45%	
特征描述		中低温次火山热液成因				
地质环境	构造背景	矿床处于西伯利亚板块、华北地块、松辽板块接合部位,走向北东—北北东的海西褶皱带内				必要
	成矿环境	在区域成矿带上,花敖包特矿区位于大兴安岭南段西坡银多金属成矿带				必要
	成矿时代	晚侏罗世				必要
控矿地质条件	控矿构造	区域构造线总体为北北东向。主要断裂构造是梅劳特深断裂和花敖包特东平推断层。梅劳特深断裂为海西晚期形成的北东向压性平推断裂,走向北东东,倾向南东,倾角 70°左右,继承性活动比较明显。该断裂切穿基底,为岩浆的上升提供了通道,对本区多金属矿化以及矿床的形成具有重要的控制作用				必要
	赋矿地层	下二叠统寿山沟组				必要
	控矿侵入岩	海西晚期蛇纹岩				必要
成矿类型及成矿期		燕山晚期(侏罗纪)断裂(裂隙)充填型中低温热液矿床				必要
预测工作区矿点		74 处矿点				必要
地球物理特征	电法异常特征	激电中梯测量所发现的矿致激电异常,激化率一般为 3%～6%,背景值为 2%,发现银铅锌矿体				必要
	高磁异常特征	高精度磁测找矿模式表现为:主要容矿断裂下盘围岩以弱磁性寿山沟组(P_1s)长石细砂岩为主,上盘为上覆弱磁性角砾凝灰岩,下伏强磁性蛇纹岩,矿体呈脉状、细脉状、浸染状及带状。多位于凝灰岩、超基性岩与围岩接触带,矿体区岩石破碎、蚀变较强,围岩蚀变表现为斜辉橄榄岩体普遍蚀变形成蛇纹岩				必要
	重力异常特征	位于北部重力高与重力低的分界上				必要
地球化学特征	化探异常特征	呈近北东向分布,形态规整,受构造断裂控制,具明显清晰的条带状特征,主要元素组合为 Cu、Pb、Zn、Ag。异常强度高(Pb 高值可大于 300×10^{-6},Zn 高值可大于 500×10^{-6}、Ag 高值可达 5000×10^{-9}),浓集中心清晰,梯度变化大。异常处于海西晚期超基性岩体与寿山沟组的接触带上				必要
	深穿透地球化学特征	分别运用金属活动态测量、地球气测量、地电化学测量、土壤全量测量对矿区主要矿体布置剖面测量,结果表明 4 种方法均在矿体上方发现了很好的 Pb 异常,异常与矿体的位置吻合程度很好,金属活动态测量所发现的异常与矿体的对应关系最好				次要
遥感特征	遥感影像特征	依据线性影像解译的北东向、北西向次级断裂				必要
	异常信息特征	局部有一级铁染异常和羟基异常				必要

第二节 预测工作区研究

一、区域地质特征

1. 成矿地质背景特征

花敖包特银铅锌矿床位于内蒙古自治区西乌珠穆沁旗北东约150km处，是1处大型银铅锌多金属矿床。矿床处于西伯利亚板块、华北地块、松辽板块接合部位，走向北东—北北东的海西褶皱带内。带内的"锡林浩特微板块"不仅蕴藏了丰富的煤炭资源，而且是锡林浩特-霍林郭勒多金属成矿带的主要组成部分。

矿区内出露地层主要有古生界下二叠统格根敖包组（P_1g）、寿山沟组（P_1s），下二叠统大石寨组（P_1d），中生界上侏罗统满克头鄂博组（J_3mk）、玛尼吐组（J_3mn）及白音高老组（J_3b），下白垩统大磨拐河组（K_1d），新近系中新统汉诺坝组（N_1h）及第四系（Q）。区域构造线总体为北北东向。主要断裂构造是梅劳特深断裂（F_1）和花敖包特东平推断层（F_7）。梅劳特深断裂（F_1）为海西晚期形成的北东向压性平推断裂，断层沿走向呈波状，显压扭性特征，断裂带内岩石极其破碎，部分已形成糜棱岩，断裂带延长大于100km，宽约600m，走向北东东，倾向南东，倾角70°左右，继承性活动比较明显。该断裂切穿基底，为岩浆的上升提供了通道，对本区多金属矿化以及矿床的形成具有重要的控制作用。花敖包特东平推断层（F_7）形成于燕山早期，出露长度约7km，走向315°，倾向北东，倾角35°。区内岩浆岩较发育，自海西期到燕山晚期均有侵入活动。超基性岩、基性岩、酸性岩均有产出，主要有海西晚期蛇纹岩、燕山早期闪长岩、花岗闪长岩及花岗岩。岩脉十分发育，从基性到酸性均有产出，主要有花岗斑岩脉、正长斑岩脉、闪长玢岩脉、辉绿玢岩脉、花岗岩脉、石英脉及流纹岩脉等。

2. 区域成矿模式图

根据预测工作区成矿规律研究，确定了预测工作区成矿要素（表16-2），总结了成矿模式（图16-4）。

表16-2 花敖包特预测工作区成矿要素

成矿要素		内容描述	要素类别
特征描述		中低温次火山热液型矿床	
地质环境	构造背景	矿床处于西伯利亚板块、华北地块、松辽板块接合部位，走向北东—北北东的海西褶皱带内	必要
	成矿环境	在区域成矿带上，花敖包特矿区位于大兴安岭南段西坡银多金属成矿带	必要
	成矿时代	晚侏罗世	必要
控矿地质条件	控矿构造	区域构造线总体为北北东向。主要断裂构造是梅劳特深断裂和花敖包特东平推断层。梅劳特深断裂为海西晚期形成的北东向压性平推断裂，走向北东东，倾向南东，倾角70°左右，继承性活动比较明显。该断裂切穿基底，为岩浆的上升提供了通道，对本区多金属矿化以及矿床的形成具有重要的控制作用	必要
	赋矿地层	下二叠统寿山沟组	必要
	控矿侵入岩	海西晚期蛇纹岩	必要
区域成矿类型及成矿期		燕山晚期（侏罗纪）断裂（裂隙）充填型中低温热液矿床	必要
预测工作区矿点		74处矿点	必要

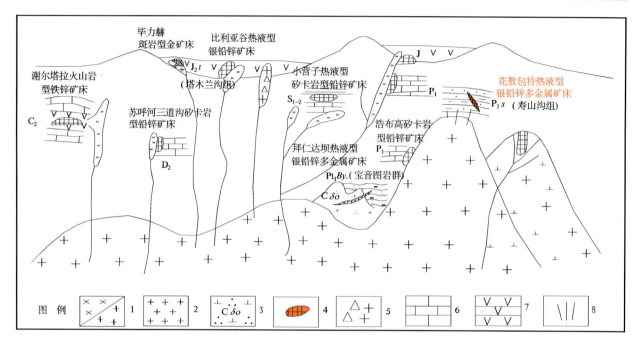

图 16-4　花敖包特式复合内生型铅锌矿花敖包特预测工作区区域成矿模式图

1. 次火山岩花岗斑岩；2. 花岗岩类；3. 石炭纪石英闪长岩；4. 矿床；5. 隐爆角砾岩筒；6. 大理岩；7. 火山岩；8. 绿片岩

二、区域地球物理特征

1. 重力场特征

预测工作区沿克什克腾旗—霍林郭勒市一带布格重力异常总体反映重力低异常带，异常带走向北北东，呈宽条带状。在重力低异常带上叠加着许多局部重力低异常，布格重力异常最小值为 $-140 \times 10^{-5}\ m/s^2$，最大值约 $40 \times 10^{-5}\ m/s^2$。地表断断续续出露不同期次的中—新生代花岗岩体，推断该重力低异常带是中—酸性岩浆岩活动区（带）引起。局部重力低异常是花岗岩体和次火山热液活动带所致。从布格重力异常图还可以看出，重力低异常带反映出多期次的特点。

2. 磁法特征

在 1:25 万航磁 ΔT 等值线平面图上预测工作区磁异常幅值范围为 $-600 \sim 1000\ nT$，背景值为 $0 \sim 100\ nT$，其间分布着许多磁异常，磁异常形态杂乱，正负相间，多为不规则带状、片状或团状，预测工作区东南部和东北部磁异常较多，纵观预测工作区磁异常轴向及航磁 ΔT 等值线延深方向，以北东向为主，磁场特征显示预测工作区构造方向以北东向为主。花敖包特式复合内生型铅锌矿位于预测工作区中部，磁异常背景为低缓负磁异常区，100nT 等值线附近。拜仁达坝式侵入岩体型铅锌矿位于预测工作区中部，磁异常背景为低缓磁异常区，0nT 等值线附近。白音诺尔式侵入岩体型铅锌矿位于预测工作区东部，磁异常背景为低缓负磁异常区，-50nT 等值线附近。

三、区域地球化学特征

1989 年，中华人民共和国地质矿产部第二物探大队于罕乌拉幅进行 1:20 万区域化探扫面工作，圈出了 4 处甲级综合异常，是由 As、Sb、Ag、Hg、W、Mo 等 10 余种元素组成的综合化探异常。面积约 142km²，异常形状为不规规形，总体走向近东西。该异常具备成矿元素组合齐全，元素丰度值较高，分布面积较大，浓集中心清晰等特点。

四、区域遥感影像及解译特征

本预测工作区的羟基异常在西部及中部分布较多,东部相对较零散,异常基本分布在锡林浩特北缘断裂带两侧及大兴安岭主脊-林西深断裂带走向两侧的较大区域,东部的扎鲁特旗断裂带两侧有片状异常区分布。铁染异常主要在中部地区分布,中部的西南方向和东北方向有相对密集的块状异常区。

五、预测工作区预测模型

根据预测工作区区域成矿要素和化探、航磁、重力、遥感及自然重砂等特征,建立了本预测工作区的区域预测要素(表16-3),编制预测工作区预测要素图和预测模型图。

预测要素图以综合信息预测要素为基础,将化探、物探、遥感及自然重砂等值线全部叠加在成矿要素图上,在表达时可以导出单独预测要素如航磁的预测要素图。

预测模型图的编制,以地质剖面图为基础,叠加区域化探异常、航磁及重力剖面图而形成(图16-5)。

表16-3 花敖包特预测工作区预测要素

区域预测要素		内容描述		要素类别
		特征描述	复合内生型	
地质环境	构造背景	矿床处于西伯利亚板块、华北地块、松辽板块接合部位,走向北东—北北东的海西褶皱带内		必要
	成矿环境	在区域成矿带上,花敖包特矿区位于大兴安岭南段西坡银多金属成矿带		必要
	成矿时代	晚侏罗世		必要
控矿地质条件	控矿构造	区域构造线总体为北北东向。主要断裂构造是梅劳特深断裂和花敖包特东平推断层。梅劳特深断裂为海西晚期形成的北东向压性平推断裂,走向北东东,倾向南东,倾角70°左右,继承性活动比较明显。该断裂切穿基底,为岩浆的上升提供了通道,对本区多金属矿化以及矿床的形成具有重要的控制作用		必要
	赋矿地层	下二叠统寿山沟组		必要
	控矿侵入岩	海西晚期蛇纹岩		必要
区域成矿类型及成矿期		燕山晚期(侏罗纪)断裂(裂隙)充填型中低温热液矿床		必要
预测工作区矿点		74处矿点		必要
地球物理特征	电法异常特征	激电中梯测量所发现的矿致激电异常,激化率一般为3%~6%,背景值为2%,发现银铅锌矿体		必要
	高磁异常特征	高精度磁测找矿模式表现为:主要容矿断裂下盘围岩以弱磁性寿山沟组(P_1s)长石细砂岩为主,上盘为上覆弱磁性角砾凝灰岩,下伏强磁性蛇纹岩,矿体呈脉状、细脉状、浸染状及带状。多位于凝灰岩、超基性岩与围岩接触带,矿体区岩石破碎、蚀变较强,围岩蚀变表现为斜辉橄榄岩体普遍蚀变形成蛇纹岩		必要
地球化学特征	化探异常特征	呈近北东向分布,形态规整,受构造断裂控制,具明显清晰的条带状特征,主要元素组合为Cu、Pb、Zn、Ag。异常强度高(Pb高值可大于300×10^{-6},Zn高值可大于500×10^{-6},Ag高值可达5000×10^{-9}),浓集中心清晰,梯度变化大。异常处于海西晚期超基性岩体与寿山沟组的接触带上		必要
	深穿透地球化学特征	分别运用金属活动态测量、地球气测量、地电化学测量、土壤全量测量对矿区主要矿体布置剖面测量,结果表明4种方法均在矿体上方发现了很好的Pb异常,异常与矿体的位置吻合程度很好,金属活动态测量所发现的异常与矿体的对应关系最好		次要

续表 16-3

成矿要素		内容描述	要素类别
		特征描述　　　　　　复合内生型	
遥感特征	遥感影像特征	依据线性影像解译的北东向、北西向次级断裂	必要
	异常信息特征	局部有一级铁染异常和羟基异常	必要

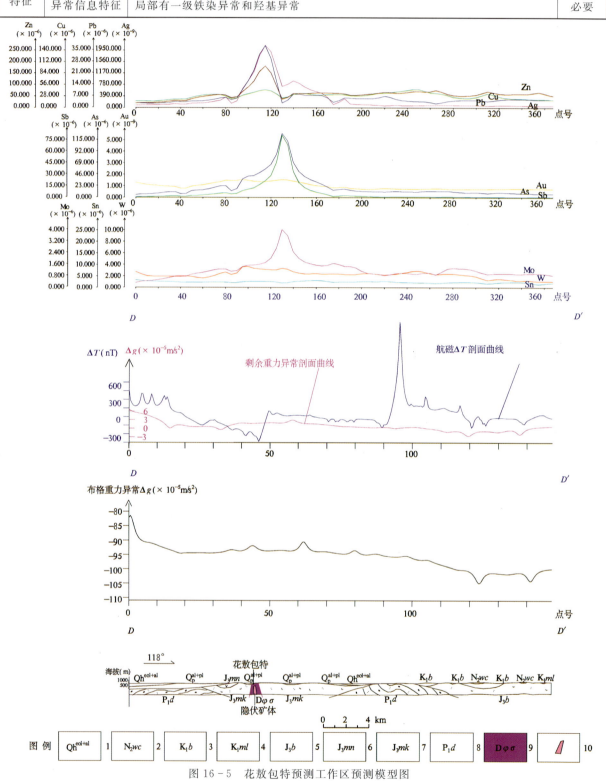

图 16-5　花敖包特预测工作区预测模型图

1. 全新世冲积层；2. 五岔沟组；3. 巴彦花组；4. 梅勒图组；5. 白音高老组；6. 玛尼吐组；7. 满克头鄂博组；8. 大石寨组；9. 灰绿色单斜辉石橄榄岩；10. 花敖包特隐伏矿体

第三节 矿产预测

一、综合地质信息定位预测

1. 变量提取及优选

根据典型矿床成矿要素及预测要素研究,结合预测工作区提取的要素特征,本次选择网格单元法作为预测单元,根据预测底图比例尺确定网格间距为 5km×5km,图面网格间距为 20mm×20mm。

在 MRAS 软件中,对揭盖后的地质体、接触带等求区的存在标志,对航磁化极、剩余重力求起始值的加权平均值,并进行以上原始变量的构置,对地质单元进行赋值,形成原始数据专题。

根据已知矿床所在地区的航磁化极值、剩余重力值对原始数据专题中的航磁化极、剩余重力起始值的加权平均值进行二值化处理,形成定位数据转换专题。

进行定位预测变量选取,所选取变量与成矿关系较为密切。

2. 最小预测区确定及优选

(1)采用 MRAS 矿产资源 GIS 评价系统中有预测模型工程,添加地质体、断层、Pb、Zn 元素化探异常、剩余重力、航磁化极、遥感、蚀变等各要素专题图层。

(2)采用网格单元法设置预测单元,网格单元范围为预测工作区范围,单元大小为 20mm×20mm。

(3)地质体、断层、遥感环状要素进行单元赋值时采用区的存在标志;化探、剩余重力、航磁化极则求起始值的加权平均值,进行原始变量构置。

(4)对剩余重力、航磁化极进行二值化处理,人工输入变化区间:剩余重力值 $-3 \times 10^{-5} \sim 13 \times 10^{-5} \text{m/s}^2$,航磁化极值 $0 \sim 485 \text{nT}$,并根据形成的定位数据转换专题构造预测模型。

(5)采用特征分析法进行空间评价。

3. 最小预测区确定结果

本次工作共圈定各级最小预测区 54 个,其中,A 级区 17 个,总面积 250.47km²;B 级区 21 个,总面积 335.45km²;C 级区 16 个,总面积 279.49km²(表 16-4,图 16-6)。

表 16-4 花敖包特式复合内生型铅锌矿花敖包特预测工作区各最小预测区一览表

序号	最小预测区编号	最小预测区名称	面积(km²)
1	A1506601001	花敖包特	4.20
2	A1506601002	沙布楞山	28.57
3	A1506601003	希热努塔嘎	3.09
4	A1506601004	疏图嘎查	4.75
5	A1506601005	五十家子镇	4.23
6	A1506601006	沙胡同	3.09
7	A1506601007	三七地	28.31
8	A1506601008	黄土	3.09

续表 16-4

序号	最小预测区编号	最小预测区名称	面积（km²）
9	A1506601009	同兴	15.06
10	A1506601010	那斯台	14.01
11	A1506601011	后卜河	29.93
12	A1506601012	收发地	8.74
13	A1506601013	碧流台	16.60
14	A1506601014	顺元	3.09
15	A1506601015	敖脑达巴	30.93
16	A1506601016	巴彦塔拉	17.71
17	A1506601017	大井子	35.08
18	B1506601001	脑都木	3.09
19	B1506601002	呼吉尔郭勒	3.09
20	B1506601003	达尔罕	47.20
21	B1506601004	上井子	33.52
22	B1506601005	白银乌拉	3.97
23	B1506601006	乌兰拜其	3.09
24	B1506601007	福山屯	23.88
25	B1506601008	萤里沟	3.09
26	B1506601009	哈拉白其	3.09
27	B1506601010	东新井	38.93
28	B1506601011	银硐子	94.77
29	B1506601012	前毡铺	3.09
30	B1506601013	潘家段	29.92
31	B1506601014	中莫户沟	3.09
32	B1506601015	家沟	3.09
33	B1506601016	东升	3.09
34	B1506601017	前地	3.09
35	B1506601018	红眼沟	3.09
36	B1506601019	水泉沟	19.40
37	B1506601020	霍托勒	3.09
38	B1506601021	太平沟	6.76
39	C1506601001	赛罕温都日	0.57
40	C1506601002	赛罕温都日西	1.01
41	C1506601003	希勃图音锡热格北西	0.93
42	C1506601004	希勃图音锡热格	2.69
43	C1506601005	哈日根台苏木	6.48

续表 16-4

序号	最小预测区编号	最小预测区名称	面积(km²)
44	C1506601006	太本苏木	91.24
45	C1506601007	哈日根台嘎查东	4.87
46	C1506601008	哈日根台嘎查	20.95
47	C1506601009	乌兰拜其南	9.49
48	C1506601010	哈布其拉嘎查	15.12
49	C1506601011	巴彦宝拉格嘎查	1.52
50	C1506601012	古尔班沟	21.90
51	C1506601013	下营子	4.54
52	C1506601014	萨仁图嘎查	28.63
53	C1506601015	洁雅日达巴	7.37
54	C1506601016	河南营子村	62.18

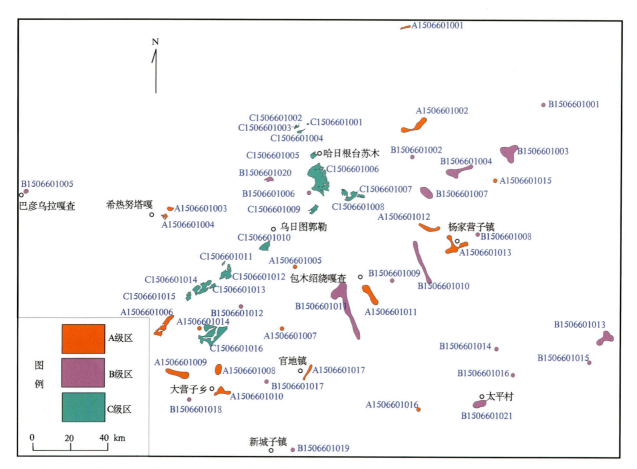

图 16-6　花敖包特式复合内生型铅锌矿花敖包特预测工作区各最小预测区优选分布图

4. 最小预测区地质评价

最小预测区级别划分依据最小预测区地质矿产、物探及遥感异常等综合特征，并结合资源量估算和最小预测区优选结果，将最小预测区划分为 A 级、B 级和 C 级 3 个等级。

依据预测工作区内地质综合信息等对每个最小预测区进行综合地质评价，各最小预测区特征见表 16-5。

表 16-5　花敖包特式复合内生型铅锌矿花敖包特预测工作区各最小预测区综合信息表

序号	最小预测区编号	最小预测区名称	综合信息	评价
1	A1506601001	花敖包特	最小预测区位于梅劳特断裂北东段，出露地层为下二叠统寿山沟组、上侏罗统满克头鄂博组、新近系上新统五岔沟组以及第四系。主要矿体均赋存于该地层和超基性岩内。区内形成一系列的北西向、北东向及近南北向断裂，为矿液的运移和赋存提供了空间。矿床成因类型为中低温次火山岩热液型，主成矿期为晚侏罗世。围岩蚀变划分为 3 期：早期伴随岩浆侵入活动形成面状蚀变，表现为斜辉橄榄岩体普遍蚀变形成蛇纹岩；中期蚀变伴随成矿作用形成与矿体联系密切的带状蚀变，在蛇纹岩与砂岩接触带附近，局部形成硅化-赤铁矿化带、硅化-黄铁矿化带、硅化-碳酸盐带；晚期蚀变主要沿控矿构造发育，形成线状蚀变，主要蚀变有硅化、黄铁矿化、碳酸盐化、高岭土化、绢云母化，区内有矿点 1 处。航磁为北东向带状低缓正磁异常，最高值 300nT；重力异常北东向分布，南西低北东高，矿床处在梯度带附近；化探异常规模中等、强度较高，各元素套合较好，找矿潜力较大	找矿潜力大
2	A1506601002	沙布楞山	出露地层主要为中二叠统哲斯组，其余为第四系覆盖。主要构造线方向为北东向，已发现矿点 3 处，矿化主要集中在哲斯组内部裂隙中。化探异常规模较大，强度较高，各元素套合较好，在最小预测区外围化探异常仍有分布，重力为低值区，向东部逐渐变高，航磁异常不明显，为低缓负磁区，有找矿潜力	有找矿潜力
3	A1506601003	希热努塔嘎	出露地层主要为下二叠统寿山沟组，其余为第四系覆盖。局部可见闪长岩脉穿入。主要构造线方向为北东向，矿化主要集中在寿山沟组内部裂隙中。化探异常不明显，重力为低值区，向南东或北西逐渐变高，航磁异常不明显，为低缓负磁区，找矿潜力一般	找矿潜力一般
4	A1506601004	疏图嘎查	出露地层主要为下二叠统寿山沟组，其余为第四系覆盖。局部可见闪长岩脉穿入。主要构造线方向为北东向，化探异常不明显，重力为低值区，向南东或北西逐渐变高，航磁异常不明显，为低缓负磁区，总体特征与 A1506601003 最小预测区的基本相似，找矿潜力一般	找矿潜力一般
5	A1506601005	五十家子镇	出露地质体主要为白垩纪二长花岗岩，已发现 1 处矿点，重力为低值区，航磁为低缓负值区，化探异常不明显，有一定的找矿潜力	找矿潜力一般
6	A1506601006	沙胡同	出露地层主要为下二叠统寿山沟组，局部为上侏罗统满克头鄂博组酸性火山岩，其余为第四系覆盖。局部可见二叠纪闪长岩。主要构造线方向为北东向，化探异常显示各元素套合好、规模大、强度高，而且具有明显的北东向带状展布。重力为西高东低，最小预测区正好位于梯度带附近。航磁异常不明显，为低缓负磁区，找矿潜力较大	找矿潜力较大
7	A1506601007	三七地	出露地质体主要为侏罗纪二长花岗岩，已发现 1 处矿点，重力为正负过渡区，航磁为低缓负值区，化探异常规模中等，但强度较低，且分布在南半部，有一定的找矿潜力	有一定的找矿潜力

续表 16-5

序号	最小预测区编号	最小预测区名称	综合信息	评价
8	A1506601008	黄土	出露地层主要为下二叠统大石寨组,中侏罗统新民组,岩体为侏罗纪二长花岗岩和流纹斑岩。主要构造线方向为北东向,已发现矿点2处。化探异常显示各元素套合好、规模大、强度高。重力为正负过渡区。航磁异常不明显,为低缓负磁区,找矿潜力较大	找矿潜力较大
9	A1506601009	同兴	出露地层主要为下二叠统大石寨组、中二叠统哲斯组、上二叠统林西组和上侏罗统白音高老组,岩浆岩主要为潜安山岩和侏罗纪正长花岗岩等。主要构造线方向为北东向,已发现矿点4处。化探异常显示各元素套合好、规模大、强度高,主要分布在南半部。重力为正负过渡区,总体南东高,北西低。航磁异常不明显,为低缓负磁区,找矿潜力较大	找矿潜力较大
10	A1506601010	那斯台	出露地层主要为下二叠统大石寨组、上侏罗统满克头鄂博组,岩浆岩主要为侏罗纪正长花岗岩等。主要构造线方向为北东向,已发现矿点3处。化探异常显示各元素套合好、规模大、强度高。重力低缓,航磁异常总体为北东向带状低缓异常,找矿潜力较大	找矿潜力较大
11	A1506601011	后卜河	出露地层主要为上侏罗统满克头鄂博组,岩浆岩主要为侏罗纪正长花岗岩等。主要构造线方向为北东向,已发现矿点3处。化探异常显示各元素套合好、规模大、强度高。重力低缓,航磁异常总体为北东向带状低缓异常,找矿潜力较大	有一定的找矿潜力
12	A1506601012	收发地	出露地层主要为下二叠统大石寨组、中二叠统哲斯组及上二叠统林西组,岩浆岩主要为白垩纪二长花岗岩。主要构造线方向为北东向,已发现矿点4处。化探异常显示各元素套合较差、异常规模小、强度低,主要分布在中北部。重力为正负过渡区,总体北高南低。航磁异常不明显,为低缓负磁区,有找矿潜力	有找矿潜力
13	A1506601013	碧流台	出露地层主要为上二叠统林西组和上侏罗统满克头鄂博组,岩浆岩主要为白垩纪花岗岩。主要构造线方向为北东向,已发现矿点5处。化探异常显示各元素套合好、规模较大、强度较高,与地表矿点套合较好。重力低,航磁异常不明显,为低缓负磁区,找矿潜力较大	有一定的找矿潜力
14	A1506601014	顺元	出露地层主要为下二叠统寿山沟组。南侧被侏罗纪正长花岗岩侵入。主要构造线方向为北东向,矿化主要集中在寿山沟组内部裂隙中。已发现1处矿点。化探异常各元素套合好,规模大、强度高。重力为过渡区,北高南低,航磁异常不明显,为低缓负磁区,有一定的找矿潜力	有一定的找矿潜力
15	A1506601015	敖脑达巴	出露地层主要为中二叠统哲斯组。主要构造线方向为北东向,矿化主要集中在哲斯组内部裂隙中,发现1处矿点。化探异常各元素套合好,规模大、强度高。重力梯度带附近,北低南高,航磁异常不明显,为低缓负磁区,有找矿潜力	有找矿潜力
16	A1506601016	巴彦塔拉	出露地层主要为中二叠统哲斯组和上侏罗统玛尼吐组,岩浆岩主要为白垩纪花岗岩。主要构造线方向为北东向,已发现矿点1处。化探异常显示各元素套合较差、规模较小、强度较低。重力为梯度带,总体西高东低。航磁异常总体为环形的正磁异常区,找矿潜力较大	找矿潜力较大
17	A1506601017	大井子	出露地层主要为上二叠统林西组,岩浆岩主要为白垩纪二长花岗岩。其余均被第四系覆盖。主要构造线方向为北东向,已发现矿点2处。化探异常显示各元素套合较好、异常规模中等、强度较高,主要分布在南北两端。重力为正负过渡梯度带,总体北西低南东高。航磁异常不明显,有找矿潜力	有找矿潜力
18	B1506601001	脑都木	出露地层主要为侏罗纪花岗岩,已发现1处矿点。具低缓的航磁化极异常;重力低,化探异常不明显	有找矿潜力

续表 16-5

序号	最小预测区编号	最小预测区名称	综合信息	评价
19	B1506601002	呼吉尔郭勒	出露地层主要为上侏罗统满克头鄂博组和玛尼吐组,岩浆岩主要为侏罗纪花岗岩,其余被第四系覆盖。主要构造线方向为北东向,已发现矿点 1 处。化探异常不明显,重力低,航磁异常低缓,找矿潜力较大	有一定的找矿潜力
20	B1506601003	达尔罕	出露地层主要为下二叠统大石寨组、上侏罗统满克头鄂博,侵入岩主要为白垩纪花岗斑岩、二长斑岩等。已发现矿点 2 处,化探异常规模中等,各元素套合较好,强度调高。重力总体为高值区,向南西逐渐变低,具低缓的航磁化极异常,有一定的找矿潜力	有一定的找矿潜力
21	B1506601004	上井子	出露地层主要为上侏罗统满克头鄂博组和玛尼吐组,岩浆岩主要为白垩纪花岗岩、二长石英斑岩等,其余被第四系覆盖。主要构造线方向为北东向,已发现矿点 4 处。化探异常各元素套合好,规模大、强度高,重力低,航磁异常低缓,有一定的找矿潜力	有一定的找矿潜力
22	B1506601005	白银乌拉	大部分地段分布在满克头鄂博组酸性火山岩,其余大部分地段被新生界掩盖。化探异常各元素套合好,规模大、强度高。重力高,位于梯度带附近	找矿潜力较好
23	B1506601006	乌兰拜其	大部分地段分布在满克头鄂博组酸性火山岩,其余大部分地段被新生界掩盖,其中内部火山机构发育。发现 1 处矿点。航磁具低缓的负磁异常。重力南高北低,总体低缓,化探异常各元素套合好,规模大、强度高	有一定的找矿潜力
24	B1506601007	福山屯	出露地层主要为下二叠统大石寨组。构造线方向以北东向为主,内部褶皱构造发育。已发现 2 处矿点。化探异常各元素套合好,规模大、强度高,具低缓的航磁异常,重力低缓,找矿潜力较大	找矿潜力较好
25	B1506601008	萤里沟	主要出露满克头鄂博组酸性火山碎屑岩及大面积分布在该期次石英粗面斑岩。重力低,航磁异常低缓,有找矿潜力	有找矿潜力
26	B1506601009	哈拉白其	出露地层主要为上二叠统林西组,岩浆岩主要为白垩纪二长花岗岩,其余均被第四系覆盖。主要构造线方向为北东向,已发现矿点 1 处。化探异常不明显。重力为正负过渡梯度带,总体北西低南东高。航磁异常为低缓负磁异常区,有找矿潜力	找矿潜力较差
27	B1506601010	东新井	出露地层主要为上二叠统林西组,岩浆岩主要为白垩纪二长花岗岩,其余均被第四系覆盖。主要构造线方向为北东向,已发现矿点 3 处。化探异常总体呈北西向带状分布,与最小预测区形态基本一致,呈串珠状分布,各元素套合较好,强度较高。重力为正负过渡梯度带,总体上两端低,中间高。航磁为低缓负磁异常区,有找矿潜力	有找矿潜力
28	B1506601011	银硐子	出露地层主要为上二叠统林西组,岩浆岩主要为白垩纪二长花岗岩,其余均被第四系覆盖。主要构造线方向为北东向,已发现矿点 6 处。化探异常分布较为零星,各元素套合较差,强度较低,规模较小。重力低。航磁为低缓负磁异常区,有找矿潜力	找矿潜力差
29	B1506601012	前毡铺	出露地层主要为二叠纪花岗闪长岩。北西向断裂构造发育。已发现矿点 1 处,化探异常不明显,具低缓的负航磁异常;重力低,有找矿潜力	有找矿潜力
30	B1506601013	潘家段	主要出露满克头鄂博组酸性火山碎屑岩,其次为白垩纪正长花岗岩,侏罗纪闪长岩。重力低;航磁异常低缓,具有半环状特征;化探异常不明显,有找矿潜力	有找矿潜力
31	B1506601014	中莫户沟	出露地层主要为中二叠统哲斯组、中侏罗统新民组,花岗闪长岩脉侵入其中。主要构造线方向为北东向,已发现矿点 1 处。化探异常显示各元素套合较差、异常规模小、强度低,主要分布在中南部。重力为正负过渡区。航磁异常为北东向低缓正异常区,有找矿潜力	有找矿潜力

续表 16-5

序号	最小预测区编号	最小预测区名称	综合信息	评价
32	B1506601015	家沟	主要出露满克头鄂博组酸性火山碎屑岩及大面积分布在该期次石英粗面斑岩。重力低,位于梯度带附近,航磁异常为北东向低缓正磁异常带;化探异常不明显,有找矿潜力	有找矿潜力
33	B1506601016	东升	出露地层主要为中二叠统哲斯组,白垩纪花岗岩侵入其中。已发现矿点1处。化探异常各元素套合好,规模中等、强度较高;重力低;航磁异常为低缓负磁异常区,有找矿潜力	有找矿潜力
34	B1506601017	前地	出露地层主要为上二叠统林西组,其余均被第四系覆盖。构造线方向为北东向,内部构造发育。已发现矿点1处。化探异常各元素套合较差,强度较低。重力低缓。航磁为低缓负磁异常区	找矿潜力较差
35	B1506601018	红眼沟	出露地层主要为下二叠统大石寨组、中二叠统哲斯组及上侏罗统塔木兰沟组。构造线方向为北东向,化探异常以铜铅锌为主,各元素套合较好,规模较大,强度中等,重力低缓,航磁为低缓正磁异常区	有找矿潜力
36	B1506601019	水泉沟	出露地层主要为中二叠统哲斯组。已发现矿点1处。化探异常不明显;重力低;航磁异常为低缓负磁异常区	找矿潜力较差
37	B1506601020	霍托勒	出露地层主要为中二叠统哲斯组,外围被第四系覆盖。已发现矿点1处。化探异常以铜铅锌为主,各元素套合较好,规模较大,强度中等;重力低,为梯度带附近,总体南高北低;航磁异常为低缓磁异常区	有找矿潜力
38	B1506601021	太平沟	主要出露满克头鄂博组酸性火山碎屑岩,其次为白垩纪花岗岩。重力为梯度带附近;航磁异常正磁异常区,总体北东向;化探异常规模较小,找矿潜力一般	找矿潜力一般
39	C1506601001	赛罕温都日	出露地层主要为下二叠统寿山沟组,其余被第四系覆盖。重力高,航磁异常为正磁异常,一般为200~400nT;化探异常不明显,找矿潜力差	找矿潜力差
40	C1506601002	赛罕温都日西	出露地层主要为下二叠统寿山沟组,其余被第四系覆盖。构造线方向为北东向。重力高,航磁异常为正磁异常,一般为200~400nT;化探异常不明显,找矿潜力差	找矿潜力差
41	C1506601003	希勃图音锡热格北西	出露地层主要为下二叠统寿山沟组,其余被第四系覆盖,与下伏泥盆纪辉绿岩呈断层接触。构造线方向为北东向。重力高,航磁异常为正磁异常,一般为200~400nT;化探异常不明显,找矿潜力差	找矿潜力差
42	C1506601004	希勃图音锡热格	出露地层主要为下二叠统寿山沟组,其余被第四系覆盖。构造线方向为北东向。重力高,航磁异常为正磁异常,一般为200~400nT;化探异常不明显,找矿潜力差	找矿潜力差
43	C1506601005	哈日根台苏木	出露地层主要为下二叠统寿山沟组,其余被第四系覆盖。构造线方向为北东向,内部褶皱构造发育。重力高,航磁异常为北东向带状低缓正磁异常,一般为100~200nT;化探异常各元素套合好,规模中等、强度较高,有找矿潜力	有找矿潜力
44	C1506601006	太本苏木	出露地层主要为下二叠统寿山沟组,其余被第四系覆盖。被侏罗纪二长花岗岩侵入,构造线方向为北东向,内部褶皱构造发育。重力低缓,航磁异常为低缓负磁异常,一般为100~200nT;化探异常不明显,找矿潜力差	找矿潜力差
45	C1506601007	哈日根台嘎查东	出露地层主要为下二叠统寿山沟组,被上侏罗统满克头鄂博组不整合覆盖,其余被第四系覆盖。被侏罗纪二长花岗岩侵入,构造线方向为北东向,内部褶皱构造发育。重力低缓,航磁异常为低缓负磁异常;化探异常各元素套合较好、规模中等,强度较低,找矿潜力较差	找矿潜力较差

续表 16-5

序号	最小预测区编号	最小预测区名称	综合信息	评价
46	C1506601008	哈日根台嘎查	出露地层主要为下二叠统寿山沟组,被上侏罗统满克头鄂博组不整合覆盖,其余被第四系覆盖。侏罗纪二长花岗岩侵入其中,构造线方向为北东向,内部褶皱构造发育。重力低缓,航磁异常为低缓负磁异常;化探异常各元素套合较好、规模中等、强度较低,主要分布在中部,有找矿潜力	有找矿潜力
47	C1506601009	乌兰拜其南	出露地层主要为下二叠统寿山沟组,其余被第四系覆盖。被侏罗纪二长花岗岩侵入,构造线方向为北东向,内部褶皱构造发育。重力低缓,航磁异常为低缓负磁异常;化探异常不明显,找矿潜力较差	找矿潜力较差
48	C1506601010	哈布其拉嘎查	出露地层主要为下二叠统寿山沟组,被上侏罗统白音高老组不整合覆盖,其余被第四系覆盖。局部可见流纹斑岩脉穿入其中,构造线方向为北东向,内部褶皱构造发育。重力北高南低,为梯度带附近。航磁异常为低缓负磁异常;化探异常不太明显,仅在南部局部见化探异常,且规模较小,找矿潜力较差	找矿潜力较差
49	C1506601011	巴彦宝拉格嘎查	出露地层主要为下二叠统寿山沟组,被下白垩统梅勒图组不整合覆盖。构造线方向为北东向,内部褶皱构造发育。重力低缓,航磁异常为低缓正磁异常,一般在 100nT 左右;化探异常不明显,找矿潜力较差	找矿潜力较差
50	C1506601012	古尔班沟	出露地层主要为下二叠统寿山沟组,被上侏罗统白音高老组不整合覆盖。被二叠纪二长花岗岩侵入,构造线方向为北东向,内部褶皱构造发育。重力低缓过渡区。航磁异常为低缓负磁异常;化探异常不太明显,找矿潜力较差	找矿潜力较差
51	C1506601013	下营子	出露地层主要为下二叠统寿山沟组。构造线方向为北东向,内部褶皱构造发育。重力低缓,航磁异常为低缓负磁异常;化探异常不明显,找矿潜力较差	找矿潜力较差
52	C1506601014	萨仁图嘎查	出露地层主要为下二叠统寿山沟组,被侏罗纪二长石英斑岩侵入,构造线方向为北东向,内部褶皱构造发育,岩石较为破碎。重力为低缓过渡区。航磁异常为低缓负磁异常;化探异常主要分布在中部,规模中等、强度较高,找矿潜力较差	找矿潜力较差
53	C1506601015	洁雅日达巴	出露地层主要为下二叠统寿山沟组,被中侏罗统万宝组不整合覆盖。构造线方向为北东向,内部褶皱构造发育,岩石较为破碎。重力为低缓过渡区。航磁异常为低缓;化探异常主要分布在中部,规模中等、强度较低,找矿潜力较差	找矿潜力较差
54	C1506601016	河南营子村	出露地层主要为下二叠统寿山沟组,被上侏罗统满克头鄂博组不整合覆盖。侏罗纪二长花岗岩侵入其中,构造线方向为北东向,内部褶皱构造发育。重力低缓,总体北高南低,航磁异常为低缓正磁异常;化探异常不明显,找矿潜力较差	找矿潜力较差

二、综合信息地质体积法估算资源量

1. 典型矿床深部及外围资源量估算

已查明资源量、延深、品位、密度等数据来源于内蒙古自治区国土资源信息院于 2010 年提交的《截至二〇〇九年底的内蒙古自治区矿产资源储量表:有色金属分册》;面积为该矿点各矿体、矿脉聚积区边界范围的面积,采用花敖包特式复合内生型铅锌矿成矿要素图(比例尺 1:1 万)在 MapGIS 软件下读取数据，然后依据比例尺计算出实际面积255 763m²。

含矿系数＝已查明资源量(Q)/(面积×延深)＝901 924/(255 763×170)＝0.020 744(t/m³)(表16-6)。

延深分两个部分，一部分是已查明矿体的下延部分，已查明矿体的最大延深为170m，结合磁异常，向下预测100m，另一部分是已知矿体附近断裂区预测部分，用已查明矿体的最大延深＋预测延深确定该延深为270m，其中矿体倾角为90°～130°，矿体延深约等于垂深。

预测面积分两个部分，一部分为该矿点各矿体、矿脉聚积区边界范围的下延面积，面积为255 760m²(按上下面积基本一致)，另一部分为已知矿体附近断裂区预测部分，在MapGIS软件下读取数据，然后依据比例尺计算出实际面积341 017m²。

含矿系数采用上表典型矿床已查明资源量含矿系数(0.020 744t/m³)。

(1)典型矿床深部预测资源量的确定。已知矿体的下延部分：已查明资源量面积×(总延深－已查明矿体的最大延深)×含矿系数＝255 762×(270－170)×0.020 744＝530 544(t)。

(2)典型矿床外围预测资源量的确定。已知矿体周围的外推部分：外推面积×总延深×含矿系数＝341 017×270×0.020 744＝1 909 993(t)。

由此，花敖包特铅锌矿外围预测资源量(已知矿体周围的外推部分＋已知矿体的下延部分)＝1 909 993＋530 544＝2 440 537(t)，资源量精度级别为334-1(表16-6)。

表16-6　花敖包特预测工作区典型矿床深部及外围资源量估算表

典型矿床			深部及外围		
已查明资源量(t)	Pb 379 662	Zn 522 262	深部	面积(m²)	255 762
面积(m²)	255 763			延深(m)	100
延深(m)	170		外围	面积(m²)	341 017
品位(%)	Pb 7.47	Zn 11.72		延深(m)	270
密度(g/cm³)	3.6		预测资源量(t)		Pb＋Zn 2 440 537
含矿系数(t/m³)	0.020 744		典型矿床资源总量(t)		Pb＋Zn 3 342 461

2. 模型区的确定、资源量及估算参数

模型区为典型矿床所在位置的最小预测区。花敖包特典型矿床已查明铅资源量379 662t，已查明锌资源量522 262t，模型区资源总量为3 342 461t(铅1 406 998t，锌1 935 463t)(表16-7)。

表16-7　花敖包特预测工作区模型区资源总量及其估算参数

模型区编号	模型区名称	经度	纬度	已查明资源量Pb＋Zn(t)	预测资源量Pb＋Zn(t)	模型区资源总量Pb＋Zn(t)	总面积(m²)	总延深(m)	含矿系数(t/m³)
A1506601001	花敖包特铅锌矿	E118°57′15″	N45°15′30″	901 924	2 440 537	3 342 461	341 017	270	0.020 744

3. 最小预测区预测资源量

花敖包特式复合内生型铅锌矿预测工作区最小预测区资源量定量估算采用地质体积法进行估算。工作区内最小预测区级别分为A级、B级、C级3个等级，其中，A级区17个、B级区21个、C级16个。

根据典型矿床，最小预测区最大垂深为270m，铅品位7.47%，锌品位11.72%，密度采用3.6g/cm³。最小预测区相似系数的确定，主要依据最小预测区内含矿地质体本身出露的大小、地质构造发育程度不同、磁异常强度、矿化蚀变发育程度及矿（化）点的多少等因素，由专家确定。

采用地质体积法，根据预测资源量估算公式：

$$Z_{预} = S_{预} \times H_{预} \times K_S \times K \times \alpha$$

$Z_{预}$——最小预测区预测资源量；

$S_{预}$——最小预测区面积；

$H_{预}$——最小预测区延深（指最小预测区含矿地质体延深）；

K_S——含矿地质体面积参数；

K——模型区矿床的含矿系数；

α——相似系数。

求得各最小预测区的预测资源量。本次预测资源量为铅1 344 927t、锌1 857 290t。其中不包括预测工作区已查明资源量。详见表16-8。

表16-8 花敖包特式复合内生型铅锌矿花敖包特预测工作区各最小预测区估算成果表

最小预测区编号	最小预测区名称	最小预测区面积(m²)	预测延深(m)	含矿系数(t/m³)	铅预测资源量(t)	锌预测资源量(t)	预测资源量(t)	资源量精度级别
A1506601001	花敖包特	4 200 433.81	270	0.002	573 850	792 460	1 366 310	334-1
A1506601002	沙布楞山	28 567 206.31	200	0.002	56 802	78 441	135 244	334-1
A1506601003	希热努塔嘎	3 090 169.94	150	0.002	5840	8065	13 906	334-1
A1506601004	疏图嘎查	4 748 498.50	150	0.002	8975	12 394	21 368	334-1
A1506601005	五十家子镇	4 232 039.69	150	0.002	1523	2104	3627	334-1
A1506601006	沙胡同	3 090 169.94	150	0.002	5840	8065	13 906	334-1
A1506601007	三七地	28 307 662.63	150	0.002	67 008	92 536	159 544	334-1
A1506601008	黄土	3 090 169.94	200	0.002	20 108	27 769	47 877	334-1
A1506601009	同兴	15 056 532.38	150	0.002	3639	5026	8665	334-1
A1506601010	那斯台	14 012 769.88	150	0.002	31 344	43 285	74 629	334-1
A1506601011	后卜河	29 932 096.19	150	0.002	51 589	71 242	122 832	334-1
A1506601012	收发地	8 739 055.00	150	0.002	20 922	28 893	49 815	334-1
A1506601013	碧流台	16 602 172.75	150	0.002	4671	6450	11 121	334-1
A1506601014	顺元	3 090 169.94	150	0.002	1230	1698	2928	334-1
A1506601015	敖脑达巴	30 931 347.56	200	0.002	103 929	143 521	247 451	334-1
A1506601016	巴彦塔拉	17 706 405.00	150	0.002	187	258	444	334-1
A1506601017	大井子	35 076 404.63	200	0.002	114 709	158 407	273 115	334-1
B1506601001	脑都木	3 090 169.94	200	0.002	5191	7169	12 361	334-3
B1506601002	呼吉尔郭勒	3 090 169.94	200	0.002	5191	7169	12 361	334-3
B1506601003	达尔罕	47 201 401.38	200	0.002	15 860	21 901	37 761	334-2
B1506601004	上井子	33 523 334.25	200	0.002	11 264	15 555	26 819	334-2
B1506601005	白银乌拉	3 973 305.19	200	0.002	2003	2765	4768	334-3

续表 16-8

最小预测区编号	最小预测区名称	最小预测区面积(m²)	预测延深(m)	含矿系数(t/m³)	铅预测资源量(t)	锌预测资源量(t)	预测资源量(t)	资源量精度级别
B1506601006	乌兰拜其	3 090 169.94	200	0.002	1557	2151	3708	334-2
B1506601007	福山屯	23 883 056.19	200	0.002	12 037	16 623	28 660	334-2
B1506601008	萤里沟	3 090 169.94	200	0.002	7787	10 754	18 541	334-3
B1506601009	哈拉白其	3 090 169.94	200	0.002	7787	10 754	18 541	334-3
B1506601010	东新井	38 933 705.44	200	0.002	13 082	18 065	31 147	334-3
B1506601011	银硐子	94 769 733.81	200	0.002	31 843	43 973	75 816	334-3
B1506601012	前毡铺	3 090 169.94	200	0.002	1557	2151	3708	334-3
B1506601013	潘家段	29 919 934.69	200	0.002	10 053	13 883	23 936	334-3
B1506601014	中莫户沟	3 090 169.94	200	0.002	1557	2151	3708	334-3
B1506601015	家沟	3 090 169.94	200	0.002	1557	2151	3708	334-3
B1506601016	东升	3 090 169.94	200	0.002	1038	1434	2472	334-2
B1506601017	前地	3 090 169.94	200	0.002	1557	2151	3708	334-3
B1506601018	红眼沟	3 090 169.94	200	0.002	1557	2151	3708	334-3
B1506601019	水泉沟	19 399 744.38	200	0.002	9777	13 502	23 280	334-3
B1506601020	霍托勒	3 090 169.94	200	0.002	1557	2151	3708	334-2
B1506601021	太平沟	6 760 544.50	200	0.002	3407	4705	8113	334-3
C1506601001	赛罕温都日	571 843.50	150	0.002	144	199	343	334-3
C1506601002	赛罕温都日西	1 011 355.94	150	0.002	255	352	607	334-3
C1506601003	希勃图音锡热格北西	925 495.63	150	0.002	233	322	555	334-3
C1506601004	希勃图音锡热格	2 686 076.19	150	0.002	677	935	1612	334-3
C1506601005	哈日根台苏木	6 483 022.19	150	0.002	1634	2256	3890	334-3
C1506601006	太本苏木	91 241 748.63	350	0.002	53 650	74 088	127 738	334-3
C1506601007	哈日根台嘎查东	4 867 905.25	200	0.002	1636	2259	3894	334-3
C1506601008	哈日根台嘎查	20 954 840.31	200	0.002	7041	9723	16 764	334-3
C1506601009	乌兰拜其南	9 487 736.44	200	0.002	3188	4402	7590	334-3
C1506601010	哈布其拉嘎查	15 124 798.19	200	0.002	5082	7018	12 100	334-3
C1506601011	巴彦宝拉格嘎查	1 522 686.19	200	0.002	512	707	1218	334-3
C1506601012	古尔班沟	21 898 778.81	200	0.002	7358	10 161	17 519	334-3

续表 16-8

最小预测区编号	最小预测区名称	最小预测区面积(m^2)	预测延深(m)	含矿系数(t/m^3)	铅预测资源量(t)	锌预测资源量(t)	预测资源量(t)	资源量精度级别
C1506601013	下营子	4 536 698.88	200	0.002	1524	2105	3629	334-3
C1506601014	萨仁图嘎查	28 631 648.19	400	0.002	19 240	26 570	45 811	334-3
C1506601015	洁雅日达巴	7 371 851.00	200	0.002	2477	3421	5897	334-3
C1506601016	河南营子村	62 175 574.31	200	0.002	20 891	28 849	49 740	334-3

4. 预测工作区预测资源量成果汇总表

花敖包特式复合内生型铅锌矿预测工作区采用地质体积法预测资源量，各最小预测区资源量精度级别划分为 334-1、334-2 和 334-3。根据各最小预测区含矿地质体、物探、化探异常及相似系数特征，预测延深均在 2000m 以浅。根据矿产潜力评价预测资源量汇总标准，按预测延深、资源量精度级别、可利用性、可信度统计的结果见表 16-9。

表 16-9 花敖包特式复合内生型铅锌矿花敖包特预测工作区预测资源量成果汇总表 （单位：t）

预测延深	资源量精度级别	矿种	可利用性		可信度			合计	
			可利用	暂不可利用	≥0.75	≥0.50	≥0.25		
2000m以浅	334-1	Pb	1 072 166		1 072 166			1 072 166	2 552 780
		Zn	1 480 614		1 480 614			1 480 614	
	334-2	Pb	43 313			43 313		43 313	103 128
		Zn	59 815			59 815		59 815	
	334-3	Pb		229 448			229 448	229 448	546 309
		Zn		316 861			316 861	316 861	
合计		Pb						1 344 927	3 202 217
		Zn						1 857 290	

第十七章　代兰塔拉式复合内生型铅锌矿预测成果

第一节　典型矿床特征

一、典型矿床地质特征及成矿模式

(一)典型矿床地质特征

代兰塔拉小型热液铅锌矿床位于内蒙古自治区乌海市海勃湾区,在距乌海火车站 13km 的岗德尔山。地理坐标：E106°49′20″—E106°52′08″,N39°33′08″—N39°37′56″。

1. 矿区地质

矿区地层发育较全,各时代地层均有不同程度的发育,由老至新叙述如下：

(1)中寒武统张夏组($\epsilon_2 z$)。主要分布于矿区西侧,其岩性为薄层竹叶状泥质白云岩、泥灰质白云岩、白云质灰岩等,厚度大于 1000m。

(2)奥陶系(O)。下奥陶统马家沟组($O_1 m$)在矿区范围内大面积分布,下部岩性为浅灰色石英砂岩、灰色白云质灰岩、灰岩互层,夹生物碎屑灰岩、泥质白云岩,局部具矿化;上部岩性为深灰色厚层灰岩夹燧石结核灰岩,下部为夹黄色斑块状灰岩,底部赋存透镜状小矿体。与下伏中寒武统呈平行不整合接触,厚度大于 390m。共划分为 5 段。

- 下奥陶统克里摩里组($O_1 k$)分布于矿区南部一工区,岩性为灰黑色薄层灰岩、泥质灰岩夹黑色页岩。与下伏马家沟组呈断层接触,厚度大于 40m。
- 中奥陶统拉什仲组($O_2 ls$)分布于矿区南部一工区,岩性主要为薄层灰岩、钙质泥岩、泥质粉砂岩,与下伏克里摩里组呈断层接触,厚度大于 82.33m。

(3)石炭系—二叠系(C—P)。分布于矿区东侧,岩性为灰黑色碳质页岩、泥质粉砂岩、石英砂岩、鳞状灰岩、页岩夹煤线,含植物化石。与下伏拉什仲组呈断层接触,厚度大于 124m。

(4)二叠系—三叠系(P—T)。分布于矿区东侧,岩性为紫红色、杂色石英砂岩,与石炭系呈断层接触,厚度大于 5.77m。

(5)第四系(Q)。更新统(Qp)分布于矿区东侧,岩性为半固结—固结状冲洪积物。厚度大于 5m。全新统(Qh)主要分布于山坡河床中,为残坡积、冲洪积松散堆积砂、砾石,厚度 1～5m。

矿区位于岗德尔山背斜东翼,呈单斜构造,地层走向总体呈北西-南东向,局部近南北向,倾向北西。由于受断裂影响,在矿区中局部地段地层东倾,甚至发生倒转。

断裂构造十分发育,其中以近南北向断裂规模较大,形成时代相对较早,多为向西倾的压性逆断层。北西-南东向断裂最为发育。倾向以南西向为主、北东向次之,为矿区的主要控矿构造。近东西向和北东向断裂相对形成较晚,以张性平推断层居多,对矿床(体)具有破坏作用。

矿区内未见岩浆岩出露。

2. 矿体特征

矿床位于岗德尔山背斜东翼，矿体明显受构造控制，主要赋存于下奥陶统马家沟组石灰岩、石英砂岩构造裂隙中。矿体呈南东-北西向展布，分南西(倾)、北东(倾)两组，沿走向连续性很差，呈断续出现。矿区以 PD2 硐为界分为南北两段，南 16 段称一工区，北段称二工区。

一工区见有 7 层矿，主要分布于 PD1 号硐，南北长约 500m 地段。其中Ⅲ、Ⅳ号矿体规模较大，分布较集中，沿走向及倾向均近于平行，Ⅰ号矿体规模较小。相邻矿体一般相距 3～7m，最大间距 10m 左右。矿体沿走向、倾向厚度变化均较大，向两端尖灭。矿体走向与围岩地层走向基本一致，走向一般为 145°～155°，倾向南西。Ⅰ号矿体倾向北东，倾角 60°～70°。呈微向北东向凸出的弧形，多呈上部较陡，下部较缓。矿体规模大小，形态变化各有差异。Ⅳ号矿体在一工区规模最大，在 3、5、7 勘查线上均有出露，沿走向长 290m，倾向延深 110m。厚度及品位变化均较大，厚度一般为 0.50～15.76m，平均厚度为 6.18m。

二工区矿体为两期热液活动所形成，一期含矿热液沿北东向倾斜的层间滑动裂隙贯入，形成北东组矿体，二期热液沿南西向倾斜的一组断层贯入形成南西组矿体。其矿体的形态产状及分布和断层有密切关系，直接受断层控制。围岩蚀变均较微弱，除有局部出现微弱白云岩化和热液溶蚀现象外无更显著的蚀变。共见有大小矿体 8 个，其中，北东组 1 个，南西组 7 个。

(1)北东组矿体。赋存于马家沟组($O_{1-2}m$)石灰岩的下部，石英砂岩的上部，故矿体的底板多为石英砂岩，矿体的形态受 F_{36} 层间滑动断裂的控制，矿体连续性较好，呈层状、似层状，其北段有分支现象。据工程控制沿走向长约 434m，走向 125°，但在 PD37 号硐北沿脉，其走向为 103°。倾向延深：在 5～9 勘查线一带为 239m，在 3 勘查线附近为 60m。矿体厚度一般为 2m，最厚达 6.3m，最薄为 0.5m，该组矿体地表有出露，其产状在 F_{33} 断层上盘平均倾向 31°，倾角 31°，而下盘平均倾向 39°，倾角 45°。一般与围岩平行，局部斜交。

(2)南西组矿体。均为盲矿体，分布方向和 F_1 平行或近于平行，走向 150°～170°，倾向南西，倾角 55°～80°。

Ⅰ号矿体，赋存于 F_{32} 断裂带，产状和断层一致，总体走向 167°，倾向南西，倾角 59°。矿体长 213m，厚度 1.02～10.54m，平均厚 3.40m，矿体呈脉状，向南逐渐尖灭，向北西向倾伏。

Ⅱ号矿体，出露于 3 勘查线附近，赋存于 F_{34} 断裂带中，矿体走向 142°，倾向南西，倾角 75°。产状和断层一致，矿体长约 70m，最厚 0.51～4.14m，平均厚 1.53m，延深约 87.5m。

Ⅲ号矿体，出露于 5 勘查线附近，赋存于 F_{33} 断裂带中，矿体走向 150°，倾向南西，倾角 75°。最厚 0.33～2.05m，平均厚 1.02m，矿体呈脉状、团块状，向北西倾伏，延深约 99m。

Ⅳ号矿体，出露于 9 勘查线以南，走向长约 82m，倾向延深约 35.5m，最厚 0.63～2.66m，平均厚 1.83m，呈脉状，走向 18°，倾向北西，倾角 63°～80°。

Ⅴ号矿体，长约 47m，最厚 2.4m，一般厚 0.6m，矿体呈脉状，出露于Ⅳ号矿体南端，走向 178°，倾向南西，倾角 68°。

Ⅵ号矿体，出露于Ⅴ号矿脉南端，矿化带长 50 余米，而矿体长约 20m，一般厚 0.5m，矿体呈细脉状，向南逐渐尖灭。走向 165°，倾向南西，倾角 64°。

Ⅶ号矿体，出露于 9 勘查线附近，系Ⅰ号矿体支脉，矿体长约 40m，而矿化带长 53m，最厚 1.20m，一般厚约 0.3m，矿体呈脉状、扁豆状，走向 180°～195°，倾向北西，倾角 72°。

矿区主要矿体中原生矿石硫化铅含量一般为 1.0%～6.0%，最高达 16.14%；硫化锌一般为 3.0%～11.0%，最高达 36.0%。混合矿石中铅一般为 0.27%～11.0%；最高 39.07%；锌一般为 0.8%～2.3%，最高 14.89%。

3. 矿石特征

金属硫化矿物主要有黄铁矿、闪锌矿、方铅矿,其次有磁黄铁矿及微量黄铜矿;金属氧化矿物有白铅矿、铅矾、菱锌矿、赤铁矿、褐铁矿、黄钾铁矾等;脉石矿物有方解石、白云石、石英及少量重晶石、云母等。

矿石自然类型分为氧化矿石、混合矿石及硫化矿石。

氧化矿石具胶状结构、交替包裹结构、残余结构、他形粒状结构及不规则状结构。构造呈块状构造、土状构造、松散砂粒状构造、孔穴状构造、网脉状构造、皮壳状构造、角砾状构造及杏核状构造等。

混合矿石具胶状结构、他形—自形粒状结构、边缘交替结构、交代包含结构及残余结构等。构造呈微孔穴状构造、烟灰色破碎角砾状构造、环带状构造、块状构造、星点细脉型浸染状构造等。

硫化矿石具半自形—他形粒状结构、碎屑状结构、充填包裹结构、交代包含结构、残晶结构、文象残余结构、碎粒结构及嵌晶、骸晶结构等。构造为块状构造、斑点浸染状构造、不规则细脉浸染状构造、不完全—完全网环状构造及条带状构造等。

矿石的工业类型可分为块状铅锌矿石、块状锌矿石和浸染状铅锌矿石3类。

矿区内矿体主要受断裂构造所控制,矿体主要赋存于一些顺层断裂中,主要的含矿围岩为石灰岩和石英砂岩。矿体中未见夹石。

(二)典型矿床成矿模式

矿区构造环境为华北地台贺兰山被动陆缘盆地,赋矿地层为寒武系—奥陶系灰岩,控矿构造以近南北向和北西向断裂为主(表17-1),成矿模式图见图17-1。

表17-1 代兰塔拉式复合内生型铅锌矿典型矿床成矿要素

成矿要素		内容描述			要素类别
资源储量(t)		Pb 28 924.53,Zn 44 295.15	平均品位(%)	Pb 3.97,Zn 6.01	
特征描述		复合内生型			
地质环境	构造背景	Ⅱ华北陆块区,Ⅱ-5鄂尔多斯陆块,Ⅱ-5-1贺兰山被动陆缘盆地(Pt_1)			必要
	成矿环境	灰岩的破碎带中			必要
	成矿时代	早侏罗世			必要
矿床特征	矿体形态	似层状、脉状			
	岩石类型	灰岩			重要
	岩石结构	粒状变晶结构,块状、层状、角砾状构造			次要
	矿物组合	黄铁矿、闪锌矿、方铅矿,其次有磁黄铁矿及微量黄铜矿;金属氧化矿物有白铅矿、铅矾、菱锌矿、赤铁矿、褐铁矿;脉石矿物有方解石、白云石、石英及少量重晶石、云母等			重要
	结构构造	他形粒状结构、定向乳滴状结构、压碎结构、包含结构。 矿石构造:浸染状构造、脉状构造、块状构造			次要
	蚀变特征	矽卡岩化、硅化、绿帘石化、绿泥石化、黄铁矿化、绢云母化和碳酸盐化			次要
	控矿条件	下古生界寒武系、奥陶系灰岩;近南北向和北西向断裂			必要

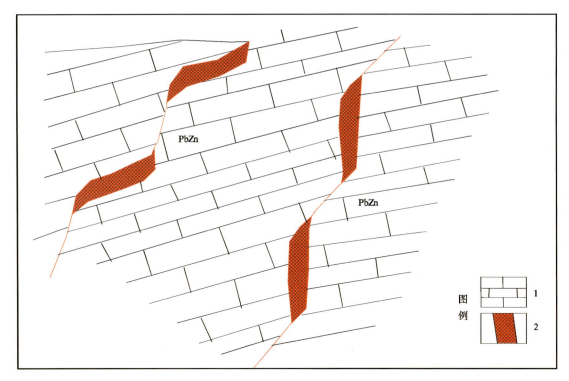

图 17-1 代兰塔拉式复合内生型铅锌矿典型矿床成矿模式图
1. 浅灰色厚层灰岩;2. 铅锌矿体

二、典型矿床地球物理特征

1. 重力场特征

布格重力异常图显示,代兰塔拉式复合内生型铅锌矿床位于区域哑铃型重力高异常带的中间部位,$\Delta g_{max}=-141.84\times10^{-5}\mathrm{m/s^2}$;剩余重力异常图显示,代兰塔拉铅锌矿位于局部剩余重力高异常区的边部,$\Delta g_{max}=8.47\times10^{-5}\mathrm{m/s^2}$,推断该局部重力高异常是由太古宇引起。表明代兰塔拉铅锌矿床与太古宇有关。据1:20万剩余重力异常图显示:区域北部以负异常为主,呈条带状,分列东西两侧,走向近似南北;区域南部以正异常为主,表现为两个团圆状异常,极值达 $8.9\times10^{-5}\mathrm{m/s^2}$。

2. 航磁特征

据1:50万航磁化极等值线平面图显示,磁场表现为梯度变化带,北东偏高,达300nT,南西偏低,达-100nT(图17-2)。

三、典型矿床预测模型

根据典型矿床成矿要素和航磁资料以及区域重力资料,建立典型矿床预测要素,编制了典型矿床预测要素图。其中航磁资料以等值线形式标在矿区地质图上,而重力资料由于只有1:20万比例尺的资料,所以只采用矿床所在地区的系列图作为角图表示。以典型矿床成矿要素图为基础,综合研究重力、航磁、遥感、自然重砂等综合致矿信息,总结典型矿床预测要素表(表17-2)。

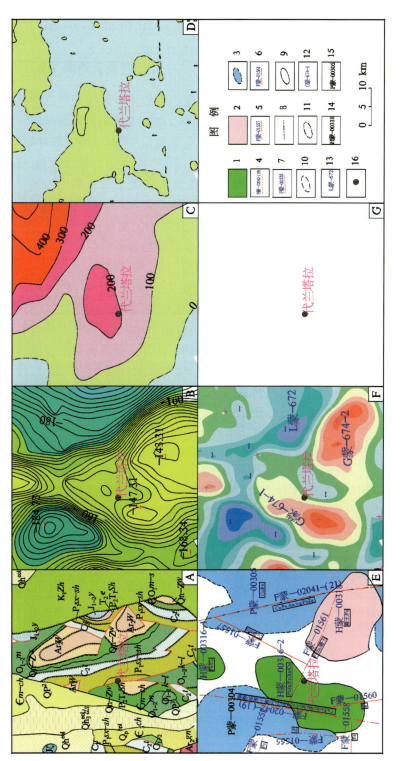

图 17-2　代兰塔拉式复合内生型铅锌矿典型矿床综合剖析图

A. 地质矿产图；B. 布格重力异常等值线平面图；C. 航磁 ΔT 等值线平面图；D. 航磁 ΔT 化极垂向一阶导数等值线平面图；E. 重力解释推断地质构造图；F. 剩余重力异常等值线平面图；G. 航磁（ΔT）化极等值线平面图；1. 古生代地层；2. 太古宙地层；3. 盆地及边界；4. 半隐伏重力推断三级断裂构造；5. 出露重力推断三级断裂构造；6. 重力异常等值线；7. 隐伏重力推断三级断裂构造；8. 三级构造单元号；9. 航磁正等值线；10. 航磁负等值线；11. 零等值线；12. 剩余正异常编号；13. 剩余负异常编号；14. 地层编号；15. 盆地编号；16. 铅锌矿点

预测模型图的编制,以勘查线剖面图为基础,叠加地磁的剖面图形成(图17-3)。

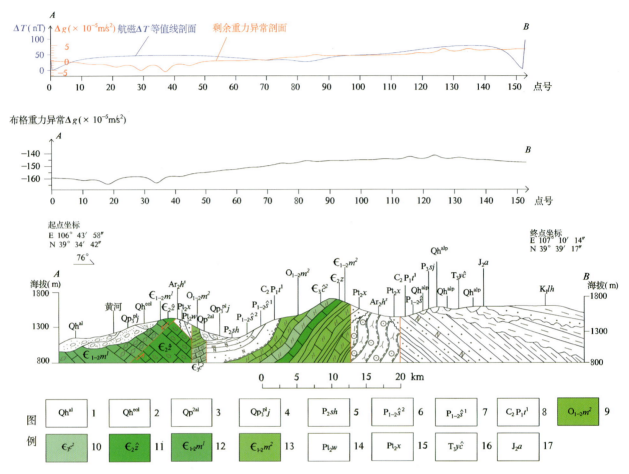

图 17-3 代兰塔拉式复合内生型铅锌矿典型矿床预测模型图

1.冲积层:松散砂砾石、砂、粉砂;2.风积物:淡黄色、褐黄色及黄白色粉细砂;3.低漫滩堆积层:砂、砂砾石;4.上更新统洪积:砂、砾、碎石夹砂层透镜体;5.石盒子组;6.山西组:含白云母长石石英砂岩-粉砂质页岩建造;7.山西组:长石石英砂岩-页岩煤层建造;8.太原组;9.马家沟组;10.炒米店组;11.张夏组;12.馒头组:结晶灰岩-砂页岩建造;13.馒头组:页岩-薄层灰岩建造;14.王全口组;15.西勒图组;16.花岗岩;17.安定组:杂色碎屑岩为主夹泥灰岩

表 17-2 代兰塔拉式复合内生型铅锌矿典型矿床预测要素

预测要素		内容描述				要素类别
资源储量(t)		Pb 28 924.53,Zn 44 295.15		平均品位(%)	Pb 3.97,Zn 6.01	
特征描述		沉积-热液改造型				
地质环境	构造背景	Ⅱ华北陆块区,Ⅱ-5鄂尔多斯陆块,Ⅱ-5-1贺兰山被动陆缘盆地(Pt_1)				必要
	成矿环境	灰岩的破碎带中				必要
	成矿时代	早侏罗世				必要
矿床特征	矿体形态	矿体呈似层状,部分呈脉状				
	岩石类型	灰岩				重要
	岩石结构	粒状变晶结构,块状、层状、角砾状构造				次要

续表 17-2

预测要素		内容描述			要素类别
资源储量(t)		Pb 28 924.53,Zn 44 295.15	平均品位(%)	Pb 3.97,Zn 6.01	
特征描述		沉积-热液改造型			
矿床特征	矿物组合	黄铁矿、闪锌矿、方铅矿,其次有磁黄铁矿及微量黄铜矿;金属氧化矿物有白铅矿、铅矾、菱锌矿、赤铁矿、褐铁矿;脉石矿物有方解石、白云石、石英及少量重晶石、云母等			重要
	结构构造	他形粒状结构、定向乳滴状结构、压碎结构、包含结构;矿石构造:浸染状构造、脉状构造、块状构造			次要
	蚀变特征	矽卡岩化、硅化、绿帘石化、绿泥石化、黄铁矿化、绢云母化和碳酸盐化			次要
	控矿条件	下古生界寒武系、奥陶系灰岩;近南北向和北西向断裂			必要
地球物理特征	重力	布格重力异常最低值-184.73×10^{-5} m/s^2,最高值-132.17×10^{-5} m/s^2			次要
	航磁	磁异常幅值范围为$-150\sim450$nT,背景值为$0\sim100$nT			重要

第二节 预测工作区研究

一、区域地质特征

1. 成矿地质背景特征

预测工作区位于华北陆块区中的鄂尔多斯陆块,三级构造单元为贺兰山被动陆缘盆地,其地质构造以具典型的两元结构——基底和盖层——为特征。

基底主要由中太古界千里山岩群($Ar_2Q.$)及同时代变质深成侵入体等中、深变质岩系组成,主要构造线为近东西向,呈孤岛状零星出露。变质作用、岩浆活动和构造运动均较强烈。

盖层为中元古代和古生代正常沉积的碎屑岩、碳酸盐岩和泥岩系组成,主要构造线为南北向或近南北向,以岩浆活动微弱断裂构造发育为特征。

2. 区域成矿模式图

控矿最主要的因素是侏罗纪晚期岩浆热液,控矿构造为近南北向和北西向断裂,矿体主要赋存在寒武系—奥陶系灰岩中(表17-3);有已知矿床(点)7处,其中,小型1处,矿点2处,矿化点4处。成矿模式见图17-4。

表 17-3 代兰塔拉式复合内生型铅锌矿区域成矿要素

区域成矿要素		内容描述	要素类别
地质环境	大地构造位置	Ⅱ华北陆块区,Ⅱ-5鄂尔多斯陆块,Ⅱ-5-1贺兰山被动陆缘盆地(Pt_1)	必要
	成矿区(带)	Ⅱ-14华北成矿省,Ⅲ-60鄂尔多斯(盆地)铀、油气、煤、盐类成矿区(Mz、Kz)	必要
	区域成矿类型及成矿期	区域成矿类型为复合内生型,成矿期为早侏罗世	必要

续表 17-3

区域成矿要素		内容描述	要素类别
控矿地质条件	赋矿地质体	下古生界寒武系—奥陶系灰岩	必要
	控矿侵入岩	侏罗纪霓霞正长岩	重要
	主要控矿构造	近南北向和北西向断裂	重要
区内相同类型矿床		已知矿床（点）7处，其中，小型1处，矿点2处，矿化点4处	重要

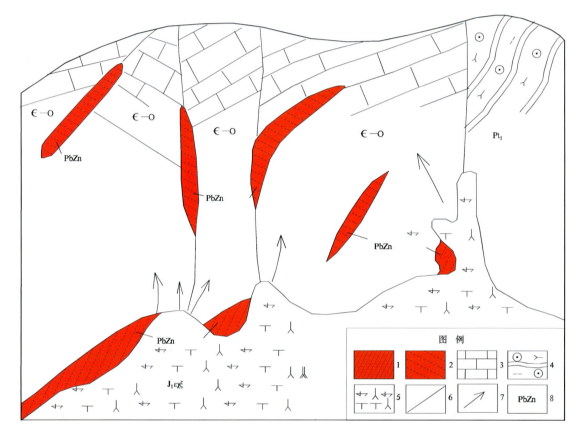

图 17-4　代兰塔拉式复合内生型铅锌矿区域成矿模式示意图

1. 矽卡岩型矿床；2. 热液型矿床；3. 寒武系—奥陶系灰岩（∈—O）；4. 中元古界夕线石榴片麻岩（Pt_1）；5. 早侏罗世霓霞正长岩 $J_1\varepsilon\xi$；6. 断层；7. 热液运移方向；8. 铅锌矿体

二、区域地球物理特征

1. 重力场特征

预测工作区区域重力场总体反映重力高异常区，近南北走向，呈哑铃形。布格重力异常最低值 $-184.73\times10^{-5}\,\mathrm{m/s^2}$，最高值 $-132.17\times10^{-5}\,\mathrm{m/s^2}$。地表主要出露太古宇千里山岩群，其密度高达 $2.71\mathrm{g/cm^3}$，故推断重力高异常是太古宇千里山岩群所致。其北部是临河中—新生代盆地的反映；东侧重力低异常是鄂尔多斯盆地（古生界、中—新生界复合）的表现。

根据重力场特征及推断目标地质体的平面形态，在该区已知矿床位置截取了一条重力剖面进行2D反演计算，盆地底界最深达0.8km。代兰塔拉式复合内生型铅锌矿位于南部重力高异常处，表明该类矿床与太古宇有关。

2. 航磁特征

1∶25万航磁 ΔT 等值线平面图显示,预测工作区磁异常幅值范围在 $-150\sim450\mathrm{nT}$ 之间,背景值为 $0\sim100\mathrm{nT}$。预测工作区磁场变化相对较缓,在预测工作区北部有两个较弱的磁异常,以 $150\mathrm{nT}$ 等值线圈闭,走向为东西向转向北西向,在预测工作区中东部有 1 处较大的磁异常,异常为不规则片状,向东出预测工作区,异常可细分为 3 部分,磁场特征显示预测工作区构造方向以北东向和东西向为主。代兰塔拉式复合内生型铅锌矿位于预测工作区中部,磁异常背景为低缓磁异常区,$0\mathrm{nT}$ 等值线附近。

代兰塔拉预测工作区断裂构造走向为北东向和北西向,磁场上表现为梯度变化带。综合地质情况,预测工作区内北部大面积正异常区和中部椭圆状异常区磁法均推断为变质岩地层,南部强度不大的负磁异常与古近系、新近系和第四系相对应。

本预测工作区磁法共推断断裂 2 条、变质岩地层 3 个。

三、区域遥感影像及解译特征

预测工作区内共解译出大型构造 2 条,分别是北东向的贺兰山西缘深断裂、南北向的鄂尔多斯西缘断裂带。

本区域内共解译出中小型构造 224 条,其中中型构造为北北西向的大龙山井以东构造、北北东向的恰布嘎图以西构造、北东东向的磨里沟构造,其中大龙山井以东构造将贺兰山西缘深断裂截断,形成北北西向的大龙山井以东构造、北北东向的恰布嘎图以西构造与鄂尔多斯西缘断裂带之间的南北向狭长构造带,小型构造主要分布于该带区域内,同时在该预测工作区南部也有较密集的小型构造成片分布,构造格架清晰。

本预测工作区内解译出环形构造 1 个,其成因为中生代花岗岩类引起的环形构造。

本预测工作区的羟基异常集中于图幅西南部,东南部也有较密集的异常带分布,其他区域零星分布。铁染异常呈零星分布。

综合上述遥感特征,代兰塔拉式复合内生型铅锌矿代兰塔拉预测工作区共圈定出 12 个最小预测区。

四、预测工作区预测模型

根据预测工作区区域成矿要素和航磁、重力、遥感及自然重砂等特征,建立了本预测工作区的区域预测要素(表 17-4)。

表 17-4 代兰塔拉式复合内生型铅锌矿区域预测要素

区域预测要素		内容描述	要素类别
地质环境	大地构造位置	Ⅱ华北陆块区,Ⅱ-5鄂尔多斯陆块,Ⅱ-5-1贺兰山被动陆缘盆地(Pt_1)	重要
	成矿区(带)	Ⅱ-14华北成矿省、Ⅲ-60鄂尔多斯(盆地)铀、油气、煤、盐类成矿区(Mz、Kz)	重要
	区域成矿类型及成矿期	区域成矿类型为热液型,成矿期为早侏罗世	重要
控矿地质条件	赋矿地质体	下古生界寒武系—奥陶系灰岩	必要
	控矿侵入岩	侏罗纪霓霞正长岩	重要
	主要控矿构造	近南北向和北西向断裂	必要
区内相同类型矿床		已知矿床(点)7 处,其中,小型 1 处,矿点 2 处,矿化点 4 处	重要

续表 17-4

区域预测要素		内容描述	要素类别
地球物理特征	重力	布格重力异常最低值 $-184.73\times10^{-5}\,\mathrm{m/s^2}$，最高值 $-132.17\times10^{-5}\,\mathrm{m/s^2}$	重要
	航磁	磁异常幅值范围为 $-150\sim450\mathrm{nT}$，背景值为 $0\sim100\mathrm{nT}$	重要
遥感特征		环状要素（推测隐伏岩体）	重要

第三节 矿产预测

一、综合地质信息定位预测

1. 变量提取及优选

根据典型矿床成矿要素及预测要素研究，结合预测工作区提取的要素特征，本次选择网格单元法作为预测单元，根据预测底图比例尺确定网格间距为 $500\mathrm{m}\times500\mathrm{m}$，图面网格间距为 $20\mathrm{mm}\times20\mathrm{mm}$。

根据典型矿床成矿要素及预测要素研究，结合现所收集的资料选取以下变量。

（1）地层：主要提取寒武系—奥陶系，并对上覆第四系覆盖层视地质体的具体情况进行了揭盖处理，最大外推不超过 $1\mathrm{km}$。

（2）侵入岩：侏罗纪霓霞正长岩。

（3）航磁异常采用航磁 ΔT 化极等值线。

（4）剩余重力异常等值线。

（5）已知矿床（点）7 处，其中，小型 1 处，矿点 2 处，矿化点 4 处。

（6）断裂：主要为近南北向和北西向断裂，包括地质、重力推断、遥感解译。并对断裂构造作了左右各 $500\mathrm{m}$ 的缓冲区。

在 MRAS 软件中，对揭盖后的地质体、断裂缓冲区等区文件求区的存在标志，对航磁化极等值线、剩余重力求起始值的加权平均值，并进行以上原始变量的构置，对网格单元进行赋值，形成原始数据专题。

根据已知矿床所在地区的航磁化极异常值、剩余重力值对原始数据专题中的航磁化极等值线、剩余重力起始值的加权平均值进行二值化处理（航磁起始值范围为 $-150\sim528\mathrm{nT}$，剩余重力起始值范围为 $1\times10^{-5}\sim7\times10^{-5}\,\mathrm{m/s^2}$），形成定位数据转换专题。

进行定位预测变量选取时将以上变量全部选取，经软件判断和人工分析认为自然重砂不起主要作用，只能参考。

2. 最小预测区确定及优选

预测工作区内有 7 处已知矿床（点），因此采用有预测模型工程进行定位预测及分级。利用网格单元法进行定位预测。采用空间评价中数量化理论Ⅲ、聚类分析、神经网络分析等方法进行预测，比照各类方法的结果，确定采用聚类分析法进行评价，再结合综合信息法叠加各预测要素圈定最小预测区，并进行优选。

叠加所有预测要素，根据各要素边界圈定最小预测区，共圈定最小预测区 46 个，其中，A 级区 3 个，总面积 $22.01\mathrm{km^2}$；B 级区 16 个，总面积 $141.44\mathrm{km^2}$；C 级区 27 个，总面积 $188.87\mathrm{km^2}$。

3. 最小预测区确定结果

本次预测底图比例尺为 1∶25 万，预测方法为网格单元法。利用 MRAS 软件中的建模功能，根据特征分析法和证据权重法的结果以地质、物探、化探成矿要素进行最小预测区的圈定与优选。并根据成矿有利度[含矿地质体、控矿构造、矿（化）点、找矿线索及物探、化探异常]、地理交通及开发条件和其他相关条件，将工作区内最小预测区级别分为 A 级、B 级、C 级 3 个等级。

共圈定最小预测区 46 个，其中，A 级区 3 个，B 级区 16 个，C 级区 27 个（图 17-5，表 17-5）。

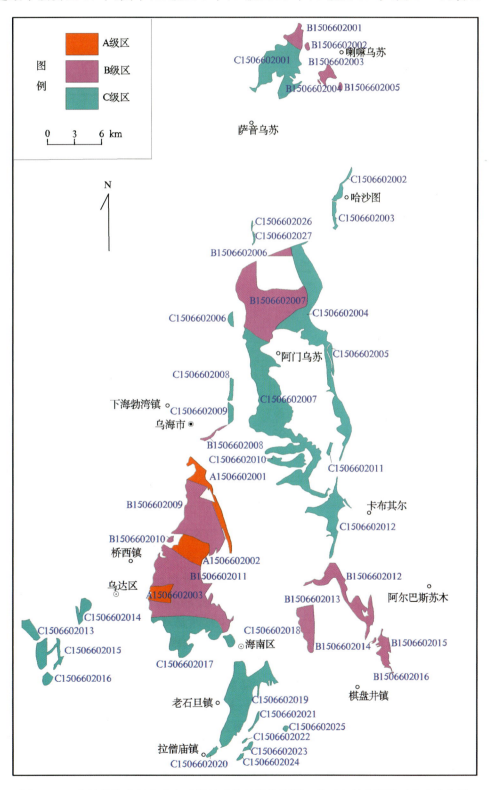

图 17-5　代兰塔拉式复合内生型铅锌矿代兰塔拉预测工作区各最小预测区优选分布图

表 17-5 代兰塔拉预测工作区各最小预测区面积圈定大小及方法依据

序号	最小预测区编号	最小预测区名称	经度	纬度	面积（km²）
1	A1506602001	铅矿羊场西	E106°51′01.38″	N39°35′15.63″	8.02
2	A1506602002	东风农场羊场西	E106°48′58.63″	N39°32′27.09″	9.27
3	A1506602003	三道坎东	E106°46′24.13″	N39°29′45.59″	4.72
4	B1506602001	吾尔头沟南西	E106°58′05.38″	N40°04′35.06″	3.47
5	B1506602002	多希北	E106°59′13.38″	N40°03′56.44″	0.39
6	B1506602003	党拉补北	E107°00′51.88″	N40°02′03.78″	2.45
7	B1506602004	党拉补北西	E107°00′08.63″	N40°01′41.94″	0.10
8	B1506602005	党拉补北东	E107°01′54.38″	N40°01′23.53″	0.37
9	B1506602006	千里山钢铁厂南东	E106°57′06.00″	E39°51′05.44″	1.54
10	B1506602007	千里山钢铁厂南	E106°56′07.00″	N39°47′57.25″	37.53
11	B1506602008	六公里北	E106°50′58.63″	N39°39′47.06″	0.82
12	B1506602009	五四四五厂东	E106°49′46.38″	N39°34′29.25″	25.61
13	B1506602010	黄白茨东	E106°47′16.75″	N39°33′10.16″	0.40
14	B1506602011	友谊农场	E106°48′48.25″	N39°30′02.84″	44.13
15	B1506602012	黑龙贵西	E107°02′21.50″	N39°29′00.53″	12.54
16	B1506602013	城川煤矿东	E106°58′16.63″	N39°27′21.03″	7.60
17	B1506602014	黑龙贵南	E107°03′47.50″	N39°26′31.91″	0.16
18	B1506602015	脑力根图东	E107°04′38.38″	N39°25′55.31″	4.30
19	B1506602016	脑力根图南东	E107°05′11.00″	N39°24′29.44″	0.05
20	C1506602001	昌呼克	E106°56′52.25″	N40°02′31.69″	20.04
21	C1506602002	哈沙图西	E107°01′47.75″	N39°55′14.03″	1.69
22	C1506602003	东哈尔努德北	E107°01′07.88″	N39°53′17.19″	1.21
23	C1506602004	千里庙	E107°00′13.63″	N39°44′46.91″	34.52
24	C1506602005	千里庙南	E107°00′44.38″	N39°44′13.66″	1.01
25	C1506602006	毛尔沟煤矿西北	E106°52′30.13″	N39°46′54.63″	0.79
26	C1506602007	海勃湾煤矿东	E106°55′58.13″	N39°41′00.91″	51.04
27	C1506602008	海勃湾煤矿西	E106°52′27.88″	N39°42′29.91″	1.07
28	C1506602009	内蒙古工具厂东	E106°52′22.00″	N39°41′00.16″	1.26
29	C1506602010	包钢石灰石矿北东	E106°57′48.00″	N39°37′56.47″	3.76
30	C1506602011	德尔斯都贵南	E107°00′22.75″	N39°38′37.53″	0.55
31	C1506602012	卡布其尔	E107°00′24.5″	N39°34′18.88″	10.85
32	C1506602013	巴音赛南西	E106°35′40.63″	N39°27′39.38″	2.63
33	C1506602014	浩雅日呼仍西	E106°40′02.00″	N39°28′43.94″	2.71
34	C1506602015	14道班东	E106°36′40.13″	N39°26′07.38″	5.62
35	C1506602016	徐家东	E106°37′02.00″	N39°24′33.06″	1.32

续表 17-5

序号	最小预测区编号	最小预测区名称	经度	纬度	面积（km²）
36	C1506602017	化工厂	E106°47′55.50″	N39°27′01.44″	18.86
37	C1506602018	海南区北西	E106°51′58.25″	N39°26′43.16″	1.25
38	C1506602019	青年农场	E106°52′34.38″	N39°22′42.59″	25.39
39	C1506602020	拉僧庙镇	E106°50′25.38″	N39°19′45.75″	0.74
40	C1506602021	公乌素镇西北	E106°53′53.75″	N39°21′35.75″	0.66
41	C1506602022	公乌素镇西	E106°52′57.88″	E39°20′24.84″	0.17
42	C1506602023	总机厂西北	E106°53′19.88″	N39°20′02.53″	0.59
43	C1506602024	总机厂西南	E106°52′37.00″	N39°19′24.75″	0.35
44	C1506602025	乌勒格图南	E106°56′18.63″	N39°21′06.44″	0.34
45	C1506602026	千里山钢铁厂北北西	E106°54′23.00″	N39°52′45.41″	0.16
46	C1506602027	千里山钢铁厂北	E106°54′33.50″	E39°51′57.84″	0.29

4. 最小预测区地质评价

最小预测区级别划分依据最小预测区地质矿产、物探及遥感异常等综合特征，并结合资源量估算和最小预测区优选结果，将最小预测区划分为 A 级、B 级和 C 级 3 个等级。

依据最小预测区内地质综合信息等对每个最小预测区进行综合地质评价，各最小预测区特征见表 17-6。

表 17-6 代兰塔拉式复合内生型铅锌矿代兰塔拉预测工作区各最小预测区综合信息表

最小预测区编号	最小预测区名称	综合信息（航磁单位为 nT，重力单位为 $\times 10^{-5}$ m/s²）	评价
A1506602001	铅矿羊场西	该最小预测区出露地层为寒武系、奥陶系灰岩，区内有小型矿产地 1 处，矿化点 1 处；航磁化极等值线在 100～150 之间；剩余重力异常在 0～3 之间；有北西向遥感解译断层、近南北向重力推断断层通过	找矿潜力极大
A1506602002	东风农场羊场西	该最小预测区出露地层为寒武系、奥陶系灰岩，区内有矿点 2 处，航磁化极等值线在 -100～0 之间；剩余重力异常在 5～8 之间；有北西向、北东向遥感解译断层、近北西向重力推断断层通过	找矿潜力极大
A1506602003	三道坎东	该最小预测区出露地层为寒武系、奥陶系灰岩，区内有矿点 1 处，航磁化极等值线在 -100～0 之间；剩余重力异常在 4～7 之间；有北西向、北东向遥感解译断层、北东向重力推断断层通过	找矿潜力极大
B1506602001	吾尔头沟南西	该最小预测区出露地层为寒武系、奥陶系灰岩，航磁化极等值线在 150～300 之间；剩余重力异常在 4～9 之间；有北西向、北东向遥感解译断层通过	有一定的找矿潜力
B1506602002	多希北	该最小预测区出露地层为寒武系、奥陶系灰岩，航磁化极等值线在 200～250 之间；剩余重力异常在 5～7 之间	有一定的找矿潜力
B1506602003	党拉补北	该最小预测区出露地层为寒武系灰岩，航磁化极等值线在 150～200 之间；剩余重力异常在 5～7 之间	有一定的找矿潜力
B1506602004	党拉补北西	该最小预测区出露地层为寒武系灰岩，航磁化极等值线在 150～200 之间；剩余重力异常在 7～8 之间	有一定的找矿潜力

续表 17-6

最小预测区编号	最小预测区名称	综合信息（航磁单位为 nT，重力单位为 $\times 10^{-5}\,\mathrm{m/s^2}$）	评价
B1506602005	党拉补北东	该最小预测区出露地层为寒武系灰岩，航磁化极等值线在 200~250 之间；剩余重力异常在 4~5 之间	有一定的找矿潜力
B1506602006	千里山钢铁厂南东	该最小预测区近东西向分布，航磁化极等值线在 200~300 之间；剩余重力异常在 1~4 之间	有一定的找矿潜力
B1506602007	千里山钢铁厂南	该最小预测区出露地层为寒武系、奥陶系灰岩，航磁化极等值线在 100~150 之间；剩余重力异常在 1~5 之间；有北西向、北东向遥感解译断层通过	有一定的找矿潜力
B1506602008	六公里北	该最小预测区近东西向分布，出露地层为寒武系灰岩，航磁化极等值线在 150~200 之间；剩余重力异常在 1~3 之间；有北东向遥感解译断层通过	有一定的找矿潜力
B1506602009	五四四五厂东	该最小预测区近南北向分布，出露地层为寒武系、奥陶系灰岩，航磁化极等值线在 −150~150 之间；剩余重力异常在 0~7 之间；有北东向、近南北向遥感解译断层通过	有一定的找矿潜力
B1506602010	黄白茨东	该最小预测区出露地层为寒武系灰岩，航磁化极等值线在 0~100 之间；剩余重力异常在 5~7 之间；有南北向遥感解译断层通过	有一定的找矿潜力
B1506602011	友谊农场	该最小预测区出露地层为寒武系灰岩，航磁化极等值线在 −150~0 之间；剩余重力异常在 1~8 之间；有北东向、北西向、南北向遥感解译断层通过	有一定的找矿潜力
B1506602012	黑龙贵西	该最小预测区出露地层为寒武系、奥陶系灰岩，航磁化极等值线在 −100~0 之间；剩余重力异常在 2~7 之间；有北东向、近南北向遥感解译断层通过	有一定的找矿潜力
B1506602013	城川煤矿东	该最小预测区近南北向分布，出露地层为奥陶系灰岩，航磁化极等值线在 −100~0 之间；剩余重力异常在 2~4 之间；有近南北向遥感解译断层通过	有一定的找矿潜力
B1506602014	黑龙贵南	该最小预测区近北东向分布，航磁化极等值线在 −100~0 之间；剩余重力异常在 4~5 之间；有北东向遥感解译断层通过	有一定的找矿潜力
B1506602015	脑力根图东	该最小预测出露地层为寒武系、奥陶系灰岩，航磁化极等值线在 −100~0 之间；剩余重力异常在 2~6 之间；有北东向、近南北向遥感解译断层通过	有一定的找矿潜力
B1506602016	脑力根图南东	该最小预测区出露地层为寒武系、奥陶系灰岩，航磁化极等值线在 −100~0 之间；剩余重力异常在 2~3 之间	有一定的找矿潜力
C1506602001	昌呼克	该最小预测区出露地层为寒武系灰岩，航磁化极等值线在 0~200 之间；剩余重力异常在 7~10 之间；有北西向、近南北向遥感解译断层通过	有一定的找矿潜力
C1506602002	哈沙图西	该最小预测区近北东向分布，出露地层为寒武系灰岩，航磁化极等值线在 250~350 之间；剩余重力异常在 −2~1 之间；有北东向遥感解译断层通过	有一定的找矿潜力
C1506602003	东哈尔努德北	该最小预测区近北东向分布，出露地层为寒武系灰岩，航磁化极等值线在 350~400 之间；剩余重力异常在 −2~1 之间；有北东向遥感解译断层通过	有一定的找矿潜力
C1506602004	千里庙	该最小预测区出露地层为寒武系、奥陶系灰岩，航磁化极等值线在 0~350 之间；剩余重力异常在 −4~3 之间；有北东向遥感解译断层通过	有一定的找矿潜力
C1506602005	千里庙南	该最小预测区出露地层为寒武系、奥陶系灰岩，航磁化极等值线在 0~150 之间；剩余重力异常在 −4~5 之间	有一定的找矿潜力

续表 17-6

编号	名称	综合信息（航磁单位为 nT，重力单位为 ×10⁻⁵m/s²）	评价
C1506602006	毛尔沟煤矿西北	该最小预测区出露地层为寒武系、奥陶系灰岩，航磁化极等值线在 0～100 之间；剩余重力异常在 -2～1 之间；有南北向遥感解译断层通过	有一定的找矿潜力
C1506602007	海勃湾煤矿东	该最小预测区出露地层为寒武系、奥陶系灰岩，航磁化极等值线在 0～100 之间；剩余重力异常在 -5～2 之间；有南北向、东西向、北西向遥感解译断层通过	有一定的找矿潜力
C1506602008	海勃湾煤矿西	该最小预测区出露地层为奥陶系灰岩，航磁化极等值线在 0～100 之间；剩余重力异常在 -4～-2 之间；有南北向遥感解译断层通过	有一定的找矿潜力
C1506602009	内蒙古工具厂东	该最小预测区出露地层为奥陶系灰岩，区内有矿化点 1 处，航磁化极等值线在 0～200 之间；剩余重力异常在 -3～2 之间；有南北向遥感解译断层通过	有一定的找矿潜力
C1506602010	包钢石灰石矿北东	该最小预测区出露地层为寒武系、奥陶系灰岩，航磁化极等值线在 100～200 之间；剩余重力异常在 0～2 之间	有一定的找矿潜力
C1506602011	德尔斯都贵南	该最小预测区出露地层为寒武系灰岩，航磁化极等值线在 0～150 之间；剩余重力异常在 -1～0 之间；有北东向、北西向遥感解译断层通过	有一定的找矿潜力
C1506602012	卡布其尔	该最小预测区出露地层为寒武系灰岩，航磁化极等值线在 0～100 之间；剩余重力异常在 -5～-2 之间；有北东向、北西向遥感解译断层通过	有一定的找矿潜力
C1506602013	巴音赛南西	该最小预测区出露地层为寒武系灰岩，航磁化极等值线在 -100～0 之间；剩余重力异常在 -2～-1 之间；有北东向、北西向遥感解译断层通过	有一定的找矿潜力
C1506602014	浩雅日呼仍西	该最小预测区出露地层为寒武系、奥陶系灰岩，航磁化极等值线在 -150～0 之间；剩余重力异常在 0～2 之间；有北东向、北西向遥感解译断层通过	有一定的找矿潜力
C1506602015	14 道班东	该最小预测区出露地层为寒武系灰岩，航磁化极等值线在 -100～0 之间；剩余重力异常在 -3～0 之间；有北东向、北西向遥感解译断层通过	有一定的找矿潜力
C1506602016	徐家东	该最小预测区出露地层为寒武系灰岩，航磁化极等值线在 -100～0 之间；剩余重力异常在 -3～-1 之间；有北东向遥感解译断层通过	有一定的找矿潜力
C1506602017	化工厂	该最小预测区出露地层为寒武系、奥陶系灰岩，航磁化极等值线在 -150～-100 之间；剩余重力异常在 1～6 之间；有北东向、北西向遥感解译断层通过	有一定的找矿潜力
C1506602018	海南区北西	该最小预测区出露地层为寒武系灰岩，航磁化极等值线在 -150～-100 之间；剩余重力异常在 0～2 之间；有东西向、北西向重力推断断层通过	有一定的找矿潜力
C1506602019	青年农场	该最小预测区出露地层为寒武系灰岩，航磁化极等值线在 -150～-100 之间；剩余重力异常在 -4～1 之间；有北东向、北西向遥感解译断层及北西向重力推断断层通过	有一定的找矿潜力
C1506602020	拉僧庙镇	该最小预测区出露地层为寒武系灰岩，航磁化极等值线在 -150～-100 之间；剩余重力异常在 -4～-1 之间；有北东向遥感解译断层通过	有一定的找矿潜力
C1506602021	公乌素镇西北	该最小预测区近北东向分布，出露地层为奥陶系灰岩，航磁化极等值线在 -150～-100 之间；剩余重力异常在 -1～0 之间；有北西向重力推断断层通过	有一定的找矿潜力

续表 17-6

编号	名称	综合信息（航磁单位为 nT，重力单位为 $\times 10^{-5}$ m/s²）	评价
C1506602022	公乌素镇西	该最小预测区近北东向分布，出露地层为奥陶系灰岩，航磁化极等值线在 -150～-100 之间；剩余重力异常在 -1～0 之间	有一定的找矿潜力
C1506602023	总机厂西北	该最小预测区近北东向分布，出露地层为寒武系、奥陶系灰岩，航磁化极等值线在 -150～-100 之间；剩余重力异常在 -1～0 之间；有北西向重力推断断层通过	有一定的找矿潜力
C1506602024	总机厂西南	该最小预测区近北东向分布，出露地层为寒武系、奥陶系灰岩，航磁化极等值线在 -150～-100 之间；剩余重力异常在 -1～0 之间	有一定的找矿潜力
C1506602025	乌勒格图南	该最小预测区出露地层为奥陶系灰岩，航磁化极等值线在 -150～-100 之间；剩余重力异常在 -1～0 之间	有一定的找矿潜力
C1506602026	千里山钢铁厂北北西	该最小预测区近北东向分布，出露地层为寒武系灰岩，航磁化极等值线在 250～600 之间；剩余重力异常在 -1～0 之间；有北东向遥感解译断层通过	有一定的找矿潜力
C1506602027	千里山钢铁厂北	该最小预测区近北西向分布，航磁化极等值线在 200～300 之间；剩余重力异常在 0～2 之间；有北西向遥感解译断层通过	有一定的找矿潜力

二、综合信息地质体积法估算资源量

1. 典型矿床深部及外围资源量估算

1）典型矿床已查明资源量

典型矿床已查明资源量来源于 2006 年《内蒙古自治区乌海市代兰塔拉矿区铅锌矿资源储量核实报告》（内蒙古自治区第八地质矿产勘查院），获得铅已查明资源量 28 924.53t，获得锌已查明资源量 44 295.15t。

典型矿床密度、铅锌平均品位、延深及依据均来源于《内蒙古自治区乌海市代兰塔拉矿区铅锌矿资源储量核实报告》及相关图件，密度平均值 3.60g/cm³，矿床平均品位 Pb 3.97%、Zn 6.01%，延深从报告及相关剖面图中获取，为 190m，由于是陡倾斜矿体，采用垂深。

该矿床为隐伏矿床，地表无矿体出露，矿床面积采用该矿床不同中段各矿体叠加的边界范围面积，面积为 48 633m²。

铅含矿系数 $K_{典}$ = 已查明资源量 $Z_{典}$ /（面积 $S_{典}$ × 延深 $H_{典}$）= 28 924.53/（48 633×190m）= 0.003 13(t/m³)。

锌含矿系数 $K_{典}$ = 已查明资源量 $Z_{典}$ /（面积 $S_{典}$ × 延深 $H_{典}$）= 44 295.15/（48 633×190）= 0.004 79(t/m³)（表 17-4）。

2）典型矿床深部及外围预测资源量及其估算参数

(1) 延深的确定。延深根据代兰塔拉铅锌矿勘查线剖面分析，目前以深部钻探工程已查明资源量估算至 1240m 标高，预测向下还可延深 20m，至 1220m 标高。

(2) 预测面积的确定。该铅锌矿床为一盲矿床，地表无矿化体，也未做过化探测量，因此矿床外围的预测面积为 0m²（表 17-7）。

表17-7 代兰塔拉预测工作区典型矿床深部及外围资源量估算一览表

典型矿床			深部及外围		
已查明资源量(t)	Pb 28 924.53	Zn 44 295.15	深部	面积(m²)	48 633
面积(m²)	48 633			延深(m)	210
延深(m)	190		外围	面积(m²)	
品位(%)	Pb 3.97	Zn 6.01		延深(m)	
密度(g/cm³)	3.6		预测资源量(t)	Pb 3044	Zn 4659
含矿系数(t/m³)	0.003 13	0.004 79	典型矿床资源总量(t)	Pb 3044	Zn 4659

2. 模型区的确定、资源量及估算参数

模型区是指典型矿床所在位置的最小预测区,代兰塔拉模型区系MRAS定位预测后,经手工优化圈定的。代兰塔拉典型矿床位于代兰塔拉模型区内。查明资源量来源于2006年《内蒙古自治区乌海市代兰塔拉矿区铅锌矿资源储量核实报告》(内蒙古自治区第八地质矿产勘查院),其中,铅28 924.53t,锌44 295.15t。

密度、铅锌平均品位、延深及依据均来源于《内蒙古自治区乌海市代兰塔拉矿区铅锌矿资源储量核实报告》及相关图件,密度平均值3.60g/cm³,矿床平均品位Pb 3.97%、Zn 6.01%。

模型区预测资源量,此处为典型矿床资源总量$Z_{模}$($Z_{典总}$=已查明资源量$Z_{典}$+预测资源量$Z_{深}$+$Z_{外}$),即Pb 31 968.96t,Zn 48 954.19t(金属量)(表17-8)。

模型区面积为最小预测区加以人工修正后的面积,在MapGIS软件下读取、换算后求得,为8020m²。

延深,指典型矿床总延深(已查明+预测),即200m。

含矿地质体面积,指模型区内含矿建造的面积,在MapGIS软件下读取、换算后求得,为8020m²(表17-9),与模型区面积一致。

含矿地质体面积参数=含矿地质体面积/模型区面积=8020/8020=1.00。

表17-8 代兰塔拉预测工作区模型区资源总量及其估算参数

模型区编号	模型区名称	模型区资源总量(t)	模型区面积(m²)	延深(m)	含矿地质体面积(m²)	含矿地质体面积参数	含矿地质体含矿系数(t/m³)
A1506602001	代兰塔拉	Pb 31 968.96, Zn 48 954.19	48 633	210	48 633	1.00	Pb 0.003 13, Zn 0.00 479

3. 最小预测区预测资源量

代兰塔拉式复合内生型铅锌矿预测工作区最小预测区资源量定量估算采用地质体积法进行估算。

估算参数由以下方法进行确定。

面积:共圈定最小预测区46个,其中,A级区3个,B级区16个,C级区27个。最小预测区的面积($S_{预}$),在MapSIG软件下读取面积,然后换算成实际面积。

延深:确定含矿地质体的总延深($H_{预}$)为210m。

品位和密度:品位平均值Pb 3.97%、Zn 6.01%,密度平均值3.60g/cm³。

相似系数:以模型区为1.00,各最小预测区相似系数0.02~0.30。

最小预测区预测资源量估算采用地质体积法,最小预测区预测资源量估算公式:

$$Z_{预}=S_{预}×H_{预}×K_S×K×α$$

$Z_{预}$——最小预测区预测资源量；

$H_{预}$——最小预测区延深(指预测区含矿地质体的总延深)；

K_S——含矿地质体面积参数；

K——模型区矿床的含矿系数；

$α$——相似系数。

本次预测资源量 Pb 51 034.21t、Zn 77 894.32t(不包括已查明的金属量 Pb 28 924.53t、Zn 44 295.15t),各最小预测区预测资源量见表 17-9。

表 17-9 代兰塔拉预测工作区各最小预测区预测资源量估算成果

最小预测区编号	最小预测区名称	$S_{预}$ (km²)	$H_{预}$ (m)	K(t/m³)	$α$	$Z_{预}$(t) Pb	$Z_{预}$(t) Zn	资源量精度级别
A1506602001	铅矿羊场西	8.02	210	0.000 019	1.00	3 044.43	4 659.04	334-1
A1506602002	东风农场羊场西	9.27	210	0.000 019	0.30	11 096.19	16 936.29	334-2
A1506602003	三道坎东	4.72	210	0.000 019	0.30	5 649.84	8 623.44	334-2
B1506602001	吾尔头沟南西	3.47	210	0.000 019	0.04	553.81	845.29	334-2
B1506602002	多希北	0.39	210	0.000 019	0.04	62.24	95.00	334-2
B1506602003	党拉补北	2.45	210	0.000 019	0.04	391.02	596.82	334-2
B1506602004	党拉补北西	0.10	210	0.000 019	0.04	15.96	24.36	334-2
B1506602005	党拉补北东	0.37	210	0.000 019	0.04	59.05	90.13	334-2
B1506602006	千里山钢铁厂南东	1.54	210	0.000 019	0.04	245.78	375.14	334-2
B1506602007	千里山钢铁厂南	37.53	210	0.000 019	0.04	5 989.79	9 142.31	334-2
B1506602008	六公里北	0.82	210	0.000 019	0.04	130.87	199.75	334-2
B1506602009	五四四五厂东	25.61	210	0.000 019	0.04	4 087.36	6 238.60	334-2
B1506602010	黄白茨东	0.40	210	0.000 019	0.04	63.84	97.44	334-2
B1506602011	友谊农场	44.13	210	0.000 019	0.04	7 043.15	10 750.07	334-2
B1506602012	黑龙贵西	12.54	210	0.000 019	0.04	2 001.38	3 054.74	334-2
B1506602013	城川煤矿东	7.60	210	0.000 019	0.04	1 212.96	1 851.36	334-2
B1506602014	黑龙贵南	0.16	210	0.000 019	0.04	25.54	38.98	334-2
B1506602015	脑力根图东	4.30	210	0.000 019	0.04	686.28	1 047.48	334-3
B1506602016	脑力根图南东	0.05	210	0.000 019	0.04	7.98	12.18	334-3
C1506602001	昌呼克	20.04	210	0.000 019	0.02	1 599.19	2 440.87	334-2
C1506602002	哈沙图西	1.69	210	0.000 019	0.02	134.86	205.84	334-2
C1506602003	东哈尔努德北	1.21	210	0.000 019	0.02	96.56	147.38	334-2

续表 17-9

最小预测区编号	最小预测区名称	$S_{预}$ (km²)	$H_{预}$ (m)	K(t/m³)	α	$Z_{预}$(t) Pb	$Z_{预}$(t) Zn	资源量精度级别
C1506602004	千里庙	34.52	210	0.000 019	0.02	2 754.70	4 204.54	334-2
C1506602005	千里庙南	1.01	210	0.000 019	0.02	80.60	123.02	334-2
C1506602006	毛尔沟煤矿西北	0.79	210	0.000 019	0.02	63.04	96.22	334-2
C1506602007	海勃湾煤矿东	51.04	210	0.000 019	0.02	4 072.99	6 216.67	334-2
C1506602008	海勃湾煤矿西	1.07	210	0.000 019	0.02	85.39	130.33	334-2
C1506602009	内蒙古工具厂东	1.26	210	0.000 019	0.02	100.55	153.47	334-2
C1506602010	包钢石灰石矿北东	3.76	210	0.000 019	0.02	300.05	457.97	334-2
C1506602011	德尔斯都贵南	0.55	210	0.000 019	0.02	43.89	66.99	334-2
C1506602012	卡布其尔	10.85	210	0.000 019	0.02	865.83	1 321.53	334-2
C1506602013	巴音赛南西	2.63	210	0.000 019	0.02	209.87	320.33	334-2
C1506602014	浩雅日呼仍西	2.71	210	0.000 019	0.02	216.26	330.08	334-2
C1506602015	14道班东	5.62	210	0.000 019	0.02	448.48	684.52	334-2
C1506602016	徐家东	1.32	210	0.000 019	0.02	105.34	160.78	334-2
C1506602017	化工厂	18.86	210	0.000 019	0.02	1 505.03	2 297.15	334-2
C1506602018	海南区北西	1.25	210	0.000 019	0.02	99.75	152.25	334-2
C1506602019	青年农场	25.39	210	0.000 019	0.02	2 026.12	3 092.50	334-2
C1506602020	拉僧庙镇	0.74	210	0.000 019	0.02	59.05	90.13	334-2
C1506602021	公乌素镇西北	0.66	210	0.000 019	0.02	52.67	80.39	334-2
C1506602022	公乌素镇西	0.17	210	0.000 019	0.02	13.57	20.71	334-2
C1506602023	总机厂西北	0.59	210	0.000 019	0.02	47.08	71.86	334-2
C1506602024	总机厂西南	0.35	210	0.000 019	0.02	27.93	42.63	334-2
C1506602025	乌勒格图南	0.34	210	0.000 019	0.02	27.13	41.41	334-2
C1506602026	千里山钢铁厂北北西	0.16	210	0.000 019	0.02	12.77	19.49	334-2
C1506602027	千里山钢铁厂北	0.29	210	0.000 019	0.02	23.14	35.32	334-2

4. 预测工作区预测资源量成果汇总表

代兰塔拉复合内生型铅锌矿代兰塔拉预测工作区采用地质体积法预测资源量,各最小预测区资源量精度级别划分为334-1、334-2和334-3。根据各最小预测区含矿地质体、物探、化探异常及相似系数特征,预测延深均在2000m以浅。根据矿产潜力评价预测资源量汇总标准,代兰塔拉预测工作区预测资源量按预测延深、资源量精度级别、可利用性、可信度统计的结果见表17-10。

表 17-10 代兰塔拉式复合内生铅锌矿代兰塔拉预测工作区预测资源量成果汇总表 (单位:t)

预测延深	资源量精度级别	矿种	可利用性		可信度			合计	
			可利用	暂不可利用	≥0.75	≥0.50	≥0.25		
2000m以浅	334-1	Pb	3044		3044	3044	3044	3044	7703
		Zn	4659		4659	4659	4659	4659	
	334-2	Pb	53 701		16 746	16 746	53 701	53 701	135 665
		Zn	81 964		25 560	25 560	81 964	81 964	
	334-3	Pb		694			694	694	1754
		Zn		1060			1060	1060	
合计		Pb						57 439	145 122
		Zn						87 683	

第十八章 内蒙古自治区铅锌单矿种资源总量潜力分析

第一节 铅锌单矿种预测资源量与资源现状对比

根据全区铅锌矿床综合研究成果,划分 15 个预测工作区,共有 4 种预测方法类型:沉积型、侵入岩体型、火山岩型和复合内生型。15 个预测工作区共预测铅资源 1 285.76 万 t、锌 3 173.025 万 t,不包含区内截至到 2009 年底《内蒙古自治区矿产资源储量表:有色金属矿产分册》查明资源量铅 78.18 万 t、锌 2 005.44 万 t。铅、锌预测资源量与已查明资源量比分别为 1∶74 和 1∶74(表 18-1)。

表 18-1 内蒙古自治区铅锌矿种资源现状统计表

预测方法类型	预测工作区名称	已查明资源量(万 t)		预测资源量占已查明资源量比		预测资源量(万 t)		可利用预测资源量(万 t)占预测资源量比(%)			
		Pb	Zn	Pb	Zn	Pb	Zn	可利用Pb	占比	可利用Zn	占比
沉积型	东升庙	231.92	919.31	1.12	1.4	259.64	1 286.04	193.63	75	899.65	70
侵入岩体型	查干敖包		84.06		1.47		123.63			72.59	59
	天桥沟	82.54	112.60	1.68	1.81	138.84	203.56	42.46	31	65.88	32
	阿尔哈达	23.29	33.87	2.12	2.22	49.40	75.17	29.37	59	45.13	60
	长春岭	12.09	24.19	1.94	2.15	23.43	52.04	23.43	100	52.04	100
	拜仁达坝	49.13	178.20	3.37	1.56	165.38	278.20	165.38	100	278.20	100
	孟恩陶勒盖	16.89	38.84	1.57	1.59	26.48	61.83	26.48	100	61.83	100
	白音诺尔	26.96	95.78	5.01	4.23	135.12	405.35	106.97	79	320.92	79
	余家窝铺	22.76	40.08	1.94	2.19	44.24	87.91	20.69	47	42.95	49
	小计	233.66	607.62	2.49	2.12	582.89	1 287.69	414.78	17	939.54	72
火山岩型	比利亚谷	68.80	59.26	1.55	1.82	106.78	107.91	74.01	69	76.55	71
	扎木钦	13.63	22.05	4.51	4.51	61.49	99.48	38.85	63	62.85	63
	甲乌拉	95.40	108.31	1.33	1.76	126.94	190.42	26.27	21	39.40	21
	小计	177.82	189.62	1.66	2.10	295.21	397.80	139.12	47	178.80	45

续表 18-1

预测方法类型	预测工作区名称	已查明资源量（万 t）		预测资源量占已查明资源量比		预测资源量（万 t）		可利用预测资源量（万 t）占预测资源量比（%）			
		Pb	Zn	Pb	Zn	Pb	Zn	可利用 Pb	占比	可利用 Zn	占比
复合内生型	李清地	3.11	2.95	2.51	2.37	7.81	6.99	7.81	100	6.99	100
	花敖包特	73.99	95.25	1.82	1.95	134.49	185.73	121.94	91	168.39	91
	代兰塔拉	2.89	4.43	1.99	1.98	5.74	8.77	5.74	100	8.77	100
小计		79.99	102.63	1.85	1.96	148.05	201.49	135.50	92	184.15	91
内蒙古自治区铅锌矿预测资源量合计		723.39	1 819.18	1.78	1.74	1 285.78	3 173.03	883.03	69	883.03	28
其他矿种共（伴）生铅锌矿资源量		58.45	186.26	1.27	1.22	74.30	227.28	70.17	94	70.17	31
合计		781.84	2 005.44	1.74	1.70	1 360.07	3 400.31	953.19	70	953.19	28

第二节 预测资源量潜力分析

本次工作共圈定最小预测区 526 个，其中，A 级区 110 个，预测资源量铅 737.92 万 t、锌 1 964.17 万 t；B 级区 190 个，预测资源量铅 332.71 万 t、锌 751.15 万 t；C 级区 226 个，预测资源量铅 215.15 万 t、锌 457.70 万 t。共获 334-1 级预测资源量铅 647.67 万 t、锌 1 730.92 万 t；334-2 级预测资源量铅 131.41 万 t、锌 345.05 万 t；334-3 级预测资源量铅 506.70 万 t、锌 1097.06 万 t。500m 以浅预测资源量铅 1 140.1 万 t、锌 2 619.79 万 t；1000m 以浅预测资源量铅 1 283.43 万 t、锌 3 167.81 万 t；2000m 以浅预测资源量铅 1 285.78 万 t、锌 3 173.03 万 t。根据延深、当前开采条件、矿石可选性、外部交通水电环境等条件的可利用性，内蒙古自治区铅锌矿预测资源中可利用预测资源量铅 877.94 万 t、锌 2 192.40 万 t；不可利用预测资源量铅 407.83 万 t、锌 980.63 万 t（图 18-1～图 18-8）。

本次铅锌矿预测均采用地质体积法，全区共获得（金属量）铅 1 360.07 万 t、锌 3 400.31 万 t，其中共（伴）生的铅 74.30 万 t、锌 227.28 万 t，不包含已查明资源量[15 个铅锌矿预测工作区及 3 个共（伴）生铅锌矿预测工作区内]铅 729.23 万 t、锌 2 005.44 万 t，详见表 18-2、表 18-3。

表 18-2 内蒙古自治区铅锌矿种资源可利用性及可信度统计表

资源量精度级别	可利用性（万 t）				可信度（万 t）					
	可利用		暂不可利用		≥0.75		≥0.50		≥0.25	
	Pb	Zn	Pb	Zn	Pb	Zn	Pb	Zn	Pb	Zn
334-1	634.19	1 714.24	13.47	16.68	620.00	1 628.99	647.63	1 730.88	647.67	1 730.92
334-2	124.11	310.17	7.29	34.87	34.74	137.53	83.88	245.17	131.41	345.05
334-3	119.63	167.99	387.07	929.07	28.62	43.84	207.83	550.04	506.70	1 097.06
合计	877.94	2 192.40	407.83	980.63	683.37	1 810.36	939.34	2 526.09	1 285.78	3 173.03

表 18-3　内蒙古自治区铅锌矿种资源按预测延深统计表

预测延深	资源量精度级别	预测资源量（万 t）		合计（万 t）	
		Pb	Zn	Pb	Zn
500m 以浅	334-1	552.50	1 382.60	1 140.14	2 620.78
	334-2	118.32	297.10		
	334-3	469.33	941.08		
1000m 以浅	334-1	645.32	1 725.70	1 283.43	3 167.81
	334-2	131.41	345.05		
	334-3	506.70	1 097.06		
2000m 以浅	334-1	647.67	1 730.92	1 285.78	3 173.03
	334-2	131.41	345.05		
	334-3	506.70	1 097.06		

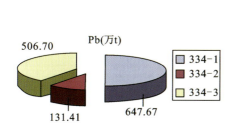

图 18-1　内蒙古自治区铅矿预测资源量按资源量精度级别统计图

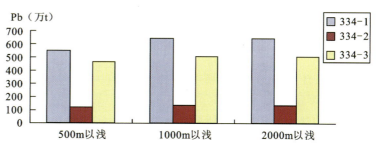

图 18-2　内蒙古自治区铅矿预测资源量按预测延深统计图

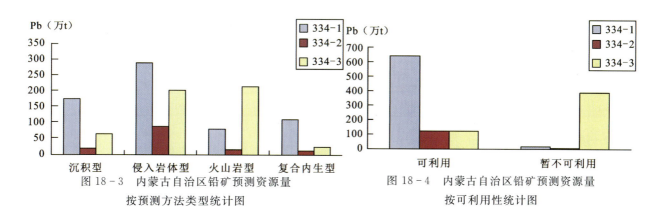

图 18-3　内蒙古自治区铅矿预测资源量按预测方法类型统计图

图 18-4　内蒙古自治区铅矿预测资源量按可利用性统计图

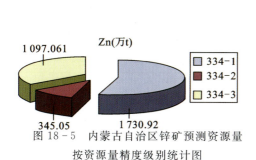

图 18-5　内蒙古自治区锌矿预测资源量按资源量精度级别统计图

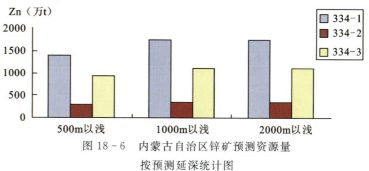

图 18-6　内蒙古自治区锌矿预测资源量按预测延深统计图

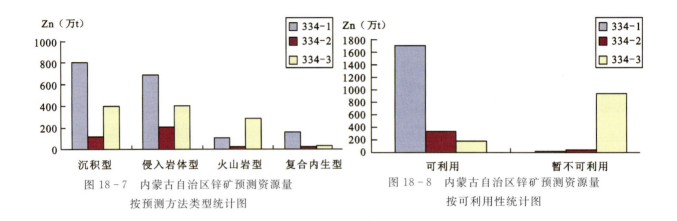

图 18-7 内蒙古自治区锌矿预测资源量
按预测方法类型统计图

图 18-8 内蒙古自治区锌矿预测资源量
按可利用性统计图

第三节 勘查部署建议

一、部署原则

以铅、锌为主,兼顾铜、银等共(伴)生金属,以探求新的矿产地及新增资源量为目标,开展区域矿产资源预测综合研究、重要找矿远景区矿产普查工作。

(1)开展矿产预测综合研究。以本次铅锌矿预测成果为基础,进一步综合区域地球化学、区域地球物理和区域遥感资料,应用成矿系列理论,进行成矿规律、矿产预测等综合研究,圈定一批找矿远景区,为矿产勘查部署提供依据。

(2)开展矿产勘查工作。依据本次铅锌矿预测结果,结合已发现铅锌矿床,进行矿产勘查工作部署。在已知矿区的外围及深部部署矿产勘探工作,在矿点和本次预测成果中的 A 级、B 级优选区相对集中的地区部署矿产详查工作,在找矿远景区内部署矿产普查工作。

二、找矿远景区工作部署建议

根据铅锌矿最小预测区的圈定及资源量估算结果,结合主攻矿床类型,共圈定 12 个找矿远景区。

1. 阿尔哈达铅锌矿找矿远景区

该找矿远景区处在东乌珠穆沁旗钨、铜、铅、锌、金、银多金属成矿带上,已发现包括阿尔哈达铅-锌-银矿床在内的数个大中型矿床,出露地层为奥陶系—二叠系火山沉积建造,构造为北东东—北东向褶皱断裂构造带,沿该构造带海西期至燕山期多期次岩浆岩侵入,组成构造-岩浆活动带。已发现的矿产主要为与印支期至燕山期构造-岩浆活动有关的内生金属矿床类型。区域内还分布有几个地球化学金属量测量异常区,且北东向展布有十多处航磁异常,显示了较为丰富的矿化信息。据构造、岩浆岩成矿条件分析应寻找斑岩型、接触交代、火山岩热液型等矿床成因类型,与壳源成因中酸性岩体有关的矿种为钨、铜多金属矿,与壳幔源型花岗岩体有关的矿种为铜、铅、锌矿化,与侏罗纪火山活动有关的矿化为铜、金矿化。根据地层条件,本区分布大面积泥盆系—二叠系,可找到与火山岛弧海底火山-沉积建造有关的似层状碎屑岩型、SEDEX 等硫化物矿床类型,在矿区外围东乌珠穆沁旗成矿带上继续找矿具有美好的前景。

2. 东乌珠穆沁旗铅锌矿找矿远景区

在综合研究的基础上,提出该找矿远景区主攻矿种为铜、铅、锌、银,主攻矿床类型为矽卡岩型和火山-次火山热液型,兼顾斑岩型矿床的找矿工作。

3. 得尔布干铅锌、银矿找矿远景区

据上述区域成矿分带模式和区域构造分区,并结合化探异常的分布,可以认为,得尔布干成矿带西南段的找矿方向是在隆坳交接带及其两侧,具体为:

(1)已知矿区的深部及边部。得尔布干成矿带西南段已知矿区深部及边部的找矿潜力非常大,主要是因为区内已详查或勘探过的 4 个矿区(乌努格吐山、甲乌拉、查干布拉根、额仁陶勒盖)的探矿延深大多只达地表以下 300～500m,在剖面上,绝大部分矿体的下部并未尖灭。而且,在这 4 个矿区的内部及边部,有许多含矿带在早先被认为价值不大而放弃工作,但最近,在矿山生产探矿中却被查明为厚大的工业矿体(如甲乌拉矿区)。

(2)乌努格吐山-哈拉胜找矿靶区。隆坳交接带的东北侧,具有乌努格吐山式、头道井式和鼎足式矿床的找矿前景,因为这一带仍有多处较好的 1∶5 万土壤异常未彻底查证。在该隆坳交接带的西南侧,甲乌拉式、查干布拉根式、额仁陶勒盖式矿床的找矿潜力非常大,因为这一带仍有多处较好的 1∶5 万土壤异常和矿化线索未查证,目前,在这一带只发现了小型矿床 1 处(哈拉胜铅锌银矿)。

(3)甲乌拉-山登脑找矿靶区。隆坳交接带的两侧,找矿潜力也很大。在该带的火山盆地一侧,已发现一批化探异常和矿化线索,其中大部分均未彻底查证;在该带的基底隆起一侧,勘查工作程度很低,虽然在 1∶20 万区域调查中已经发现多处矿化线索,但尚无矿床发现。此外,根据该区成矿分带模式,并结合矿区的具体情况,可以推断,在甲乌拉矿区旁侧和深部有形成乌努格吐山式斑岩型铜矿床的可能,在额仁陶勒盖矿区的深部及旁侧,有找到查干布拉根式和甲乌拉式矿床的可能。

(4)乌努格吐山-哈拉胜找矿靶区。该区的矿产地通常分布在隆坳交接带及其两侧,构成矿化集中区。目前,在该区东北部和中部的乌努格吐山-哈拉胜和甲乌拉-山登脑 2 个隆坳交接带处形成了该区已知的 2 处矿化集中区。而在该区西南部的另一个隆坳交接带,不但发育北西向构造,而且也有不少化探异常和矿化线索,其找矿潜力是很明显的。

4. 拜仁达坝-黄岗梁铅锌、银、铜、锡多金属矿找矿远景区

该远景区位于大兴安岭中生代火山岩带中南段、乌兰浩特-巴林右旗成矿带西南段部。面积大约 1.04 万 km^2。

该区晚古生代及中生代区域构造岩浆活动强烈,发育二叠系浅海相,二叠系面积约 3 424.4km^2,占总面积的 1/3 以上;主要出露岩浆为侏罗纪花岗岩,是寻找与古生代火山-沉积作用有关的喷流-沉积型(层控型)、与中生代构造-岩浆活动有关的脉状热液型(大脉型)、陆相火山-次火山热液型及斑岩型银铅锌多金属矿床的有利地区。

该区已发现拜仁达坝银铅锌矿床和黄岗梁大型铁锡多金属矿床 2 处大型矿床,莫古吐、大井子中型铜锡(银)矿床,以及哈达吐银铅锌矿、道伦达坝铅铜多金属矿床等小型矿床 5 处,矿点 25 处。

在拜仁达坝地区分布多处 1∶20 万化探异常,元素组合以 Cu、Pb、Zn、Cd、Sb、As、Bi 为主。通过对两处 1∶20 万化探综合异常进行 400km^2 1∶5 万土壤(水系)加密测量,圈出 22 处以 Ag、Cu、Pb、Zn、Au、Sn 等元素为主的综合异常带。

5. 敖脑达坝-白音诺尔铅锌、银、铜矿找矿远景区

该远景区总面积约 7984km^2,位于大兴安岭中生代火山岩带中南段、乌浩特-巴林右旗成矿带中部,有大兴安岭北东东向深大断裂通过,主要地层为侏罗系和二叠系;二叠系海相碎屑岩夹中性、中基性火山岩和晚侏罗世—早白垩世中酸性复式杂岩体及晚侏罗世中性、中酸性、酸性火山岩发育。该区为矿床(点)密集区,已发现白音诺尔大型铅锌银矿床、浩布高大型铜锌矿床、敖脑达坝中型银、锡、铜矿床等。矿床类型为斑岩型、矽卡岩型、次火山岩型等,矿种为铅锌、银、铜、钨矿,伴生钼、铋、锡矿。发现有多处

具找矿前景的小型矿床和矿点及异常。其中哈拉白旗锌（铅）矿，花岗斑岩体中见矿脉宽 2～4m，矿石品位 Zn 15%～20%，Pb 1%～2%，属富锌矿床，具有大的找矿前景。

6. 孟恩陶勒盖铜、铅锌、银多金属矿找矿远景区

该找矿远景区位于乌兰浩特-巴林右旗成矿带中段东南部，嫩江-青龙河深大断裂西侧，属华北地块北部晚海西期陆缘增生带，呈北东向分布。中生代火山-岩浆作用强烈，与火山活动有关的次火山岩及浅成斑岩体发育。

该找矿远景区已发现和已查明了孟恩陶勒盖中型铅锌银矿床、布敦花中型铜（银）矿、水泉小型铅锌铜矿床。成矿与中生代火山-岩浆作用有关，矿床类型主要为中生代斑岩型、矽卡岩型和热液型银铅锌、铜多金属矿床。是寻找斑岩型、陆相火山岩热液型银、铜多金属矿床的有利地区。

经近几年的工作，水泉一带新发现多处铅锌银矿点，主要分布于晚侏罗世火山岩外围的基底隆起中和晚侏罗世次火山岩内及火山岩层中，与中生代火山-岩浆活动有关，并严格受环形构造（破火山机构）控制。其矿床成因类型有热液矽卡岩型及隐爆角砾岩型等，较为典型的有水泉铅锌银矿、油娄山铅锌矿和敖艾勒铅锌银矿。这些铅锌银多金属矿的发现，进一步表明该区多金属矿产找矿潜力大。

7. 翁牛特旗天桥沟铅锌矿找矿远景区

该找矿远景区是一找矿化探异常集中分布区，其显著特点是异常范围大、强度高、组合元素多。从区域地球化学异常分布特征来看，该地区的异常总体走向为北东向，可大致划分为3个平行的异常带。

（1）巴音宝力格-花敖包特-沙不楞山异常带（西异常带）：位于大兴安岭西坡，为 Au、Ag、Cu、Zn、W、Sn 元素组合，该带的异常元素套合一般，各单元素异常范围互不重叠，异常分带明显；在已发现的多金属矿及其外围均有大面积的组合异常与矿床、矿点吻合对应。

（2）哈达吐-浩布高-黄合吐异常带（中异常带）：分布于大兴安岭中南段主脊，为 Ag、Cu、Pb、Zn、W、Sn 元素组合，该带的异常较东、西异常带的异常面积大、强度高，且形成了连续的异常带，组合异常与区内的矿床、矿点吻合对应好。

（3）敖尔盖-布敦花-莲花山异常带（东异常带）：位于大兴安岭东坡，为 Ag、Cu、Zn、W 元素组合，该带的异常以单个独立异常为主，组合元素尤以 Ag、Zn 元素套合最好，异常与矿床、矿点吻合对应。

该找矿远景区的翁牛特旗一带存在大面积 Cu、Mo 元素异常，外围相伴有 Ag、Zn、W、Sn 元素组合异常。Ag、Zn 元素异常套合最好，且与区内的矿床、矿点对应较好。

8. 突泉县长春岭矿区银铅锌矿找矿远景区

该找矿远景区以中生代火山断陷区为构造背景，矿床一般分布于火山断陷区中局部隆起（坳中隆）或火山断陷区的边缘与断隆区的交接部位。矿床中常分布一套火山岩-潜火山岩、超浅成—浅成侵入体，其岩性组合主要为花岗闪长斑岩-石英正长斑岩、石英二长岩-二长花岗岩-钾长花岗岩。成岩时代主要为晚侏罗世—早白垩世。成矿岩体多为小岩株，具有斑状结构。属于此类的矿床主要由矽卡岩型、层控热液型和热液脉型矿床组合而成。

该区主攻矿种为铅、锌、银，主攻矿床类型为矽卡岩型和火山-次火山热液型，兼顾斑岩型。

9. 翁牛特旗天桥沟-敖包山铅锌矿找矿远景区

（1）天桥沟铅锌矿找矿远景区。主要成矿地层为二叠系额里图组，岩性为安山岩、玄武安山岩等中基性火山岩建造。次为二叠系余家北沟组的砂岩、杂砂岩沉积建造和石炭系。断裂构造控制着燕山期花岗岩体和与岩体有关的矿体，属控矿构造。最主要的断裂为少郎河大断裂及其北侧的次级断裂和派生的配套断裂。

（2）余家窝铺铅锌矿找矿远景区。为中温热液裂隙充填脉状铅锌矿床，赋存于燕山期钾长花岗岩及

其派生的石英斑岩与古元古界浅斜长角闪片麻岩、黑云斜长片麻岩夹薄层大理岩沉积建造的内外接触带中。该铅锌矿产出地质环境为中志留统杏树洼组与海西晚期、燕山早期侵入体的接触带蚀变(矽卡岩化、硅化等)，为受构造控制的脉状铅锌矿床。

10. 东升庙式沉积型铅锌矿找矿远景区

在找矿远景区该区进一步开展地质找矿工作应注意寻找具如下特点的地层或地质体：

(1)首先是确认渣尔泰山群为主要的含矿地层、矿体严格受到渣尔泰山群的控制，在此基础上寻找以泥炭质-碳酸盐岩为主的2组含矿岩系。特别是泥炭质、碳酸盐岩的互层带，该组已受绿片岩相变质，泥炭质已经变质成石墨云母片岩类岩石，白云石已变质成白云石大理岩。

(2)地表铁帽，区内铁帽出露较大，对这种铁帽进行适当揭露，观察其产状、矿物组合、矿化分带性及矿化露头与围岩的接触关系，可以获得更多的找矿信息。本区内的铁帽有可能是菱铅锌矿体氧化而来。

(3)铜铅锌和铁等元素的地球化学晕的异常是很好的找矿信息，异常形态与矿体拟合，常成近东西向展布。含矿岩系内 Cu、Pb、zn、Ag 含量比较高，构成原生晕异常，不同岩性含量有差异，由高到低依次是石墨片岩类-石墨白云石大理岩类-白云石大理岩类。

(4)角砾岩同生角砾，则意味着附近很有可能存在同生断裂。

(5)生物标志：无论是地层裸露区，还是中新生代地层覆盖区，如有含矿岩系及矿体存在，均有磁、电异常显示，当两者复合时，有矿的可能性就很大，仅有电异常要区别是矿体引起，或是由无矿化的石墨片岩类岩石引起，仅有磁异常时，则要区别是由以磁黄铅锌矿、磁铅锌矿为主的多金属硫矿体、铅锌矿体引起，或是由中基性岩体引起，故在该区进行物探找矿，宜磁法、电法兼用，效果较佳。

(6)地层展布与邻近已知矿区构造相似程度，特别是向斜构造相似者，预示可能有矿，差别大时，则应慎重对待。

11. 海渤湾市代兰塔拉式复合内生型铅锌矿床

该矿床为碳酸盐岩岩层中的热液脉型铅锌矿床。矿脉赋存于下奥陶统三道坎组层间破碎带中。

12. 察右前旗李清地-九龙湾铅锌矿找矿远景区

矿产位于与深大断裂有关的陆相火山断陷盆地中，与中生代中酸性火山构造有直接的成因关系。工业矿体产于复式侧转向斜部位的碳酸盐岩裂隙中，多呈以裂隙充填为主的脉状。矿床为赋存于太古宇集宁岩群大理岩中北东向层间断裂并与燕山期火山活动有关的中—低温热液裂隙充填型银、锌矿床。

第十九章　结　论

(1)通过全区的铅、锌矿单矿种潜力评价工作,使参加本项目的全体技术人员对技术要求的理解、掌握和实际运用等有了较大幅度的提高,为其他矿种潜力评价的顺利开展打下了基础。

(2)开展了成矿地质背景的综合研究,编制了预测工作区的地质构造专题底图。

(3)开展了铅、锌单矿种成矿规律研究工作,进行了矿产预测类型、预测方法类型的划分,圈定了预测工作区的范围。填写了典型矿床卡片,编制了典型矿床成矿要素图、成矿模式图,预测要素图和预测模型图。进行了预测工作区的成矿规律研究,编制了预测工作区的区域成矿要素图、区域成矿模式图、区域预测要素图和区域预测模型图。

(4)对全区的物探、遥感资料进行了全面系统的收集整理,并在前人资料的基础上通过对地质、物探、化探、遥感重新分析和综合研究,进行了较细致的解译推断工作。

(5)对15个铅锌矿预测工作区,进行了预测靶区的圈定和优选工作,使用了地质体积法,对每个预测工作区铅矿、锌矿的资源量进行了计算。

(6)物探重力、磁法专题完成了15个铅锌矿预测工作区各类成果图件的编制,包括磁法工作程度图、航磁ΔT剖面平面图、航磁ΔT等值线平面图、航磁ΔT化极等值线平面图、推断地质构造图、磁异常点分布图、地磁剖面平面图、地磁等值线平面图、推断磁性矿体预测类型预测成果图、布格重力异常图、剩余重力异常图、重力推断地质构造图;并完成了以上各类成果图件的数据库建设。

(7)物探重力、磁法专题完成了15个典型矿床所在位置地磁剖面平面图、等值线平面图,典型矿床所在地区航磁ΔT化极等值线平面图、航磁ΔT化极垂向一阶导数等值线平面图,典型矿床所在区域地质矿产及物探剖析图,典型矿床概念模型图。

(8)通过对重力、磁法资料的综合研究,总结了内蒙古自治区的重力、磁场分布特征,对全区重力、磁场异常进行了重新筛选、编号和解译推断。

(9)总结了铅锌矿预测工作区的重力、磁场分布特征,推断了预测工作区地质构造,包括断裂、地层、岩体、岩浆岩带、盆地等地质体;并指出了找矿靶区或成矿有利地区。

(10)遥感专题组对铅锌矿预测工作区分别进行了遥感影像图制作、遥感矿产地质特征与近矿找矿标志解译、遥感羟基异常提取、遥感铁染异常提取,并圈定了成矿最小预测区。

(11)遥感专题完成了15个铅锌矿预测工作区的各类基础图件编制和数据库建设,包括遥感影像图、遥感地质特征及近矿找矿标志解译图、遥感羟基异常分布图、遥感铁染异常分布图,并完成了相应区域1∶25万标准分幅的影像图、解译图、羟基铁染异常图4类图件。

(12)开展了基础数据库维护工作和成果数据库建库工作。

参考文献

陈喜峰,彭润民.主导东升庙矿床形成超大型矿床的地质构造因素特征分析[J].地质找矿论丛,2008,23(3):182-186.

陈毓川,裴荣富,王登红.三论矿床的成矿系列问题[J].地质学报,2006,80(10):1501-1508.

陈毓川,裴永富,宋天锐,等.中国矿床成矿系列初论[M].北京:地质出版社,1998.

陈毓川.中国主要成矿区带矿产资源远景评价[M].北京:地质出版社,1999.

陈郑辉,陈毓川,王登红,等.2009矿产资源潜力评价示范研究——以南岭东段钨矿资源潜力评价为例[M].北京:地质出版社,2009.

江思宏,聂凤军,白大明,等.北山地区金属矿床成矿规律及找矿方向[M].北京:地质出版社,2002.

江思宏,聂凤军,白大明,等.内蒙古白音诺尔铅锌矿——印支期成矿?[J].矿床地质,2010,29(s1):199-200.

江思宏,聂凤军,白大明,等.内蒙古白音诺尔铅锌矿床印支期成矿的年代学证据[J].矿床地质,2011,30(5):787-797.

江思宏,聂凤军,白大明,等.内蒙古白音诺尔铅锌矿铅同位素研究[J].地球科学与环境学报,2011,33(3):230-236.

李鹤年,段正国,姚德,等.内蒙古赤峰北部锡多金属成矿带花岗岩地球化学特点及成矿作用[J].长春地质学院学报,1989,19(2):132-139.

聂凤军,张万益,杜安道,等.内蒙古朝不楞矽卡岩型铁多金属矿床辉钼矿铼-锇同位素年龄及地质意义[J].地球学报,2007,28(4):315-323.

宁奇生,唐克东,曹从周,等.大兴安岭区域地层[C]//黑龙江省地质局.大兴安岭及其邻区区域地质与成矿规律:论文集.北京:地质出版社,1959.

潘龙驹,孙恩守.内蒙古甲乌拉银铅锌矿床地质特征[J].矿床地质,1992,11(1):45-53.

裴荣富.中国矿床模式[M].北京:地质出版社,1995.

邵济安,张履桥,牟保磊.大兴安岭中南段中生代的构造热演化[J].中国科学(D辑),1998,28(3):193-200.

邵济安,张履桥,牟保磊.大兴安岭中生代伸展造山过程中的岩浆作用[J].地学前缘,1999,6(4):339-346.

邵济安,赵国龙,王忠,等.大兴安岭中生代火山活动构造背景[J].地质论评,1999,45(s1):422-430.

孙丰月,王力.内蒙拜仁达坝银铅锌多金属矿床成矿条件[J].吉林大学学报(地球科学版),2008,38(3):376-383.

陶奎元.火山岩相构造学[M].南京:江苏科学技术出版社,1994.

王忠,朱洪森.大兴安岭中南段中生代火山岩特征及演化[J].中国区域地质,1999,18(4):351-358.

张振法.内蒙古东部区地壳结构及大兴安岭和松辽大型移置板块中生代构造演化的地球动力学环境[J].内蒙古地质,1993(2):54-71.

朱裕生,肖克炎,宋国耀,等.中国主要成矿区(带)成矿地质特征及矿床成矿谱系[M].陈毓川,常印佛,裴荣富,等."中国成矿体系与区域成矿评价"项目系列丛书.北京:地质出版社,2007.

朱裕生,肖克炎,张晓华,等.预测远景区的优选和勘查靶区定位[C]//"十五"重要地质科技成果暨重大找矿成果交流会材料三——"十五"地质行业重大找矿成果资料汇编.北京:中国地质学会,2006:818-821.

主要内部资料

黑龙江省有色金属地质勘查706队.内蒙古自治区新巴尔虎右旗甲乌拉矿区外围铅锌银矿详查报告[R].2005.

黑龙江省有色地勘局706队.内蒙古自治区新巴尔虎右旗甲乌拉银铅锌矿床6~20线勘查报告[R].1991.

黑龙江省有色地勘局706队.内蒙古自治区新巴尔虎右旗甲乌拉银铅锌矿床5~6、20~26线勘查报告[R].1992.

华北地质勘查局综合普查队.内蒙古自治区翁牛特旗余家窝铺矿区(0~8勘查线660~505m标高)铅锌矿新增资源储量报告[R].2007.

化工部地质勘探公司内蒙古地质勘探大队.内蒙古自治区乌拉特后旗东升庙多金属硫铁矿区地质勘探报告[R].1992.

吉林省地质局白城地区地质大队.吉林省突泉县东长春岭铅矿点初步检查报告[R].1972.

吉林省地质局第10地质队.吉林省科尔沁右翼中旗孟恩套力盖矿区银铅锌矿地质勘探总结报告[R].1972.

吉林省地质局第8地质大队.[内蒙]吉林省科尔沁右翼中旗孟恩陶勒盖铅锌银矿外围普查找矿报告(1:5万)[R].1979.

辽宁省地质局第一地质大队.[内蒙]辽宁省翁牛特旗余家窝铺铅锌矿区详细普查地质报告[R].1978.

辽宁省第十地质大队.内蒙古自治区科尔沁右翼中旗扎木钦矿区14~22线铅锌矿详查报告[R].2006.

内蒙地质局208队.内蒙古自治区伊盟海渤湾市代兰塔拉铅矿区地质调查总结[R].1967.

内蒙古地矿局地质研究队.内蒙古大兴安岭中南段遥感地质构造特征及找矿预测研究[R].1991.

内蒙古自治区地矿局第三地矿勘查开发院.内蒙古自治区克什克腾旗哈达吐铅锌矿普查地质报告[R].1994.

内蒙古自治区地矿局第三地质队.内蒙古自治区翁牛特旗余家窝铺铅锌矿1号矿体中段初步勘探地质报告[R].1987.

内蒙古自治区地质矿产局.内蒙古自治区区域地质志[M].北京:地质出版社,1991.

内蒙古自治区地质矿产局.全国地层多重划分对比研究:内蒙古自治区岩石地层[M].武汉:中国地质大学出版社,1996.

内蒙古自治区地质矿产勘查院.内蒙古自治区额济纳旗小狐狸山矿区铅锌钼矿详查报告[R].2008.

内蒙古自治区第八地质矿产勘查院.内蒙古自治区乌海市代兰塔拉矿区铅锌矿资源储量核实报告[R].2006.

内蒙古自治区第三地勘院与巴林左旗白音诺尔铅锌矿.内蒙古自治区巴林左旗白音诺尔铅锌矿区北矿带79~125勘查线17、18、19号脉群勘探地质报告[R].1995.

内蒙古自治区第十地质矿产勘查开发院.内蒙古自治区敖汉旗后公地铅锌矿阶段性工作总结[R].2007.

内蒙古自治区第十地质矿产勘查开发院.内蒙古自治区陈巴尔虎旗七一牧场北山矿区Ⅰ、Ⅱ矿段铅锌矿普查报告[R].2005.

内蒙古自治区龙旺地质勘查有限责任公司.内蒙古自治区阿鲁科尔沁旗斯劳根乌拉铅锌矿地质普查工作报告[R].2008.

内蒙古自治区天信地质勘查开发有限责任公司.内蒙古自治区东乌珠穆沁旗查干敖包矿区铁锌矿资源储量核实报告[R].2009.

内蒙古自治区伊克昭盟108地质队.内蒙古自治区伊盟海勃湾市代兰塔拉铅锌矿详细普查评价报告[R].1971.

内蒙古自治区有色地勘局第8队.内蒙古自治区翁牛特旗天桥沟铅锌矿普查地质报告[R].1988.

内蒙古自治区有色地质勘查局108队.内蒙古自治区翁牛特旗天桥沟矿区铅锌矿资源储量核实报告[R].2007.

内蒙古自治区有色地质勘查局609队.内蒙古自治区察右前旗李清地—九龙湾铅锌多金属矿普查报告[R].2006.

内蒙区自治区108地质队.内蒙古自治区巴盟中后旗对门山硫锌矿床普查评价地质报告[R].1979.

兴安盟浩展地质勘查有限公司.内蒙古自治区突泉县长春岭矿区银铅锌矿补充详查报告[R].2007.

哲盟地质大队.孟恩陶勒盖铅锌矿区激发极化法七二年度工作总结[R].1972.

中国冶金地质勘查工程总局第一地质勘查院.内蒙古东乌旗阿尔哈达银多金属矿普查地质工作总结[R].2005.

中国冶金地质勘查工程总局第一地质勘查院.内蒙古自治区东乌旗阿尔哈达银多金属矿普查地质工作总结[R].2005.

中国有色总公司内蒙地勘局609队.内蒙古自治区察右前旗李清地银矿区南矿带1~4线勘查报告[R].1995.

中化地质矿山总局内蒙古地质勘查院.内蒙古自治区乌拉特后旗东升庙多金属硫铁矿区富锌矿0—19号勘查线北翼资源储量核实报告[R].2003.